new babycare

新生宝宝养护

new babycare

新生宝宝养护

0–3 岁宝宝实用指南

[英] 米利亚姆·斯托帕德 博士 DRmiriamstoppard/ 著

谢礼花 / 译

A Dorling Kindersley Book
www.dk.com

图书在版编目（CIP）数据

新生宝宝养护：0~3岁宝宝实用指南 / (英) 斯托帕德著；谢礼花译.— 北京：华夏出版社, 2013.7

书名原文: New babycare
ISBN 978-7-5080-7606-5

Ⅰ.①新… Ⅱ.①斯… ②谢… Ⅲ①婴幼儿－哺育 Ⅳ.①TS976.31

中国版本图书馆CIP数据核字（2013）第105650号

Original Title: New Babycare

北京市版权局著作权合同登记号：图字 01-2012-6815

新生宝宝养护

作　　者 [英] 米利亚姆·斯托帕德 博士
译　　者 谢礼花
责任编辑 梁学超 苑全玲

出版发行 华夏出版社
经　　销 新华书店
印　　刷 鹤山雅图仕印刷有限公司
装　　订 鹤山雅图仕印刷有限公司
版　　次 2013年7月第1版
　　　　 2013年12月第1次印刷
开　　本 880×1230 1/32开
印　　张 10.75
字　　数 260千字
定　　价 59.80元

华夏出版社 地址：北京市东直门外香河园北里4号 邮编：100028
网址：www.hxph.com.cn 电话：（010）64663331（转）

前言

在过去的5年左右的时间，我学到了很多关于新生儿养护的知识。其经验来自于我的4个儿子、2个继女、我的儿媳及我的11个孙子女。

儿童发展的基础与照顾新生儿和儿童的原则变化甚少，但仍存在很多可用诸多微妙的方式发展和改进的空间。其中的一些可以在不同的方向推动我们，而有的却看起来根深蒂固。

我要感谢我的大家庭里的新成员，他们教给了我很多有用的东西——甚至最小的梅吉和伊维，以及我的同卵双胞胎孙女。

我相信，倾听、观察、注意、学习和消化数百个我提炼的关于新生儿养护方面的小思考将会是令人兴奋的事情，这些思考都反映在这本我本人钟爱的新版《新生宝宝养护》里。

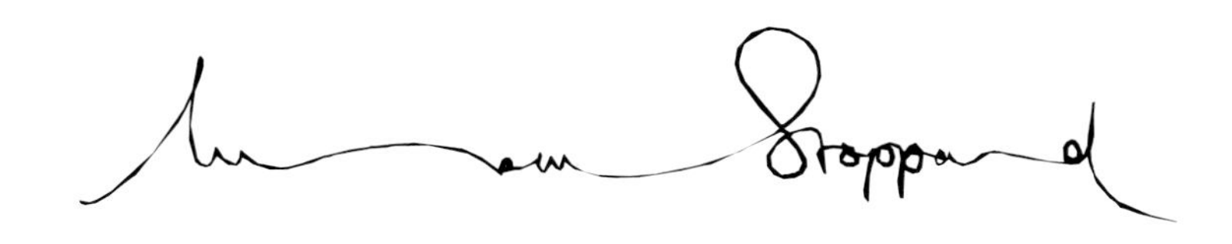

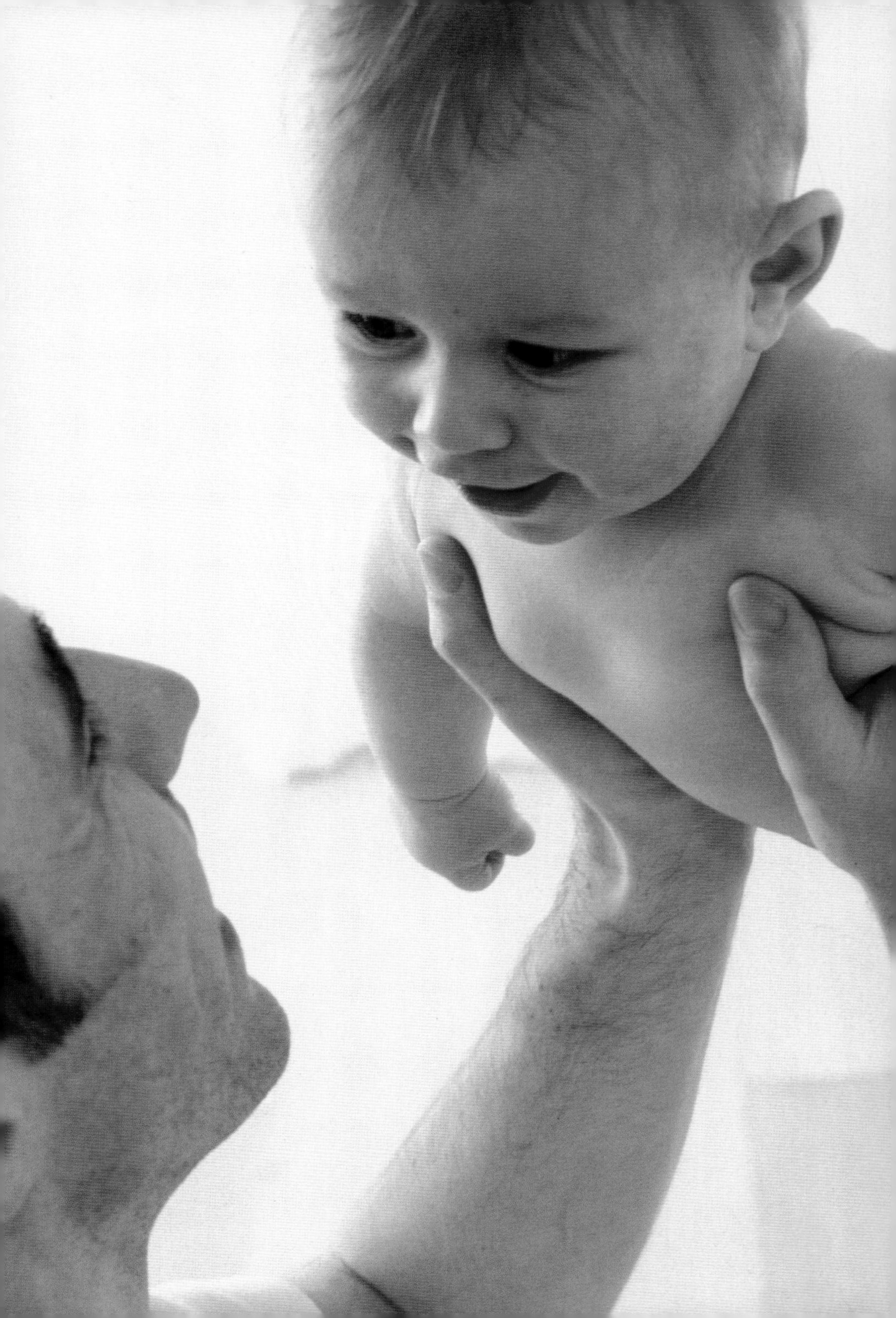

目录

介绍

得知自己有了宝宝以后，想必有些家长的唯一反应就是欣喜若狂，但这类人并不多见。一旦最初的兴奋结束，大多数家长还是会承认有了宝宝后，面对未来他们是喜忧参半。

你的担心很正常

对养育孩子的恐惧可能是最常见的一种恐惧心理，你可能会担心自己是否能做个好家长，也可能会担心自己有没有能力对付养育孩子中出现的各种状况，或者二者皆有，为什么会有这样的担心呢？因为人们通常会认为，如果自己做得不够好，会关系到孩子一生的幸福。

你的恐惧也可能来自经济上的压力。尽管两个人都工作，但可能原本够两个人用的钱现在要掰成三份用了，家里多了个宝宝，从前二人世界可以享受的奢侈可能不得不泡汤了，比如，奢华和舒适的家居用品、一辆新车、昂贵的旅游或重新装修房子的计划等。

恐惧的另一个原因是怕失去自由，而这根本就是毋庸置疑的。你们两个人毫无顾虑地跳上车参加派对或来个胜利大逃亡，想去哪就去哪的日子将一去不复返。当然，你们仍然可以享受生活，但是不得不把宝宝的需求考虑进来。

所有这些担心和恐惧其实都是正常的。担心自己当家长不及格没有什么不正常，但是如果你知道你和宝宝都会不断改变，大概会轻松许多。你的家庭单元的发展方式和家庭成员的各种想法都是动态的。人类关系存在着自然节奏，不可能停滞不前，尤其是家庭成员间的关系。有时候，你会觉得你的家庭似乎不够和谐，但实际上这就是正常的家庭生活。虽然未来会有情绪低落的时候，但是养育孩子会带给你前所未有的幸福。

复杂的心情

你对孩子的爱和孩子带给你的幸福感可能会时不时地掺杂着怨恨、苦涩、愤怒、敌意和沮丧。这和任何其他的人类关系一样，是不可避免的。不同的是，你能够从你的孩子身上得到回报，而这是其他的人类关系所不能比拟的。关于养育孩子，我了解到了一条真理，就是无论你投入了什么，你都将会收到超过500倍的回报，所以，随着你的孩子一天天地长大，不仅你的自由会增多，他为你带来的快乐也会增加。在孩子小的时候，你为他付出的牺牲

你的新生宝宝

你的很多担忧会在宝宝出生的那一刻消失。

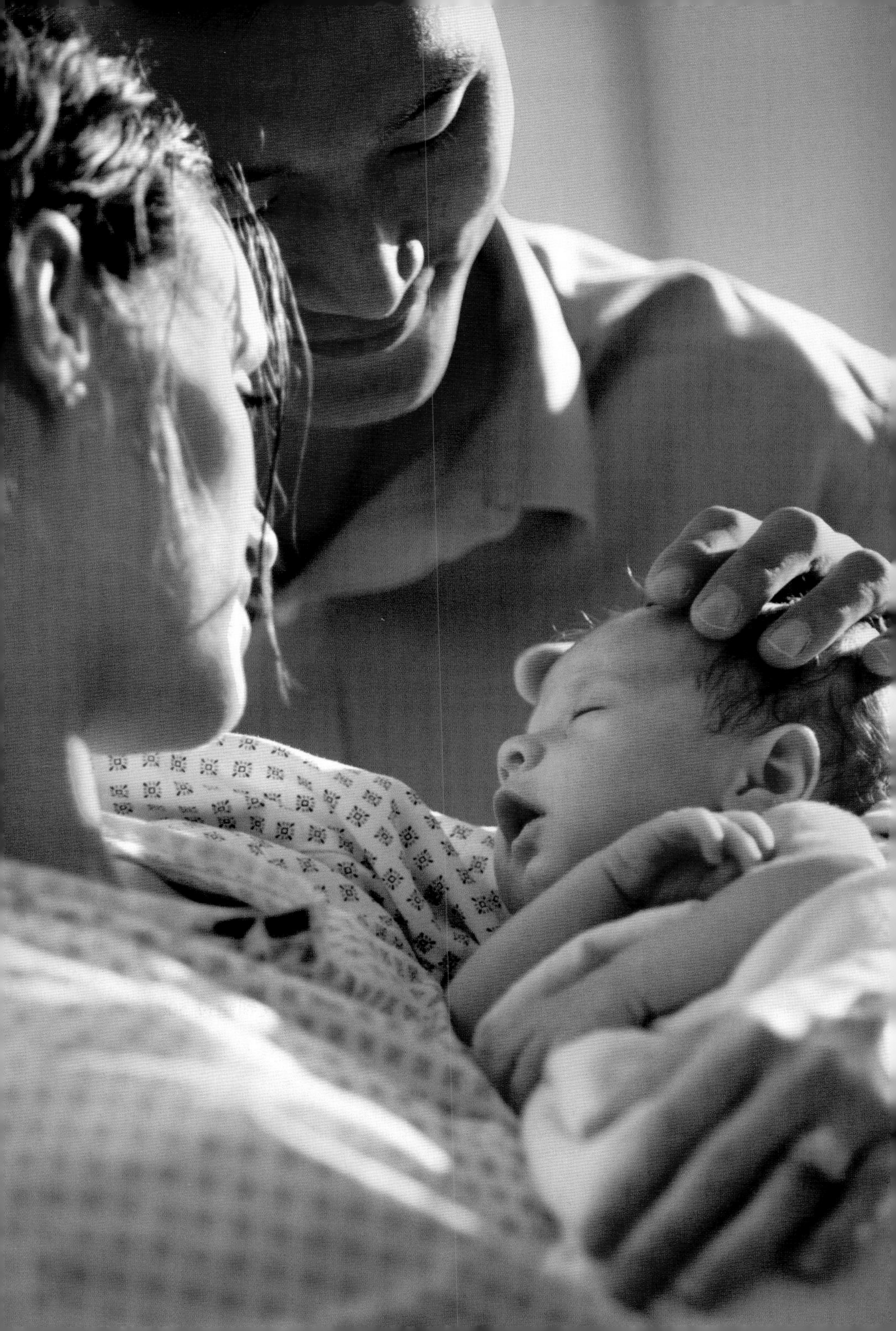

会为你换来数不尽的快乐，最大的好处就是你的宝宝会从一个需要依赖的、有着无数需求的小不点儿，变成一个可爱、体贴而有趣的伙伴或朋友。

你的家庭如何参与进来

我们现在所了解的基本的家庭单元，可以从人类开始居住在这个地球上的任何种族或部落里找到其踪影。家庭永远是社会的基石，其主要功能是创造一个安全的社会环境，在这种环境下，孩子们可以平安地成长。

对于一个宝宝来说，没有比家更重要的东西了，它甚至就是他的宇宙。在家庭中，你的孩子可以学到人类关系的所有基本知识，在家的安全保护下，你的孩子可以在生活中学到很多美好的东西，比如幸福、爱和欢笑，当然，也会学到不好的东西，比如问题、紧张、焦虑。随着孩子的一天天长大，家能为孩子带来稳定的、乐观的、不断增强的影响力，帮助他应对新的问题或艰难的环境。家永远是你的孩子在暴风雨来袭时可以回来停靠的港湾。

家庭构建的方式和成员间的角色分配方式，在文化与文化之间、家庭与家庭之间各不相同。在现代西方社会，男人扮演着传统的养家糊口和工人的角色，而女人则扮演着管家和抚养孩子的角色，其生活半径主要局限在家里。社会接受这种模式，并将其作为常规的时间并不长，事实上，这是家庭进化中比较新的发展。

家庭单元

十九世纪工业革命以前，家庭是一个劳动功能的单元，父亲、母亲和孩子都因共同利益而一起劳作，因此在家庭内很多生活经验都是共享的，不像现在家庭里有工作赚钱的人和抚养孩子的人之分，女人和孩子通常参与到男人的劳动中，没有所

面对面

你和宝宝终于见面了，在你们眼神交汇的时候，你和宝宝那种亲密的关系无人能比（对宝宝来说也是）。

谓女人的职责就是抚养孩子和处理家庭琐事这一说法。那个时代，男女分工更趋于平等。

工业革命打破了这个快乐的劳作式家庭单元。家庭成员开始分离，一家人无法总在一起了。工业革命后，家庭中的男人通常担当了成为雇佣劳动者，变成了赚钱养家的角色，男人不再总与家人在一起，而是走进了工厂劳动。几乎同时，家长们将自己作为孩子的教育者的角色让位给了学校，所以，家庭几乎失去了它的教育功能。母亲通常和孩子留在了家里，因为赚钱养家的人每天要出去工作很久，所以她不得不担当起养育孩子、操持家务和维持纪律的责任。随着工业化、城市化的不断发展，以及旅游范围的扩大，家庭成员在空间上分离得越来越远。于是，母亲们越来越无法像过去那样依赖她们的母亲、姐妹和祖母的帮助。家庭单元变得更加独立、微小，也变得更孤立无援。对于母亲来说，日复一日地面对重复性的事情，她会觉得更沉闷、厌倦和沮丧。她没有了属于自己的时间，她所遭遇的还有社会身份的丢失，以及诸多才华的埋没。近些年来，得益于广泛出现的女权运动，社会在一定程度上得以向曾经的平等婚姻的时代略微倒退。

现代母亲

21 世纪的母亲们被大致分为两类，一类母亲觉得在孩子很小的时候，应该由自己亲自照顾他们，认为这比上班更有价值。然而，再深爱自己孩子的母亲也要承认，照顾年幼的孩子真的是件不容易的事情。女人离开自己的工作岗位后马上就会发现，面对纷至沓来的各种需求，自己并没有准备好，更不用说做全职妈妈的孤独。

母亲们有自己的乐趣和抱负，但实现起来似乎很难。一天 24 个小时，一周 7 天，陪伴着她们的是日复一日的重复性工作、无止尽的需求，以及沉闷和疲惫的心情。虽然没有一个母亲会轻视自己的工作，但是社会会这样。于是，一个年轻的母亲，尤其是曾在职场上受过很好的训练的妇女，当别人问她现在在做什么，她只能回答自己是个母亲，这样一番坦白后，她会感觉自己变得比那些职场女性低了一等。对于母亲的角色，社会应有一个更为现实的看法，而非当前有些理想化的模式。

职业妇女

另一类母亲就是职业妇女。出于某些原因，“职业妇女”在我们的社会仍是个带有轻蔑意味的词。一般的观点似乎是如果妇女没有准备把全部精力放在抚养孩子上，她们就没有母性，更甚者，给她们扣上了“自私”、“无情”的字眼。

如果我们回到工业革命前，我们会发现，那时候的母亲都是职业妇女，她们与男人干的是等量的工作，而且在家里与丈夫分担着同样的家务。即使是做了母亲，女性想继续工作也是一个自然天性。此外，许多现代女性在生完孩子后继续工作是被迫的，因为她们需要伙伴，更是出于家庭经济压力考虑。妇女对家庭的供给一直做着重要的贡献，无论是种植、纺羊毛、制陶、纺纱、磨面还是鞣制。数世纪以来，妇女在经济上的重要性已经等同于她们在家庭中的重要性。而如今，我们的思想大概会让我们的老祖宗困惑吧？

工作的母亲，几乎都有强烈的想独立的驱动力。她们希望有自己的人生，有自己的兴趣爱好和收入来源。她们珍视自己的活动空间，因为在这里，她们受到尊重，付出的努力能够受到激励，同时，她们的才能和所学的专业为人所需要。这些都成为她们生完孩子后想出去工作的正当而合理的理由。然而，妇女们一旦做出了这样的选择，也就让自己变成了上班族中工作最辛苦和压力最大的人。在当今的西方社会，工作最辛苦的就是职业妇女了，她们有两份全职工作，一个是为人母，一个是做雇佣劳动者。

现代父亲

有一类父亲承担着照顾孩子的责任，他们被称为现代父亲。如今，没有多少父亲愿意让孩子觉得自己是个陌生人，他们不想失去在家里与孩子们共度美好时光的机会，更重要的是，不想失去见证孩子成长的机会。现代父亲照顾孩子并非被动的，而是相当主动。他会安排好一下班就回家看自己的孩子，或干脆为了与他的伴侣分担照顾孩子的工作而做兼职。他会尽可能多地花时间与孩子们玩耍，教他们新东西，帮助他们培养兴趣爱好，如果孩子们的兴趣爱好和他一样，他会把他们带在身边，帮助他们发展。他会从第一天就参与到照顾孩子的活动中，给孩子换尿布，夜里 2 点起来喂奶，在洗澡时过来帮忙，给孩子讲故事，一起做游戏，还在睡前给孩子唱歌。现代父亲是一个全职父亲，而不是做兼职的陌生人，而且，他会让家庭中的每个成员都受益。

在妻子怀孕期间就表现出浓厚兴趣的男人，在孩子出生后兴趣一般也不会减退。他的兴趣可以从孩子 6 个月以前他拥抱孩子的次数中体现，或者从孩子哭闹的时候他会不会跑过去看体现。这不是不可预见的，而且他对孩子的态度可以反映在伴侣怀孕时和产后的心情里，男人越乐衷于此，就越能做一个好父亲，而他的伴侣就越能在宝宝出生后的几周好好享受美好时光。男人的父亲角色做得越好，他在家里也会更重要。

新的生活方式

新成为家长的你会发现生活发生了不小的变化。你们曾经自由的和以自我为中心的生活完全被宝宝体内的生物钟控制了，你们要围着何时给宝宝喂食、换尿布，以及无论白天还是黑夜都无微不至地照料而团团转。这完全颠覆了你过去的生活方式，一开始你大概很难适应这种新的生活方式。

有些家长不能接受这种新的生活方式，而且不想让孩子主宰自己的生活，于是他们借助婴儿手推车让宝宝跟随他们自由而简单的生活方式。有的家长则恰恰相

你可爱的玩伴

在宝宝成人前的几年之内，你将是她最好的玩伴，尽情享受这种特权关系吧。

反，他们会放弃一切来照顾宝宝，宝宝成为他们的生活重心，为了照顾好她，他们不惜奉献全部的时间和精力。

这些极端的新生儿养护方式都不可取，最佳的方式应该是在宝宝和家长的需求和情感方面找到一个折中而和谐的契合点。

面对不同的需求

孩子需要从家长身上获得某些东西。他们需要安全和爱，需要人引入新的经验，作为个体，他们也需要被人认识，被人爱。如果家长满足了他们的这些需求，特别是你们能够给予的，而且是最重要的爱和情感，那么孩子将能正常地发展，并且会为未来形成所有的人际关系而建立一种模式。

继“爱”之后，家长能给孩子的第二个重要的东西是“鼓励”。一个年幼的孩子就像一块儿海绵一样，几乎能随时随地吸收她所接触到的新的思想和新的经验。你的新生宝宝有巨大的发展潜力和学习潜力，她渴望别人给予机会。所以，要想做一位好家长，你有一个非常重要的工作，就是开始给你的宝宝介绍外面神奇而叹为观止的世界。首先从你自己开始介绍，然后是你的家庭，再之后是你们的大家庭。

孩子们需要他们最爱的爸爸妈妈的肯定。表达肯定的方式可以是表扬，通常可以注意到，孩子对表扬的反应比受批评要好，而且正面的教学和教育态度要比负面的更行之有效。被人爱的孩子会有自尊，不被人爱的孩子则不会有。长期面对不被肯定，孩子们会通过难以管教来回应家长，甚至慢慢形成反社会情结。

孩子们有需求，家长们同样也会有。你的需求不会因为你升级为父母而消失。如果你的需求完全被忽视，那么刚有宝宝的兴高采烈的劲儿很快就会消失。所有家长都会做出很多牺牲，但是你没必要成为一个殉道者。如果你和你的孩子各自的需求不能很好地平衡，怨恨会慢慢形成，而创造一个幸福而充满爱的家庭气氛的机会将会微乎其微。

家长的需求

父母双方的需求都必须考虑在内。在这个时期和这个年龄，除了平等，父母不需要别的，养育孩子的责任必须平等地分担。应该将此作为一条契约：你们平等地承担怀孕的责任，所以也应该平等地承担养育你们的孩子的责任。至少你和你的伴侣应该在抚养孩子双方必须扮演的角色上达成协议。如果让一个女人孤立无援地承担所有照顾孩子的工作，而男人一早就离开家门，直到宝宝睡着后再回家，这样对女人是不公平的，而且这种情况，每个人都会错失很多。

在一个理想的世界，父母和孩子们的需求会是互补的。换言之，父母爱他们年幼的宝宝和想要养育宝宝的需求，应该与婴儿的独立性和需要人照顾相匹配。在一个家庭里，点燃冲突的导火索是两组需求不能匹配——特别是如果家长还不够成熟，不了解或无法满足年幼的孩子的需求。

你的角色很重要

作为家长，你会因在孩子面前的不同角色而有不同的称谓。你会成为你的孩子的第一个朋友，甚至可能是一生最好的朋友。我们曾经以为，孩子不会注意周围的世界，直到她对周围发生的事情做出明显的反应。事实上，圣·托马斯·阿奎奈早就深刻地认识到了这一点，他说，给我一个男孩，等到他 7 岁的时候，我会还给你一个“人”，因为他认为人到了 7 岁左右就可以成其为人。

我们现在知道这个时间要比 7 年短。人自出生那一刻起就开始吸收周围的信息了。的确，新生儿在 6 个星期内看不清远处的物体，但这并不代表他不能看见。他是能看见的。新生儿能看到 20 厘米 –25 厘米的物体，如果你想要宝宝认出你并注视你，你的脸和手就要在这个距离内。宝宝一来到这个世界，就开始对影像、声音、气味、抚摸、对话和周围气氛做出反应。如果家长认识到这点，并认真对待这个事实，它就会自然而然地引导家长承担一个责任重大的职位。这意味着家长才是对孩子早期学习负责的人，而非老师。

你不仅是孩子的老师，也是他们的玩伴、咨询师、教育者，以及维持纪律的人。你的言传身教很关键。孩子从家长那里学到友情和好客，快乐和悲伤，满足和不满——爱的关系的蓝图，交流的建筑物。（事实上，宝宝的这种活动早在 2 周的时候就开始了，所以需要识别宝宝初期的交流）。所有的早期技能，例如行走、说话、交际和智力发展，完全是家长的事情，如果事情搞糟了，家长责无旁贷。这意味着现代家长必须从宝宝一出生就变得积极主动，而且兴致勃勃，认真严肃地扮演好老师的角色，并全身心付出。

孩子需要一致性

所有的孩子在他们人生的早期都需要强大的、恒定的情感上的联系。如果这一点的缺失是因为家长没有给予孩子恒定不变的爱、同情和安全感，或者孩子的生母被几个不称职的女人代替，那么孩子早期对安全的关系这一需求就无法得到满足。

你的一个重要的任务就是教育孩子学会尊重他人的权利和财物，并且将这一点作为一条纪律来执行。为有效执行纪律，纪律必须严格，并保持一贯性，但同时也应该一直人性化、宽容和周全。

不良行为的儿童的背后往往有一名难以沟通又疏于管教的家长。家长如果不与孩子交流，就很难有机会影响他们，相反，如果家长在孩子成长的每个阶段始终给予关注和尊重，并接受孩子的一切特质和失败及错误的家长，孩子几乎始终会给他们一个位置，并与他们商量各种问题。

为孩子设定界限

研究表明，事实上，孩子并不喜欢缺乏约束，而且无纪律约束的孩子也并不能茁壮成长。事实上，只有行为界限被清晰界定并保持不变，孩子们才能做得最好，因为这样他们会觉得安全和踏实。作为家长，你的一个责任就是为你的孩子在不同年龄段设立合适的行为准则，并且给孩子设置一个框架，在这个框架内，你的孩子可以自由的生活，没有不必要的控制。研究表明，过于苛刻或总是变化的规矩对孩子都会造成不利的影响。理想的家长是温暖的、富有爱心的、宽容而体谅，并且一直鼓励孩子独立的家长。

育儿最重要的要领之一，就是在孩子的成长过程中，家长始终在孩子面前以身作则，一个男孩看着自己的父亲，就会马上知道别人期待自己长大后成为什么样子。他会以父亲为模板，学习父亲的言行和各种习惯。

同理，女儿从母亲那了解到别人对她的期待，了解到成为女人该是什么样子。正是从家里的氛围和在家里看到的行为，孩子们最初学到了社会行为和社会角色。随着孩子们的渐渐成长，他们会基于家长的言行来决定自己的道德观和他们自己的标准。单亲家庭的孩子也能茁壮成长，但是很显然，有两个可对照的模板的双亲家庭要比只有一个的单亲家庭好。

我坚信儿童需要兴趣、帮助、教导、建议，以及父亲的爱。当然，在制定纪律方面，家长双方都需要参与，因为家庭作为一个单位需要作出各种重要的决定，而且孩子们应该看到家长在他们生活的重要时刻一起表现出兴趣，一起做出决定。

抚摸的重要性

我的母亲和很多她们那一代的母亲，总对孩子说“不打不成器”这一谚语。他们维护纪律的方式不只是语言、行动、奖励和惩罚，还有很多形式的体罚。

在我的思想里，“溺爱”是个很危险的词，因为很多人混淆了爱和溺爱，而且对于宝宝来说，不存在过度的爱。关于如何爱一个新生宝宝，推荐两个经验：第一是母亲的抚摸，第二是母亲的说话声。我坚信宝宝与这两件事有密切的“联系”。换言之，宝宝能识别出喂养她、爱她和抚慰她的母亲的抚摸、气味和说话声。母子间爱的关系的一个最重要的方面是抚摸，宝宝最初体验的抚摸应该是温柔的、轻缓的，而且表达出对宝宝的欢迎。

我们人类不是唯一知道抚摸的重要性的动物，纵观整个动物王国，大多数动物都了解其重要性，对一些颇受争议的好动的动物的实验可佐证这一点。在一个著名的猕猴实验里，科学人员将小猕猴分成了两组，这些猕猴在年幼时，被人从猕猴妈妈身边带走，现在已经长大到可以自己生存的年龄。科学人员给这两组猕猴分别找了个“代理妈妈”，一个是“金属丝妈妈”，它是由金属丝缠绕而成的有母猴外形轮廓的假猕猴，另一个是“柔软的妈妈”，它是用另一个金属丝所做的假猕猴外表覆盖了一层类似羊毛的材料。在第一组，实验人员在“金属丝妈妈”身上安装了喂奶装备，可为小猴提供奶，而第二组假猕猴上没有安装。实验人员以为小猕猴们会钟爱那个能提供食物的妈妈，然而，他们发现，小猴们都拥向了那个毛茸茸的“柔软的妈妈”，不论它能不能提供食物，小猴们只是偶尔在需要进食的时候才去找那个“金属丝妈妈”。有时候，它们为了能依偎在这个柔软的妈妈身上，甚至可以不进食。可见小猕猴们对柔软、舒适和抚摸的需求有多大。在动物繁育基地的早产动物特别护理中心里，工作人员一般会给动物宝宝柔软的、毛茸茸的毯子，因为这样能使它们有被抚摸的感觉。惊人的事实是，这些宝宝会比只给亚麻或棉质的床单的宝宝长得更好，体重增加得更快。

所有这些结论对家长来说都是非常重要的。如果你想要你的宝宝快乐，体重增加，茁壮成长，一个非常重要，并且你能做到的方法就是拥抱，再拥抱，以及更多的拥抱！利用一切机会去轻抚、轻拍或触摸你的宝宝，通过各种动作表达你的爱。

你和宝宝的第一次对话

与你的宝宝保持这个神奇的距离—25厘米，你的宝宝能清晰地看见你，并且通过嘴部运动和舌头运动对你“说话”。

父亲的角色

有很多你能与宝宝分享的事情。例如，在他面前演示如何刷牙。

如果你在做这些身体接触动作的时候，一边对宝宝温柔而充满爱地说一些话，脸上挂着大大的微笑，而且与你的新生宝宝保持在 20 厘米 –25 厘米的距离，那么你将会给她的人生一个开门红。

爱不是专一的

过去人们通常认为母子关系是独一无二的，母子间牢不可摧而健康的关系是孩子心理健康的关键，而且更重要的是，照顾孩子这件事就应该由母亲垄断。人们还认为孩子无法对一个以上的人产生依赖感，唯一依赖的人当然应该是母亲。这种老观念给母亲造成了巨大的心理负担，还导致她成为包括伴侣和家人等所有这种观念的人施加压力的对象。

研究表明，这种观念几乎毫无根据。宝宝没有被限定只与一个人有单一的关系。一旦你的宝宝达到了开始与任何人建立依附关系的阶段，她就会有能力同时与很多人保持依附关系。随着年龄的增长，大多数宝宝可以同时与很多人建立特定的依附关系——5 个或以上。在 18 个月至 3 岁间，他们就已经与邻居、祖父母们建立了依附关系，当然，在这之前还有更重要的人物，就是父亲。研究的另一个结果是，即使宝宝同时与好几个人建立了依附关系，也不会对谁厚此薄彼。一个婴儿与他人建立依附关系的能力不是必须切分的蛋糕，她的爱是没有界线的。

给予宝宝与多人建立依附关系的能力，母亲和孩子的关系没有理由不能与几个人分享。此外，母亲不一定必须是生物学母亲。根本没有证据表明孩子与承担养育角色的无关系的成年人生硬的关系不会改变。那种认为只有生母才有能力照顾她的孩子的观念是毫无根据的。没有任何医学上、生理学上或生物学上的原因限定只能由女人照顾孩子。事实上，支持父母双方共同分担照顾孩子的呼声已此起彼伏，势不可挡。

照顾孩子的一致性

一个婴儿可以建立多重的依附关系，此外，研究还显示，这种人际关系取决于互动的质量而非时间的长短。关于母亲是否必须成为婴儿每天持久不变的伙伴的争论已经结束。在一起的时间可以度量，品质如何却无法度量。成年人在与宝宝的互动中所表现的个人特质非常重要。假设这些都能完全用语言表达，我们就可以知道所谓母子一刻也不该分离的观点没有道理了（举个例子，母亲出去工作，或者全家欣然地安排把宝宝送进日托）。

然而，对于换成他人照顾孩子，必须保证这样一条重要的前提：照顾孩子的一致性和质量。如果负责照顾孩子的人总是在换，孩子会很受干扰。孩子也许不需要一致的照料者，但她需要照料的一致性。你和伴侣都不在家的时候，确保宝宝能得到始终如一的照料是你们的责任。

1 新生儿

你的宝宝在刚出生时将会马上接受检查。医护人员还将测量他的体重、头围、长度，以此形成一个基准，用于日后评估宝宝未来的发展。不要拿你的宝宝与他人比较，医生和助产士也不会的。唯一可比的应该是宝宝在不同阶段的自己。婴儿平均出生体重为 2.5 公斤 -4.5 公斤，不过，如果你的宝宝的个头略小也不用担心。根据遗传、种族和营养，所谓正常范围也会有所变化。新生儿的平均长度是 48 厘米 -51 厘米，同样，偏差大一点也是常见的。

身体印象

头

大小 新生儿的平均头围约 35 厘米。头部相对于身体其他部位略显大，头部的长度占到身体的 1/4，而成年人的比例为 1/8。

形状 你的宝宝的头在出生后不大可能是完美的圆形，但不管它看起来如何崎岖不平或臃肿，宝宝的大脑都没有受到伤害。因为婴儿的头骨是大自然特别设计的，在分娩时头骨间可以相互移动，从而使作为婴儿身体最大部位的头部可以轻松通过产道。出生后不久，宝宝的头将会恢复为圆形。

有时，婴儿头颅的一侧或两侧会出现大而坚硬的肿胀，而且不会马上消退，医学上称之为头颅血肿。这是分娩时子宫产生的自然压力所造成的。它在头皮上呈现出大块儿的淤青，在颅骨之外。这种肿胀并不会对婴儿的大脑造成压力，几周内无需治疗便会自然消退。

如果分娩时使用了产钳，那么造成淤青是相当普遍的，它会在婴儿的头部两侧留下浅浅的压痕，而压痕会在几天后自然修复。

囟门 囟门是婴儿头顶上柔软的天窗，是出生后没有关闭的部分，它们要到宝宝两岁的时候才能完全融合。尽管覆盖这部分的头骨很坚硬，但要保证这个部位

抱你的新生宝宝

除了你的皮肤，你的新生宝宝还喜欢闻你皮肤上散发的气味，你的气味可以让宝宝有踏实的感觉。

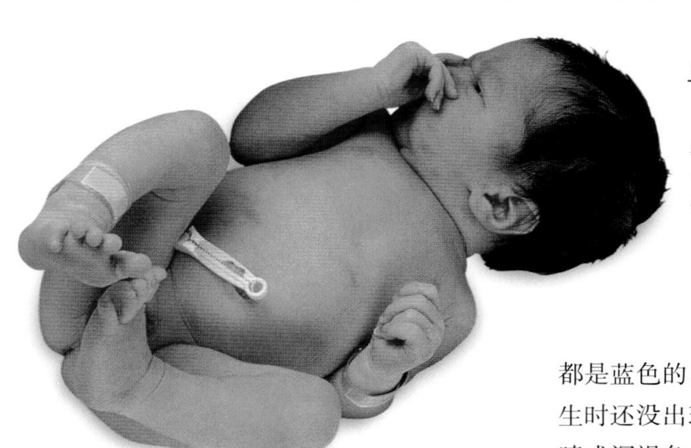

宝宝的身体

新生宝宝的腹部可能会圆鼓鼓的，而四肢可能会又瘦又小，这些都是正常的，而且很快会改变。

不要受到强烈的挤压。囟门的作用是允许柔软的头骨在分娩时“塑型”，这是为了婴儿的头在通过产道时不伤害大脑。对于囟门和它上面的皮肤和头发，不需要特别的护理，但是如果你注意到在这区域上的皮肤很紧，或者如果发现这里凸起，或看起来是不正常的收缩，应马上联系你的儿科医生。

眼睛

外观 大多数婴儿在出生时眼睛是鼓鼓的，这是自然分娩时的压力造成的。这种浮肿在几天内会消失。

不要以为你的宝宝眼睛流出分泌物是正常的。他可能是患了一种常见的轻度结膜炎。这必须交给医生处理，而不是由你来处理。永远不要给宝宝用你自己的滴眼液或眼药膏。

颜色 所有白种人出生的时候眼睛都是蓝色的，这是因为身体的黑色素在出生时还没出现，如果宝宝以后将有褐色眼睛或深褐色皮肤，那么他的颜色会在几周或几个月内改变，而眼睛和皮肤变成他们永久的颜色大概需要 6 个月的时间。

眼睛的功能 刚开始你可能会发现很难让宝宝的眼睛睁开，但一定不要尝试强行拨开它们。我找到了几个让宝宝睁眼的办法，其中一个最简单的办法就是把宝宝举过头顶，然后等着他睁开双眼。

你可能会发现，你的宝宝第一次睁开眼睛的时候是眯着眼睛的。无需担心，这是因为宝宝还没学会两只眼睛聚焦在同一物体上，这种情况会在宝宝一两个月学会聚焦的时候慢慢消失。请注意，如果他 3 个月大的时候还眯着眼睛，你就需要寻求医疗建议。

眼泪 你会发现小宝宝在哭的时候是不流眼泪的。宝宝通常要到四五个月的时候才哭出“真正”的眼泪。

嘴

水泡 这种水泡通常出现在宝宝的嘴里，是由吸吮造成的，它没有危害，而且会自然消失。

短舌头 宝宝的舌头可能几乎完全贴在嘴底。用不着担心，他的舌头会在第一年一直生长，而且主要是从舌尖生长。

皮肤

胎儿皮脂 你的新生宝宝的皮肤上可能会覆盖一层白色油脂状物质，即胎儿皮脂。有的宝宝的脸部及全身都会有胎儿皮脂，有的则在脸上或手上等局部位置。医院处理胎儿皮脂的手段多种多样，过去，人们通常会在宝宝刚出生后小心地将它清除，现在的做法则是保留不动，因为它可以对较小的皮肤感染提供天然的屏障。现在，人们普遍认为没必要清除胎儿皮脂，除了因为它的保护功能，还因为它会在两三天内被皮肤吸收。但是，如果皮肤上的胎儿皮脂堆积过多，为了防止过敏，需要将其清除。

肤质 你的宝宝的皮肤刚生下来可能是干燥易脱皮的肤质（必须是手掌和脚掌部位也很明显）。这不是湿疹，也不意味着他永远是干性肤质。婴儿皮肤干燥的情况大多会很快消失。

肤色 你的宝宝的上半身皮肤可能会颜色苍白，而下半身发红。这是因为宝宝的循环系统尚未成熟，导致血液流向较低的肢体。只需挪动他就可以纠正这种情况。

你可能会发现你的宝宝的手或脚的颜色发蓝，尤其是他躺着的时候。同样，这是宝宝相对低效的循环功能造成的，把宝宝抱起来或者挪动他就可以改善。尽量将宝宝的房间保持在16℃ –20℃。看起来像淤青的蓝色胎记（又称为蒙古蓝斑）通常出现在宝宝后背下面（几乎所有的非洲和亚洲的婴儿都有这种胎记），这种胎记完全没有危害，而且会慢慢自然消失。

黄疸 很多新生儿在出生第三天会出现轻微的黄疸（皮肤和眼白发黄的症状）。这是生理性黄疸，不是病。它是由于宝宝的血液中高含量的原始的红细胞在宝宝出生后被分解造成的。红细胞被分解后，它的一种构成要素，叫做胆红素的黄色素会在血液中增加，导致皮肤和眼白变黄。只要宝宝进食良好，生理性黄疸在第一周结束的时候应该会消失。

脐带

宝宝在出生的那一刻，腹部大约8厘米–10厘米的脐带马上会被剪掉。脐带末端会被小夹子夹住，这个残余部分会在10天左右干枯和脱落。有的宝宝会得脐疝（肚脐附近有小的肿块），但一般在1年内会自行消失。如果你的宝宝得了脐疝，而且在变大或者一直存在，就需要看看你的儿科医生。

乳房

男婴和女婴在出生时乳房都会肿胀，有的甚至还分泌出一点乳汁，这是由存在于宝宝身上的女性荷尔蒙引起的，宝宝出生后，身体里的荷尔蒙水平会自然调节。切记不要尝试挤出乳汁。乳房的浮肿现象会在几天后消退。

生殖器

男婴和女婴在刚出生时，生殖器相对于身体其他部位会显得比较大，阴囊或外阴甚至发红，看起来像是发炎的样子。这种情况是自然的，是由母亲的荷尔蒙通过胎盘进入胎儿的血液所造成的。这种荷尔蒙也可能会引起女婴阴部出现透明或白色分泌物，甚至少量出血。同样，这也是正常的，这种症状会在几天后消失。不过，如果你还是很担心，可以联系你的儿科医生。

大便

宝宝的第一次大便通常是墨绿色的，黏稠而没有气味，这是因为它主要是胎便，而胎便是由宝宝的肠内的黏液腺分泌的可消化的黏液构成的。排便是你的宝宝在前 2–3 天仅有的运动。在接下来的三四天，你会慢慢发现宝宝的大便颜色发生了变化。大便的外观和恒定性取决于宝宝是母乳喂养还是人工喂养（见第 134 页）。

常见的瑕疵

胎记

宝宝的皮肤上有小的红色胎记是非常普遍的，尤其是在眼睑和额头上，如果你撩起头发，后颈的发际线下面也能看到。这是由皮肤表面附近的微小血管扩张造成的，传统上称为“鹳叮咬”。我有两个儿子曾有这种胎记，但后来就像大多数孩子一样，在他们 6 个月的时候就消失了。而有些婴儿的这种胎记可能要 18 个月才消失。

另一种常见的胎记是“草莓胎记”。这种胎记在宝宝出生后的几天出现，但是大概会在 3 岁渐渐消失。如果你担心宝宝的胎记，可以咨询到家探访的保健员或你的儿科医生。

斑点

婴儿的鼻梁部位长出白色小斑点是正常的，这种斑也叫做粟粒疹。它们是由汗腺和负责分泌皮脂的皮脂腺暂时堵塞造成的，没有什么不正常，所以不要挤它们。一般在几天后它们就会消失。

荨麻疹和皮疹

许多宝宝会患上小儿荨麻疹。宝宝的皮肤变成红色，而且遍布小白点，这种现象出现和消失都相当快。这类皮疹只持续一两天，然后无需治疗就会自行消失。如果你有疑问，可寻求医疗建议。

胎毛

婴儿在出生后身体上数量不等的毛发叫做胎毛。有些婴儿只在头上有柔软如绒毛的头发，有的则在肩膀到脊背的下面都覆盖了一层粗糙的毛发。这两类胎毛都很正常，通常在宝宝出生不久会自行脱落。

新生儿的行为

如果你在宝宝生命最初的两三天内将精力全部集中到他身上，仔细观察他的动作，你会熟悉正常的婴儿的行为，并习惯你的宝宝的特质。学会了解他所发出的信号很重要，尽量多和宝宝在一起，观察他、喂他、跟他玩。

如果你仔细观察他，你会发现几件意想不到的事情：他可能会毫无原因的突然颤抖，可能会发出抽鼻子的噪音，使你怀疑他的鼻子或呼吸道堵了，他甚至可能会停止呼吸几秒钟。这些都没有什么不对劲儿的。在出生后的几周内，医院会给你的宝宝做听力筛查。

声音

呼吸声 婴儿的肺很小，相对于我们，他们的呼吸非常浅。你最初见到你的宝宝的时候，估计都觉察不到他的呼吸。不要害怕，因为宝宝的呼吸会一天天变强的。

所有新生儿在呼吸时都会制造出奇怪的声音。有时他的呼吸会很急促，很吵，有时会变得不规律。你的宝宝可能每次呼气和吸气都会抽鼻子，让你以为是感冒了。没有必要担心，因为有的宝宝的鼻梁比较低，抽鼻子是因为气体通过狭窄的鼻道而造成的。随着宝宝的渐渐长大，他的鼻梁会变高，发出鼻塞声音的状况会自然消失。

另一方面，如果宝宝抽鼻子的状况影响到了吸吮，那么你应该问问你的助产士、到家探访的保健员或医生，因为在宝宝进食前，你可能需要用滴鼻液处理一下他的鼻子。注意，滴鼻液的使用必须遵医嘱。

然而，如果你发现宝宝呼吸吃力，特别是如果他每次呼吸胸部都剧烈地起伏，并且呼吸频率达到或超过 60 次 / 分钟，就应该格外关注。这些都是需要马上寻求医疗救助的信号（见第 310 页）。

打喷嚏 宝宝对强光很敏感。刚出生的几天，只要他睁开眼睛，就会打喷嚏。这是由于光刺激宝宝的眼睛和鼻子内的神经造成的（下次你也可以拿自己做实验，在你感觉快要打喷嚏的时候眼睛看一下强光，你会发现那样很容易让你喷出一个大大的喷嚏）。即使你的宝宝总是打喷嚏，也不一定意味着他感冒了。宝宝的鼻腔内是非常敏感的部位，打喷嚏是在清理鼻腔通道内的异物，防止灰尘进入肺里的重要手段。

打嗝 新生儿很容易打嗝。无需担心，这也是正常的。打嗝是由隔膜突然无规律的收缩造成的。宝宝的打嗝意味着参与呼吸的肌肉（位于肋骨、隔膜和腹部的肌肉）变得越来越强壮，并且正在为能和谐地工作做自我调整。

反射和动作

所有的新生儿都有反射，这是保护自己的本能动作。这种反射在宝宝 3 个月的时候，形成了主动的常规性动作后会被取代。最容易引起宝宝发生反射的两个理由是保护眼睛和保持呼吸畅通：如果你触摸宝宝的眼睑，他会闭上眼睛，如果你用大拇指和食指轻轻捏住他的鼻子，他会奋力挣脱。

觅食反射　你会发现，如果你用手指轻轻碰一下宝宝的脸颊，他会朝着你的手指的方向扭过头，张开小嘴。宝宝在寻找你的乳房准备开始进食的时候会有觅食反射（见第 91 页）。

吸吮反射　每个婴儿出生后都对吸吮有反射，你的宝宝也一样，如果你把什么东西放在他的嘴里，或用一只手指按住他的上牙床后面，他会使劲地吸吮。婴儿在吸吮时，其动作极为用力，用手指或乳头对宝宝的吸吮刺激结束后，这种反射仍会持续一段时间。如果你打算母乳喂养，最好在分娩后尽早让宝宝接触你的乳房。你的宝宝必须要习惯母乳喂养的真实技巧，同样，你也要习惯如何哺乳，因此，如果宝宝有强烈的吸吮欲望，这样的刺激会很有裨益。

吞咽反射　所有新生儿都会吞咽，因此他们能一出生就马上吞咽初乳或牛奶。

行走反射　新生宝宝会有双脚行走的反射，如果你支撑起宝宝使他身体直立，让他的双脚碰到地面或硬物，他会移动双腿，做出行走的动作（见第 188 页）。此

新生儿的反射

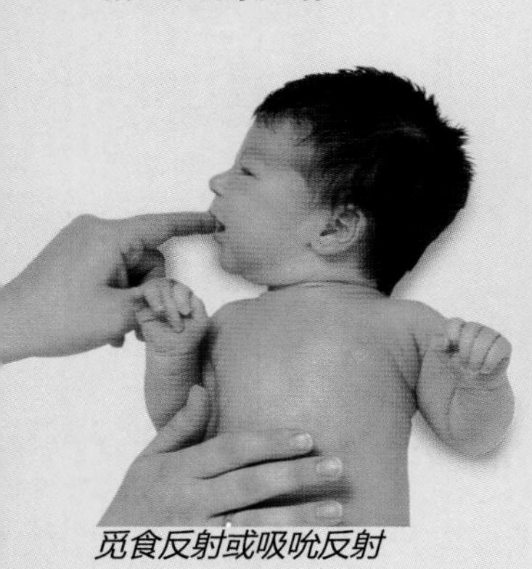

觅食反射或吸吮反射

如果你用手指轻轻碰一下宝宝的脸颊，他会本能地将头转向你的手指那个方向。

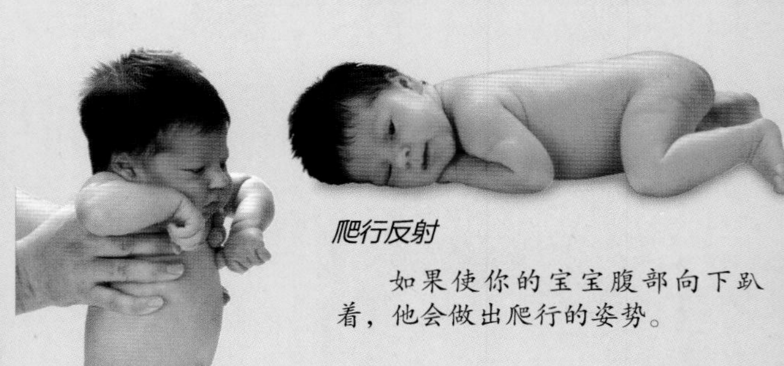

爬行反射

如果使你的宝宝腹部向下趴着，他会做出爬行的姿势。

行走或踏步反射

如果你架起宝宝的两只胳膊，使他身体直立，让他的脚碰到地面或一个硬物，他的腿会移动，做出行走的动作。

外，如果你支撑起宝宝使他身体直立，让他的腿轻轻碰到硬物的边缘，他会自动地抬起脚，做出踩踏的动作。不要误会，这不是促使宝宝站立和行走的反射。

爬行反射 如果你把新生宝宝翻过来，使其腹部向下趴在床上，他会摆出爬行的姿势。这是因为他还在子宫的时候腿就是朝着身体弯曲的。在你的宝宝踢腿的时候，他甚至有可能在一个类似爬行的姿势下蠕动身体，而且真的能在床上移动一两步。一旦宝宝能够把双腿伸直平躺，这种反射就会消失。

震响反射或莫罗反射 如果新生宝宝听到近处一声巨响，或者被人粗暴地抱起，他会突然挥舞胳膊和腿，同时手指张开，像是试图抓住什么东西，之后他会慢慢放下四肢，膝盖恢复弯曲，重新握紧拳头。这是新生儿对外界刺激的强烈或"激烈"的反应，多数新生儿都会有这样的反应。例如，当你的小宝宝看见你的时候，他会动用全身来跟你打招呼，直到他八九个月，才会改成用微笑或伸手触摸这种更成熟的方式跟你打招呼。

抓握反射 新生儿会不自觉地用力弯曲手指，握住放在他们手掌里的任何东西。他会抓得很紧，这种反射在新生儿刚刚出生的时候就会相当强，如果他要抓住你的手指，似乎他的全部力量都在配合这个动作。这种反射会在宝宝大约 3 个月的时候消失。同样，如果你触摸宝宝的脚底，你会发现他的整个脚底都会向下弯曲，像是想抓住什么东西。

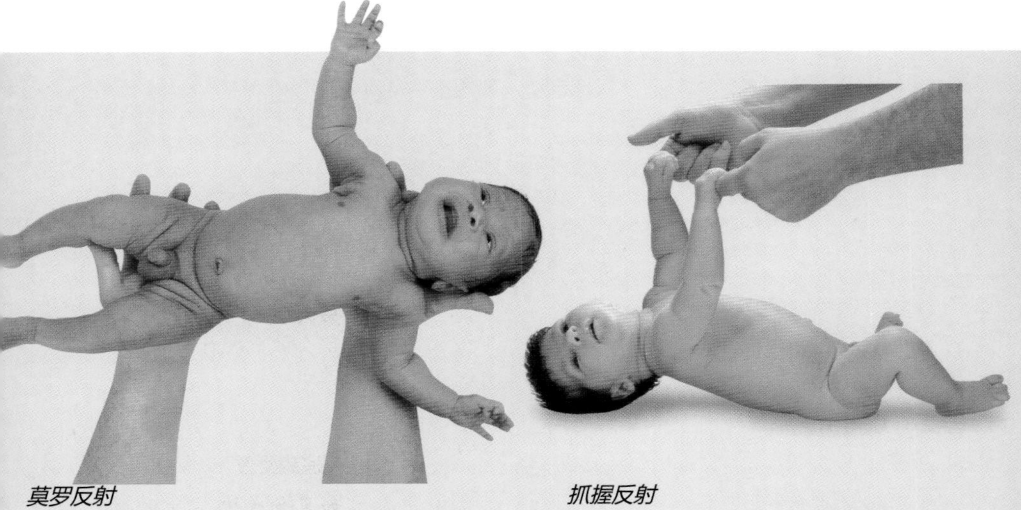

莫罗反射

如果你使宝宝的头部向后坠落，他会瞬间挥舞四肢并张开手指，之后会向着他的身体方向慢慢恢复原位。

抓握反射

如果你把一个物体放到宝宝的手掌上，比如你的手指，他会握住它，并且抓得异常紧。

关系

新生宝宝在刚出生的头几天，大部分时间都是在睡觉，所以在宝宝醒的时候你最好花全部的时间陪他。研究表明，与母亲的身体接触，母亲说话的声音，以及身体的气味在宝宝人生的最初几天是非常重要的。在这段时间，宝宝会与母亲建立一种爱的关系，如果受到母亲的鼓励，将会成为独一无二且牢不可摧的关系。

建立母子关系是哺育孩子并保证人类种族延续的自然方式。然而，无论你采用的是母乳喂养还是人工喂养，在你给宝宝喂食、换尿布或拥抱他的这些普通动作中，他都会自然得到他所需要的亲密接触。他将会认识你，识别你的气味和说话声。

假如出于某种原因，你的宝宝被送到育婴室进行观察，或者被送到新生儿监护（特别护理）病房，你要尽可能多去看他，即使他被放在保温箱里特别护理，你也能从观察孔里触摸和护理他，和他说话，而且如果可能的话，给他喂奶。尽量减少与你的宝宝分离的时间。

眼睛交流必不可少

无数的研究都指出一个事实，就是在宝宝出生后，母子间的身体接触开始得越早越好。此外，如果有可能，眼睛的交流也应尽早开始。儿童发展专家们过去常说，新生儿无法看清东西，除非等到他的眼睛能够聚焦以后，但在此之前他能够识别形状和轮廓。在宝宝出生后的36个小时内，他能认出你的脸的形状和轮廓。研究还表示，一旦你的宝宝发现了你的眼睛，他会寻找它们，并努力聚焦在它们上，而且宝宝的这个行为在刚出生几个小时内就开始了。我清楚地记得，在我的第二个儿子出生后的一幕：当我把他抱入怀中，呼唤他的名字，他听到了我的声音，立刻睁开了眼睛，小眼珠还滴溜溜地转，扫了整个房间一遍后，最后把目光落到了我的脸上。

据研究显示，如果母亲很早就开始与宝宝进行眼睛交流，并且一直坚持，尤其是在喂奶的时间总是面对着宝宝，深情地注视他的眼睛，这类母亲会更有同情心，更体贴，而且在遇到问题时通常更冷静，他们往往是靠有逻辑的讨论解决孩子的问题，很少会采用体罚。

早期的身体接触

在最初的几天，你应该尽量多与你的宝宝接触，我说的“接触”是指用你的身体接触，比如用背带把宝宝贴在你的身上。近几十年来，众所周知，总被背在母亲后背上的婴儿很少会哭，就像印度、因纽特，以及一些非洲部落的孩子。与母亲近距离的身体接触可以让新生婴儿感觉踏实。母亲的身体柔软又温暖，她的气味如此熟悉。在宝宝将头靠在母亲的身上的时候，他会再次听到在母亲的子宫里听了9个月的熟悉的心跳声，他会有安全感和在自己的地盘上的感觉。母亲摇摆的身体可以给宝宝

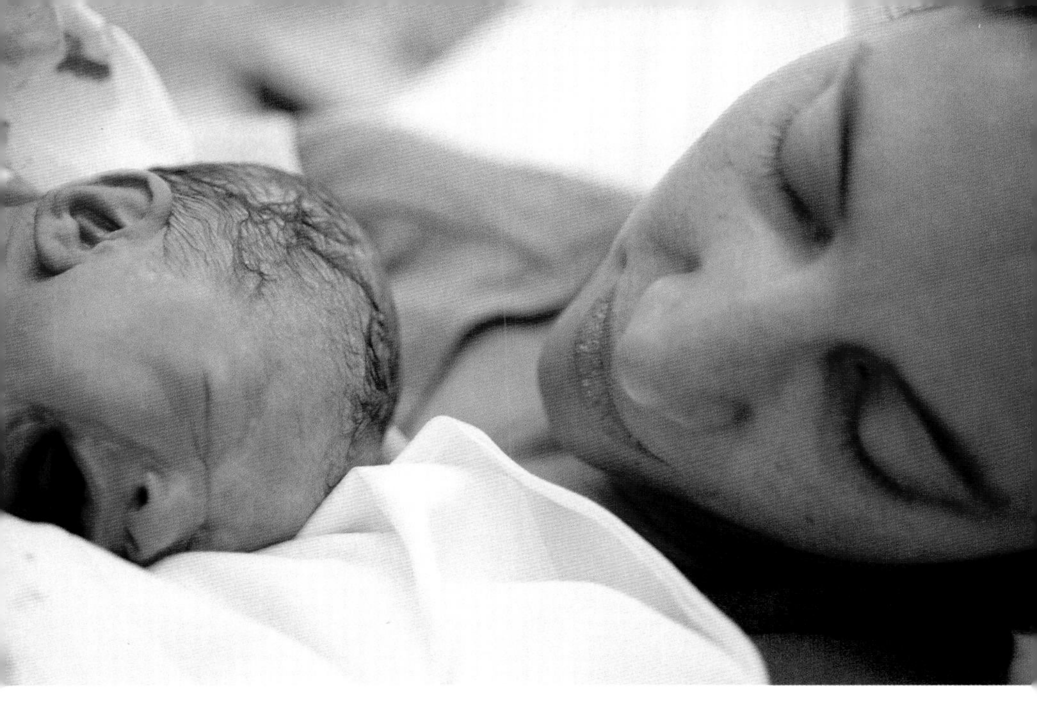

更自然的感觉，这样尤其能给宝宝带来在子宫里的时候小屁股被颠来颠去的回忆，这样要比一动不动地躺在婴儿床的毯子上更舒服。

气味的重要性

要知道，你的气味是你的宝宝最初将之与你联系在一起的因素之一。你可以散发出一种让你的宝宝敏感，并且起生物学反应的气味。无论何时，只要你走进正在睡觉的宝宝的房间，他就会醒来，而如果换成别人，包括你的伴侣，他仍会继续睡觉。这是因为你的宝宝对你释放的名为费洛蒙的化学物质有非常敏锐的感官，他醒来是因为他认出了作为舒适、快乐和食物的主要来源的你。

第一印象

你的新生宝宝仍将覆盖着一层胎儿皮脂。现在人们已经不再清除它，因为它是宝宝最好的润肤霜。

声音及其作用

新生儿不喜欢噪音。在宝宝慢慢习惯你的声音的过程中，要用温柔、抚慰和轻柔的声音对他说话，或给他唱歌。牛津大学的一项研究表明，相对于低声调的男性声音，宝宝们更喜欢高声调的女性声音。对宝宝来说，母亲的声音几乎就像一种治疗法。只要和宝宝在一起，你就应该跟他聊天，给他唱歌或低声哼唱。每个小宝宝都喜欢儿歌和简单的歌，尤其是有明显的节奏和韵调的歌曲。研究表明，很早就开始听歌的宝宝会很快形成对语言的感觉，而且说话和阅读会稍微早些。

母亲的爱

尽管会很疲惫，但是大多数母亲在宝宝出生后都是幸福的，因为她们感觉到了对孩子的爱。然而，也有少数母亲一开始却发现自己什么也感觉不到。

现在我们知道，母爱从最简单的层面来讲，是对荷尔蒙的一种反应。几乎就是在分娩结束的那一刻，大脑会制造出一种叫做催产素或催乳素的荷尔蒙，它会引发哺乳行为，同时也对母性的感觉负责。不同的妇女对这种荷尔蒙会在情感上作出不同的反应，有些妇女可能会发现她们对宝宝的爱的形成需要更长的时间。

母亲对自己的宝宝的感觉同样还受其他因素影响，包括分娩的情况，以及她对分娩和宝宝的期待。宝宝的到来出现了一个扫兴的结果并不是罕见的事。即使分娩的经历短暂而顺利，它也是个非常戏剧化的事情，而且很难请人再次出演。

相反，如果分娩很艰难，时间很长，或者使用了药物，母亲可能会因过于疲惫或麻木而感受不到对宝宝伟大的爱。还有，

快速辨认

在有些宝宝身上，你能马上认出他们的家族遗传特征，有的宝宝则不太明显。父母们永远能认出自己的宝宝。

面对新生宝宝，她可能会有不切实际的想法，比如想马上让人验血证明宝宝是她自己的骨肉，或者马上要辨别出宝宝哪里长得像自己，哪里像爸爸。事实上这是少见的，但也需要知道。

然而，大多数母亲在宝宝出生后的48–72个小时，会发现自己对宝宝的爱越来越浓。到了第三天，她们能明显感觉到自己对宝宝的爱。但是如果这个爱要花上几周甚至更长的时间才出现也不足为奇。

花时间和你的宝宝在一起

一个母亲在她的宝宝生命的最初几天与宝宝相处的时间，会影响她日后对宝宝的反应。在一项实验中，病房中的一组母亲只被允许在她们的宝宝刚出生的3天内与宝宝例行接触。而同一病房的另一组母亲则被允许在这3天内可与宝宝多接触15个小时。之后，这两组母亲均在1个月和1年后接受了回访。调查结果揭示了惊人的不同：与宝宝在一起时间更长的那组母亲，在离开她们的宝宝时表现得更不情愿，她们对宝宝的哭声的回应更为积极，在喂食的时候与宝宝的眼睛交流更多，而且照顾得更细心。这个不可思议的结果，只是因为在宝宝生命的最初3天里多出来的15个小时的接触。

虽然早期的身体接触能够帮助建立与宝宝的爱的关系是毋庸置疑的事实，但是它这不是发展母亲的情感或父亲的情感的唯一要素。在一项对早产儿的研究里，早产儿要与家长经历最为残酷的分离，因为他们会被放置在早产儿保育箱里较长一段时间，在这个实验中，早产儿的母亲们被分成了两组。第一组母亲在几个星期内只被批准站在保育箱里看着宝宝，如同医院的常规做法一样，而第二组母亲则被批准从第二天起就可以在保育箱内接触和照顾她们的宝宝。这两组母亲分别在1周后、1个月后和宝宝出院后接受了回访。结果并没有发现这两组宝宝有任何明显的不同。这个重要的研究表明，新生儿对母亲的依赖可能没那么容易被短期的分离影响。另一方面，这会为养父母们带来了小小的福音。

母性本能

母性这个东西，要比简单地在分娩时对荷尔蒙变化的依赖复杂多了。关于女性的母性本能是如何发展起来的，最常见的解释是它萌芽于她们的童年时期。在女性人生的早期阶段，爱是在一个相互作用的基础上发展起来的。这来自于她们自小被父母疼爱的经历，她们的父母给了她们一种爱他人的能力，父母的爱能够使孩子们在以后的人生中将爱回报给父母，或转移给他人。换言之，被爱的体验会使一个孩子适合爱别人。如果一个孩子被剥夺了爱的体验，爱的能力就会受阻。这就是为什么你的孩子需要你爱的呵护和关注的原因。

2 装备

在预产期的前两个月，你就应该购置物品，因为那个时候你还能自己购物，而且你在那个时候会觉得自己的精力相当充沛。对于“必需品”，你可能将会面对看似无止境的选择，但是不要被那些精明的广告动摇。问问你的朋友或亲戚，看看他们觉得哪些东西有用，更重要的是，哪些东西他们买了但从未用过。

选择装备

到商店逛逛,看看哪些东西能够买到，然后再做出最终选择，此外，要将你的生活方式考虑进装备的购买中。举个例子，如果你觉得把宝宝放在水槽里洗澡你会更从容，那么就用不着只是因为大多数人买了浴盆，而给你的宝宝也买个浴盆。

同样，如果你真的喜欢大个儿的婴儿推车，而且你家有足够大的客厅，以及在带着宝宝到附近的商场和公园时，那些地方有畅通的通道，而且你们能负担得起，那么就别犹豫，买一个。有些人认为在孩子出生前买太多东西不吉利，完全不用理会这种观念。检查一下，看看你是否筛选出哪些是你需要但可以等你准备好了再买的装备，可以放到以后再买。

二手货也不错

没有必要什么都买新的。宝宝长得很快，所以很多短期必需的物品在两个月左右就会没用了。很多家庭乐于赠送或卖掉这类物品，所以你可以留意当地报纸的公告栏、儿科医生的办公室，留意附近的家庭车库旧货出售，以及一些相关网站。在我买二手货的时候，我会给自己定下一条规矩，就是要仔细检查，除了检查一般磨损和裂纹，还要检查所有物品的表面是否光滑，是否生锈，如果可以的话，我会弄清楚它们是否符合最新的安全标准。

然而，永远不要买二手的汽车座椅。因为那有可能是在交通事故中有损坏的座椅，也可能丢失了原始的安装说明，那样会很难安装。

在宝宝出生前不要买太多衣服，只买必须准备的基本的衣服（见第 40–42 页）。你会发现有些亲戚和朋友喜欢给自己的孩子买衣物，他们的旧衣物可以帮你避免购买很多重复的东西。

购买汽车座椅

这是必须买的装备。你们不能开一辆没有婴儿汽车座椅的汽车把宝宝从医院带回家。购买汽车座椅的时候要检查它是否舒适，是否有可以安在一种特殊的手推车车架的插口。理想的汽车座椅有一个横跨宝宝胸部的安全带。

换尿布和洗浴装备

新生宝宝：

- 带储物柜的换尿布区域。
- 可填充式换衣垫。
- 外出换尿布的袋子，以及可折叠的换衣垫。
- 婴儿浴盆。
- 棉球。
- 婴儿湿纸巾。
- 婴儿润肤油。
- 防晒霜。
- 大的柔软的浴巾。
- 毛巾或海绵。
- 婴儿发刷。
- 钝头的剪刀。
- 4 包一次性纸尿裤。
  或
- 24 片布尿布。
  尿布衬垫。
  别针或固定器。
  塑料尿裤。
  2 个尿布桶。

较大的宝宝：

- 牙刷。
- 浴盆座和 / 或大浴缸用防滑垫。
- 便盆。
- 用于进入水槽的脚凳。

便盆的选择

大约在你的宝宝快 1 岁，该需要一个便盆的时候，给他买一个适合的便盆。

换尿布和洗澡

如果你想拥有一个专门给宝宝更换尿布的区域，但又不想建造一个，或用诸如五斗柜的家具改造而来，那么宝宝更衣柜可能正好适合你。确保它平稳，而且有很多的存储空间。现在越来越多的家长发现在多屉柜子上，或者在地板上放个填充式换衣垫比较实用。

如果你不想在厨房水槽里或洗手间的脸盆里给宝宝洗澡，那么你会需要一个婴儿浴盆。有的婴儿浴盆可直接放在地上使用，有的则需要架在一个底座上，或安装在浴室里。选购浴盆时尽量选择一个水满

宝宝的洗澡盆和换衣垫

可以给一个小宝宝使用带底座的婴儿浴盆，或者你可以直接把浴盆放在地上。换衣垫对大多数家长来说是必不可少的东西。

时也不会太重且容易把水清空的浴盆。

喂食

如果你采用母乳喂养，那么你需要的装备会很少，只需哺乳文胸、防溢乳垫，如果你想挤出一些乳汁，那么还需要 2 个奶瓶和 1 个吸奶器。人工喂养的母亲则需要购买一整套喂奶装备。市面上有很多种奶瓶和奶嘴卖，有的奶嘴的外观是为了适合宝宝吸吮而设计的，有的则是模拟人的乳头设计的。

在你的宝宝到了该添加固体食物的时候，你将需要一套捣烂食物的工具，以及不易碎的盘子来配合捣烂食物。你还可以买能够保温的特殊盘子，当然，因为这不是必需的，你也可以不买。围嘴中，最实用的当属带有能收集口水和食物残渣的袋子又方便清洗的塑料围嘴。

对于大一点儿的宝宝，你还需要一把高脚儿童餐椅。可供选择的儿童餐椅款式相当多，但在挑选时有几条基本原则是不变的，一是确保椅子平稳；二是外表可擦洗；三是餐盘要有边框；可以阻挡液体流出；四是要有安全带，而且万一宝宝被食物卡住喉咙，你要确保餐椅上的安全带能立刻打开。有的儿童餐椅的搁脚板和座位是可调节的，这样的儿童餐椅能用到孩子几岁大。

喂养装备

新生宝宝——母乳喂养：

- 哺乳文胸。
- 防溢乳垫。
- 吸奶器（如果你需要挤出乳汁）。
- 用于存储母乳的容器或瓶子。

新生宝宝——人工喂养：

- 奶瓶。
- 奶嘴。
- 配方奶粉。
- 消毒装备——蒸汽消毒机或微波消毒机。
- 奶瓶刷。

较大的宝宝：

- 塑料碗。
- 宝宝用的勺子和叉子。
- 练习杯。
- 搅拌器或榨汁机。
- 围嘴。
- 高脚餐椅或加高座椅。
- 安全带。

双吸式吸奶器

双吸式吸奶器在促进乳汁分泌方面有很好的效果。可使每一侧乳房产生更多、更浓稠和更有营养的乳汁。

睡觉

最适合新生儿的是婴儿睡篮或手提式婴儿床，以及卧式婴儿推车，这两种都便于把宝宝从一个房间转移到另一个房间。等到宝宝长大些，它们已经容纳不了宝宝的时候，你会需要一个婴儿床，婴儿床的款式随你挑选。

选择有两个成年人弹簧床垫高度的婴儿床，这样在早期阶段你的腰就用不着弯得很低，婴儿床的一侧要能够折叠落下——这样更方便抱起宝宝。确保婴儿床的每根围栏都很紧凑，以防宝宝的头被卡住。婴儿床的床垫应该铺设紧凑，床垫与床沿的间隙不应超过一个手指的宽度。泡沫床垫最适合宝宝，有些泡沫床垫上有气孔，即使你的宝宝翻身趴在上面睡觉也能呼吸。帆布面的可折叠的旅行用婴儿床很适合度假或夜晚带着宝宝外出时使用。睡袋适合稍大的宝宝。请注意，所有的装备必须符合安全标准。

避免在婴儿床上使用缓冲垫和毛绒织物，这样会增加宝宝身体过热的风险——宝宝的身体过热会增大发生婴儿猝死综合征的风险。不要给 1 岁以下的宝宝在婴儿床上放缓冲垫或给宝宝用羽绒被。

一旦你的宝宝表现出能够爬出她的婴儿床的迹象，你就需要买一张床了——注意，有些婴儿床能够变化成一张床。

睡篮和宝宝椅

睡篮可成为新生儿的简易而轻便的床。弹跳椅在宝宝们能够坐起来以前很有用。注意把弹跳椅放在地上。

睡觉装备及配件

新生宝宝：

- 婴儿睡篮或手提式婴儿床。
- 用于保护床垫的防水毯。
- 棉床单。
- 棉质多孔毯子。
- 羊毛毯。
- 婴儿监视器。

较大的宝宝：

- 带有泡沫床垫的全尺寸婴儿床。
- 婴儿用羽绒被（超过 12 个月的宝宝）。

外出和旅游

背带是携带新生宝宝出行的一种很流行的工具，它们轻而舒适，而且既可以让你的宝宝贴近你，又可以让你的双手得以解放。在宝宝能够自己支起头部之前，所使用的背带应该有一个支撑脖颈的挡板。带有支撑框架的背架，可使家长在负担大宝宝的重量时更为轻松，一旦你的宝宝能自己坐起来，就可以给她使用这种装备了。

你们还需要坐式婴儿推车。坐式婴儿

推车的种类很多，如何选择取决于你们的预算，以及你们的生活方式。如果你们住在小公寓里，有三层台阶以上，那么大个儿的卧式推车可不适合你们，而带有可拆卸的手提式婴儿床的轻便型坐式婴儿推车或卧式推车会更适合你们，但是对于小宝宝来说，卧式婴儿推车要比轻便型坐式婴儿推车更舒服，因为后者一般提供不了足够的支撑。无论你选择哪种，必须保证你的宝宝在前 3 个月能够在里面平躺。

任何款式的坐式推车或卧式推车都应该易于推拉，而且有良好的刹车系统，有完整的安全带和完好的安全带插扣，还要有防止车架坍塌的机制。你还需要一个防雨罩和一个遮阳篷。

婴儿汽车座椅

无论你何时带着你的孩子驾车出行，你都必须遵守安全规则。如果你打算带你的宝宝坐自己的或别人的车，汽车座椅是不可或缺的东西。永远不要买二手汽车座椅，除非你们能确定它没有在交通事故中损坏。

所有体重不到 13 公斤的宝宝出行时都应该坐在后朝向的汽车座椅上，这样能更好地保护小宝宝的头部、颈部和脊椎。汽车座椅方便携带，因此可以用它携带你的小宝宝上下车。如果你的车有安全气囊，那么千万不要把后朝向的汽车座椅安装到车的前排座位上，除非安全气囊完全失去了效用。

大一点儿的宝宝可以用前朝向的汽车座椅，不过它必须安在汽车的后排座位上。它们比后朝向的汽车座椅更大、更重，平时就留在车上。有些需要安装在汽车里，有的则只需使用汽车现成的安全带。款式较新的车都有为儿童汽车座椅设计的专门的安装系统。最新的安全指南规定未满 12 岁的儿童应一直使用汽车座椅。

其他装备

每个小宝宝都喜欢看自己周围发生的事情，一个弹跳椅在宝宝能够坐起来以前会很有用。注意把椅子放在地上，并且要确保宝宝系好安全带。

出行装备

- 新生儿专用的带有脖颈支撑靠垫的前置布背带，确保它可拆洗。
- 适宜较大宝宝的背架。
- 有硬座和可拆卸布罩的婴儿卧式推车，
  或
- 带有可拆卸的手提式婴儿床的婴儿卧式推车，
  或
- 小宝宝专用的带有后靠装置的折叠式婴儿坐式推车（有多种款式，可问问别人更喜欢那款），
  或
- 多用途推车——可给小宝宝用带轮子的手提式婴儿床，又可转换成面向你或背朝你的推车。它还有一种包含汽车座椅的组合，又被称为旅行系统，
  或
- 全地形三轮婴儿坐式推车。
- 夏季遮阳篷。
- 婴儿坐式推车用的防水罩。
- 未达到 13 公斤的宝宝用的后朝向汽车座椅。
- 较大儿童用的前朝向汽车座椅——对于未满 12 岁的儿童，这是强制性规定，此外还要根据宝宝的体重。
- 外出时用于携带备用的衣服或尿布的袋子。

尽管很多人觉得婴儿游戏围栏是宝宝的监狱，有些人却认为它是非常实用的东西。如果你决定买一个，你可能会在可拆卸的尼龙网围栏与方形木制围栏这两款中做出选择，这两款底部都带有软垫。

宝宝的房间

宝宝的房间不需要那么精致，家具也不需贵重，但一定要温暖、干净、安全和有吸引力。家具应便于清理，边角或弧形都要光滑。使用的任何油漆应无毒无铅。

床品、装饰品和窗帘应该使用防火的面料。最重要的是，宝宝的房间应该有趣，有大量明亮的色彩、图片和活动的玩具，用以刺激宝宝的感官。自然的颜色对宝宝可起到安定的作用。使用令人愉悦的颜色粉刷墙面，挂上原色的窗帘及其配件，并且在墙上贴很多图片给宝宝看。

基本的家具

- 婴儿睡篮和手提式婴儿床及其支撑架。
- 婴儿床（刚开始你可以先把婴儿睡篮放在婴儿床里）。
- 带有存放尿布和其他物品的储物柜的换尿布区域。
- 存放衣服和玩具的储物柜。
- 婴儿监视器，如果她醒来或啼哭你可以听到。
- 低矮的椅子，你可以在喂奶时坐下。
- 质量好的窗帘或百叶窗，以保持房间温暖和黑暗。
- 可调光的开关，在夜间喂奶的时候将光线调低。
- 用于存放书和玩具的架子。
- 挂在婴儿床和换尿布区域的活动的玩具。
- 贴在宝宝的房间墙上、白板上及婴儿床边的图片。要定期更换图片，使她经常保持兴趣。

你的宝宝需要什么

你们将需要很多的储物空间，尤其是换尿布区域的周围或上方。如果你打算自己建造换尿布区域，你就需要一个宽的平面放置的换衣垫。超宽的五斗柜可成为理想的换尿布台，因为它有一个大平台和很多用于存放尿布和衣服的储物空间。要确保选作换尿布区的平面光滑，在上面铺上一块儿可清洗的覆盖物，比如塑料膜或布，然后在最上面铺上一块带衬垫的换衣垫。铺在地面上的覆盖物应该既耐用又容易清理，可考虑软木地板砖或者两小块儿乙烯基防滑垫。虽然地毯可以保暖和吸收噪音，但是很难保持洁净，所以不适合使用。

室内温度

宝宝的房间不需要很温暖，但是应该保持一个恒定的温度。如果你的宝宝盖着2层毛毯和1张被单，那么18℃就很合适。如果房间里更热，就减掉一层毛毯。如果你不想使整个房子都保持这个温度，那么可以在宝宝的房间里放一台温控加热器。

适合幼儿学步的房间

在你的宝宝长大些可以活动的时候，为了适应宝宝的需求，房间的摆设不得不做出改变。宝宝将需要大量地面空间爬行和学走路，所以需要将室内的家具减至最少。还要注意，家具必须稳固，这样宝宝

设计宝宝的房间

一个新生宝宝的房间不需要很多特别的家具，但是有几样是不可或缺的：一张婴儿床、一块换尿布的区域和一把让你在喂奶的时候坐着舒适的椅子。

抓着家具支撑身体直立的时候才不会发生危险。多留意这一阶段好奇的幼儿，更多关于幼儿安全的建议，请见本书第 16 章。

宝宝到了一定阶段，婴儿床需要换成儿童床，但是不要催她换。大多数家长是让孩子在 2–4 岁的时候完成这个转变。你必须在孩子能爬出婴儿床后换床。一旦她有了一张床，她就能自己爬下床在房间里到处探索，所以你需要保证屋内所有的东西都安全。

储物空间

你要确保有足够的空间存放玩具，这样你的孩子从小就能学会秩序井然地放自己的物品。如果你的孩子能轻松找到她想要的玩具，而不必到处翻个遍，她玩耍的时光会更有趣。不需要买架子、抽屉或专门制作的玩具整理箱装玩具，家里的编织篮、塑料整理箱或洗衣篮都能很好地存放孩子的物品。不要太担心家里的整洁——和孩子在一起的时光会成为你人生美好的回忆。

一旦孩子到了想拿笔涂鸦的时候，一块儿黑板，或者在墙上特别划出的一块儿可拿粉笔涂鸦的区域，孩子可能会很喜欢。

适合幼儿的房间

- 在地板上放一小块防滑地毯，这样孩子坐着会更舒服。
- 放夜灯和水杯的床头柜，确保孩子接触不到电线。
- 矮的桌子和椅子，孩子可以坐着画画和玩玩具。
- 高度较低的挂钩，她可以挂自己的外衣。
- 一块儿白板，可以让她贴些特别的图片。
- 带轮子的可装玩具的箱子。

3 衣服

所有的家长都会为自己新生宝宝的长相感到骄傲，这很容易让你和家人、朋友有冲进商场为宝宝买很多衣服的冲动。选择买什么取决于你们，但需要提醒一下，真的没有必要花很多钱。请记住，你的孩子会在头几年飞速成长，衣服很快就会穿小。至于你的宝宝，他这个小不点儿是不介意自己穿什么的，只要感觉柔软和舒适，穿上去和脱下来的时候不麻烦就行。

选择衣服 0-1 岁

你的新生宝宝不太会动，但这不意味着他会严格保持清洁。意外情况和从尿布中漏出尿液根本就无法避免，有时候嘴角还会漏奶，或是吐奶——所有这些都意味着要相当频繁地给他换衣服。在你的宝宝出生前就买好足够应对他各种需求的衣服。同样，要确保这些衣服都可机洗且不褪色。

早期没有必要给他区分白天穿的衣服和夜里穿的衣服，在他很小的时候，夜里最适合穿的衣服是连体爬服。宝宝长大些以后，一套睡衣可成为舒适的替代品。在你买T恤或内衣时，选择能让宝宝的头轻松穿过领口的宽领样式，因为宝宝们讨厌换衣服时脸被蒙住。包臀衣是很有用的衣服，因为它能束紧宝宝的尿布。建议你可以买颜色鲜亮的能当做T恤的包臀衣。

新生宝宝的基本衣物

- 6–8 件 T 恤 / 内衣或包臀衣。
- 6–8 件连体爬服。
- 2 件开襟羊毛衣或毛绒衣（冬季出生的宝宝 4 件）。
- 2–3 双薄袜和厚袜。
- 2 双手套。
- 2 件睡衣（选择底部带抽绳，可保持双脚温暖的睡衣）。
- 1 个包被或围巾。
- 可遮挡阳光的外衣和防晒的太阳帽。
- 1 件冬季连体户外服。

连体爬服

连体爬服适合任何年龄段的宝宝。它便于穿着，既能为你的宝宝保暖，又能使宝宝自由活动。

为新生宝宝买衣服

- 无论制造商使用的是什么尺码计量标准，确保你买的尺码至少能穿到宝宝两个月大。如果衣服大一些，他就不会不舒服。为宝宝买稍大尺码的衣服要比买新生儿衣服更实用，因为后者很快就会穿小。
- 只买可机洗且不褪色的衣服。
- 确保你买的任何衣服都方便宝宝轻松地带上尿布，因此需要将内衣的数量降至最低。在跨部、裤裆下面或前面有一排按扣的连体衣最容易穿。
- 最初的几周，你会发现宝宝穿那种换尿布时只需向上撩起的睡衣最方便。
- 前面可敞开，或者有个宽领口的衣服最适合宝宝，因为他们讨厌换衣服时脸被衣服蒙住。
- 穿前面安有扣子的衣服，意味着你给宝宝换衣服的时候不用把他翻过来。
- 面料应该柔软舒适，接缝处不能坚硬，缝合不能粗糙。买之前检查一下领口和腰部。买毛巾布、纯棉或纯羊毛面料的衣服。如果你买人造纤维面料的衣服，一定要检查它是否柔软和舒适。
- 买不易燃的面料的衣服。
- 避免宝宝接触带花边的围巾或毛衣，因为宝宝的手指很容易被小孔缠住。
- 避免白色——宝宝很容易把它弄脏，而且会让你花费更多精力去打理。传统的柔和的亮色衣服更适合他们。
- 如果你打算买一顶帽子，最好选带有颊带或缝着带子的帽子。因为很多宝宝不喜欢戴帽子，只要给他带上就会扯掉，除非你把帽子在宝宝的下巴底下系好。

宝宝的其他衣服

这里所说的“其他衣服”没有一件是很重要的，但不妨听听这些实用的建议。

在夏天，最适合穿纯棉的T恤、短裤或裙子，因为这些衣服最凉快，而且可以让宝宝的四肢自由活动。在冬天，除了连体爬服，迷你型运动套装和背带裤也是不错的选择。一旦你的宝宝学会爬行，他会需要能适当保护膝盖的衣服，坚持给他穿便于换尿布的连体爬服，就像他很小的时候穿的那种。

定期检查宝宝的衣服是否合身

留意宝宝所有衣服上的领口、袖口和裤腿这些部位有没有变紧，如果紧了，那么接下来就该买大一号的衣服了。请注意，领口处有扣子的衣服往往能穿得更久。小孩的衣服变小通常是因为他们的头钻不进领口了，而领口有扣子的衣服由于可以打开领口，使宝宝的头穿过，所以能穿更长的时间。

你可能要了解如何计量你的宝宝衣服的尺码，但如果你担心自己记不住，你也可以看商店给出的身高或体重与尺码的对应关系图。当然，不同国家和不同的生产厂家所使用的尺码标准会有不同，所以如果尺码的问题让你糊涂，那么你可以听听销售人员的建议。如果还是不明白，就干脆买大点儿的型号：宽松的衣服一般比紧身的衣服穿得更舒服，而你的宝宝长得又快，很快就能穿得合适了。

给宝宝穿衣服 0-1 岁

在最初的几个月，宝宝需要频繁地换衣服，而起初你可能没有信心既要支撑好这么柔软的宝宝，又要同时想办法给他换衣服。不要担心，刚开始的笨手笨脚是很正常的事，而且通过练习和耐心你可以轻松克服任何恐惧。

有两点需要注意，首先，最好在平面物体上为新生宝宝换衣服，比如在换衣垫上、床上或地板上，因为这样你可以腾出双手。第二，不要磨蹭，尽量用最短的时间给宝宝换衣服，如果他在换衣服时哭哭闹闹也不要乱了阵脚。小宝宝都讨厌脱衣服，他们讨厌身体赤裸裸地暴露在空气中，而且身上温暖而舒适的衣服被脱掉会使他们没有安全感。这就是他们哭的原因，不要以为是你的过错，而觉得自己是坏妈妈或坏爸爸。保持冷静，然后继续进行，注意在换衣服的时候，始终给宝宝一些能吸引他注意力的小玩意，比如挂在床上的活动的玩具。

坐在你的腿上换衣服

等到你的宝宝可以渐渐地用肌肉控制自己，而且你也变得自信的时候，你可以让宝宝坐在你的大腿上给他换衣服。如果你两腿交叉，宝宝能稳稳地坐在你两腿间的凹陷处，同时你的胳膊应该搂着宝宝。

为宝宝穿内衣

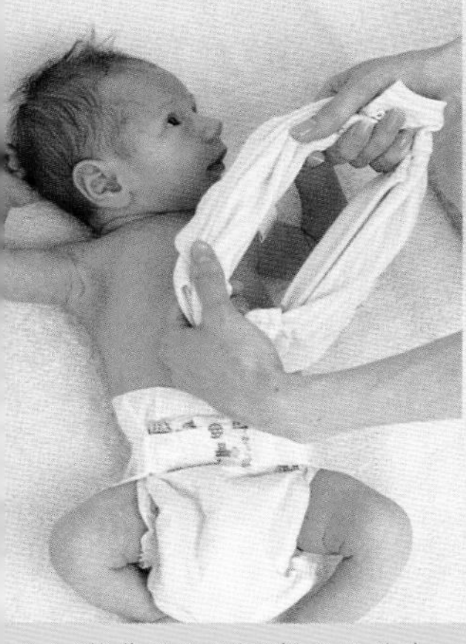

1 将你的宝宝面朝上平放在一个平稳的表面上。将内衣或包臀衣的领口用双手用力撑开。

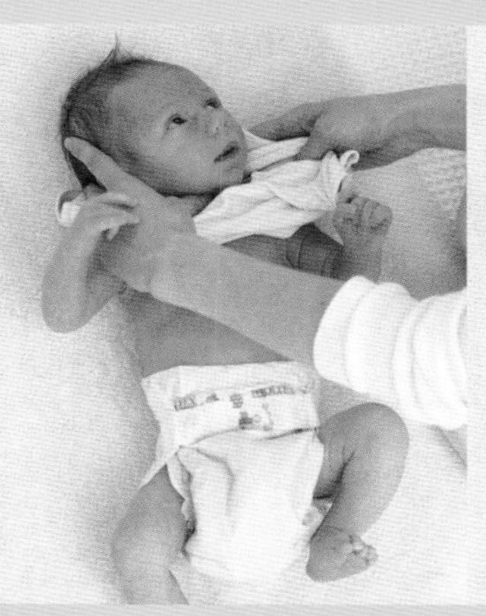

2 将内衣领口套过宝宝的脸，然后轻轻地抬起他的头，将领口穿过他的头部，一直到脖子的下部，之后再轻轻地放下他的头。

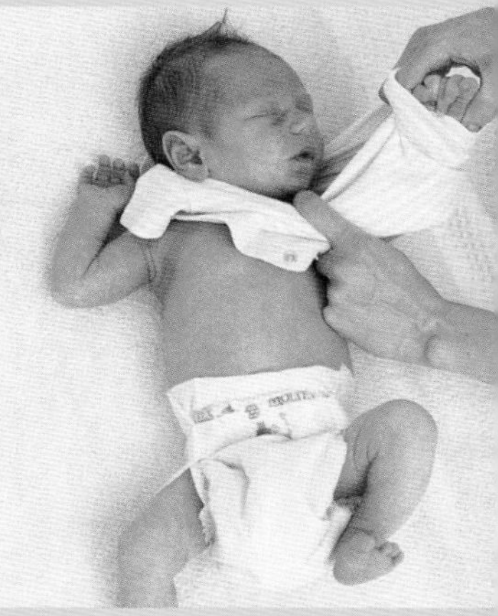

3 用手指撑大每个袖口，抓住宝宝的小拳头，将他的胳膊缓缓地穿过袖口，再把另一只袖子穿好。最后，把衣服往下拽，盖过他的身体。

为宝宝穿连体爬服

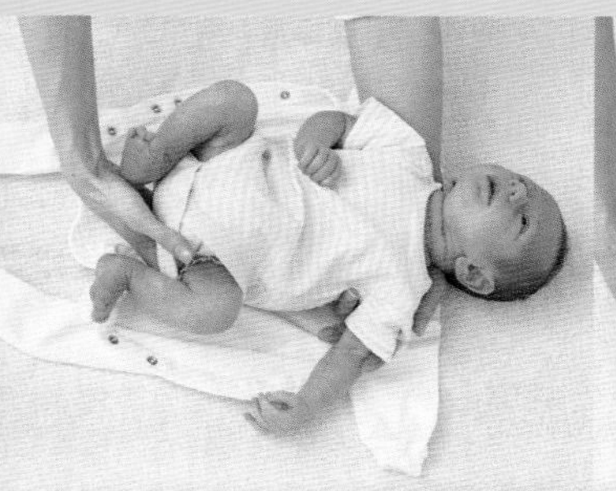

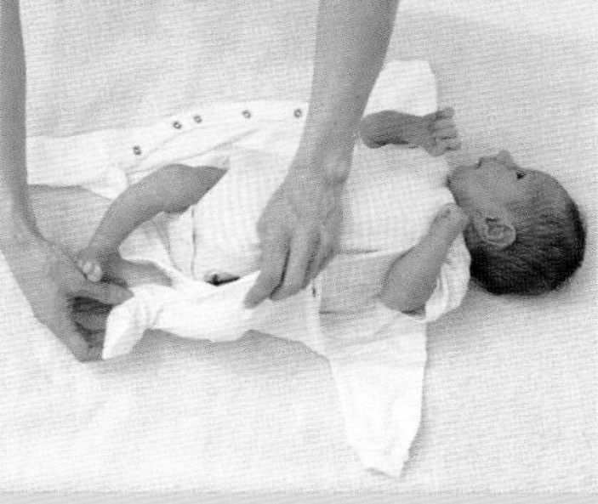

1 解开连体爬服的所有扣子，把衣服平铺在一个平稳的表面上。然后将宝宝平放在衣服上面，使宝宝的脖子对应衣服领口的位置。

2 把宝宝的双腿依次穿过连体爬服的两条裤腿。然后扣紧带尿布区域底部的扣子，使宝宝无法踢掉裤腿出来。

3 将连体爬服的袖子放平，抓住宝宝的小拳头穿过袖子，将衣服的肩部拽到合适的地方。然后重复这套动作将另一只袖子穿好。系好胸部的扣子。

还有一种方式，你可以让宝宝坐在你的腿上，同时利用表面平整的物体，二者结合。举个例子，给宝宝换上衣时，让他坐在腿上，而换下身衣服时，让他躺在表面平整的地方。你可能需要用什么方法转移宝宝的注意力，比如让他手里拿个玩具。

给较大的宝宝穿衣服

一旦你的宝宝能爬了，他不会老老实实长时间静止不动的，所以，穿衣服可能要“移动”地进行了。然而，在快1岁的时候，他就能配合你穿衣服了，这能帮你不少的忙。举个例子，如果你让11个月大的宝宝握拳或伸直胳膊，他可能会照你说的做，伸过来的手主动穿过毛衣或夹克的袖子，而不需要你把他的手拽出来。

在给宝宝换衣服的时候，告诉他的衣服的名字，而且在整个过程都跟他做游戏。比如，把穿衣服变成藏猫猫游戏，“你的胳膊上哪去了？”“噢，看，它出来了！”

如果宝宝不愿意老实地待在一个地方，试着用他喜欢的东西吸引他的注意力，比如，如果你的宝宝很喜欢和你一起演唱的一首歌，那么在给他换衣服的时候就一直唱这首歌。

洗宝宝的衣服

宝宝开始吃固体食物之后，即使他带着围嘴，每次进食也可能会弄得一片狼藉。而等到他会走路以后，他的衣服会变得更脏。确保你给宝宝买的衣服都是能放到洗衣机里洗的，如果可能，就多买些衣服，免得你天天洗衣服。

如果你需要使用含酶洗衣粉来去除顽固污渍，那么在用它洗完衣服后，再用普通的洗衣粉洗一遍，以清除恼人的酶的所有痕迹。

为宝宝脱衣服

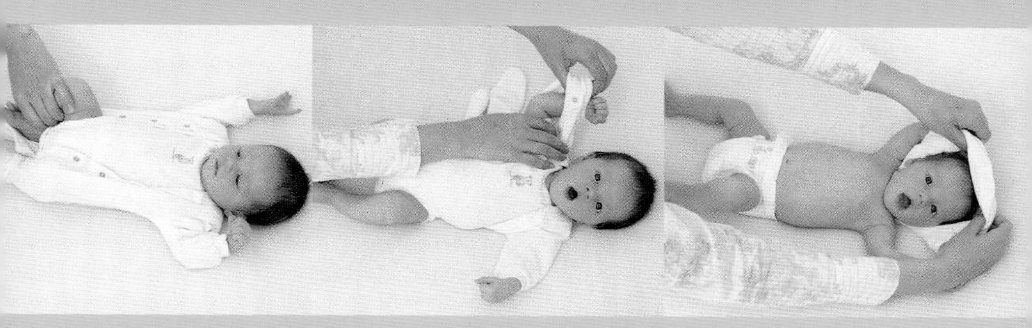

1 解开内衣上的所有扣子。如果他的尿布需要更换，轻轻地将腿移出裤腿，这样可以在换尿布的时候保留他的上衣。

2 一只手抓住袖口，另一只手抓住宝宝的肘部，使其胳膊弯曲，再将他的手缓缓移出袖口。

3 将领口撑大，把整件内衣从宝宝的头部缓缓穿过，注意在衣服与脸之间保留一定的空间。注意脱去内衣的同时，用手托住他的头部。

处理污渍

呕吐物和粪便	清除衣服上的呕吐物，将衣服放入冷水中，倒入含酶洗衣粉进行清洗。
奶渍	在冷水中清除衣服上的奶渍，之后倒入含酶洗涤剂进行清洗。
蛋渍	如果衣服上有蛋渍，先在冷水里将衣服浸泡 1 个小时，然后放入洗衣机用普通的方式进行清洗。
水果渍或巧克力渍	将水果渍或巧克力渍部位浸泡在苏打水里，用力搓洗，直到颜色褪去，然后以普通方式清洗。
血渍	将有血渍的部位在冷水中浸泡 30 分钟。如果血渍不出来，使用含酶清洗剂搓洗。如果仍失败，再尝试在污渍上滴几滴氨水。
口红渍	用蘸了酒精的白色毛巾轻擦，或使用你自己的污渍贴，然后正常洗净。
青草渍	如果普通洗涤方式没有效果，可用酒精清除青草渍。
口香糖渍	用油漆稀释剂软化衣服上的口香糖，然后将其刮掉，或者先用冰箱冷冻衣服，再将其刮掉。

选购衣服 1-3 岁

随着宝宝一天天地长大，你在选购时将越来越重视舒适性，而且由于他越来越好动，你还要考虑衣服是否适合运动。你的宝宝不再把大多数时间用于睡觉，随着运动量的增加和活动范围的扩大，他将需要更多的衣服，而且需要适合各种天气条件（雨、太阳、寒冷）的衣服。对于开始学步的孩子来说，他们的衣服必须足够耐用，禁得起孩子们造成的磨损和撕裂。在宝宝会爬后，他的膝盖需要坚实的保护，而到了能走的时候，他将需要鞋保护双脚。

像从前一样，衣服要选择适合活动的面料，这样不管他怎么调皮，都不用担心衣服穿得不舒服，或担心料子开裂。毛巾布面、棉布、条绒是理想的选择。在他们学习使用便盆的时候，衣服必须方便穿上或脱掉。避免买带拉链的衣服，或者扣子系起来困难的衣服，尽可能给孩子一直穿松紧带式的裤子。

自己穿衣服

你的孩子需要一定的时间发展自己动手穿衣服所需的协调能力，但是到了 18 个月左右，他可能就开始尝试了，尽管也许只是脱个袜子。他所有穿衣服或脱衣服的尝试都应该得到你的鼓励。这是象征他日益独立和成熟的一个迹象，更不用提协调性了。

试着把孩子的衣服摆成他能够轻松穿上的样子。即使他显得笨拙，也不要插手，除非真的有必要。但是你必须帮助孩子对付大多数纽扣或金属扣件，直到他的手能够灵巧地对付它们。

成长的空间

安有带扣的吊带裙和背带裤非常适合幼儿，因为它们可以根据孩子的成长调节到合适的位置，所以它们也能穿得更久。而且你的孩子也善于学习自己如何对付带扣。

购买衣服

经常测量你的孩子的身高和体重，坚持把测量结果记录在成长日志里，尤其在他长得很快的时候，确保经常更新他的测量记录。

- 尽量为孩子买中性衣服，没有什么理由可以说明女孩为什么不能穿男孩的衣服，而且这样做通常能让女孩更坚强。
- 买大号的户外穿的衣服，这样可以在里面再套一层衣服。因为这类衣服通常都比较贵,而大号的衣服能穿得久一些，可以让你的孩子“在里面慢慢生长”。对于每天都要穿在外面的衣服，尽量买能负担得起的质量最好的。这样，衣服能穿得更久，而且还可以传给他的弟弟妹妹，或留给朋友的孩子穿。
- 如果你的孩子跟你走散了，亮色的衣服会派上用场——比如，在室外游乐场他更容易被认出来。
- T恤也可作为睡衣，所以可以买2件。
- 买有图案样式的内衣，因为可以把它当做T恤穿。
- 在衣带上多缝些扣子，这样等到孩子长高些，可以把带子放长。
- 年幼的孩子会发现短的拉锁很难对付。所以尽量给孩子一直穿松紧裤。
- 买不带脚跟的直筒袜，这样它们能随着你的孩子“成长”。所有的袜子都买一个品牌和一个颜色的，这样你不会有给袜子配成一双的麻烦。
- 买在腰部有松紧带的衣服，以及有肩带的裤子或裙子，这样以后可以把它们放长。
- 不要买“正合身”的衣服，因为你的孩子很快就会把它们穿小的。
- 不要买人造纤维的衣服，因为它不像天然面料那样透气，会让你的孩子热得难受，尤其是夏天。寻找天然的面料，比如纯棉或含棉成分较高的面料。
- 一件大点的厚外套，比如一件大的滑雪夹克外套，可以让你的孩子穿上两个冬天。第一年把袖子挽起来穿，第二年袖子放到正常的长度穿。
- 有的连脚睡衣在脚掌部位有胶皮鞋底，为防止孩子脚底出汗，可在鞋底剪出一个小孔，使它透气。

给幼儿穿衣服

- 将你的孩子的背带裤的两条背带在后面交叉，可防止从肩膀上滑落。

使衣服穿得更久的方法

- 如果连脚睡衣变短了，剪断足部还可以再穿几个月。
- 将新牛仔裤腿根裁下来的多余的布缝在裤子里面的膝盖部位，或使用可熨烫的布补丁，以增强对膝盖部位的保护。
- 制作夏季短裤：改造已经穿短的或膝盖部位磨破的秋冬季长裤。
- 如果孩子的一件昂贵的外套穿小了，你可以剪掉衣袖，将其改成一件马甲。
- 用深蓝色的蜡笔，或不可擦的铅笔，或灌上蓝色或黑色墨水的钢笔，涂抹被剪开的牛仔裤的白边。

穿衣服

到了大约2岁，你的孩子将开始尝试自己穿衣服。给她买有松紧带的裤子，以便她能更轻松地完成任务。

- 在你教你的孩子如何使用扣子的时候，向他演示如何从下而上系扣子。
- 尽量使用维可牢粘扣，但不要安在靠近脖子的位置，因为它会造成摩擦，磨出疼痛的小包块。
- 孩子的小手指拉动拉锁会很困难，在拉锁头上接一个钥匙环，可帮助他轻松地控制拉锁。
- 在教孩子如何使用拉锁的时候，要告诉他拉锁要远离皮肤，以防夹住皮肤。
- 在衣服前面挂一个徽章或贴一个清晰的标记，以便你的孩子能分辨出衣服的正反面。
- 在孩子使用的腰带的孔儿下面贴一个金黄色星星或一小片胶带。
- 在毛衣外面再套上外套时，对孩子来说穿袖子是个难题，在他学会抓住毛衣袖口前，在毛衣袖口上缝个松紧带环，以便他的手能抓在上面，带动毛衣袖子穿过外套。
- 如果拉链太紧，用铅笔或肥皂涂在拉链上，可起到润滑作用。
- 如果你的孩子在穿毛衣时不愿意攥住拳头，可以用些小伎俩，比如在他手心放个葡萄干，这样就能让他攥着小手配合你穿上袖子。
- 在孩子的手套上系一根长绳，这样可将手套搭在外套的袖子两侧。
- 在给鞋带打结前把这段鞋带弄湿，这样打的结不易打滑，而且系得更紧。
- 可在你的孩子的新鞋鞋底上粘上胶布，以防在光滑的地面滑倒，或用刀子轻轻地给鞋底划几道，让它更有抓力。
- 如果你的孩子的鞋带头磨坏了，把它浸在指甲油里，然后晾干，或者缠上一些胶布，直到鞋带该换了。
- 雨鞋一定要买大一些的，至少能穿进去两双厚袜子，因为雨鞋并不保暖，孩子需要在穿上普通袜子外面再加一层厚袜子来给双脚保暖。
- 孩子刚开始学习使用扣子的时候，在衣服上缝一些大扣子，以便他更轻松地拿捏。如果可能，使用弹力线来缝扣子。
- 一旦孩子开始关心穿衣服这一实际问题，就让他对你买的衣服发表意见，并且选出他喜欢的颜色。

为幼儿选购鞋

在你的宝宝开始学走路之前，没有必要给他穿鞋。宝宝脚部的骨骼都很柔软而易变形，甚至如果经常穿很紧的袜子，都能使其脚趾变形。天气很冷的时候，或他开始爬的时候，你可以给他穿袜子或棉的防滑袜，但应确保他的脚趾有活动的空间。

到有信誉的鞋店买鞋，这种鞋店的店员在测量童鞋尺寸方面都受过训练。专业的店员在给你的孩子拿来任何鞋给他试穿之前，应该会先测量一下孩子的脚的宽度和长度，给孩子穿上鞋后，他应该把鞋的四周全部摸一遍，看看鞋是否挤脚，还会检查扣子或鞋带是否牢固，不会造成鞋脱落。让你的孩子穿着鞋走一走，以便检查走路时鞋是否会挤脚或伤害脚趾，还要仔细检查鞋底会不会打滑。

选购鞋的类型取决于孩子穿它的时间和场合。如果你的孩子要在户外四处奔跑或玩耍，那么他需要一双坚固的、制作精良的皮鞋；雨鞋适合潮湿的天气；合脚的皮凉鞋、帆布鞋和运动鞋适合夏天穿。不要买二手鞋。好鞋是保证你的孩子长大后有一双好脚的重要因素。

新的独立性

孩子们喜欢新鞋，他们甚至会花上几个小时脱鞋和穿鞋。

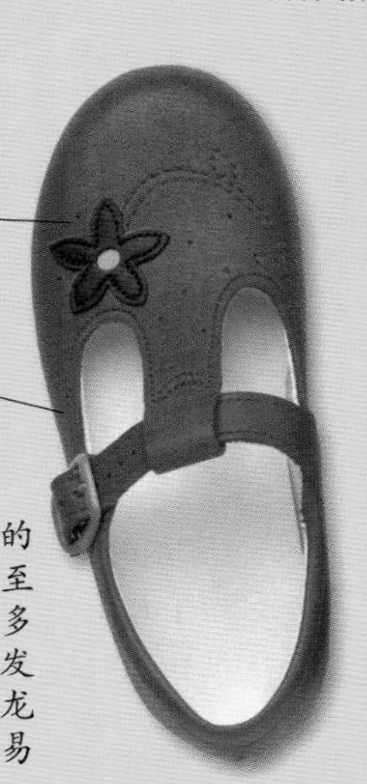

脚的健康

好的鞋对孩子的脚的健康发展起着至关重要的作用。大多数宝宝一开始就会发现带扣或维可牢尼龙搭扣要比鞋带更容易对付。

4 抱法

在生命的最初几周，你的宝宝会显得非常娇小和脆弱。很多家长都不敢抱他们的新生宝宝，害怕自己会不小心伤害孩子。尽快习惯如何正确地抱宝宝，不仅是为了让宝宝舒服，也为了你们自己。如果你不知道如何抱你的宝宝，你就永远无法成功地给她喂食或洗澡。

抱你的宝宝 0-1 岁

大多数宝宝喜欢被人紧紧抱起，尤其是出生后最初的几周，被紧紧地包裹会让她有一种安全感(无论是通过大人的胳膊，还是通过衣服、毯子)。在实际操作中，注意动作要尽可能缓慢、轻柔和安静。

紧紧抱住你的宝宝，充满爱地看着她的脸和眼睛，同时对她温柔地说一些安慰的话，很多研究表明，孩子们喜欢这样的身体接触，并且可以从中受益。例如，如果将早产儿放在柔软的毛毯上，早产儿的体重更容易增加，因为柔软的毛毯可以给她被抚摸的感觉。被人抱起、搂抱或爱抚都能够给宝宝带来安抚，和宝宝一起赤裸裸地躺在被窝里肌肤相亲的方式可能会更好，这种方式能让她闻到你的皮肤的气味，感觉到接触和温暖，而且她还能听到你的心跳声。

抱起你的新生宝宝

不要害怕抱你的新生宝宝，她要比你想象的更结实。唯一真正要小心的是宝宝会向后垂的头。直到大约 4 周，她才能稍稍控制自己的头，所以你在抱她的时候，一定要托住她的头颈部。

把你的新生宝宝放下

在把新生宝宝放到床上的时候，一定要托住她的头颈部。否则她的头会突然后坠，那样可能会给她要坠落的感觉，在莫罗反射或震响反射下，她的身体会猛然向上，而且胳膊和腿会全部张开(见第 27 页)。在把新生宝宝放下时，可以有两种方法：一个是像我在如何抱起新生宝宝里所建议的，托住宝宝的头颈部，让她的脊柱、脖颈和头部得到你整条胳膊的支撑，另一种是用围巾紧紧地把你的宝宝包裹起来，这样既可以让她的头得到支撑，又能使她的胳膊紧贴在身体上，把她平放在婴儿床上后，再轻轻地解开她。紧紧地包裹宝宝可以让她感到安全，因此，这也是一

与大一点儿的宝宝玩

你的宝宝需要人抱起她，把她搂在怀里。她喜欢和你交流和接触。

如何抱起新生宝宝

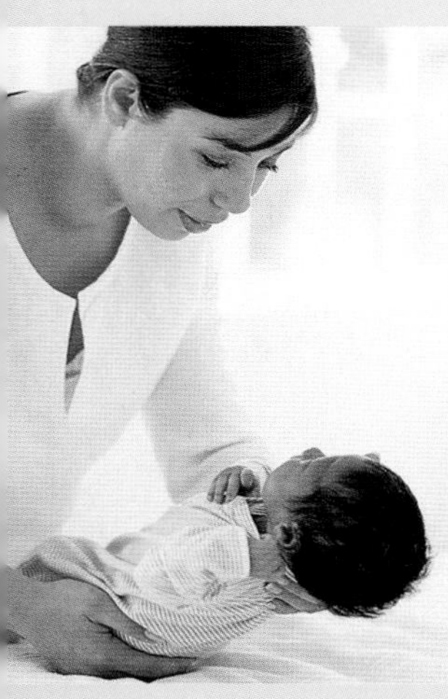

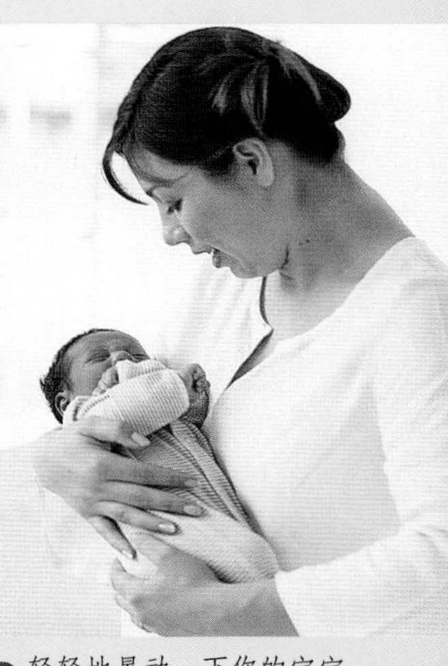

1 将一只手缓缓地插到宝宝的头和颈的下方，托住她的头，用另一只手托起她的下背部和臀部。

2 轻轻地、慢慢地抱起宝宝，这样不会吓到她，确保她的全身受到很好的支撑。

3 轻轻地晃动一下你的宝宝，使她贴紧你的胸部。紧紧搂着她，让她有安全感，如果她能看到你的脸会更好。

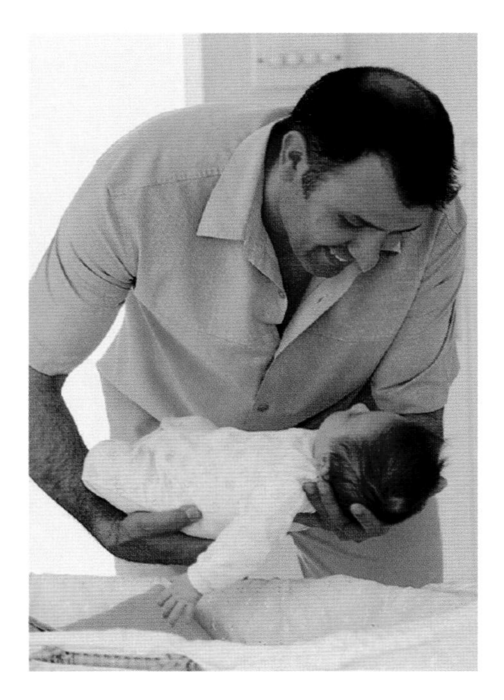

支撑宝宝的头部

在你把宝宝放下睡觉的时候，谨记必须支撑住她的头部和身体，以防止她的头向后坠。

个安抚不安的宝宝并使其平静下来的有效办法。

让新生儿和幼儿平躺在婴儿床里睡觉，同时双脚背对着床腿。最新的医学意见和研究表明，这是可将发生婴儿猝死综合征的风险降至最低的、最好和最安全的姿势。过去那种认为这种姿势会增加吐奶风险，并且可能引起窒息的观点已不再令人信服。到了四五个月的时候，你的宝宝会本能地选择最适合自己的睡觉姿势。

抱着你的新生宝宝走动

在你的胳膊里 主要有两种姿势，第一种是用臂弯托住宝宝的头部，将她的头部微微抬起，使其略高于身体其他部位，同时用前臂及弯曲的手腕和手指托住她的后背和臀部，另一只胳膊提供辅助支持，在下面托住宝宝的臀部和双腿。这种姿势可以让你对着宝宝说话和微笑。

另一种方法是将宝宝面向你直立抱起，使其身体贴着你的前胸，前臂绕过她的后背，用手支撑着她的身体，她的头会搭在你的肩膀上休息。这种姿势可以把你的另一只手解放出来，如果你需要捡起什么东西，这只空出来的手会很有用。或者你也可以用这只手托着宝宝的臀部。

抱着你的小宝宝走动

轻轻地用弯曲的胳膊托住宝宝的头部，双手抱着她走动，这样你们可以相互看着对方的脸。

使用婴儿背带 对于为何不能用婴儿背带携带新生宝宝，根本没有合理的解释。事实上，只要背带能够给宝宝的头颈部足够的支撑，而且能把宝宝的身体包裹起来，使其不会向两边滑落，那么就完全可以给你的宝宝用这个背带。最好的背带是外观看起来像个袋子且质地柔软的背带，能让宝宝的身体坐在里面安逸地休息。大多数家长都喜欢置于胸前的背带，因为这样他们能看见和拥抱宝宝，而且这样通常能更有效地保护宝宝。

抱起大一点儿的宝宝

一旦宝宝能够控制她的头部，你就没有必要再沿用以前照料新生儿的方法，因为如果此时你将她抱起，她的头已经能和身体成一条直线。当她进入了这个阶段，抱起她的最佳方式就是用双手托起她的腋下，把她移到你面前，然后用臂弯托住她的臀部，或者让她靠着你的肩膀，这样带着她走动。随着宝宝的后背、脖颈和头部的肌肉变得越来越强壮，你可以把她背在你的臀部上方，两手在宝宝的背后交叉，并紧紧托住她。

抱着大一点儿的宝宝走动

在宝宝四五个月大的时候，大多数家长是让宝宝坐在自己胯部的一侧，带着宝

如何抱着稍大一些的宝宝走动

方法一：坐在你的胯部的一侧

这时，你的宝宝坐在你的胯部一侧已经能很好地支撑自己了，这种姿势既能让她东瞧瞧西望望，又能紧靠着你而有安全感。

方法二：让宝宝面朝前

一只手将宝宝面朝外侧固定在自己的腹部，另一只手可以托着她的臀部，或者空出来。

方法三：玩摇摆游戏

一只手绕过宝宝的胸部，另一只手托着她的腹部，做个刺激的摇摆游戏，把她抡得高高的，或者只是轻缓地左右摇摆，给她抚慰。

宝走动的，选择哪一侧取决于家长是左撇子还是右撇子。你最终会自己摸索出抱着宝宝走的一套方法，同时，这些方法可能会随着宝宝的心情而变。如果是更长的旅行，你可以用一个前置婴儿背带（这时候宝宝可能已经很重了）或一个儿童背架。

把大一点儿的宝宝放下来

把你的孩子从身上放下来的时候，你没有必要像对待新生儿一样小心。她现在已经强壮很多了，她能够控制自己的头部，所以完全可以按照抱起她的方法把她放下来。或者，你可以用一只手托着她的臀部，另一只胳膊弯曲斜穿过她的后背，用手搂着她的腰，慢慢地把她放下来。

如果你想把孩子转移到高脚餐椅子上，双手支撑她的腋下，让她双腿悬在空中，以便双脚能轻松地在餐台和座位中间平稳落下。不要忘记给她扣上安全带。

抱你的宝宝 1-3 岁

幼儿不会像婴儿一样那么需要人抱上抱下，但有时她会像过去那样发出需要人抱着走的信号。如果你忽视了这些信号，她可能会哭。

拥抱和安全

你可能会发现在她累的时候，在你们走了很远的路之后，在她拔牙后，在她觉得不舒服的时候，在她感到害怕的时候，或在你离开她的时候，她会需要人抱着走。别犹豫，给她这种身体上的支持和情感上的安慰。在她感到安心以后，她会给出一个明确的信号，从你身上一扭一扭地下来，然后跑开。

我们永远不要因为觉得宝宝长大了，而停止表达爱的身体接触。对你的孩子一直要注意这一点，永远不要对此嘲笑孩子，而是始终满足她。我的孩子们在成长中，喜欢时不时地让我拥抱一下，尤其是在他们累了，或在学校遇到困难的时候，或是因为害怕和我分离，抑或是觉得世界没那么近乎人意。甚至孩子们很大了，他们可能仍会偶尔想要坐在你的腿上。在不熟悉的环境里吃饭的时候，他们甚至可能想坐在你的腿上，尤其是如果有陌生人在场，

经常拥抱你的宝宝

所有的宝宝都喜欢拥抱，随着他们渐渐长大，他们对父母充满爱的拥抱和安慰的需要只会与日俱增，而非减少。

避免背部拉伤

有了宝宝以后，你经常把宝宝抱上抱下和带着她外出是不可避免的，更不用说还要推着婴儿推车，带上其他需要随身携带的物品。因此，你需要学一些搬运和抬举的动作技巧，以保护你的背部，避免其受伤和拉伤。不要直腿屈背举起重物，因为这样会使压力集中到你的背部。相反，保持背部挺直，膝盖弯曲，这种姿势可以用你强大的肌肉来负担重量。

他们会觉得自己总被人注视。不要嘲笑孩子的这种需求，如果方便的话，就让她坐在你的腿上。这完全没有错，而你短暂的身体接触，能给孩子用自己的方式处理问题的自信。在我的思想里，在孩子睡觉前，家长必须给孩子能带来安全感或放心的感觉的拥抱，这是孩子们非常在乎的。

安慰和同情

在你的孩子受伤、担心、困惑或受到惊吓的时候，永远向她张开温暖的怀抱，对她说些表示同情的话安慰她。但是只采用她想要的方式给她安慰，如果她明确表示不需要，则不要强加给她表达爱的身体接触。

有一些孩子并不太喜欢被人抱起来或拥抱。他们往往会在早期就表现出这种迹象，在你抱起她的时候，她会挣脱你的身体，并且哭起来。对家长来说，这种情况很难对付，因为她看起来像是在拒绝你（见第 239 页）。这类孩子在长大后也会回避与人身体上的接触，如果你想要亲吻她，她会把头扭过去。他们不会主动提出想要身体接触，而且很难像其他孩子那样明确表达自己的情感。他们可能永远学不会如何接受表达爱的身体接触，也不会觉得这样做舒服。如果你的孩子是这种类型，你能做的，就是不要强加给她身体上的接触，否则会使她的不适感更严重。等着她走向你，除非她通过行动表示她想要，否则不要给她表达爱的身体接触。

拥抱大一点儿的孩子

孩子们在长大一些后，会变得更独立，我们可能以为他们不太需要抚摸、轻拍、拥抱和搂抱等亲昵动作了。在一定程度上说，这是事实，但是不要错误地认为他们完全不需要表达爱的身体接触了——尤其是男孩，他们可能过早地被期望像个坚强的男子汉。

我本人给自己规定了一条纪律，就是每天都要告诉我的孩子们我爱他们，时间和场合都是很随性的。我觉得在拥抱和抚摸孩子的问题上，所有家长都应该采取这种类似的方法，即使只是让你的孩子坐在你的腿上吃早餐，或在你读书看报的时候把一只手搭在他的身上。坚持每天晚上在把孩子们带到床上睡觉的时候，跟他们聊一聊白天发生的事情，再给他们一个温暖的拥抱。

孩子们需要你

在你的孩子们长大一些后，你在公共场合对他们的情感表达或多或少会让他们害羞，他们甚至不敢表达对它的需要。所以你可以选择在私下场合做，这样他们在享受你的关注和爱的时候不至于那么不自在。

如果你有几个孩子，把你自己平均分配给孩子们可能会很困难。我有一个生了双胞胎的朋友，出于需要，她对孩子们

采用的是实用主义做法。她没有尝试保证每个孩子每天都平等地分享她的时间和关注，而是不管什么时候只要哪个孩子需要她，就将注意力集中在哪个孩子身上，她觉得几个月或几年下来，两个孩子分享到的时间是均等的。

这也是我一直主张的，而且对于有双胞胎的母亲来说，这确实是个不错的办法。

亲吻可以给孩子抚慰

如果你的孩子因为什么事情而沮丧，那么没有什么比你的一个拥抱和亲吻更能给她抚慰的。

当然，大多数时间你会给你的孩子们同等的关注，但是如果一个孩子比其他孩子索求得更多，那么就满足她，她向你要，就是因为她有需要。

5 尿布

在你的孩子开始使用便盆之前，可能在长达 3 年的时间里，无论是白天还是夜间，他都不得不带着尿布。在最初的几个月里，生活似乎一直在围绕着无休无尽的换尿布转。但是不要绝望，随着你的孩子的渐渐长大，他将越来越能控制肠道和膀胱的肌肉，排便和排尿的时间将会逐渐延长，需要换尿布的次数也将减少。到了两岁半左右，他应该能意识到想去卫生间了，这个时候你应该开始对他进行如厕训练了，请注意，不要提前开始如厕训练的时间。

尿布和换尿布 0-1 岁

你将主要围绕在可重复使用的尿布和一次性尿布之间进行选择。尽管因为环境问题上与日俱增的争论导致很多家长考虑可重复使用的布尿布，但还是有很多家长更青睐一次性的纸尿裤。

然而，凡事都有它的正反两面：洗布尿布需要的洗涤剂可被视为一种对水源的污染，而洗尿布所用的水也是一种资源上的浪费。从长远来看，布尿布要比纸尿裤便宜，但你也需要考虑频繁地用洗衣机洗尿布造成的水电费的增加，以及你的时间成本。

有一点是可以明确的，只要你根据需要经常更换尿布，而且遵从基本的卫生原则，你的宝宝就会开心。无论选用哪种尿布，清洁和护理宝宝的臀部的技术是一样的。

何时更换尿布

只要你发现宝宝的尿布脏了或湿了，就给他更换。在更换尿布的次数上，每个宝宝会不一样，同一个宝宝每天也会不一样。然而，宝宝每天早上醒来的时候，每次洗完澡后，还有晚上抱他上床睡觉前，这些时间是应该给宝宝换一次尿布的。此外，你会发现你的宝宝经常在进食后也需要换尿布，因为进食后胃结肠反射会刺激他排便。

在柔软、温暖而防水的垫子上给你的宝宝换尿布。可加衬垫的换衣垫就是理想

换尿布也可以变得有趣

将换尿布的时间当做和你的宝宝聊天的机会，享受他的陪伴，而不把这当做家务琐事。如果你始终在和他聊天、微笑，他就不太可能会觉得烦。

的选择，它通常是由一种泡沫防水材料制成，边缘微微翘起，可防止宝宝滚出来。可将它放置在任何你想放的地方，比如地板上、桌子上或床上。等宝宝长大一些，他会在换尿布的时候乱动，这时你会发现，无论你用不用垫子，在地板上或低矮的地方给他换尿布才安全。永远不要把你的宝宝一个人留在任何高于地面的地方。

换尿布

如果你事先准备好，这项工作会变得更轻松。确保所有需要的物品都放在你能轻松拿到的地方，不要正换到一半，突然想起把干净的尿布放到了楼下，棉球或婴儿湿纸巾放到了浴室。

没必要每次换尿布的时候都用香皂洗宝宝的小屁股，只需用尿布的边角轻轻擦掉大便，然后用水或婴儿湿纸巾清理他的小屁股。如果尿布只是被尿湿了，使用湿纸巾或棉球就可以。在给宝宝换尿布的时候，注意他有没有红屁股，如果有，需要及时采取适当的措施(见第 68 页)。

如果你的宝宝在换尿布的时候总在不停地扭动，给他一个手抓玩具来分散他的注意力。对于大一点儿的宝宝，如果出现这种情况，可以让他抓着什么东西，或给他一本书看。在换尿布的整个过程中，始终要和你的宝宝说话，因为这是你和宝宝互动的一个很好的机会。

男孩总是在换尿布的时候小便，所以在你取走脏尿布后，给他在生殖器上先盖上一块干净的尿布。

为女宝宝清理

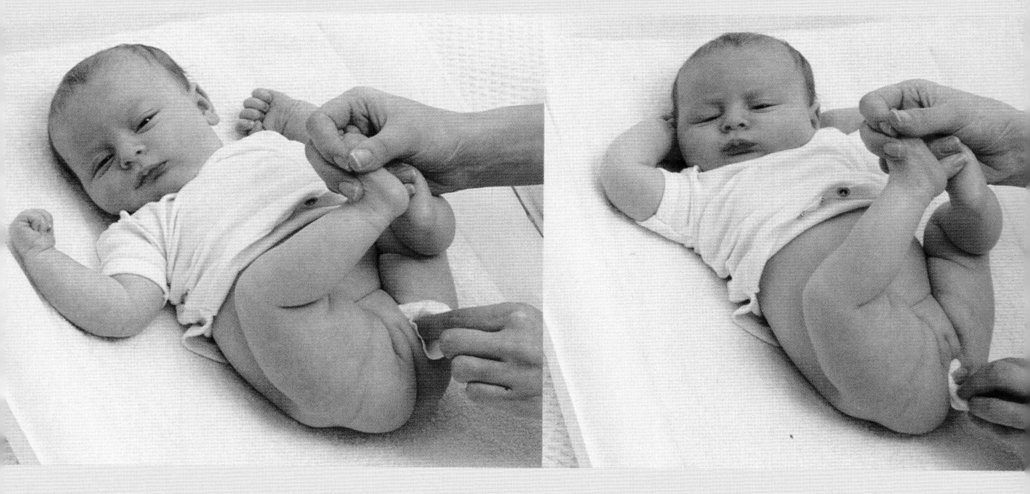

1 一只手抓住宝宝两只脚的脚踝，抬高她的双腿。用蘸有温水或婴儿护理液的棉球清理阴唇外侧。

2 用干净的棉球或婴儿湿纸巾清理宝宝的阴部，注意始终是从前往后擦。然后再清理腿部的折痕。

纸尿裤 0-1 岁

这种尿布极大地简化了更换尿布的工作。它们很容易穿上,不用折叠,不用别针,不用塑料尿裤，而且湿了或弄脏后可以直接扔掉。它们为家长们带来了便利的生活，如果你带着宝宝旅行，纸尿裤更能体现出它们的优势，因为它们的吸收力比布尿布强，而且不需要带很多，同时，更换它们所需要的空间也更小，你还用不着拎着湿湿的散发着臭味儿的布尿布回家洗。然而，纸尿裤需要不断的供给，为避免自己购买必须拎着大包小包回家，建议你在网上成箱地买，然后他们会快递到你家。

即使你选择使用布尿布，在家里储备一些纸尿裤也总是有用的。如果宝宝用完了平常的尿布，或者因为你不当的洗护方法，宝宝得了皮疹，那么纸尿裤会是很好的备用品。纸尿裤有很多型号，从新生儿到会走路的幼儿，都有适合的型号，而且款式也很多。它们是用可调节的腰贴固定的。它们有松紧防漏边，可有效地防止腿边侧漏，有塑料外膜和一个可吸收水分的内层，有时候还可以在里面垫上一块吸水性强而能保持臀部干爽的尿布垫。还有一些特别的纸尿裤，比如在游泳时用的纸尿裤，还有一种幼儿用的可以像穿内裤一样的松紧式纸尿裤，又称拉拉裤。建议试试不同品牌和款式的纸尿裤，直到你找到最适合你的宝宝的一款。

为男宝宝清洁

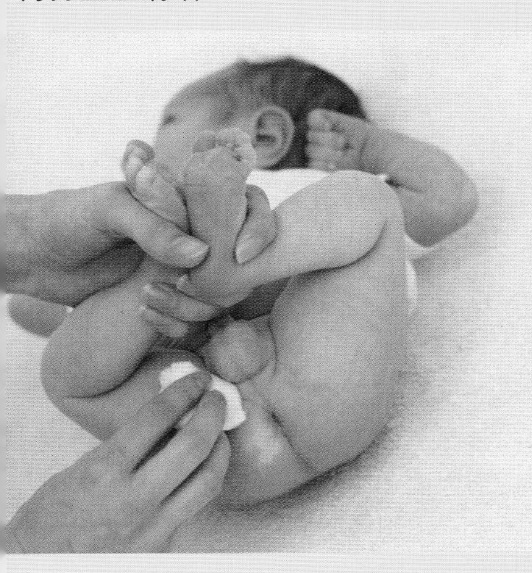

1 一只手抓着宝宝两只脚的脚踝，抬高他的双腿，另一只手清理他的生殖器区域。每清理一遍，就换掉一个棉球。

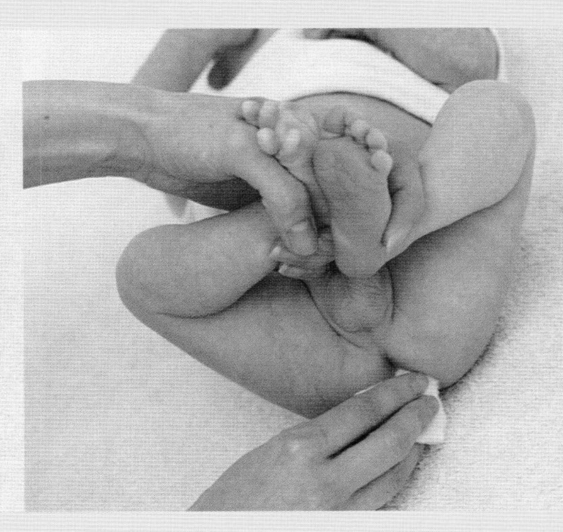

2 继续抓住宝宝的双腿，确保所有污物被清理干净。然后从大腿的折痕向生殖器方向，由外向内仔细擦拭。

如何穿纸尿裤

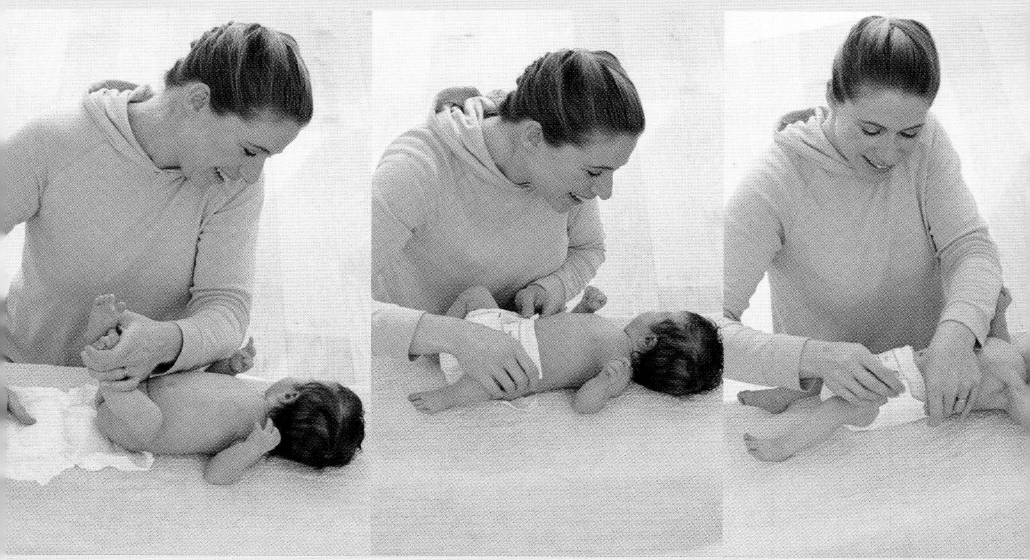

1 让宝宝平躺，打开纸尿裤，腰贴部位向上，抬起宝宝的双腿，将干净的纸尿裤缓缓地插到她的下面，然后轻轻地抬高她的臀部，将纸尿裤调整到合适的位置。

2 用两只手将纸尿裤的正面向上穿过宝宝的双腿，尽可能向上翻折，将纸尿裤前面彩图区域的边角围绕着宝宝的腹部展开。

3 用一只手将纸尿裤调整到合适的位置，另一只手适当用力拉伸弹性腰贴，将其固定在前面的彩图区域，再拉伸另一边腰贴，对称贴好。注意应确保纸尿裤不要太紧。

扔掉纸尿裤

所有的一次性尿布都是可以扔掉的。整个多合一的纸尿裤都是可以被丢弃的，但是不要扔进马桶里。你可以把使用过的纸尿裤直接丢进垃圾桶里，或者把它卷起来扔进塑料垃圾袋里。你还可以买一种可密封的生物降解型尿布专用垃圾袋，这样可以有效减少气味发散——这在旅行或外出的时候很有用。

专门的尿布垃圾桶。这种专用垃圾桶用来盛放和密封使用过的纸尿裤，里面有可防止臭气溢出的塑料薄膜，当桶满后可一次性将垃圾全部倒掉。

选择纸尿裤

可供选择的纸尿裤类型很多，而且它们有很多的型号，可适合不同年龄段和不同体重的宝宝。在试用它们时需要考虑以下几点：

- 这个纸尿裤的吸水性怎么样，它能否保持宝宝的臀部干爽？
- 腿的周围是否舒服？腰围是否合适？检查它是否有可能会惹恼你的宝宝的硬边。
- 你需要在效率和价格间做出权衡。买便宜的尿布可能是一种错误的节约，因为如果它们的吸水性和使用效率没有价格贵些的品牌好，反而是在浪费。

你和宝宝共同的最佳选择

你的宝宝将至少需要使用两年尿布，直到他完全有控制肠道和膀胱的能力，所以你有必要花些时间，找出最适合你们的尿布。

可重复使用的尿布 0-1 岁

我们所说的可重复使用的尿布通常指的是布尿布。尽管布尿布在最初买的时候价格要比纸尿裤贵，但在随后的两三年里会更经济实惠。布尿布是由毛巾布或细棉布制成的，款式多种多样。这种尿布必须在用过后进行漂洗、消毒、洗涤和烘干，因此要比用纸尿裤花费更多的精力。因为必须定期清洗，所以你至少需要准备 24 块尿布。很显然，你准备的尿布越多，清洗它们的次数就越少，清洗也就更经济。尽量买你负担得起的最好的尿布，因为它们更耐用，更吸水。

尿布和配件

这里是一组可供选择的可重复使用的尿布及其配件。如果你按时给你的宝宝更换尿布，他穿上以下任何款式都会开心的。

塑料尿裤

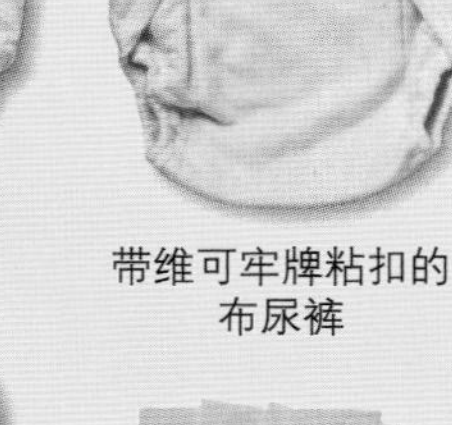

带维可牢牌粘扣的布尿裤

尿布垫

纱布尿布和安全别针

毛巾布尿布 这种传统的尿布比较厚，而且吸水性强，还可以根据宝宝的大小和需要折成多种形状。对于幼儿和新生儿来说，它略显庞大。买缝好卷边的尿布，以防它们在清洗时受到磨损。毛巾布尿布要比大多数一次性尿布更吸水，因此在夜里很能派上用场，你也可以在毛巾布尿布里面垫上一块一次性尿布垫，这样在夜里可以吸收更多的水分。

纱布尿布 它们与毛巾布尿布是一样的尺寸，但是更柔软。因其较好的柔软性和舒适性，所以纱布尿布更适合新生儿使用。但是它们的吸水性不太好，需要频繁更换。

T 型毛巾布尿布 这种 T 型尿布使用的是比普通的毛巾更柔软、更精致的毛巾布，在中间部位有一个三层厚的棉垫，可以吸收更多的水分。这种 T 字形状可以巧妙地围绕宝宝的大腿，穿起来更直接、更方便。

塑料尿裤 这种尿裤有很多种款式，它们套在尿布的外面，是专门为了防止湿的或脏的尿布不弄脏衣物或床单而设计的。刚开始可以只买 6 个，等它们老化、磨损或没法用的时候更换新的。

多合一布尿裤 这种尿裤集合了纸尿裤的所有特征和便利性，却大大减少了化学品的使用，因为它们是棉质的，不含颜料、乳胶和香水。它们可机洗，可以是明亮的颜色，有维可牢粘扣和松紧裤腿。这种布尿裤是由几层有吸水性的面料制成的，还有一层防漏表层，所以你不需要在它外面再套上塑料尿裤。你的宝宝的大便可被里面的衬垫收集起来，而且用过的布尿裤可存放在一个尿布垃圾桶里，直到你攒够一定数量再放到洗衣机里。

尿布别针或尿布夹子 尿布别针是为布尿布而特别设计的带有小锁头的别针。你将至少需要 12 个。尿布夹子要比别针好用，而且更安全。将这些小塑料装置勾在尿布上，可牢牢固定尿布，而不用担心有针头扎到宝宝。

尿布垫 你需要将它们与布尿布一起使用。将它们放置在尿布里，使其与宝宝的肌肤有一个隔层。选择那种由特殊材料制成、可让尿液渗漏下去却能保持臀部干爽的尿布垫。它们能极大地降低由摩擦和潮湿引起的尿布疹的发生几率。同时它们能容纳宝宝的大多数粪便，从而防止尿布被严重弄脏。尿布垫可以从粪便中取出，如果是可生物降解的，你可以直接将其扔掉，如果是布质的，则可与尿布一起清洗。

如何给宝宝换多合一布尿裤

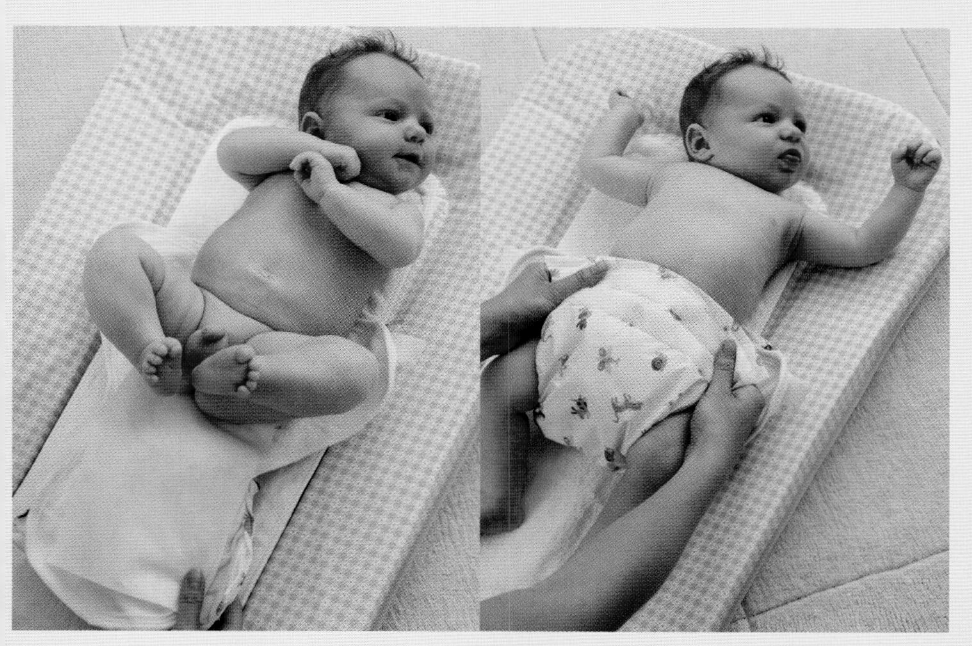

1 这种布尿裤外观很像纸尿裤，穿起来也像纸尿裤一样简单。首先，抬起宝宝的双腿，将布尿裤慢慢向上移动，将它摆到上方边缘与宝宝的腰部对齐的位置。

2 将布尿裤的前半部分抬起，穿过宝宝的双腿，直到底部边缘折叠到宝宝的腹部。检查布尿裤是否牢牢地贴在宝宝身上，而后将两边的维可牢粘扣扣紧。

活动中的宝宝

一旦你的宝宝开始爬了，尿布的舒适性会变得更重要，尿布不能太臃肿，否则会限制宝宝的动作。

尿布的清洗和消毒

你的宝宝的布尿布必须彻底清洗，以去除任何氨水和粪便内的细菌，否则它们会对宝宝造成刺激，而且可能会导致感染(见第 68 页)。可购买专门的尿布消毒液，它可以使你的工作更轻松、更节省时间。将用过的尿布在这种消毒溶液里浸泡一段时间，然后只需用肥皂块或粉洗净，再漂洗和晾干。注意要用纯肥皂块或肥皂粉来洗尿布，避免使用强效洗涤剂和生物酶洗衣粉，因为它们会刺激宝宝柔嫩的肌肤。

如果因为毛巾布僵硬而不得不使用柔顺剂，那么必须用清水将尿布漂净，尽管制造商声称无毒，但它多少也会对宝宝有刺激。

除非尿布非常脏，或颜色变得很灰，否则没有必要煮它们。在使用消毒药片后，使用热水洗涤和漂净尿布就足够了。永远不要把有色彩的衣服放到消毒溶液里，否则会褪色。如果衣服脏了，只需去除上面的脏东西，用清水漂洗，然后像平常一样清洗。

洗尿布常规

为了每天都在喂食、换尿布和洗尿布这些琐事间取得平衡，你需要尝试建立出一个常规——每次有效地洗大量尿布。这个常规的前提是有充足的尿布供应，我建议不少于 24 块。

为了给尿布消毒，你会需要 2 个塑料桶，一个用于脏的尿布，一个用于湿的尿布。塑料桶应该足够大，除了溶液，至少还能装下 6 块尿布，而且它必须有个盖子，以及结实而牢固的把手。然而，不要买太大的桶，否则你无法将满负荷的桶移至洗衣机或浴缸。虽然有专门的尿布桶卖，但实际上一切型号相当的有盖子的桶都可以利用。制作啤酒的桶就很理想，而且它们价格合理。

每天早上在桶里倒入适量的水和消毒

液。对于被尿液浸湿的尿布，先将它放入凉水里漂洗，然后挤出过多的水分，放入这个装有消毒溶液的桶里。对于沾有粪便的尿布，尽量清除尿布上的所有粪便，将污物倒入马桶里，然后把脏尿布浸泡到水中，用水涮掉剩余的污物。之后拧干并浸泡在消毒液里，按规定的时间浸泡好后，拧干这两种尿布。然后，在热水里漂洗被尿液浸泡的那种尿布，再进行烘干，把被粪便弄脏的那种尿布放入洗衣机里清洗，再进行烘干。

为了减少洗涤布尿布对环境造成的影响，建议家长尽可能多攒一些尿布，一次洗一大桶，而且尽可能调低水温。

你可能喜欢使用尿布洗涤服务机构，这种服务机构在全国范围内一般都能找到，除了一些偏远地方。将脏尿布储存在一个带有可生物降解内膜的桶里。作为一周一次的消费，尿布洗涤服务能够让脏尿布焕然一新，不过，你可能要为此储备更多的尿布。

清洗塑料尿裤

如果塑料尿裤脏了或者湿了，应该把它们放到温水里，倒入一点儿洗涤液搓洗。如果水温过高或过低，塑料会变硬，而无法使用。洗完后，轻轻拍打，挂在通风的地方晾晒。有一个软化塑料尿裤的小窍门，就是用几块毛巾连同尿裤一起摔打甩干。

如果宝宝的尿液留在尿布上接触皮肤，或直接浸泡皮肤一段时间，尿液会通过与粪便中的细菌分解成氨，氨是一种刺激物，会灼烧宝宝的皮肤并引起尿布疹。

关于使用布尿布的小贴士

- 在布尿布里放入一片一次性尿片，以便在夜里吸收更多水分。在旅行时，你们也可以使用这种方法，以避免在外面换尿布时的手忙脚乱。
- 在塑料尿裤的外面套上有弹性的毛巾布裤子——这样看起来更整洁。如果你想让宝宝的尿裤看起来更漂亮，有花边和图案的塑料尿裤也能买到。
- 安尿布别针的时候，你的手指始终待在尿布和宝宝皮肤之间。
- 穿好尿裤后，用手指沿着宝宝的大腿摸一摸，确保它不会太紧。
- 为了节省时间，把所有的干净尿布叠好备用，并且提前把尿布垫安到合适的位置。
- 确保尿裤舒适地贴合在宝宝的身体上。太松了容易慢慢滑落。

关于洗布尿布的小贴士

- 在盛消毒溶液的桶的附近放一双用于捞尿布的胶皮手套，或者用一个塑料钳子。
- 如果你使用消毒粉，先倒水，再放消毒粉。否则在你添加水的时候，飞溅起的粉末会通过空气传播吸入你的鼻子里。
- 在流通的空气里晾晒，或使用滚筒式干衣机都可使织物保持柔软。而如果你在暖气片上烘干尿布，布料则会变硬。如果你无法在室外晾晒衣服，或者家里没有干衣机，那么最好花些钱在浴缸上面支一根晾衣架，或者使用伸缩晾衣绳。
- 把夜里换下来的所有尿布单独放在一个桶里，或一个大塑料袋里，第二天早上再将它们泡进新的消毒液里。
- 有的水桶上有专门的把手，用来挂空气清新剂。如果你的桶没有，可以拉一条金属丝，穿过空气清新剂，然后系在水位线上方。

尿布疹

尿布疹是婴儿中最常见的一种皮肤问题，症状表现为皮肤发红，有红色斑点状疹子，发炎部位的皮肤甚至会溃烂。造成尿布疹的细菌通常在碱性环境下滋生。与母乳喂养的宝宝的酸性的大便不同，人工喂养的宝宝的大便是碱性的，因此人工喂养的宝宝更容易患尿布疹。

为了将你的宝宝患尿布疹的几率降至最低，有以下几条建议可供参考：

- 尽量勤给宝宝换尿布，不要让他带着湿的或有粪便的尿布躺着而不理会。
- 在一次性尿布垫与宝宝的皮肤之间用一层尿布隔开，这样做可使尿液渗漏到下面的尿布垫里，而保持宝宝的皮肤干爽。
- 无论何时，尽量让宝宝的臀部暴露在空气里。只在他下身放一块儿尿布兜住所有的污物。
- 一旦出现尿布疹的初期征兆，立即停止使用塑料尿裤，因为塑料尿裤更容易使尿液留住，而尿液紧贴皮肤会促进氨的生成。
- 一旦出现破皮的初期迹象，立即开始使用专门预防尿布疹的药膏。

尿布疹图表

症状	起因	措施
在大腿的褶皱处发红或破皮。	洗澡后未擦干皮肤。	一丝不苟地彻底擦干全身。不要使用爽身粉。
生殖器周围（而非肛门周围）开始起疹子。强烈的氨味儿。	氨导致的皮炎。	用以上一般的尿布疹治疗方法。如果不起作用，就咨询医生。
在生殖器、整个下身、腹股沟、大腿等部位全部起红色斑点状疹子，并且最终导致皮肤变厚和褶皱。	氨导致的皮炎的极端情况。	如果在使用以上一般的尿布疹治疗方法后疹子仍没消退，则去看医生。
从肛门周围开始出现疹子，并且蔓延到臀部。	鹅口疮。	就医。医生可能会给你开制霉菌素霜和药物。
生殖器和臀部上出现红褐色鳞状皮疹，而且皮肤表面多油脂。	脂溢性皮炎。	由医生开的皮炎药膏。你可能也要给宝宝特别的清洗，因为皮肤起了厚鳞且疼痛。
带尿布的部位布满小水泡。	痱子。	不要使用塑料尿裤，并且尽可能不用尿布。

- 不要用肥皂和水洗宝宝的臀部，因为这样会造成皮肤脱水，从而导致皮肤破裂。
- 不要给宝宝用爽身粉，因为粉会附着在皮肤上，而在皮肤褶皱缝里引起刺激，从而增加出现尿布疹的风险。

尿布疹的应对方法

你会发现，尽管你采取预防措施了，你的宝宝还是可能会臀部疼痛。如果你庆幸你的宝宝不需要特别的处理（见下面的图表），那么最佳的治疗方法将是上面所列的几条小贴士，与以下几点补充结合应用：

- 更勤地更换尿布。
- 晚上在布尿布里包一片一次性尿垫，以提高吸水性。这个方法特别适用于夜里睡整觉而整晚都不用换尿布的大一点儿的宝宝。
- 换尿布时不要用护臀霜，因为它会阻挡空气与皮肤接触。尽管它能保持皮肤干爽，但是在宝宝患尿布疹的时候，让皮肤与空气接触是更重要的事。

使用尿布 1-3 岁

1 岁大的宝宝仍会无意识地小便，但是因为膀胱已经能控制更多的尿液，所以他的排尿间隔的时间会变长。宝宝使用的尿布将会减少，相对于新生儿一周平均消耗的 80 片尿布，现在将降为一周平均 50 片。如果以前你是因为经济原因而没选择纸尿裤，那么现在不妨考虑了，因为它看起来更整洁，不像布尿布那么庞大。这一点很重要，因为此时你的宝宝越来越爱动了，他会发现两腿间塞着一团笨重的尿布很难走路。如果你坚持使用布尿布，那么建议使用外观像纸尿裤的多合一的布尿布，现在它可能比需要折尿布片的尿布更合适。

在你给蹒跚学步的宝宝换尿布的时候，你会发现他根本不愿意老老实实地躺平。给他一些书或玩具来分散他的注意力，否则你会发现每次换尿布都能成为一场战役。此外，方便更换尿布的衣服可节省你的时间和精力。

早期对排尿和排便的控制

到了两三岁，你的孩子将可以有意识地控制肠道和膀胱的肌肉，每天不停地给他换尿布的日子终于可以结束了。只要他能在午睡时保持小屁股干爽，就可以开始给他停用尿布了（见第 138 页）。你也可能想先使用训练裤，因为在孩子告诉你他想要上厕所的时候，这种裤子能很快脱下来。训练裤有两种：垫有毛巾布的塑料短裤和一次性的拉拉裤。它们都很舒适，并且在意外情况发生时可为孩子提供保护。

6 洗澡和卫生护理

你的一个日常工作是保持你的宝宝清洁。在宝宝很小的时候，说这个工作简单还有道理，但是随着她变得越来越活跃，你将发现你不仅必须更勤地给她做清洁，而且每天给她洗澡的工作也将变得更耗费精力。到了宝宝 2 岁的时候，她可能想要自己尝试洗澡。

给宝宝洗澡 0-1 岁

大多数小宝宝不需要太频繁地洗澡，因为除了臀部、脸、脖子和皮肤上的油脂，其他的部位不会很脏。所以除了每天清洗宝宝的脸、手和臀部，没有理由不能两三天洗一次澡。甚至可以只采用露上身或露下身给她擦澡(见第 72 页)。此外，还建议你定期给宝宝洗头(见第 75 页)，以防形成摇篮帽（乳痂）。

有些家长在最初几次给宝宝洗澡的时候会紧张。然而，如果你准备半个小时，把你需要的所有物品都准备好，放在身边，而且尽量放松，那么你可能会享受这个过程。给宝宝洗过两三次后，洗澡会变成很普通的日常常规，而你会奇怪当初自己为什么会紧张。

在哪里给宝宝洗澡

除非你的宝宝长大到能自己走进成年人的浴缸，否则你没有必要非在浴室里给她清洗。只要你自己觉得舒服，你完全可以在宝宝的卧室或厨房，或任何既温暖又能足够放下洗浴用品和衣物的房间。你可以把宝宝的浴盆在浴室里灌好水，然后搬到你选好的房间（注意水不要盛得太满，否则在你把浴盆移到另一个房间的时候，水会撒得满地都是）。

可以给小宝宝用一个专门设计的、雕塑有防滑表层的塑料浴盆(见第 34 页)。如果你不用过度弯腰，你会更舒服些。浴盆应该放在高度合适的桌子或工作台上。你也可以把浴盆架在一个可调节高度的台子上（不过它们往往比较容易坏），或者在浴缸里搭个架子，把浴盆放在架子上面。

然而，如果你家没有婴儿浴盆，你可以找一些不贵而实用的替代品，一直用到她长大些，能够自己走进大浴缸的时候，

给宝宝保暖

给你的宝宝洗完澡后，马上用浴巾把她包裹起来，这样可防止感冒。轻轻地拍打，将她身体表面的水分全部吸干，特别是弯折和褶皱的部位。

擦洗重点部位

这意味着只清洗宝宝的脸、手和带尿布的这些重点部位，而不是把她脱光。脱掉她的衣服，只留一层内衣，把宝宝放在一块儿换衣垫或毛巾上，用凉开水擦洗她的眼部，用温水擦洗她的脸和身体。

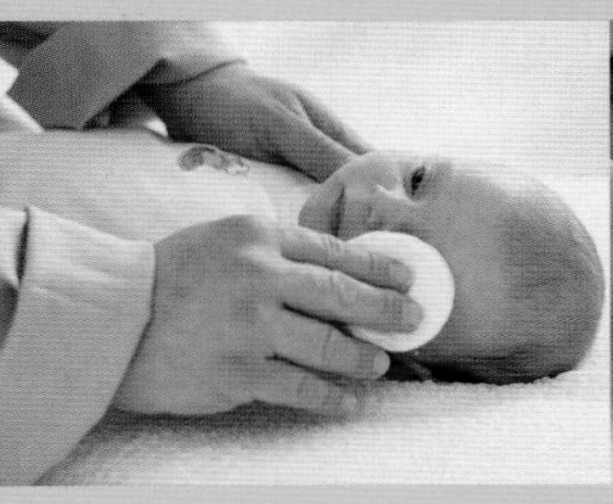

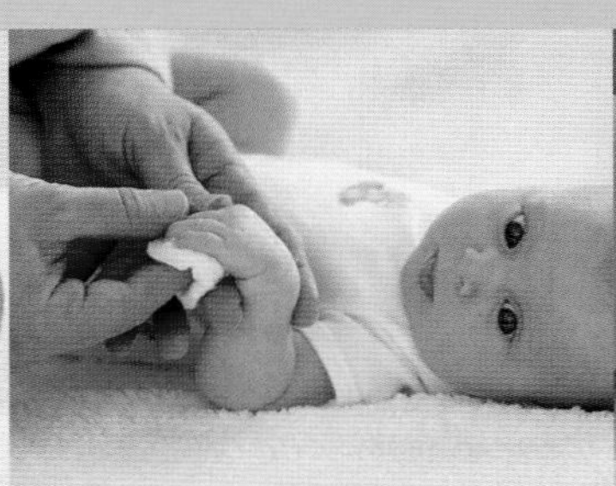

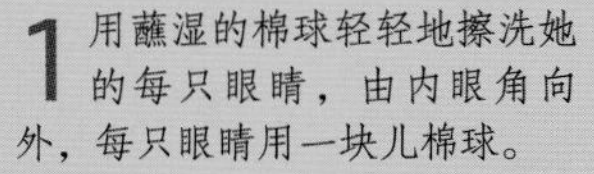

1 用蘸湿的棉球轻轻地擦洗她的每只眼睛，由内眼角向外，每只眼睛用一块儿棉球。

2 擦洗她的脸、耳朵、脖子，而后是手和脚，每个部位使用一块儿棉球。用毛巾轻轻拍打，把她身体表面的水全部吸干。

3 清理她带尿布的部位，然后用蘸有温水的棉球擦拭，由前向后进行擦拭，最后用毛巾轻拍，把表面的水吸干。

比如一个塑料的家居用盆，功能可以完全跟浴盆一样，而且你能把它随意搬到任何地方。厨房的水槽或浴室面盆也很实用，因为它们通常安置在一个让人舒服的高度，所以你的腰不需要太往下弯，而且它们通常在两边有可放置物品的台子。

如果你用厨房的水槽，一定要确保水龙头远离宝宝的腿，以防宝宝踢到。如果宝宝的腿会踢到，就用衣服或毛巾包住水龙头，使其不会对宝宝造成伤害。如果这个“浴缸”的表面太滑了，为防止宝宝的臀部打滑，可使用一个有吸力的塑料防滑垫，或者在水槽底部铺上一块儿小毛巾或尿垫，这样可以起到防滑的作用。

给小宝宝洗澡

在你开始前，先准备好洗澡、烘干用的物品，以及要换的衣服。

- 最好穿上一件防水围裙，将一张大的柔软的浴巾从你的胸前向下铺开，用它包裹刚从浴盆里抱起的宝宝，可以使她感觉温暖和舒适。
- 很小的宝宝不能很好地调节自己的温度，所以要把她脱光衣服的时间降至最短。
- 尝试使用一个带有帽兜的浴巾，那样她会感觉更加安全和舒适，特别是把浴巾放到暖气片上烤暖后。
- 只在浴盆里倒入几厘米深的水，等到你给宝宝洗澡练得熟练了，再倒入更深的水。
- 不要使用爽身粉，粉状物会使宝宝的皮肤发干，粘在皮肤褶皱处，可刺激皮肤并引起皮疹。

给你的宝宝洗澡

注意不要让宝宝在洗澡时受凉，保持室内温暖，并且提前规划好，把所有需要的物品提前准备好，包括浴盆、2 块大浴巾、洗脸毛巾、棉球、换尿布的装备、干净的尿布、尿布垫，以及干净的衣服。

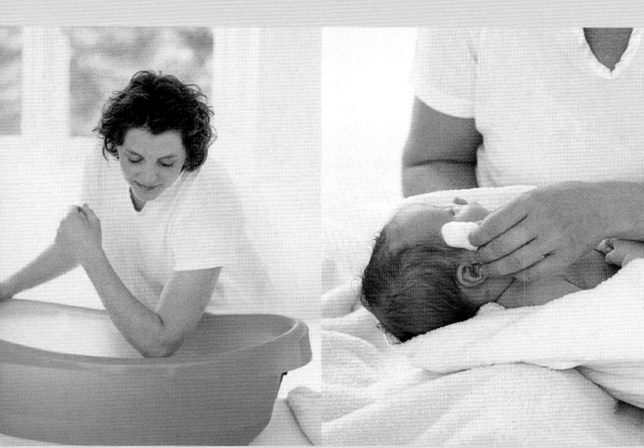

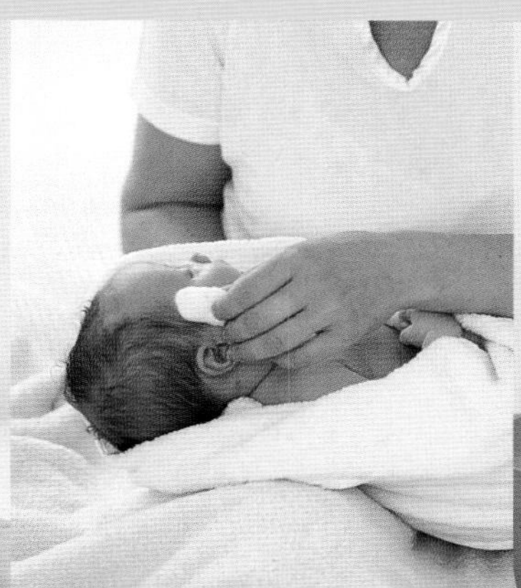

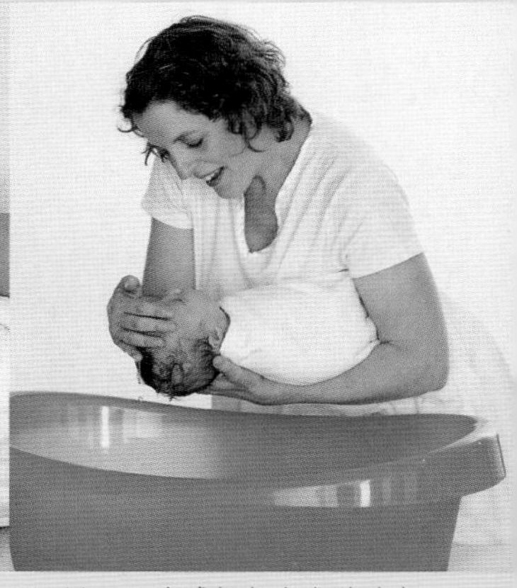

1 在浴盆里倒入 5 厘米 –8 厘米深的水，先倒入凉水，后倒入热水，用胳膊肘或手腕测试水温，感觉温暖、不烫，即是适宜的温度。

2 脱掉宝宝的衣服，先清洗她带尿布的部位，然后用浴巾把她包裹起来。用蘸湿的棉球轻轻地擦洗她的脸和耳朵。

3 用一只胳膊托起宝宝的头部和身体，就像手捧着足球那样，俯身为她洗头，洗好后用毛巾轻轻地拍打，把表面的水分吸干。轻柔地擦拭有利于防止出现摇篮帽（乳痂）。

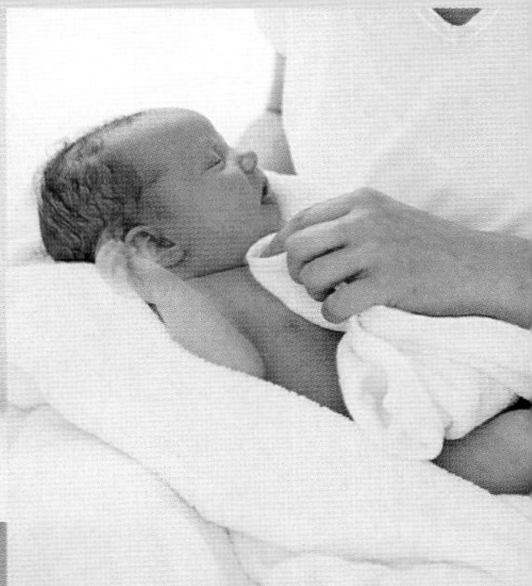

4 一只手托着宝宝的双肩，并抓住她的上臂，另一只手托着她的臀部或腿部，把她送入浴盆。

5 一只手始终托住宝宝的双肩，使其头部和肩膀离开水面，用你另一只可以自由活动的手为她擦洗。要始终安慰地对她说话。

6 给她洗好并冲洗干净后，轻轻地把她抱起，放在浴巾上，像之前那样托着她，擦干她的全身，不要涂爽身粉，它会刺激皮肤。

给宝宝做个海绵擦澡

如果给宝宝洗澡会让你紧张，或者宝宝真的讨厌脱衣服，那么可以给她做个海绵擦澡。把所有需要的物品提前准备好。把宝宝抱到你的腿上，一次只脱最少的衣服。或者让宝宝坐在换衣垫上，技术要领与坐在你的腿上一样。

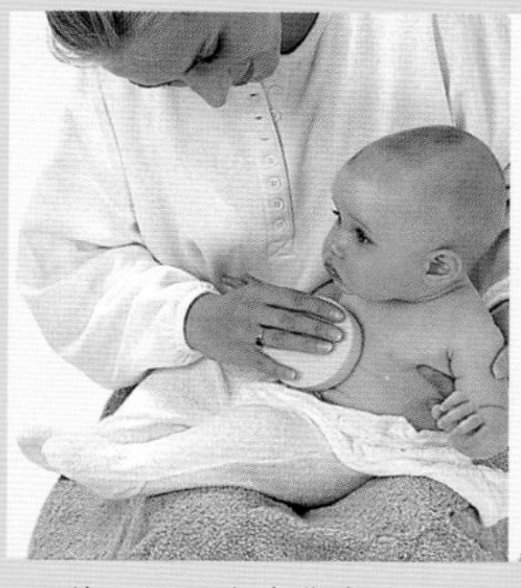

1 放一盆温水在你旁边。脱掉宝宝的上衣，用湿的毛巾或海绵擦洗她的前半身，轻轻地擦干，然后让她向前倾斜，擦洗后背。

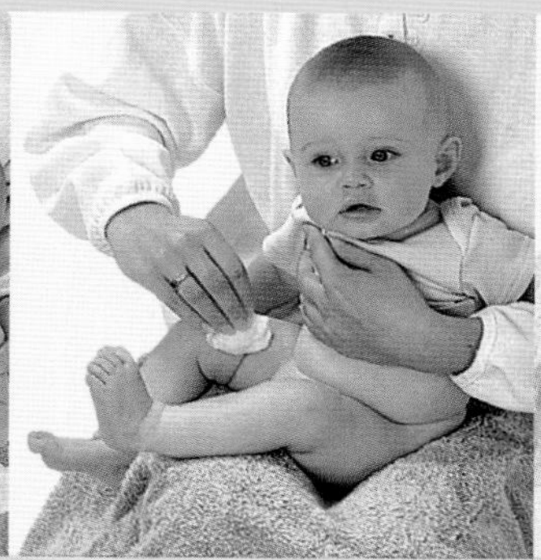

2 给她穿上干净的上衣，然后脱掉裤子，解开尿布，用一块儿干净的湿布或海绵清理她带尿布的部位，而后彻底擦干。

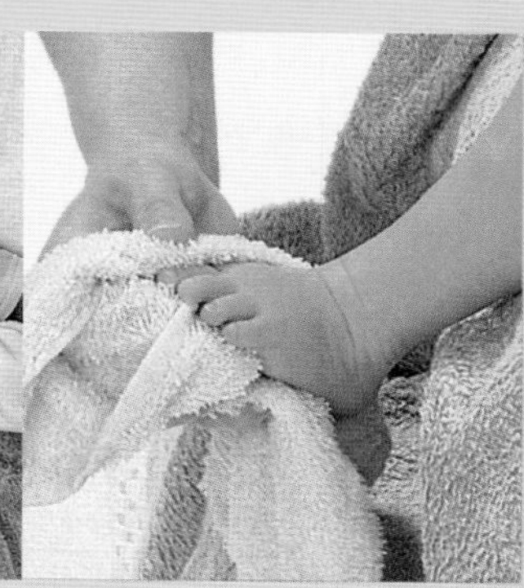

3 用湿的毛巾或海绵擦洗宝宝的腿和脚，用毛巾轻拍将表面的水分吸干，特别是脚趾间，然后给她换上干净的尿布和衣服。

使用浴盆

到了3–6个月大，你的宝宝会长大很多，大多数婴儿浴盆已经装不下她了，这时，你该开始给她用大人的浴缸了。如果你觉得浴缸的个头儿会吓着你的宝宝，那么就把小浴盆放到空浴缸里，直到她习惯了再撤掉。

在浴缸里给宝宝洗澡，你的动作会更笨拙，但是你必须仍然抓住宝宝的胳膊，直到她能支撑住自己的身体。你给宝宝洗澡时不要过度弯腰，那样你的腰容易拉伤，你可以在浴缸旁跪着洗，把所有需要的物品放在你旁边的地上。在浴缸底部垫上一块儿有吸力的塑料防滑垫，以防止宝宝滑倒。注意水不能深，不要超过10厘米–13厘米。如果宝宝滑倒，坠入水里，她的奋力挣扎会让局面很难控制，所以你必须时刻警惕。永远不要把宝宝一个人留在浴缸里，哪怕是在浴室转过身片刻做别的事情，这时，即使电话响了，也不要理会，或者你可以抱着湿漉漉的宝宝去接电话。任何事情都不值得你冒险离开宝宝，即使是一小会儿。

等你的宝宝再长大一些，她将会花越来越多的时间在地上爬，你打扫卫生的次数也不得不增多，洗澡也将成为每天必做的常规项目。这时，她已经不害怕被脱光衣服了，在水里也不会感到不安了。事实上，这个时候大多数的宝宝已经开始将洗澡当做一种享受了，所以你的工作就是在洗澡的时候创造乐趣，并且尽可能避免意外发生。

一旦你的宝宝能够坐在浴缸里，一定要在洗澡结束的时候给她留出一些时间玩水，让她享受水花四溅和玩玩具的乐趣。给她一些小船、玩具鸭子、海绵和塑料杯子，这样她能触摸它们，体验它们，看到它们在水里会有怎样的表现。如果你有两个孩子，偶尔把他们放到一个浴缸里洗澡，因为这样做两个孩子可以一起分享游戏，大一点儿的宝宝还能教小宝宝水能做什么。看着容器被填满和清空，或者看着水从一个容器倒入另一个容器，你的宝宝会非常兴奋，而且她会喜欢看有些玩具浮出水面，有的则慢慢沉到水底。

很多家居用品都适合在洗澡时给宝宝玩。他们喜欢看到水从物体里流出来，带孔的塑料果盘、量勺、冻冰块儿的盒子和漏勺都是不错的玩具。

洗头发

用捧足球的方式把你的宝宝抱起，将她的双腿夹在你的腋下，用手托起她的头。使用柔和的洗发液轻轻地洗头发，然后用温水冲洗干净。

护理头发

为防止摇篮帽的形成，你应该每天给你的新生宝宝用猪鬃刷和一点儿婴儿洗发液洗头，为了防止鳞片状头皮的形成，即使她还很小，也应每天给她梳头。如果摇篮帽已经出现，给她头皮上抹一点儿橄榄油，然后第二天早上洗净，这样可以使鳞片状的头皮溶解，使其软化和松动，从而很容易被洗掉。不要冒险尝试用手揪掉它们。

在宝宝 12–16 周大以后，每天给她洗一次头，但一周只用一两次婴儿洗发液。你可以采用手捧足球的姿势给她洗头（如果她很轻），也可以坐在浴盆旁，让宝宝面朝你侧坐在你的腿上（这个方法特别适合怕水的宝宝）。确保给宝宝用的洗发液是无刺激类型的，即使这样，也要注意不让水进入宝宝的眼睛里。不要担心宝宝的囟门（头顶上柔软的部位），它的上面覆盖着牢固的膜，如果你动作轻柔，是不会伤到它的，你不需要用力擦洗头发。现在的婴儿洗发液都有去污和控油二合一的功

浴缸洗澡小贴士

- 先开凉水龙头，如果你先开热水，浴盆底部可能会非常热，而烫伤宝宝。
- 用手巾或毛巾把热水龙头包起来，以防烫伤宝宝。
- 宝宝在水里的时候，加热水不要过量，因为宝宝可能会被烫伤。
- 把宝宝放入浴缸里的时候（以及从浴缸里抱起），确保你的背部保持挺直，用你的大腿受力。
- 不要让宝宝自己站在浴缸里,否则她会滑落。
- 如果你的孩子开始在浴缸里跳上跳下——毫无疑问，她会因新发现的技能而兴奋不已——坚决让她坐下，否则很容易跌倒。
- 不要撒开宝宝的手，想知道离开了你的支持，她能否自己坐好。那样她会很容易跌倒，并且严重受到惊吓——严重到她必须远离浴缸一阵子才能缓过来。
- 永远不要把你的宝宝一个人留在浴缸里，哪怕只是出去一会儿,因为她可能会滑倒，在水里淹死。
- 不要在宝宝仍在浴缸的时候放水。水的消失和噪音可能会吓到她。
- 洗澡后不要给宝宝擦爽身粉——它会使宝宝的皮肤非常干燥，而且会刺激皮肤。
- 如果你在白天工作，那么好好享受晚上的洗澡时间，这是你和宝宝玩耍和放松的美好时刻。
- 准备些专门在浴缸里玩的玩具，使洗澡时间成为一种特别的享受。

效，所以你只需让洗发液洗出泡泡来，然后数 20 下就把它冲洗掉。这样洗一次就足够了，这样一番操作过后，宝宝的头发完全能被洗干净。然后只需用温水浸湿的毛巾轻轻擦洗宝宝的头发，将泡沫冲掉。尽量把泡泡完全冲洗干净，但是如果你的宝宝顽固反抗，那么留一点点洗发液痕迹也没什么关系。用毛巾的末端小心擦干宝宝的头发，因为如果你用一大块儿毛巾遮住她的脸，她会不高兴或非常惊恐。

护理皮肤

新生宝宝不需要肥皂，那是一种去除油脂的物质，而你的宝宝柔嫩的皮肤不需要它。她需要保留所有的天然油脂，所以在她 6 周大之前只用清水洗她的身体，之后可以使用任何柔和的肥皂——你也可能想用一种特别的液体肥皂，只需简单地滴在宝宝的洗澡水里，而不用冲洗掉。不要

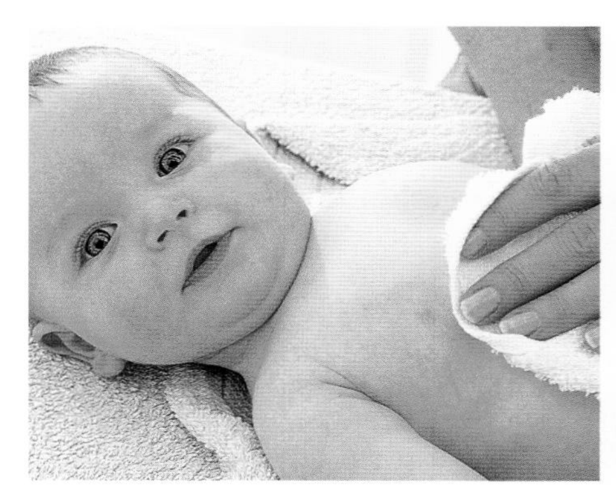

护理皮肤

在洗澡或擦澡后完全擦干宝宝的皮肤，而擦干皮肤的褶皱处尤为重要，比如胳膊、腿和脖子上的折痕。

落下任何弯折和褶皱的部位，用涂着肥皂的手指小心地搓洗这些部位，然后好好用水冲洗干净。将宝宝的皮肤完全擦干，因为潮湿的褶皱部位会引起刺激，也不要给宝宝使用爽身粉。

护理眼睛

用棉球给小宝宝擦洗眼睛，先将2块儿棉球浸泡在凉开水里，每块儿棉球擦洗一只眼睛。从内侧的眼角开始向外擦洗一周。

护理鼻子和耳朵

鼻子和耳朵是能够自我清洁的器官，因此，你永远不要在它们的里面塞入任何东西，或者以任何方式干扰它们。宝宝的鼻孔和耳孔很小，即使是向里面插入最小号的棉签，也只会使里面的东西往里推得更深。最好让它们里面的东西自然出来。除非是医生建议，否则不要往宝宝的鼻子和耳朵里滴任何滴液。

永远不要尝试把宝宝的耳蜡刮掉，即使你能看到它。耳蜡是在外耳道内侧表面的一层天然的分泌物，它可以抵挡细菌，也可防止灰尘和沙土进入耳鼓。有的宝宝制造出的耳蜡比别人更多，但是清理掉只会导致出现更多的耳蜡，所以不用管它，如果你很担心，可以让你的保健员和执业护士检查一下。用蘸湿的棉球擦洗鼻子和耳朵这两个部位（见第73页）。

护理指甲

在最初的三四周内，没必要给新生宝宝剪指甲，除非她挠自己的皮肤。指甲在洗完澡后最容易剪，所以提前把一个婴儿指甲钳放在浴盆旁边，在宝宝出浴盆后给她剪指甲。如果你的动作准确，半分钟就能剪完她的手和脚的全部指甲。如果你担心剪到宝宝的手指，那么试试等她睡着后再剪。

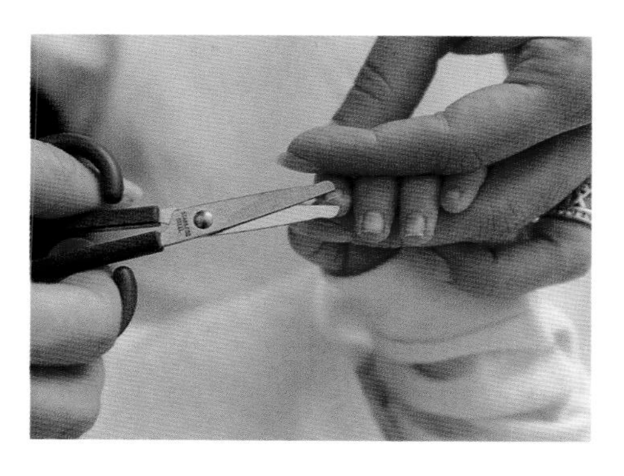

剪指甲

如果你打算用剪刀给宝宝剪指甲，先让她平躺在一个平整的地方，对她说些安慰的话，然后动作轻柔地沿着指尖的轮廓剪宝宝的指甲。

护理肚脐

医生在宝宝刚刚出生后，就会马上将脐带夹住和剪掉，留下一段从宝宝的肚脐伸出的5厘米–8厘米的脐带末端，这段脐带可能会被一个塑料夹子夹住。在接下来的几天，这段脐带会干燥和皱缩，然后会脱落。让这个部位尽量暴露在空气里，以加速皱缩和愈合的进程。如果你发现任何红肿、分泌液体或其他类似感染的迹象，马上咨询到家探访的保健员或医生。你不需要等到脐带愈合后才给宝宝洗澡，只要在洗澡后小心和彻底地擦干这个部位（见第 23 页）。有的宝宝会出现脐疝，它一般在宝宝一两岁时消失，如果你的宝宝患有脐疝，而且在变大或久久不消退，那么你需要带宝宝去看儿科医生。

护理生殖器

如果你的宝宝是个女孩，不要拨开她的阴唇清洁它的里面，这没有必要。你只需洗净带尿布的部位外面的皮肤（见第 60 页），好好擦干。不过，在清洁宝宝带尿布的部位的时候，请注意要从前往后擦宝宝的阴部，这样能极大降低细菌从肠道向膀胱或阴道的传播，从而阻止感染。

不要为了清洗而向后拉一个未受割礼的男宝宝的包皮。它很紧，而且可能会卡住。只需正常地清洗带尿布的部位外面的皮肤，并认真擦干，特别是皮肤褶皱处。包皮会在宝宝三四岁时自然缩回。

如果你的宝宝行了割礼，必须仔细观察他的状况，确保阴茎没有流血。行割礼时，可能需要给宝宝穿特定的服装，也可能不用穿，不管是哪种情况，都会有人给你关于如何给宝宝洗澡，以及如何对阴茎做特别的护理的建议。做完包皮环割术后，阴茎几乎都会出现红肿和轻微发炎，偶尔可能会有几滴血流出，这很正常，而且会逐渐痊愈，但是如果流血不止，或者有发炎的迹象，你需要带着宝宝去看医生。

洗澡可能会出现的问题 0-1 岁

害怕脱衣服

很多小宝宝都极度反感被人脱掉衣服。他们讨厌身体直接接触空气的感觉，而是更喜欢全身穿着衣服的安全感，和紧紧包裹的感觉。在你的宝宝很小的时候，你可以采取重点部位海绵擦洗或全身海绵擦澡的方法给她洗澡（见第 72–74 页）。

害怕洗澡

如果你的宝宝被洗澡吓到了，那就过两天再试试，在浴盆里就倒入一点儿水，动作轻柔地给她洗澡。在她准备好回到浴盆之前，先用海绵擦澡的方法。

如果过一段时间后，宝宝还是不喜欢洗澡，仍旧怕水，试着耐心地告诉宝宝洗澡是游戏时间，以克服她的恐惧。在一个温暖的房间（非浴室）铺开一块儿浴巾，将一个大塑料盆放在旁边，盆里放入一些可浮在水面的玩具和塑料杯，然后给你的宝宝脱掉衣服，带着她待在盆的旁边，鼓励她和玩具一起玩。她会慢慢习惯待在水边的。

在宝宝看起来很高兴和自信的时候，帮助她踏进水里。如果厨房很暖和，可以在沥水板上铺一块儿毛巾，在水槽里灌好温水，然后扶着宝宝坐在浴巾上面，让她的两只小脚泡在水里。你必须时刻用一只手牢牢抓住她，另一只手可以和她一起玩玩具和瓶瓶罐罐的东西。还要注意，用布

洗澡游戏

晚上洗澡是创造性的游戏登场的美好时光。你会发现你的宝宝被没完没了的灌水、倾倒和拍溅水花给吸引住了。

把水龙头遮住。

这样做上几次以后，用坐在浴盆或厨房水槽里面的方式替代，仍让她像之前那样玩。要知道，在她鼓起勇气进入水里玩玩具的时候，她已经克服了恐惧。同样，先让你的宝宝这样在水里玩几次，然后再换成真正地洗澡。

害怕大浴缸

一旦你的宝宝把小浴盆里搞得水花四溅，一片狼藉，就到了让她进大浴缸的时候了。但是如果她害怕进大浴缸，你只能循序渐进。可以把婴儿浴盆放到大浴缸里，浴缸下面垫上一块儿浴巾或橡胶垫，可起到防滑的作用。让她在大浴缸里坐下，旁边放上一些玩具，像从前一样在婴儿浴盆里倒入温水，让宝宝爬进浴盆里。等到她适应了，你可以在大浴缸里也倒入几厘米深的温水，在浴缸底部全部铺上浴巾或橡胶垫，浴缸里也放些玩具，跟之前一样，只是婴儿浴缸里面的水要加满。她可能一会儿从小浴盆爬到大浴缸里，一会儿又从大浴缸爬进小浴盆里，而后很快习惯坐在水只有几厘米深的大浴缸里。然后你可以倒入更多的水，小浴盆仍放在浴缸里，直到宝宝对它不在感兴趣了，或不再需要它了。这种做法虽然麻烦，但是可以给宝宝一个过渡期，同时能帮助她增强自信心。

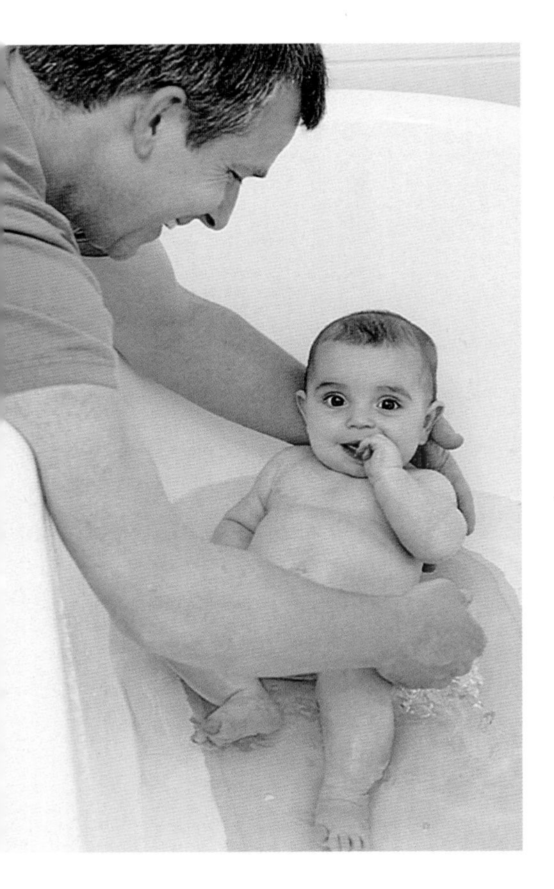

不喜欢洗头发

即使宝宝喜欢洗澡，她也不一定喜欢洗头发，她可能是在八九个月的时候开始不喜欢的。你会发现，即使你动作很温柔，而且采取了预防宝宝痛苦或恐惧的措施，这种状况仍会持续到她上学。所以，你值得花些时间从一开始就找出正确的洗头技巧。

年幼的孩子讨厌水进眼睛里，更别提有肥皂或洗发液的水。所以在整个洗头过程中，你应该尽可能保证宝宝的脸和眼睛不沾水。永远不要为了证明水不伤眼睛，而往孩子的头上浇水。6 岁以下的孩子很少有能忍受这样做的，而且如果你是突然袭击的，他们会非常生气。如果她尖叫或挣扎，就不要再继续洗下去，也不要为了方便洗完而强行抓住她，那样容易发生意外，比如肥皂泡进她的眼睛里，或者在浴缸里跌倒，淹到水里，那样会使情况变得更糟。而且，这种不愉快的经历可能会给你的宝宝造成心理障碍，对于宝宝和你来说，洗头发的尝试都会变得更加困难。

如果你的宝宝拼命抗拒洗头，那么就放弃，几周内不要尝试，给她时间恢复信心。大多数孩子都会觉得洗澡是很开心的事情，所以把洗澡和洗头发分离，要比让你的孩子连同洗澡一起厌恶风险更小。可通过海绵擦洗做适当清洁，以去除头上的

浴缸里的安全问题

在你把宝宝放到浴缸里洗澡的时候，可在浴缸底部放上一张防滑垫，以防止宝宝滑倒。水深不要超过 10–13 厘米。

污垢或食物残渣，或者用蘸湿的软刷给她刷头发。头发油腻一两周真的没事，完全没有害处。

不让水弄湿宝宝的脸的另一个方法，是带上一种专门的洗发保护帽。这个装备看起来像是围发际边缘的一个光环，有了它，你可以放心冲掉洗发液，而不用担心会流到宝宝的脸上。你可能会发现，如果让宝宝坐在你的腿上洗头，她的不安会减轻些。准备一盆温水放在你旁边，在擦上防刺激婴儿洗发液之前，先用一块儿法兰绒巾蘸湿她的头，这样不会有水流到她的脸上。洗完头之后，用一块儿湿的面巾冲洗宝宝的头，而非在她头上浇水。这种方法不会惊扰她，因为她感觉不到水滴到她的头上或身体上。

洗澡常规

洗澡是拥抱宝宝和陪她玩的绝好机会，这两点都是宝宝喜欢的。让洗澡成为就寝常规的一部分，让她知道这是一个放缓节奏，即将睡觉的信号。

给幼儿洗澡 1-3 岁

你的宝宝长大一些后，可能会把洗澡视作跟玩同等重要的事情。大多数孩子都喜欢玩水，而浴缸就是他们玩水的最便利的场所之一，因此，为孩子准备好塑料小杯、大口杯、小船和玩具鸭子，再给她大把的时间，允许她放松，允许她把洗澡变得生动有趣。鼓励你的孩子自己洗澡，专门给你的孩子一块她能用的海绵。除非她有了良好的协调性，否则她是无法完美完成任务的，因此，你要准备在她自己洗过的地方，用另一块儿毛巾再擦洗一遍。一只手握住香皂，给孩子的两只手都涂上香皂，然后向她演示如何用手里涂的香皂涂抹全身。

在孩子洗澡的时候，认真看护好，因为这个年龄的孩子仍很容易滑倒，跌入水中。幼儿一般都很渴望自己动手做事情，因此风险也会随之增加，她可能会自己打

鼓励宝宝自己讲卫生

洗脸

如果你的孩子拒绝洗脸，建议她用一块儿海绵代替毛巾，那样会更有乐趣，而且触摸到脸上感觉更柔软。

洗手

鼓励你的孩子从小就开始自己洗手，给她在浴室提供一个脚凳，这样她能自己够着面盆洗手。注意要让她知道哪边是热水龙头。

开热水龙头，或者把香皂或洗发液不小心弄到眼睛里。用毛巾盖住浴缸的水龙头，如果孩子滑倒撞到它，可很好地起到缓冲的作用。

日常常规

大多数儿童需要在早上洗漱，但最好等到早餐以后。因为他们通常在起床后非常饥饿，在他们迫切吃到食物之前，你只有一点儿换尿布的时间。要等你的孩子吃饱后，她才可能愿意老老实实站着洗手、洗脸、刷牙（见第 203 页）和梳头发。

到了 18 个月左右，她能把双手浸在水里自己洗手，随着协调能力的提高，她将学会用肥皂洗手。但是你要记住，她可能经常记不住洗手的程序：袖口可能没有挽起来，衣服可能会弄湿，肥皂可能会从她的小手溜出来。所以你要待在旁边，在她需要的时候帮她一把。

卫生

在你的孩子很小的时候就开始培养卫生习惯，如果可能，给她示范。举个例子，在你的宝宝会爬后，总是会把手弄脏，从那时起就应该培养她饭前洗手的习惯。如果一开始你就和你的孩子一起洗手（我的意思是“和”），把你和她的手都涂上肥皂，两个人一起洗，那样会很有趣。在你教孩子如何洗手的同时，可以给她做个吹泡泡的游戏，将你的食指和大拇指合拢，弯成一个圈，浸在肥皂水里形成一个圆形薄膜，然后在孩子面前吹出肥皂泡。之后也要两个人一起擦干手，让她检查你的手，然后你检查她的手。

如果你开始喜欢这样的做法，那么制定其他时间的卫生规定会更容易，比如，在上完洗手间后必须洗手。不过，便后洗手这个习惯应该在如厕训练阶段开始，每次你的孩子用完便盆后带着她去洗手。给她在浴室里提供一个牢固而防滑的脚凳，这样她能自己轻松地够到面盆和马桶，用这个方法可帮助孩子变得更独立。

给你的孩子买一根软的牙刷，开始教她刷牙，鼓励她在饭后刷牙，特别是她的磨牙冒出来以后（见第 202 页）。

宠物和卫生

对幼儿来说，养一只宠物好处多多，但是站在你的立场上看，你关注的更多的是有可能会出现的健康风险。然而，事实上，只要你遵从几点养宠物的简单法则，就没有什么可担心的了。鼓励你的孩子在每次和宠物玩耍后洗手——尤其在她吃东西之前，此外，你应该阻止她与宠物亲吻，尤其是宠物的鼻子和嘴。

由宠物引发的问题中，最常见的就是被宠物身上跳蚤和蠕虫的传播。这两种东西在日常生活中，通过适当的防范措施是可以轻松避免的。一旦你的宝宝被感染，马上做出处理，并且让你的孩子与宠物隔离，直到处理措施起到效果。癣菌病是由宠物引起的且常发生在儿童身上的一种皮肤病。如果你怀疑孩子患了此病，就带孩子去看儿科医生。

可能存在的问题 1-3 岁

害怕洗头

如果你的孩子真的憎恶洗头，那么把她的头发剪得很短，这样只是擦洗进行清洁就可以了(见第 80 页)。孩子们讨厌洗头的一个重要原因，是他们不喜欢水流到脸上。为克服这个问题，你必须让你的孩子相信洗头不会伤害她，而且水冲洗头的感觉并没那么糟糕。使用防刺激的洗发液，你也可仍旧给孩子用洗发保护帽，大一点儿的孩子也可以用。

如果你的孩子有一头很好但非常卷的头发，也会使洗头发变成不开心的经历，洗完头发后，梳理卷发会成为一个噩梦。如果你不想把孩子的头发剪短，那么试试用头发柔顺剂，在冲洗掉洗发液后，将它涂抹在孩子的头发上，用一把宽齿的梳子轻轻梳头，而后借助喷雾装置把头发冲洗干净，最后，只需用毛巾轻轻地把头发上多余的水分吸干。你也可以在梳理她干的头发前把柔顺喷雾剂喷在上面。

把洗头发变成一场游戏。在你的孩子

家庭洗澡时间

家里大一些的宝宝一般都喜欢在给小宝宝洗澡时帮忙，而且喜欢加入进来。洗澡时间也会成为尖叫声不绝于耳和水花飞溅的狂欢。

看来，如果你也进浴缸里和她一起洗头，那样会更有趣。用一个塑料水壶的水冲洗自己的头发，并向她演示把水倒在头上的乐趣。

如果你有一个大一点儿的孩子怕洗头，你可以让小一点儿的孩子帮助你一起给她洗头，用这个方法证明洗头发没什么可怕。涂洗发液时要抓住怕洗头的孩子，允许她用双手在头发上搓泡泡。如果可能，也让她帮助你倒冲洗头发的水，或者，你可以在浴缸里给一个布娃娃洗头发，并让你的孩子辅助你，帮助你给娃娃冲洗头发，然后提议让你也这样给她做。幸运的话，她会将此当做游戏的一部分。你还可以鼓励你的孩子用湿毛巾打湿她自己的头发，然后在她手心里倒上一点点洗发液，让她自己抹在头发上。

大一点儿的孩子也可以证明脸被水弄湿并不难受。举个例子，大一点儿的孩子可能会为自己有水下屏气的本事而骄傲。如果你的小一点儿的孩子在 3 岁左右，她可能也想加入到这个游戏，即使只是鼻子和嘴短暂潜入水下 5 秒钟。

害怕水

有少数孩子会讨厌水，洗澡对这些孩子和他们的父母来说都是一种折磨。克服这种恐惧的最简单的方法就是尽可能让洗澡时间变得快乐和轻松，尽量给他们大量的时间玩耍。试着找出让你的孩子害怕的原因：是浴缸太大了，还是里面的水太多了？还是因为她曾经在浴缸里滑倒，跌入水中？

如果她的紧张是因为浴缸太大，那么可找一个替代品，比如厨房的水槽或大一点儿的儿童浴盆。你的孩子可能会高兴地坐在沥水板旁铺着毛巾的台子上，双脚泡在水里玩。这应该同样适用于害怕水多的孩子，如果旁边有个花洒或花园浇水软管（只要水温和）玩就更好了。听起来比较讽刺，但是游泳可用于克服孩子对水的恐惧，尽管你必须先对她温柔地介绍泳池这个庞然大物，详见下面的小贴士。

让孩子习惯水

另一个让你的孩子习惯水在脸上的方法是带她游泳。一旦她习惯了水花飞溅，习惯了湿漉漉的头发，你就能开始给她洗头发了。特别是在游泳后，给她淋浴会变得更容易。在淋浴的时候，温柔而巧妙地引入用无刺激的婴儿洗发液洗头的主意——这种洗发液只需洗 2 分钟。

你也可以在家使用淋浴花洒，鼓励你的孩子玩花洒，拿着它淋她的肩膀，然后慢慢往上，最终到她的头发和脸。同样，在她习惯了湿漉漉的头发后，你就可以快速涂抹洗发液，并冲洗干净。

如果她喜欢在泳池里游泳，充分利用任何可以和孩子一起参加的游泳课程，在孩子学习游泳中，你将承担更多辅导的责任（如果需要，可让游泳教练帮你）。学会游泳或许某天还能救你的孩子的命。如果可能，建议在上学前就让她学会游泳。

7 喂养

喂养的主要目的是给婴儿提供足够的营养。虽然母乳喂养无疑是最好的，但是如果出于某些原因你无法给宝宝喂母乳，你会发现采取人工喂养，他也会茁壮成长的。一旦你做出这个决定，就不必感到内疚，只要把精力放到如何满足宝宝的需求上就可以了。在喂养时，对宝宝付出爱和情感与乳汁同等重要。到了他该吃固体食物的时候，请谨记一条重要的法则，就是任由他牵着你走。只要你提供的食物种类纷繁，他就没必要每天吃所谓的“必需”的食物。更重要的一点，记住，食物是一种乐趣。

营养需求 0-1 岁

宝宝在最初 6 个月的生长速度会比他一生中的任何时候都快。相对于出生时的体重，大多数宝宝在 4 个月左右体重都会翻倍，在 1 岁左右会变成 3 倍。为了生长，你的宝宝需要蛋白质、维生素、矿物质和碳水化合物。在 6 个月内，他主要以吃奶的方式吸收这些营养。开始添加辅食后，他将通过平衡的饮食获得所有的需求。在 6 个月内，他平均每公斤重需要略高于 100 卡路里的能量，到了 6–12 个月，平均每公斤重需要略少于 100 卡路里的能量。

蛋白质

宝宝所摄取的大多数蛋白质都会用于生长，相对于一生中的其他阶段，宝宝在第一年对蛋白质的需求非常大，是成年人的 3 倍。只要足量供应，奶能给新生宝宝提供他所需的全部蛋白质。

维生素和矿物质

除了维生素 D，母乳中含有所有营养物质。维生素 D 主要来源于阳光，是由阳光刺激皮肤生成的。如果你那里气候较冷，你的孩子可能需要维生素 D 补充剂，请咨询医生。如果你给宝宝采用人工喂养，那么配方奶粉可满足宝宝所有的维生素需求。

在第一年，宝宝的骨骼和肌肉的生长速度很快，因此他对钙、磷、镁等矿物质有很大的需求，远比成年人要高。所有婴儿在出生时，体内都储备最多可维持 4 个月的铁。如果这个储备被消耗完了，那么

宝宝的饮食中必须加入铁。母乳中的铁很容易吸收，而且可充分满足宝宝的需求。现在，所有普通的配方奶粉和宝宝专用谷类食品都增加了铁的含量。

脂肪

身体的生长和修复需要微量的脂肪酸。母乳和配方奶粉中的脂肪含量接近相同，但是母乳里的脂肪滴更小，更容易消化。

碳水化合物

它是能量的主要提供者。母乳和配方奶粉都含有碳水化合物，而且含量接近相同，但是母乳中的含量要略高一点。

舒服的喂奶姿势

确保喂宝宝的姿势让你感觉舒服。坐在椅子上，双脚平放在地上，用枕头支撑你的后背和胳膊，如果需要，在你的腿上也放一个枕头，以便垫高和支撑宝宝。

营养补充

你的宝宝需要补充某些矿物质，比如锌、铜、氟化物等。锌和铜这两种矿物质存在于母乳和配方奶粉中，然而氟化物不含在其中，而氟化物是婴儿必需的物质，它可以防止牙齿延迟生长。如果你是母乳喂养，只要在你喝的水里添加少量低氟牙膏，就能提供足够的氟。如果你不是母乳喂养，那么你可能需要给孩子使用高含氟量的牙膏，甚至给他补充剂，但是必须遵医嘱使用，因为一旦过量，就会对牙齿造成破坏。

母乳喂养 0-1 岁

人的乳房是为婴儿量身定做的，它们含有宝宝生长所需的正好适量的蛋白质、碳水化合物、维生素和矿物质。除了营养价值，母乳还因以下原因而备受推崇：

- 母乳喂养的宝宝比人工喂养的宝宝更不易生病。患肠胃炎、胸部感染、麻疹的几率更小，这是由于从母乳接受的抗体。所有宝宝都可由脐带输送的母亲的胎盘血接收到一些抗体，但是母乳喂养的宝宝还可通过初乳和母乳补充更多的抗体。宝宝出生后的几天，初乳和母乳会对肠道产生一种保护性影响，降低肠道功能障碍的可能性，而且因为它们也被血液吸收，所以它们在一定程度上可以对身体起到抵御外界感染的作用。有些抗体，比如防止脊髓灰质炎的抗体就在母乳中，所以在母乳喂养期间母亲可以切实保护自己的新生宝宝（但是宝宝仍必须接种疫苗）。

- 吃母乳要比吃牛奶更方便、更快、更易吸收。母乳喂养的宝宝不会便秘，他们排便不会很频繁，那是因为食物几乎全部被有效吸收了。母乳喂养的宝宝的大便比较软，气味相对较小，而且他们不含有与氨共同造成皮炎的细菌，因此不易患尿布疹。
- 母乳喂养的宝宝很少会超重。每个宝宝有自己的食欲和代谢速度——每个宝宝都不一样，所以如果你的宝宝比邻居家的宝宝胖或是瘦也不必担心。他将会有适合自己身体的体重。
- 母乳喂养很方便。无论何时，母乳的温度都正合适，你不必浪费时间消毒和收拾奶瓶，而且不用买整套的装备，可为你省不少钱。母乳喂养的宝宝吃完奶后产生的气体更少，睡眠时间更长，出现吐奶的情况更少，呕吐产生的气味也没有那么难闻。
- 母乳喂养对你的身材有好处。研究表明，母乳喂养能有效消耗怀孕期间所

保证母乳供应充足

如果你是母乳喂养，你需要保证有足够的乳汁供应，确保你自己摄入足够的营养，并且喝很多水，特别是天热的时候，因为你的宝宝也会更渴。

增加的脂肪。在喂母乳的时候，会释放一种叫做催产素的荷尔蒙，这种荷尔蒙可以促进子宫收缩，使其恢复到正常大小，还可刺激乳汁的生成（见第 90 页）。你的骨盆和腰围也会更快恢复正常。与流行的观点相反，研究表明母乳喂养并不会影响你的乳房的外形和大小。怀孕后乳房可能会变大，也可能会变小，或者松弛，但是这些变化不该归咎于母乳喂养，这些是因为怀孕造成的。

- 乳腺癌很少出现在将母乳喂养作为传统的地区。在抵御疾病方面，哺乳还能为女性提供更多的保护。

母乳喂养与避孕

因为促进乳汁生成的荷尔蒙同样也抑制排卵，所以在母乳喂养的时候不太可能怀孕，但是你千万不要将此作为一种避孕的手段。关于如何避孕，可以听听你的医生的意见。

准备母乳喂养

你最好在分娩前就决定好是否给你的宝宝喂母乳，以便你做提前计划。如果你是在医院生的孩子，而且打算母乳喂养，那么尽早告诉医护人员，明确告诉他们你需要帮助。如果需要，请求见见护士或月嫂。让她在你整个哺乳过程都坐在旁边，让她一直在旁边指导你什么该做，什么不该做。最好的学习方法是让懂母乳喂养的人观看和指导你。

奶的供给和按需喂养法

所有的母亲都有哺育她们的宝宝的自动装备，不存在母乳不适合宝宝的事情。乳房分泌的乳汁是宝宝不会抗拒的天然食品。

- 不存在母亲的身体无法喂养她的宝宝的事情：你的乳房的大小与你能产生的乳汁的多少没有关系，除非丰胸手术或乳房缩小手术会影响哺乳的能力。
- 乳汁是由乳房内的乳腺分泌的，而非乳房的脂肪组织，所以即使你的乳房小也不用担心，它们能提供充足的量。你产生的乳汁的量取决于宝宝摄取的多少，因此，可以将此表达为供给与需求。例如，如果宝宝的胃口不是很大，那么你的乳房就不会产生非常多的乳汁，因为乳房没有受到宝宝的刺激。如果你的宝宝是个能吃的小家伙，那么你的乳房会作出反应，产生更多的乳汁。乳汁的产量在你的整个哺乳过程中，会随着宝宝摄取量的变化而出现波动。
- 如果你的宝宝刚吃完奶半小时就饿了，你也不用担心。你的乳房已经为宝宝制造了一些乳汁，而且它们很快就会针对宝宝新的需求，而建立起与之适应的新的供给模式。如果宝宝对食物的需求放缓了，那么乳汁的产量也会自然减少。
- 新生儿每磅重（500 克）每天需要 60 毫升 –100 毫升的奶，因此 3.5 公斤的婴儿每天需要 400 毫升 –650 毫升的奶。每个乳房在 3 个小时内可分泌 40 毫升 –60 毫升的乳汁，因此日产奶量 700 毫升 –1000 毫升是充足的。

没有几个哺乳的女人不遇到一些问题，所以虽然你不该祈祷困难降临，但在遇到问题的时候也不应该奇怪。请记住，大多数哺乳方面的难题都是能解决的(见第98–101页)。

第一次接触

宝宝一出生，越早尝试给他哺乳，对你和宝宝越好。这样做有两个重要的原因：自然哺乳可刺激催产素的产生，这种荷尔蒙可在宝宝被娩出后(见第89页)，即刻促使子宫收缩和排出胎盘。此外，吮吸还能马上帮助你们建立一种强大的母子联系。

顺便说一下，你不用担心你的新生宝宝呛着。婴儿天生的吸吮反射很强大，他一出生就能够吞咽。

初乳

在分娩后的72小时内，乳房不生产乳汁，而是分泌出一种叫做初乳的稀的黄色液体。这种液体是由水、蛋白质和矿物质构成的，可满足宝宝在生命的最初几天、母亲的乳汁尚未出现的时候所需的所有营养需求。

初乳的好处

初乳中含有宝贵的抗体，可保护你的宝宝对抗脊髓灰质炎、流感、肠道感染和呼吸道感染等疾病。它还有润肠通便的功用，可促进胎粪排出（见第24页）。在最初几天，定时让宝宝接触乳房非常重要，这样既可以喂他初乳，又可让他习惯抓握乳房。

最初的一段时间，宝宝每次哭的时候，你都可以把他抱到你的乳房那里，但每一侧只给几分钟，这样乳头就不会疼痛。此外，给你的宝宝乳房也有助于子宫收缩。

泌乳反射

在宝宝吸吮乳房的时候，你的大脑里的脑垂体后叶受到刺激，而释放出两种荷尔蒙：催乳激素和催产素。催乳激素用于促使乳腺分泌乳汁，而催产素负责乳汁从乳腺输送和堆积到乳晕后面的乳汁存储区。这个进程在短短几秒钟就可完成，被称作泌乳反射。你可能觉得这种反射动静应该会很强烈，但事实上，你的宝宝用特有的声音就能启动这种反射，乳汁会像预料的那样自然地从你的乳头里溢出。

如何抱你的宝宝

用胳膊沿着宝宝的后背支撑他，用手掌和手指托住他的后颈，把他举到你的乳房那里。他应该能够不用帮助就凑到你的乳头上。用枕头支撑你的后背和胳膊，如果有必要的话，再将一个枕头放在你的腿上，以便抬高和支撑你的宝宝。

觅食反射

最初几次把乳房送到宝宝嘴边，他可能需要一些鼓励和帮助，才能找到乳头。用胳膊把宝宝支撑好，手指轻轻敲击他距离你的乳房最近的一侧脸颊，这样做可以刺激他的觅食反射。你的宝宝会马上转向你的乳房，张开嘴准备吸吮。如果你把乳头放进他嘴里，他会高兴地用上下嘴唇夹住整个乳晕，然后开始吮吸。很多宝宝在把奶头含在嘴里之前，会先舔一舔乳头，有时候这样可作为辅助的刺激，促使分泌更多的初乳。

几天后，你的宝宝将不再需要人为的刺激，而且每当被抱起并接近你的身体时，他就会高兴地转过头去抓乳房。

永远不要通过用手指同时捏住宝宝的两侧脸颊，或者挤开他的嘴，来引导宝宝把头凑近乳头，否则脸颊两侧同时被触碰的刺激与单侧的刺激不一致，会使他混乱，结果他会张着嘴，绝望地左顾右盼寻找乳头。

吸吮作用

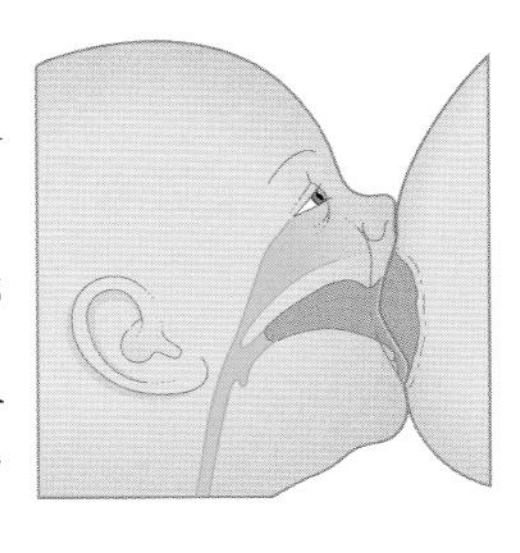

宝宝可以通过舌尖对挤压母亲的乳晕刺激乳汁分泌，之后舌头会从底部向上颚方向挤压，将更多的乳汁从母亲的乳头挤出，而后从喉咙部位咽下。

给你的宝宝乳房

关键是开心，不会出现麻烦的母乳喂养方式，是让宝宝的嘴正确固定在你的乳房上。试着把乳头插入宝宝的嘴里。这点之所以重要，有两个原因：首先，除非他

母乳喂养的方法

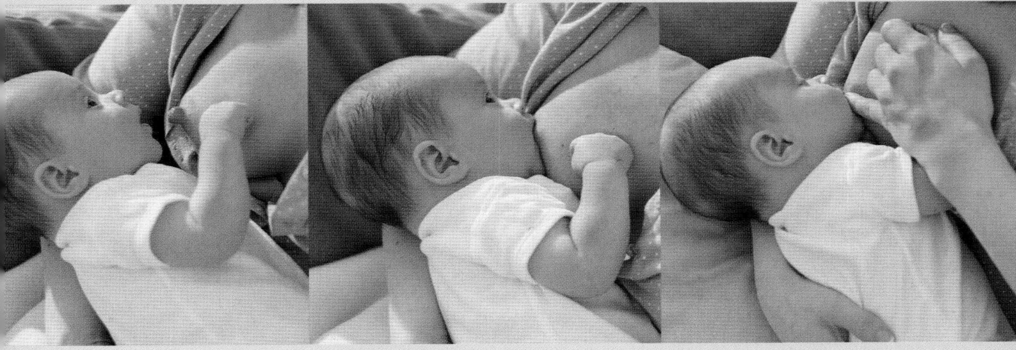

1 为让宝宝转向你的乳房，手指轻轻叩击几下宝宝离你最近的那侧面颊。他会转向你触摸的方向，然后寻找你的乳头。

2 用手支撑宝宝的头部，确保他吸吮乳房动作正确，宝宝会把你的乳头和大部分乳晕含入嘴里。

3 在他结束吃奶，或该换到另一个乳房的时候让他停止。用小拇指轻轻地滑入他的嘴角，这样可以轻松地让他主动放开你的乳房。

的嘴能含住适当比例的乳晕，否则他无法成功地吸吮到乳汁。你的宝宝会通过咬牙和吸吮的动作，从你的乳房榨出乳汁：宝宝的嘴会围绕乳晕形成密封，在吸吮的时候，舌头会从舌根开始向上推起乳头，然后乳汁会在有节奏的吸吮与挤压的组合动作中溢出。只有宝宝对乳晕下的输乳管施加压力，才能成功吸出乳汁。其次，如果把乳头插入宝宝的嘴里，会极大降低乳头疼痛或破裂的几率。你的宝宝的吸吮动作强而有力，只要把乳头含在嘴里，他就能有效地关闭输乳管的出口，几乎不会让一点儿乳汁流出。你的乳头会非常疼痛，乳汁的供应量最终会减少，因为乳汁没有被抽干（见第 89 页）。如果你的宝宝因饥饿而沮丧和发脾气，那是很自然的。

联系

当你的宝宝开心地吮吸你的乳房时，如果他的眼睛睁着，和他做眼神交流。在给宝宝哺乳的时候对他微笑、说话和聊天，可以让他总能把愉快的进食和你的脸、声音及皮肤的气味联系起来。

母乳喂养小贴士

- 你可能会发现，在高效的泌乳反射下，你的乳汁可能会因流出的速度过快而呛到宝宝。你可以先挤出一点乳汁（见第 96 页）。
- 如果你的乳头又软又小，而且你的宝宝寻找它有困难，那么你可以在乳头上敷一小块儿湿冷的布，过一会儿你的乳头就会变得坚挺。
- 哺乳时，两侧的乳房都会溢出乳汁，所以最好每次哺乳时都使用两个乳房。从较重的乳房开始。

每个乳房喂多久

在前 5 分钟，宝宝的吮吸强度会达到最强，在短短几分钟就达到一次进食的 80%。请记住一条法则，只要宝宝表现出对吮吸的兴趣，就尽可能把他放在乳房上时间久点。如果你的乳汁没有了，宝宝还在吮吸，他可能只是喜欢那种感觉。如果他不造成你的乳房疼痛，他这样做就没问题。你会发现你的宝宝会以他独特的方式玩一会儿，然后慢慢失去兴趣：他可能开始玩你的乳房，小嘴在乳头上滑上滑下，然后会扭过头，或是睡着了。如果他开始对一侧的乳房腻烦了，就轻轻地把宝宝从这一侧移开，放到另一侧乳房。如果两侧的乳房都给宝宝吃完后，他睡着了，说明他大概是吃饱了。大约 10 分钟后，你很快就能知道他是真的睡着了，还是会醒过来，又饿了。同样，如果你的宝宝只想要你一侧的乳房，也无需担心。你可以在下次哺乳的时候给他另一侧乳房。

把宝宝从乳房移开

永远不要把宝宝从乳房直接拽开，那样只会伤害你的乳头。要想让宝宝移开乳房，可用一只手指在乳晕和宝宝的面颊间轻轻滑动，然后把手指插入宝宝的嘴角。这样就可以让他的嘴张开，停止吮吸，而后你的乳房将会从他嘴里轻松滑下来，无需拔出。这在宝宝刚出生的几天尤为重要，因为那时你的乳头很软，而且很敏感。

哺乳时穿什么

母乳喂养的女性最好带上哺乳胸罩。选择那种可以在乳房的底部提供支撑，前面有扣子，有防止伤害肩部的较宽的吊带的哺乳胸罩。外面随意穿着你觉得最舒服的衣服，但是为了方便哺乳，衣服上面应该能开口。大号的T恤既舒服又实用，前面开口的T恤能很快打开，不过一些女性觉得它过于暴露。

哺乳的姿势

你可以选择任何哺乳姿势，只要他能含住乳头，而且能让你感觉舒适和放松。你可以任意体验哪种姿势感觉最自然。每天尝试换不同的姿势——这样能保证你的宝宝不是每次都只在乳晕的一侧施加压力，而且，这样做能将输乳管堵塞的风险降至最低。如果你是坐着喂宝宝，确保让自己舒服，需要的话可用靠垫或枕头支撑你的胳膊和后背。

躺在床上喂也不错，特别是在头几个星期，没有理由不能这样做。侧躺在床上，如果用东西支撑着能让你更舒服，可以用枕头支撑你的头部或后背，然后把宝宝平行地放在你的身旁。你可能需要让宝宝躺在一个小枕头上，使他正好躺在与你的乳头相同的高度上，但是在宝宝长大一些后，就不需要垫高了。侧躺时，谨防臂部肌肉拉伸，因为这样会造成乳汁的流速减慢。你可以选择在胳膊下面放一个枕头，把宝

哺乳的姿势

坐着哺乳的姿势

确保你的胳膊和后背有靠垫或枕头支撑，你能够全身放松。可用一个枕头把宝宝垫高到一个舒适的水平。

躺着哺乳的姿势

如果你累了，或为了让宝宝远离你的剖宫产手术的伤口，躺着哺乳会是不错的方式。你侧躺在床上，使宝宝与你平行相对地躺在你身边，这样能让他够到你较低一侧的乳房。

给双胞胎哺乳

在早期一段时间，单独给每个宝宝哺乳更轻松，等到母乳喂养方式建立起来以后，你可以试着同时喂他们两个。

宝放在枕头上，让他的双腿在你的胳膊下蜷缩合拢。在宝宝面向着你的乳房的同时，你的手支撑好他的头部。记得每次哺乳后要把宝宝抱回他自己的床上，不要和他一起在你的床上睡着。

你最初选择的哺乳姿势也会受你的分娩方式影响。例如，如果你做了外阴侧切术，你可能会发现坐正了会很难受，这种情况下，侧坐或侧躺会更合适。而如果你做了剖宫产手术，腹部会非常脆弱，不能让宝宝趴在腹部，那么可以尝试“捧足球”的姿势，让宝宝的双腿在你的胳膊下蜷缩合拢，也可以选择与宝宝侧躺在床上的哺乳姿势。

哺乳的频率

宝宝需要频繁喂食。母乳喂养的宝宝比人工喂养的宝宝进食频率更高，因为他们消化得更快。应该给宝宝们按需进食(见第 89 页)，家长们也能很快学会识别宝宝表示饥饿的哭声(见第 158 页)。新生宝宝可能需要每 2 个小时吃一次奶，一天进食多达 8–10 次。到了 1 个月左右，通常会变为每 3 个小时吃一次，而到了 2–3 个月，一般会变成 4 个小时吃一次。当然，每个宝宝各有不同。

到了 3 个月以后，大多数宝宝会在吃饱晚上最后一顿奶之后睡整觉，但是你还不能考虑尝试省略夜里的喂食，除非你的宝宝表现出想夜里不受打扰睡整觉的意愿。

辅助性奶瓶

我们都听说过有些女人没有足够的奶水喂宝宝的说法，即使这可能只是潜意识里的恐惧，但是如果在早期的哺乳阶段问题真的发生，女人们可能会以此为借口为自己放弃哺乳辩护。请不要屈从于这个压力，抵制它，即使你的医生也跟你提这种说法（当然，从朋友和亲戚那里肯定也听说过）。

每个女人天生都具备喂养她的宝宝的能力。乳房会通过制造乳汁来回应宝宝的需求，所以如果在早期你的宝宝没有把你的乳汁全部吃光，你应该通过别的办法挤出剩余的，以保持宝宝对乳汁的需求量，大多数女性在采取这种方式后，乳房会以很好的乳汁流量做出回应。

等你的孩子长大一些，他可能会时不时突然大哭，结果会有人在你旁边唠叨，说宝宝是饿了，事实上你可能刚喂过他，他只是口渴了。开始混合喂养后，这种情况当然会发生，这是因为食物需要液体稀释，也需要时间消化。因此，刚开始先试着给宝宝 15 毫升白开水给他解渴。

每个新妈妈都担心自己能不能喂好宝宝，而且如果使用辅助奶瓶可能会感到一种压力。奶瓶对一个焦虑的母亲的吸引力，在于它能很快让母亲直观地了解宝宝吃了多少奶，这是母乳喂养所无法给予的确定感。但是需要理性的对待它，最重要的是，要对自己有能力给宝宝哺乳有信心。请记住，每次哺乳的两三分钟内，宝宝的吸吮量就已占到本次进食的 80%，所以尽管宝宝在你的乳房上表现出来厌烦，你也不用担心，因为如果他已经吸吮了超过 5 分钟，那么几乎可以肯定，他已经吃到了足以应对饥饿的奶。

可能会有一些情况造成你在哺乳时疼痛，比如输乳管阻塞或乳头疼痛，虽然很难，但是如果发生这种情况，最好还是避免给你的宝宝提供配方奶。如果有可能的话，6 个月内最好给宝宝采用单一的母乳喂养方式，这样会使宝宝受益匪浅。

确保乳汁的良好供给

- 尽可能多休息，特别是在宝宝刚出生的几周内。这段时间你能坐着就别站着，能躺着就别坐着。
- 如果你紧张，乳汁的流量也会受到影响。所以尽可能延续你在产前放松的生活常规，确保你在能够躺下的时候，给你自己留出一些时间。
- 尽早上床睡觉。你会很累，因为你的睡觉模式可能会被你的宝宝打破。
- 关于家务劳动，不要理会它，除了最紧急的事情，不要做任何事。
- 确保饮食平衡，确保食物富含蛋白质。不要吃高度精炼和加工过的碳水化合物（蛋糕、曲奇、糖果或巧克力）。
- 你可能需要补铁或维生素，咨询一下你的医生。
- 如果你采取母乳喂养，每天要喝 3 升水，有些女人发现在她们哺乳的时候，需要在旁边放一杯水喝。
- 你的大部分乳汁是在你早上休息的时候产生的，所以如果你总是在白天忙得团团转或者紧张，你会发现晚上奶水供应匮乏。
- 在早期如果你的宝宝没有把你全部的乳汁吸光，那么挤出剩余部分。这样做可保证全天充沛的供应。
- 多向你身边的积极乐观的人寻求帮助和支持，善于利用你的助产士、健康访视护士，多和有孩子的朋友聊天，以便获得建议。
- 如果你因为有事离开或生病，无法给宝宝喂奶，那么把奶挤出来，以保证持续供应。

如果因为疼痛而哺乳的时候，很多母亲喜欢将乳汁挤出，储存起来，然后给宝宝使用奶瓶喂奶。用配方奶粉补充会干扰乳汁的产量。

习惯了你的乳头的宝宝可能会讨厌塑料奶嘴。不幸的是，很难说清楚你的宝宝是因为讨厌奶瓶，还是根本不饿。如果你坚持使用奶瓶，他最终会习惯奶瓶的，但是随后你会发现他又不想要乳房了。如果你的乳房非常疼，试着把乳汁挤到一个消过毒的杯子里。

挤奶

在你生病的时候，极度疲惫的时候，或者离开宝宝，把宝宝留给别人照看的时候，你可以把挤出的乳汁保存在奶瓶里，由别人喂宝宝。挤出来的乳汁保存在消毒容器里，可在冰箱里冷藏 48 小时，冷冻可保存 6 个月。可将挤出的乳汁交给你的伴侣或临时保姆，由他们喂宝宝。此外，因为乳房根据需求分泌乳汁，所以你可能也需要挤出乳汁，以维持你正常的乳汁供应，比如，如果你的宝宝是早产儿，而且还不能哺乳。

你可以用手挤奶，也可使用吸乳器。电动吸乳器比手动的要贵，但是更方便。它们仿照宝宝的天然吮吸频率，而且非常适合需要经常挤奶的妈妈。不过，即使你使用吸乳器，也应该学会如何用手挤奶，以防不时之需。在开始之前，准备一个碗、一个漏斗和一个可密封的容器，提前用消毒液或沸水给它们消毒，然后洗净手。

在最初的 6 周，用手挤奶几乎是没有难度的，因为在这个阶段乳汁的产能没有达到饱和，而是在乳房贮存了一部分。挤

用手挤奶

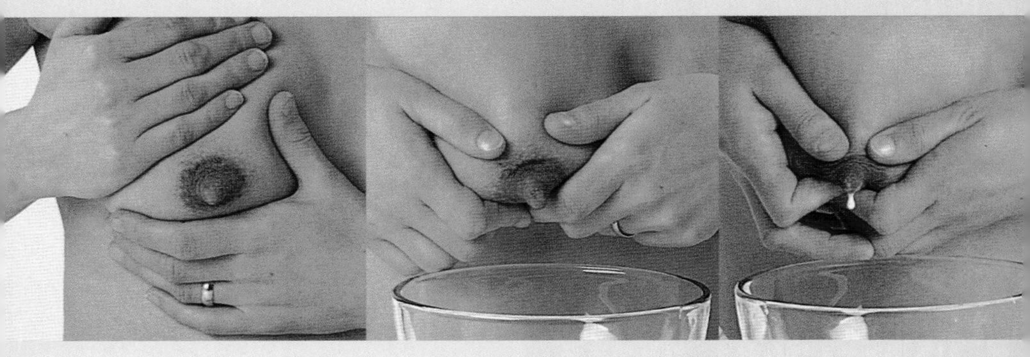

1 洗干净手。手指并拢，用双手按摩你的乳房，从肋骨开始向乳晕方向按摩，随后慢慢按摩整个乳房。

2 两只手的手指全部弯曲，食指朝下，两只拇指及其他手指配合，轻轻围绕乳晕挤压，这样可以挤压更多在乳头后面的输乳管。注意动作要轻柔而有节奏。

3 如果刚开始乳汁并没有出来，就继续挤。一旦开始涌出，继续挤大约 5 分钟，而后以同样的动作挤另一只乳房。

奶的最佳时间是早上，这个时候奶量最多，不过，如果宝宝落掉了夜里的进食，夜里则是挤奶的最佳时间。没有状况发生的话，每次能顺利挤出30毫升-60毫升的乳汁。

休息得越好，挤奶就越容易。如果乳汁还没有出来，可以用一块儿温的毛巾敷在你的乳房上，用来疏通输乳管，或者可以尝试在浴缸里洗澡的时候挤奶。如果你不得不俯身弯腰，对着一个低矮的平台挤奶，但那样可能会造成背痛，你可以将盛奶的容器垫到一个适当高度。

挤奶小贴士

- 挤奶对身体不会造成伤害。如果发生了意外，那么肯定是因为你的操作方法不正确，必须立即停止。
- 每件装备和每个容器都应该是无菌的，你的手也必须是干净的。
- 如果你担心你的宝宝在人工喂奶后，不会回到母乳喂养的方式，那么就试着把挤出的乳汁盛在杯子里，然后用杯子和勺子喂给宝宝。记得要对这两个器具消毒。
- 乳汁必须正确地储存，否则会被破坏，导致宝宝生病。挤完奶后必须放入冰箱，直到需要时再取出。在冰箱里冷藏可保存48小时，冷冻则可长达半年。挤出的奶应该放入无菌的密封的塑料容器里。不要使用玻璃杯，因为玻璃杯可能会碎。

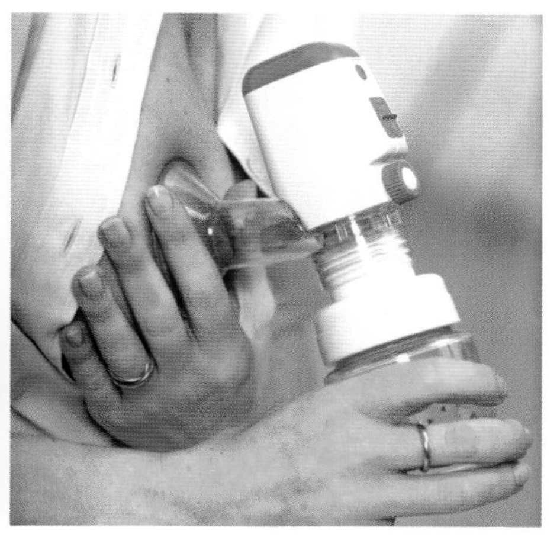

使用电动吸乳器

如果你需要经常挤奶，电动吸乳器是最合适不过的。由于每个品牌的机器的操作方法各有不同，所以请按照厂家的使用说明操作。

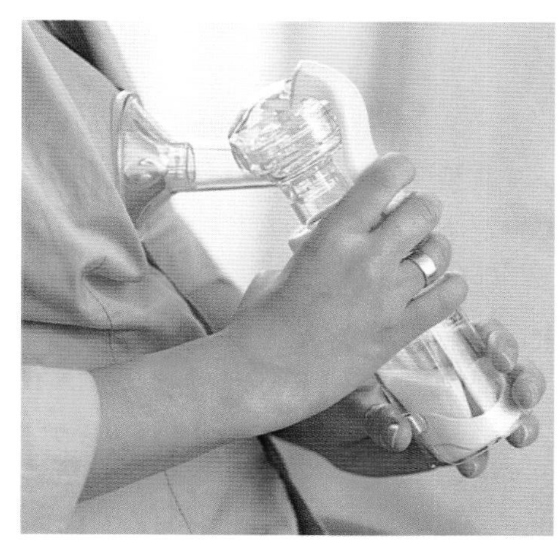

使用手动吸乳器

首先将吸乳器的漏斗端口贴合在你的乳晕上，形成密封。然后操作吸乳器上的手柄或活塞开始吸乳。

母乳喂养可能出现的问题 0-1 岁

你可能会发现，刚开始哺乳时非常顺利，没有出现任何状况，但是对于以后可能出现的问题，你仍需未雨绸缪，因为在24–36 小时内，宝宝不会总是活力充沛地吮吸，你的乳头也可能会被他咬疼。

拒绝乳房

宝宝在吃奶时最常见的问题之一是呼吸困难。你的宝宝无法在吞咽的同时呼吸，所以你要一直观察，确保你的乳房没有堵住他的鼻孔。

你的宝宝可能不愿意接近乳房，因为从刚出生到开始哺乳可能存在一定延时性，越早开始哺乳越好。48 小时内，宝宝能很快学会握住乳房，但是如果超过了这个时间，而时间越长，你会发现哺乳的困难就越大，不过这不意味着你的宝宝将永远不会要你的乳房，只是意味着你必须有耐心，而且先把乳汁储存起来。比如，如果你的宝宝是个早产儿，你可以要求护士给宝宝挤出乳汁（以便你的乳汁以后能持续供应），等你们回家后再给他介绍认识乳房。

宝宝拒绝母亲的乳房也可能是因为焦躁，如果他醒来时很饿，却发现被人忽视，或看到你手忙脚乱，或是你只顾着给他换尿布，结果你会明显发现他伤心得无法要你的乳房。如果发生这种情况，你必须紧紧地抱起他，哄哄他，直到他平静下来再给他哺乳。

热爱吮吸的宝宝

对于很多宝宝来说，吮吸母亲的乳房是一天中最开心的时刻，你会很快分清他为食物而吮吸和为舒适而吮吸的区别。在哺乳的时候，你可能会看到和感受到他强有力且有节奏地吮吸动作，但是如果你仔细观察，他并没有在吞咽。只要你愿意，只要你的乳头不痛，就没有理由不让宝宝随心所欲地吮吸下去。

哺乳时睡着的宝宝

刚出生几天的宝宝可能对吃奶没那么热衷。你不能因此放弃，仍要试着喂他，每次哺乳每侧乳房都让他吸吮 5 分钟。如果你的宝宝吃着吃着就睡着了，不要着急，这是表示他完成和满足的信号（这不适用于总在睡觉并总需要弄醒而喂食的早产儿）。

不需要固守一个严格的作息规律。如果你的宝宝在吃奶的时候睡着了，就让他再睡半个小时，然后轻轻地叫醒他，再试一下给他乳房。如果他还想继续睡，就这样做：只是在他醒的时候给他喂奶。如果他饿了，那么食物会让他振作的。

受惊吓的宝宝

大多数宝宝在前几周都很容易被突然大声的噪音或粗野的动作吓着。在你抱起宝宝给他哺乳的时候，要紧紧地抱住他，跟他说些安抚的话。低下头，面向宝宝，以便他能完全看到你的脸和眼睛。确保房间安静，外面没有烦人的噪音，如果有可能，在宝宝要哭之前就把他抱起来。

咬人

这是一种自然的冲动，你的宝宝可能会一直爱咬你，甚至在他出牙以后。如果发生这种情况，你会下意识地往后躲，而这样可能会招致你的宝宝嚎啕大哭，他会被你的动作吓到。然而，如果你说“停”，声音坚决，但不是在喊叫，他会马上意识到不该这样做——甚至在很小的时候。

你的焦虑

如果你遇到小小的挫折，比如你的宝宝拒绝进食，不要强迫他按照你的意愿。紧张可能会导致更多的麻烦，可能会让你更气馁，甚至永远放弃哺乳。

紧张也会影响到你的乳汁分泌，提到宝宝的健康，即使只能吃到几天能给宝宝的人生开门红的母乳，也比没有要强。永远不要为宝宝没吃到母乳而担心，因为实在不行还有人工喂养。不要因为这些小问题而做出草率的决定。产后是敏感的阶段，你可能会在产后数周总是掉眼泪，或者很容易烦躁，在这个尚未安定的阶段，如果你因为一时的焦虑而放弃了哺乳，那么以后你会羞愧和后悔的。试着先把乳汁储存起来，然后咨询一下你的助产士或来家探访的保健员。

如果你害怕哺乳，那么尽可能先让自己放松下来。如果哺乳让你觉得不好意思，那么不要在哺乳时间快到的时候去公共场所，或者不要邀请客人在这个时间来你家，除非你的宝宝突然饿了，你准备要在大家面前给宝宝喂奶。

过度喂食或过少喂食

你不能给母乳喂养的宝宝过度喂食。他想要多少，自己是有控制的。所以除非你给他其他食物（比如强烈反对的用奶瓶辅助的混合喂养），否则他能按自己的需要摄取适量的乳汁，而且他的体重会适中。

母乳喂养的宝宝很少有吃得少的情况，但是如果你担心宝宝吃不到足够的母乳，可以和助产士或来家探访的保健员谈谈。

如果你生病了

只要你喜欢哺乳，就坚持这样做——即使不得不去医院也要坚持下去。医护人员可能会为你作出特殊安排，但如果你想要坚持母乳喂养，就坚决跟他们理论，而且不要被说服。

- 如果你必须打麻醉剂，你将无法哺乳。不仅是因为打针后你会昏昏沉沉，还因为你身上摄入的药物会进入你的乳汁里。
- 如果你被提前告知将要动手术，那么试着提前挤出奶，然后冻起来。这样你的宝宝就不会错过你的乳汁，虽然他会错过你给他哺乳的乐趣。
- 如果你因为重感冒或流感不得不躺在床上，或是感觉自己非常虚弱，你可以挤出奶，让你的伴侣喂宝宝。
- 如果你病得太重，甚至无法挤奶，那么你们可以给宝宝用奶瓶或勺子喂配方奶。刚开始他可能会抗议，但最终会因为实在太饿而顺从你。

呵护你的乳房

好好呵护你的乳房：宝宝出生后，你的乳房在接下来的几个月里会非常辛苦。首先，给自己买两个哺乳胸罩。让销售人员帮你量一下尺寸，确保胸罩对你的肩部和乳房底部都能有很好的支撑。前开口的款式很好，因为它能使哺乳快速、方便和卫生，又能防止你的乳房松垂。到了大约一周，等哺乳习惯很好地建立起来之后，你的乳房可能会变得饱满而疼痛，对触摸非常敏感，而且很硬实，这是因为里面充满了乳汁。一副好的胸罩既可将不适降至最低，又可方便挤奶(见第 96 页)。

注意乳房和乳头的日常卫生护理。每天用水清洗——不要使用肥皂，因为它会使皮肤干燥，而使乳头更疼痛，或破裂得更严重。认真护理你的乳房：在哺乳和清洗后，都要用毛巾轻轻拍打，把水分吸干。尽可能让你的乳头暴露在空气里，同时仍然带着胸罩，以提供支撑，只是把前面的副翼打开，让它垂落。

开始哺乳后，乳汁可能每次都在白天溢出很多。你需要把防溢乳垫或干净的手帕放在胸罩里，以吸收溢出的乳汁。为了清洁，防溢乳垫需要勤更换。

因为乳房本身没有肌肉，所以锻炼可以帮助你的胸部塑形。通过收紧连接你的乳房和胸肌的纤维来提升乳房的高度，并保持其坚挺。以下这个“提胸操”在你给宝宝断奶后做最管用，但是也可以在母乳喂养常规很好地建立起来后就开始做。既可以站着做，又可以坐着做。首先，平举双臂，使其与肩膀齐平，用右手抓住左前臂，同时，抓紧并推动左前臂向左臂的肘部振动，注意两只胳膊要始终保持在一个水平面，之后左右手调换方向，反方向重复这套动作。只要你感觉舒服，就一直做下去。这个练习至少要做 6 周才能达到最佳效果。如果可以，整个哺乳期都避免服用药物，因为很多药物都能通过血液循环

哺乳胸罩

一个好的支撑型哺乳胸罩，可以在你的乳房疼痛时将不适降至最低。前开口式的哺乳胸罩用起来很方便，解开也很简单。

常见的乳房问题

问题	预防	治疗
乳头破裂 宝宝吮吸时有刺痛感	在最初几周内，给宝宝少吃多餐。用一次性防溢乳垫或干净的手绢保持乳房干燥。	尽可能继续喂奶。如果需要，可用手挤出乳汁（不要用吸乳器），然后用奶瓶或勺子喂宝宝。
肿胀 极为饱满和疼痛的乳房，伴有乳晕肿胀。	尽可能频繁地喂你的宝宝，试着鼓励他有规律地把你的乳汁吸光。	洗一个热水澡，轻轻地挤出一些乳汁，或者通过向乳头方向按摩，促使乳汁流出来。
乳腺导管闭塞 乳腺导管所在的乳房表面有红色斑点。这种情况作为乳房肿胀的一个结果，在哺乳期会经常出现，此外，还可能是你的胸罩或衣服穿得过紧。	预防方法同上。此外，戴大小合适的胸罩，并且经常换不同的哺乳姿势。	尽量频繁地喂宝宝，先给宝宝吃出现输乳管堵塞的乳房，以便被吸吮干净。如果需要，可挤出多余的乳汁。
乳腺炎 乳腺导管闭塞可引起急性感染，导致脓肿。	预防方法同上。	出现乳房硬块要及时寻求医生帮助。由医生开具抗生素。如果没有效果，则必须做手术排脓。但是即使你需要做手术，也能继续哺乳。
乳房脓肿 乳腺导管问题未经治疗而导致发炎，会让你感觉像是发烧。你的乳房上可能会出现明显的红色斑块。	预防方法同上。	治疗方法同乳腺导管闭塞。医生可能会给你开抗生素。除非医生另有指示，否则有感染的乳房仍可继续喂宝宝。

进入乳汁中，从而影响你的宝宝。如果你准备服用药物，或者因为新的问题而看医生，一定要让医生知道你在哺乳。

乳头疼痛

乳头疼痛是女人放弃哺乳的最常见的原因。然而，事实上，有办法可以预防这种情况。在哺乳时，确保你的宝宝姿势正确，确保他的嘴能正确地含住乳头，而且永远不要把他直接从你的乳头拽开（见第91页）。如果你有疑问，可咨询来家探访的保健员。在每次喂食的间隔时间要保持乳头干燥，还有要确保在戴上胸罩前擦干乳头。如果已经发生开裂，涂抹凡士林会比较管用。你也可以试一试乳头保护罩，这是一种由软硅胶制成的可固定在乳头上的小罩子，宝宝可以通过这个小装置吮吸乳汁。记得在使用前消毒。

人工喂养 0-1 岁

一旦你做出了采用人工喂养（奶瓶喂养）方式的决定，就坚持下去，而且不要为此有负罪感。很多宝宝或多或少都有过人工喂养的经历，包括一开始是吃母乳的宝宝。不用担心，所有这些宝宝都能茁壮成长。给你的宝宝吃婴儿配方奶（牛奶），他自己会做得很好的。如果你之前是母乳喂养，只需确保他在吃配方奶的时候像以前一样专心。

虽然母乳对你的宝宝非常重要，但还是不如你的爱重要。用你的爱、情感和呵护来填满你和宝宝在一起的时光，特别是喂养时间，这些对于宝宝的身体健康和心理健康，与母乳有着同等重要的地位。

大多数女人都会感到哺乳的压力，而且如果做出放弃母乳喂养的决定，她们会非常担心，但事实上有一些好的理由，让你做出母乳喂养不适合自己的决定。尽管你做出了最大的努力，但你可能就是没办法成功给宝宝哺乳，在这种情况下，你最好忘了它，然后将精力放在怎样给宝宝好的人工喂养上，要宝宝做到好好地配合。有些女人在心理上或情感上觉得哺乳的艰辛，有些则难以接受每天被母乳喂养的常规束缚，为此而限制自己的活动，包括回到工作岗位。还有些夫妇则反对母乳喂养，因为他们觉得这样做会把父亲逐出亲子时光。

人工喂养的好处之一，是新爸爸也能像新妈妈一样参与到喂奶活动中。让你的伴侣在你们出院后马上学习喂奶，使他尽早掌握技术要领，这样在喂宝宝的时候就不会紧张。越早让他学会如何照顾宝宝越好。如有可能，你的伴侣应该和你平等地分享给宝宝喂奶的时光。如果不能，那么一天 6 次喂食至少给他 2 次机会。

选择奶瓶

购买不易打碎的奶瓶，瓶口要宽，这样既可以轻松倒入奶粉，又方便清洗奶瓶。250 毫升规格的是最适合的。奶嘴的形状应该适合宝宝的嘴。一次性奶瓶在你们外出旅游或是在消过毒的奶瓶都用光的时候能派上用场。

给奶瓶消毒

在孕期就要提前购买好你的喂养装备，以便在宝宝出生前就练习好如何使用。

奶瓶和奶嘴

市面上销售的奶瓶和奶嘴的款式多种多样。你们可能需要试几个，才能找出哪种最适合你的宝宝。

各大百货商店和兼营日杂的药房都销售妈咪包，这种背包可容纳人工喂养用的所有重要装备。

所有的喂养装备都应该消毒，以减少宝宝患病的风险。给奶瓶消毒的方式有很多种，但是最流行的是冷水消毒机和蒸汽消毒机。不管你选择哪种方法，注意认真读制造商的使用说明书，并严格按照说明书操作。如果是使用冷水消毒机，可将奶瓶放在消毒溶液里。使用奶瓶前，要甩一甩奶瓶，甩干奶瓶和奶嘴里多余的溶液，然后用水壶里的凉开水进行冲洗。如果使用蒸汽消毒机，而且不是在消毒后直接使用，那么在使用奶瓶之前需要再用机器消一遍毒。安抚奶嘴和牙胶也应该在使用前进行消毒。

卫生和准备工作小贴士

- 消毒前，准备奶和喂奶前都要将手洗干净。
- 确保所有与宝宝的食物接触的物品，在使用前都彻底清洗或消毒，并且始终在开始准备配方奶之前要清洁工作台。
- 按照消毒机的使用说明书进行操作。
- 对所有喂养装备的每一个部件都要进行消毒。
- 按照医生的指示喂奶，绝不额外多喂一次。
- 一旦准备就绪，就开始给宝宝喂奶。不要提前准备好奶，放置一段时间。
- 永远不要给宝宝吃剩的奶。每次喂奶后都要把剩下的奶倒掉。

清洗喂养装备

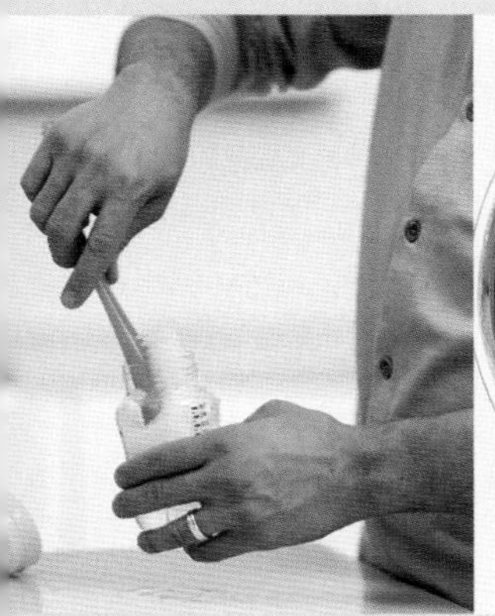

清洗奶瓶和奶嘴

在热的肥皂水里洗所有装备。用奶瓶刷刷洗奶瓶内部，并擦净奶嘴，彻底去除所有污渍。然后用温的流动水冲洗干净。

煮沸消毒

通过煮沸给奶瓶消毒，你应该至少煮 10 分钟，然后从水中取出，在使用前让它们冷却。

在洗碗机里清洗

等宝宝到了 12 个月，你可以使用洗碗机清洗喂养装备。在把奶嘴放入机器里之前，先用手单独洗净。将机器开到正常的周期。

奶水的流量

刚开始哺乳时，乳汁就能轻松地从乳房里溢出，所以宝宝在吮吸时根本没必要费力。我觉得人工喂养的宝宝应该也会发现，用奶瓶吃奶同样很容易。为了便于宝宝轻松吃奶，奶嘴的孔应该足够大，把奶瓶倒过来放，奶能形成一条稳定的细流。如果要几秒钟才出来一滴，那就说明孔太小了，如果水流持续不断，那就说明孔太大了。

- 你可以买几个孔的型号不同的奶嘴，或者用一个质量好的烧红的针自己把孔开大。只需将针轻轻插入奶嘴的孔里，然后橡胶或塑料就会融化。准备几个备用奶嘴，因为这没有想象的容易，到最后你可能会把孔开得太大。我第一次试的时候就是这样。
- 花些时间把奶嘴的孔改到合适的大小很有必要，因为如果孔太大，你的宝宝会吃得太快，而且可能会咳嗽或喷奶。如果孔太小，他还没吃完一顿就已经吸累了，而且还可能会吞下很多空气。
- 如有可能，买造型仿真的奶嘴。这种特殊造型奶嘴能对准宝宝的上颚，可让宝宝更好地控制流量。

第一次喂配方奶

人工奶粉是可以与初乳匹敌的。即使

在奶瓶里调制奶粉

必须严格按照奶粉制造商，或你的到家探访的保健员，或医生推荐的比例兑奶粉和水。在需要喂奶的时候才调奶。因为细菌容易在盛有温的配方奶的瓶子里加速繁殖，所以不要提前准备，放在一边存放。

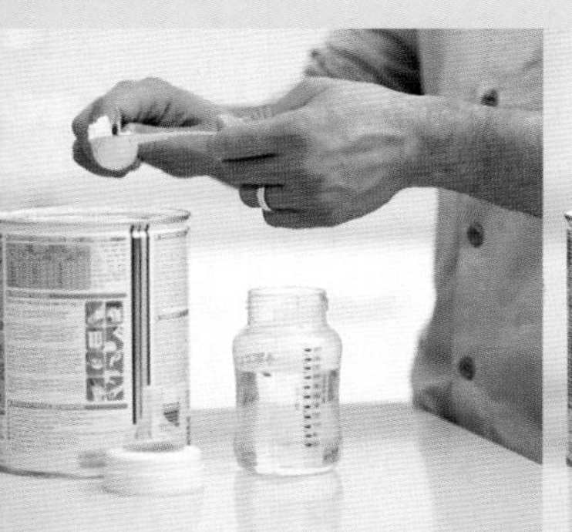

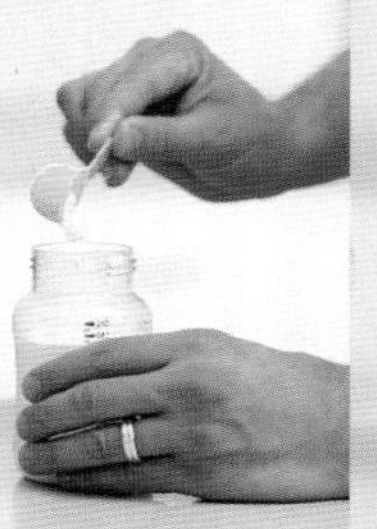

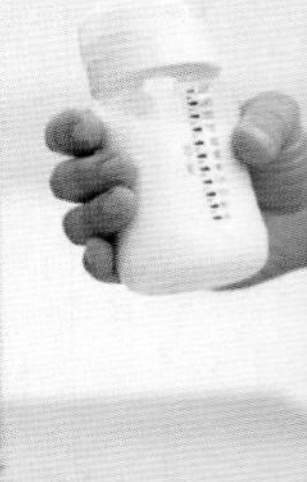

1 将新鲜的自来水煮沸，放置半小时冷却成温水，将适量温水倒入奶瓶里。打开奶粉罐，用勺子舀出奶粉，把勺子里的奶粉刮平。

2 将奶粉倒入奶瓶的水中。确保你倒入奶粉的勺数准确——不多于也不少于制造商推荐的数量。

3 拧好奶嘴。晃动奶瓶，直到你确定没有块状或残余的奶粉，而且配好的奶要有丝滑感。

你不打算继续哺乳，如果你能在宝宝刚出生的几天给他哺乳，也将给他的人生一个开门红。

如果你的宝宝没有狼吞虎咽地吃奶也不要担心。这是非常正常的，无论对于母乳喂养的宝宝，还是人工喂养的宝宝，所有宝宝在出生48小时内都不会吃得很多，他们需要一段时间习惯进食。就像母乳喂养的宝宝，你的宝宝也会通过啼哭来让你知道他需要吃奶。同母乳喂养的宝宝一样，你应该听从宝宝的指挥，并且让他发展出自己的供应和需求模式，如本书前面所述。

配方奶粉

市面上销售的配方奶粉的种类繁多，所有奶粉都经过了认真地搭配，以使其成分尽可能接近母乳。事实上，配方奶粉还在其中加入了维生素D和铁，而这两种在母乳中的含量非常低。

大多数配方奶是在牛奶的基础上配制的。配方奶既有粉状的形式，又有即食液态奶的形式。也有在黄豆的基础上制造的配方奶，但是如果儿科医生没有建议给你的宝宝吃，就不要食用这类配方奶。即食液态配方奶（已调配好的婴儿奶）被装在纸质包装或易拉罐里，并且经过了超高温热处理（UHT），这意味着它已经过消毒，并且保存在阴凉的地方，直到有效日期结束。一旦液体配方奶被打开，它只能在冰箱里保存24小时。液体配方奶要比配方奶粉更贵，但如果你们外出旅行，带上它会比较方便。

奶瓶温度

确保在喂宝宝之前将奶冷却到合适的温度。永远不要把温的奶放在真空保温瓶里过夜，或是把奶瓶立在奶瓶保温器里过夜。永远不要用微波炉加热奶瓶，微波炉会造成“热点”，会烫伤宝宝。

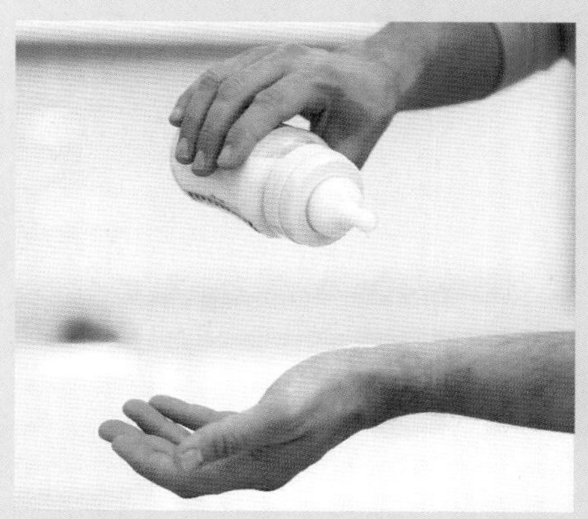

测试温度

在喂宝宝之前，先在你的手腕上测试一下奶的温度：感觉不能太热或太凉。

冷却奶瓶

如果奶瓶太热，把它放进装有凉水的大杯子里，或者拿着奶瓶，用流动的凉水冲上一小会儿，然后再试一下。注意始终要把奶嘴放在瓶盖上盖好。

人工喂养宝宝

坐在一个安静和舒适的地方，如果需要，用靠垫或枕头支撑你的胳膊（见第93页）。让宝宝坐在你的腿上，身体弯曲，头搭在你的弯曲的肘部，背部被你的前臂支撑。确保你的宝宝没有躺成一条直线。应该让他半坐着，以便能安全而轻松地呼吸和吞咽，而没有窒息的危险。

在开始喂奶前，先从奶瓶倒出几滴奶到你的手腕内侧，测试奶的温度。奶不应该太热或太凉。另外，还要测试奶的流量（见第104页）。给宝宝喂奶时，将奶瓶盖稍微松开一点儿，这样空气可以进入奶瓶，挤走你的宝宝吸吮出来的奶。如果不这样做，很多负压力会在奶瓶内形成，使奶嘴变扁，从而造成吮吸困难。这样，宝宝可能会烦躁和生气，而拒绝喝剩余部分的奶。如果发生这种情况，就轻轻地将奶瓶从宝宝的嘴里拔出来，以便空气进入奶瓶，然后继续像之前一样喂宝宝。

为了刺激宝宝的吸吮反射，使他抓住奶瓶，你可以轻轻叩击宝宝离你更近的一侧面颊，等宝宝转向你触碰的方向时，轻轻地把奶嘴插进他的嘴里。他应该会自然地含住大部分奶嘴，使奶嘴的头深深地插进嘴里，就像含着母亲的乳头一样。不过，注意不要把奶瓶推得太深，否则会堵住他的嘴。

让你的宝宝建立进食的节奏。他可能

人工喂养

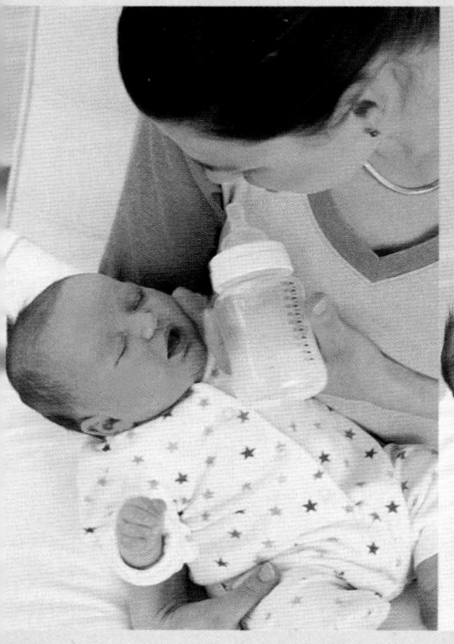

1 轻轻叩击宝宝靠近你身体一侧的面颊，刺激他做出吸吮反射。将奶嘴小心插入他的口中。如果奶嘴插入太深，宝宝可能会窒息。

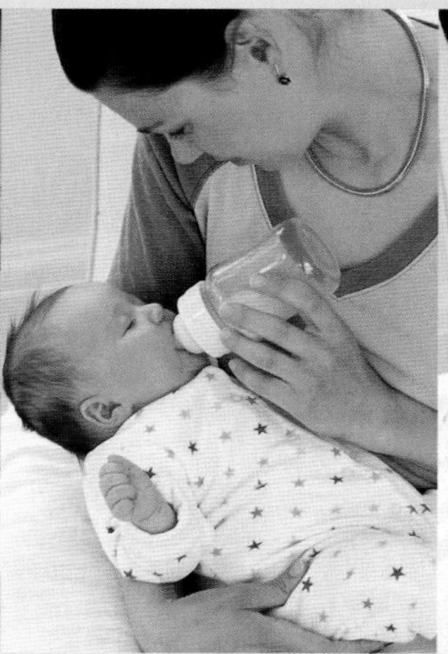

2 在你喂奶的时候，最好和你的宝宝聊聊天。如果他喜欢，喂奶的时候可来个中场休息，在这个时候把他换到你另一只胳膊上，这样不但可让他换一个视角，而且你的胳膊可以休息一下。

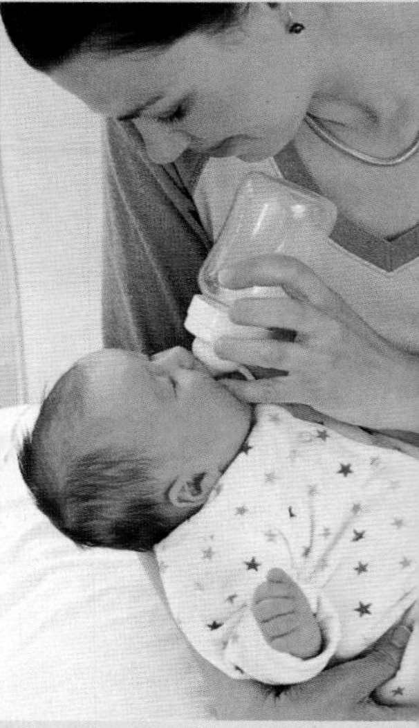

3 如果你想要宝宝张嘴松开奶嘴，可将小拇指轻轻滑入他的嘴角，然后把奶瓶移出。

想停一会儿，看看周围，或是玩玩奶瓶，你应该允许他自得其乐。从一开始，就尽可能让喂养时间变得愉快。不要一声不吭地坐着，而是应该跟宝宝说话，给他唱歌，创造出各种你喜欢的声音。只是要确保你的声音听起来是开心的，令人愉悦的，并且与宝宝有应有答。这是你的宝宝将享受的最初的对话，所以他会对你的动作、姿势和微笑做出回应。

在喂奶的中途，可以把宝宝换到你的另一只胳膊上。这样可以让宝宝看到另一番景象，而且你的胳膊可以休息一下。调换位置的时候，你可能还想给他拍拍嗝(见第 108 页)。

人工喂养模式

人工喂养的宝宝一般没有母乳喂养的宝宝吃得那么频繁。这是因为配方奶需要更长的时间消化。而且，它的蛋白质含量要略微高一点儿，可延缓饥饿。

经过最初 2–3 天的尝试，人工喂养的宝宝通常会建立起一个 4 小时进食制度。这样，一天喂 6 次，大概至少比母乳喂养的宝宝少喂食 1 次。在你的宝宝刚出生时，他可能每次吃不到 60 毫升的奶，但是随着宝宝一天天地长大，他的食量会逐渐变大，而每天进食的次数也会变得越来越少。

让你的宝宝自己决定何时准备吃奶，永远不要严格按照钟表给他喂奶。等他用哭声告诉你他饿了，然后再喂他，不要按照你觉得他该饿了的时间来喂奶。

不要觉得你的宝宝必须把奶瓶里的奶吃光。同所有其他宝宝一样，你的宝宝的胃口也会变化，所以如果他看起来满足了，但仍剩下些奶，不要强迫他吃掉。那样他只会吃撑，甚至会吐出来(见第 109 页)。更糟糕的是，他可能会过度进食，变得肥胖。另一方面，如果你的宝宝总是狼吞虎咽的样子，那么就用奶瓶给他再兑一点儿奶。如果他是有规律地想要更多的奶，那么就开始增加每次的喂奶量。

人工喂养小贴士

- 不要让宝宝平躺着进食，这种姿势宝宝会很难下咽，他可能会呛到，甚至呕吐。
- 喂奶时你不能离开宝宝，而仅用枕头或靠垫支撑奶瓶。不仅因为宝宝会有窒息的危险，还因为这样支撑奶瓶的角度，会使他在吃奶时吞下许多空气，这样会让他很不舒服。此外，你的宝宝会错过进餐时间应该享受的拥抱和情感交流。
- 在宝宝停止吸吮后不要强迫他喝完全部的奶：他自己知道吃饱了。
- 即使你认为配方奶不适合你的宝宝，在没有向你的助产士或到家探访的保健员咨询之前，也不要擅自换掉。不负责任的奶粉品牌非常罕见。很少有宝宝会对牛奶过敏，你可能不得不买经过水解工艺处理的配方奶粉（将大分子的牛乳蛋白转化成较小的分子片段，使其更易消化吸收），不过这也要先听听医生的意见。

人工喂养可能出现的问题 0-1 岁

过度喂食

婴儿会制造出脂肪细胞，以回应他从食物中摄取的脂肪量。一旦生成，这些细胞就无法清除，所以如果你的宝宝长出了过多的脂肪细胞，它们会在他成年后仍存在，并且会引发健康问题。

如果你给宝宝过度喂食，他会变得肥胖。不幸的是，人工喂养的宝宝更容易过度进食，主要有两个原因：首先，家长们总是有往奶瓶里倒入更多配方奶粉的欲望。你应该注意按照奶粉的说明书操作（见第 104 页），否则你将会给宝宝更多不必要的卡路里。其次，因为你能从刻度上看到奶量，所以你很难不鼓励宝宝喝完瓶里的最后一点儿奶。你应该始终让你的宝宝来决定是否吃够了。其他导致过度喂食的原因，还包括给甜的或糖浆似的饮料，以及过早给宝宝引入辅食。

进食过少

这在人工喂养的宝宝中很少见，但也会发生。你的宝宝应该按需喂养，而非按照时间。尽管大多数宝宝在 2–3 个月大的时候，就准备好每 4 小时吃一次奶，但每个宝宝的食欲在每天都会有所变化。举个例子，你的宝宝应该一天能吃下 5 瓶 180 毫升的奶了，但是有一次他可能才吃 120 毫升。而如果你想坚持按照时间表喂奶，即使上顿吃少了也不多补一些奶，宝宝哭着要奶，也不在中间给他多加一顿，那么结果就是，他这一天会得不到所需的总奶量，体重也不会增加。

你应该灵活掌握该兑多少奶。包装上提供的数字只是一般的估值，但是如果你的宝宝总是每次都把奶吃光，看上去仍是焦躁和不满足，说明他可能真的还饿，可以再给他兑 60 毫升奶，然后看看他喝不喝。如果他喝了，就说明他需要，而这种情况下不会额外增加体重。

如果你发现宝宝总是频繁地要奶吃，却不多吃，而且吃完还焦躁，那么检查一下奶嘴的孔是不是太小了，他很可能真的是吮吸困难，而且没有获取足够的营养。

打嗝

打嗝是为了排除在进食中，以及进食前啼哭的时候吞下的空气。排出这些空气的原因是防止造成宝宝不舒服。每个宝宝对打嗝的反应会有很大的不同，据我的经验了解，大多数宝宝在打嗝时都不会更高兴或更踏实。

同样，宝宝们在进食中吞入空气的量也有很大的不同。有些宝宝，包括所有母乳喂养的宝宝，只吞下一点儿空气。但吞入空气的情况在人工喂养的宝宝中更常见，不过它并不构成问题。如果只吞下了很少量的空气，它们会在胃里形成小气泡，除非小气泡联合成一个大泡泡，否则宝宝很难打出嗝，而这需要很长时间。在胃里的小泡泡不大容易引起不适。宝宝打嗝的

给宝宝拍嗝

给你的宝宝围上围嘴或一块布，把她直立着抱到你的肩膀部位。轻轻抚摸或轻拍宝宝后背两个肩胛骨中间的部位。

一个好处是你可以暂停工作，放松一下，放缓速度，轻轻地抱起宝宝，用一种安抚的方式抚摸或轻拍他的后背。打嗝对你和宝宝都有好处。

因此，我对打嗝的态度是这样的：想办法给你的宝宝拍嗝，即使只是为了让你心安，但是不要对此着迷。在他打嗝的时候，抚摸或拍他后背的动作不要太重，否则他会被突然吓到，而且可能会引发呕吐。手掌向上，温柔地轻拍通常要比生硬地拍打更合适。

一些专家建议在喂奶的中途停一下，给宝宝拍嗝。我认为没必要这样做，我建议你在宝宝吃奶中途自然暂停的时候，充分利用这个短暂的休息时间给他拍嗝。等宝宝稍微大些，你可能会发现他能畅快地吃完整瓶奶，而不需要人中途给他拍嗝。

吐奶

有的宝宝从来不吐奶，有的宝宝会吐奶，但表现令人吃惊地悠然，这与父母有关。我的最小的儿子会吐奶，每次吐奶我都会担心他吃到的奶不够。我的做法只是跟随自己的本能，给他再补上些食物。如果他不吃，我就假定他吐掉的是他不需要的多余的部分。在很小的宝宝当中，引发吐奶的最常见的原因就是过度喂食。这也是我反对你坚持要求人工喂养的宝宝把奶瓶吃光的一个原因。

如果你的宝宝有吐奶的趋势，你首先需要检查一下奶嘴的孔。如果孔太大了，他可能会吃得过多、过快，如果孔太小，他会因不得不艰难地吮吸而吸到很多空气。

如果发生强制性呕吐（喷射性呕吐），尤其一天内每次连续进食都会出现呕吐，或者超过一天仍出现，应该马上报告给你的医生。很小的宝宝一旦呕吐，就很容易马上导致脱水，你必须尽快看医生。

夜间喂养 0-1 岁

因为你要负责宝宝的所有饮食需求，你会发现给他喂食真的占了你很多时间——每次喂食至少要花上你半个小时。这意味着一天 24 小时仅仅喂食就会占用超过 3 小时。加上夜间喂奶，你全天都在轮轴转地照顾宝宝，一天下来，你会发现自己变得极其紧张和疲惫。你烦恼的不仅是失去了很多睡眠时间，更多的是你的睡眠模式会被长期打破。在产后，无论是白天，还是晚上，充分的休息都非常重要，所以你需要你的伴侣与你分担工作。你们本应该平等地分担养育孩子的工作，但如果你承担了大部分的喂养工作，那么让他多承担些照顾宝宝的其他工作更公平些。事实上，即使你决定采用母乳喂养方式，夜间喂养也不应该全是你的事。如果你的宝宝睡在另一个房间，一旦宝宝哭，让你的伴侣把宝宝抱过来，哺乳后再让他抱回去和换尿布。你也可以把挤出的乳汁交给你的伴侣，让他喂宝宝，这样可以跟你换班。

夜间喂养小贴示

- 在床上喂你的宝宝，以保证你能温暖和舒适，但每次喂完后要把宝宝抱回婴儿床里。
- 如果你很疲惫，而且是母乳喂养，你可以提前挤出足够的乳汁，留到夜里喂宝宝，把乳汁储藏在一个无菌的瓶子里，这样你的伴侣可以替你用奶瓶喂宝宝。
- 在你的卧室里放一些换尿布的必需品，这样你可以将喂奶和换尿布集中进行，最少地烦扰宝宝。
- 在床上坐着很容易着凉，所以在身边备一件毛衣或长袍。
- 在床边放一杯水，以备给宝宝喂食的时候你会口渴。
- 如果你的宝宝在另一个房间，而你又担心听不到他的哭声，那么花些钱买一个婴儿监视器。

减少夜间喂奶的次数

在宝宝的体重达到 5 公斤左右以前，因为饥饿，你的宝宝睡觉不会超过 5 小时。然而，一旦宝宝的体重达到了这个数值，你可以试着延长每两次吃奶的间隔时间，慢慢达到能让你自己睡 6 小时整觉的目标。你的宝宝将有自己的作息规律，但是，如果把宝宝的最后一次喂食定在你要睡觉的时候，哄骗他吃下最后一次奶，会是一个明智之举。

但是要注意灵活性，你的宝宝可能不想错过凌晨的那顿美餐，不管你怎样尝试改变他的作息时间，他仍会醒来要奶吃。如果是这样，你只需延续以前的规律，夜里起来给宝宝喂奶，然后等待他何时能把它们落掉。

引入固体食物 6 个月

在第一年的某个时段，你必须给你的宝宝断奶，让他依赖固体食物。官方的观点是母乳或配方奶吃到 6 个月就足够了，但是你的朋友和亲戚们可能会为你施加压力，催促你早一点儿给宝宝断奶。

然而，你应该拒绝别人的压力，理由如下：第一，母乳（或等量的配方奶）是你的宝宝在最初几个月里唯一需要的食物。第二，给太小的宝宝引入固体食物，会降低宝宝吮吸的欲望。对于母乳喂养的宝宝而言，这样会减少对母乳的需求量，相应的，乳房会以乳汁分泌量的减少作出回应。这样会促使他结束满足不了他的需求的饮食方式。第三，你的宝宝至少要到半岁，消化器官才能够消化和吸收复杂的食物。如果你在这个时间以前引入固体食物，宝宝的身体不但要接受大量不易消化的食物，未成熟的肾的负担也会增加。

何时引入固体食物

最初的几个月里，奶能为你的宝宝提供他生长所需的所有卡路里。随着他一天天地长大，他将需要更多的奶。但是你的宝宝的胃每次只能盛下一定量的奶，如果他每次的进食量达到饱和，却仍没摄取足够的卡路里，那么这就是该给他引入固体食物的时间。当你发现你的宝宝开始要求更多的奶，却在每次进食后都不满足，那么给他引入固体食物的信号就出现了。他可能突然开始要求吃第六餐，不再满足于前两个月习惯的一日五餐，或者停止夜里睡整觉的规律，又开始在半夜醒来。

大多数宝宝是在 6 个月左右出现这种情况的，这也是开始给宝宝引入固体食物的理想时间，因为这通常与宝宝们对吸吮的强烈渴望开始减退在同一时间。

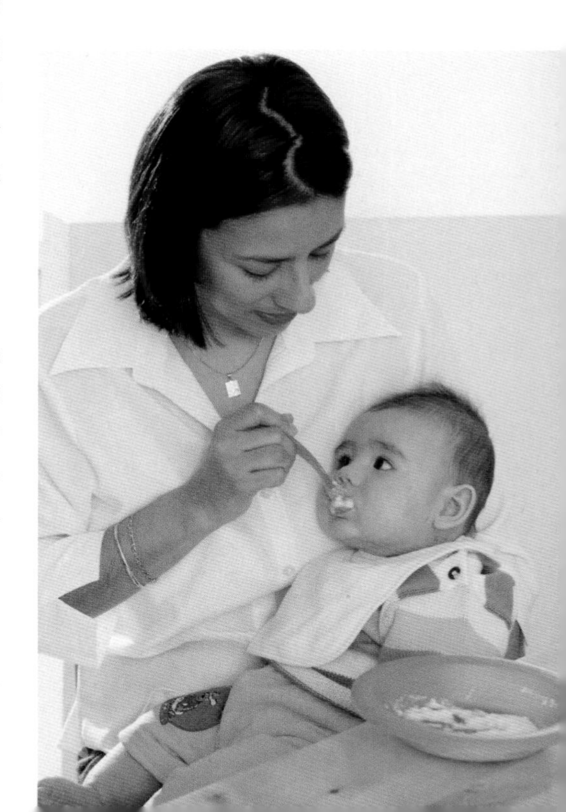

第一次品尝固体食物

选择他不太饿或不太累的时间喂食，比如两次喂奶中间的时间，用勺子把食物慢慢送入宝宝的两片小嘴唇之间。

给宝宝什么食物

宝宝在6个月以前都是以奶为主食的。因此，刚开始的时候，引入一些细滑的、稠度类似奶油的、温和的食物是明智之举，比如不加糖的果泥（香蕉、餐后苹果、熟梨和桃子）和蔬菜泥（土豆、胡萝卜和花椰菜），以及无麸质的米粉都是理想的选择。尽管可以买到特别制造的所谓的“第一食物”，你还是最好准备自己制作。除了因为更便宜，还因为这样你能非常清楚食物里有什么东西，而且能确定你自己做出的食物是没有添加糖、盐或防腐剂的。

食品安全

到了你的宝宝准备断奶的时候，你没必要再一丝不苟地为所有餐具消毒了。然而，仍需要遵守保持良好卫生的一般准则，即在准备食物之前和喂食之前要先洗手，确保所有的餐具的洁净，所有成品食物都储藏在冰箱里。水果泥和蔬菜泥可以在冰箱里冷藏2天，或者可以分开冷冻在制冰盒里。

喂养小贴士

- 每次只给宝宝一种新的食物，然后等上几天，观察是否有不良反应。
- 用干的婴儿谷类食品自己加工，不要买调和的谷物食品，因为前者的铁含量更高，也更有营养。
- 每天只喂一次谷物食品。
- 如果你的宝宝不喜欢用勺子吃东西，试试用一只干净的指尖蘸着食物给他吮吸。
- 如果你发现在腿上喂宝宝会手忙脚乱，那么把他放在地上的一个宝宝椅上。
- 在你旁边放大量厨房纸巾，用来擦净食物残渣。
- 即便是早期的固体食物也会弄脏衣服，特别是香蕉，所以给宝宝围上围嘴。

第一次给宝宝吃固体食物

刚开始添加固体食物的时候，每天在正常喂奶的同时，给你的宝宝一两勺的食物，中午喂一顿比较好，因为那个时候你的宝宝醒着，又不那么饥饿。刚开始的时候，尽管宝宝准备好了从固体食物获得卡路里，但你的宝宝仍会感到饥饿，他只会把“满足”和“奶”关联起来，所以先从一侧乳房喂起，或者是往常的配方奶的一半。等他更习惯固体食物以后，他可能想在吃奶前先吃固体食物。

决定好从哪种固体食物开始喂起以后，准备好宝宝需要的量，然后摆好平常给宝宝喂食的姿势。等到已经给他吃了一半的奶以后，让宝宝坐在你的腿上，然后用一个小勺子盛起一些食物，轻轻地送入他的嘴唇间，这样他可以把食物吸吮下去。动作要非常小心，不能把勺子推得太深，否则在他舌根部位可能会有意想不到的食物呛着他。刚开始的时候，肯定会乱糟糟的，你喂给宝宝的食物可能远比他能设法吃进去的多，如果是这样，轻轻地用勺子刮掉黏在他脸上的食物残余，再重新送到他的嘴唇边。如果宝宝吃够了，他会紧闭双唇扭过头去，甚至用哭来告诉你。如果宝宝不想吃了，不可强迫他继续吃。等他吃完固体食物后，你可以让他继续吃剩余的奶。

建立固体食物的饮食习惯 6 个月 -1 岁

一旦你的宝宝欣然接受了一两种固体食物，就开始给他引入不同质地和口味的食物。随着宝宝一天天地长大，他将能够对付那些被剁碎或捣烂的食物，进而学会享受咀嚼和吮吸大块儿的食物。他将迅速从吃奶兼“品尝”固体食物的阶段，转换到一日三餐吃固体食物并伴随饮用水、稀释的果汁或牛奶的阶段。

提供给宝宝的食物可以在几周内慢慢增加，直到他能够从固体食物里摄取到生长所需的大部分卡路里，而非来自奶。随着固体食物餐数的增加，他需要的奶量也会相应减少。当你的宝宝口渴的时候，给他喝白开水或稀释的果汁，而不是奶。最好不要鼓励他喝甜饮料，不要给宝宝买含有糖精和色素的饮料。很难指出一个宝宝应该吃多少食物，因为每个宝宝的需求量和胃口都不一样。你才是最能判断宝宝食量的人。如果你确定不了，就每次做比你感觉他需要的量多一点儿的食物，然后他想吃多少喂给他多少。注意把吃剩的食物放入冰箱里冷冻。

手指食物

你的宝宝很快就会开始想自己吃东西了。刚开始可以给她面包干，或者容易用手抓住的小片水果或蔬菜。要有心理准备，宝宝会搞得一团糟。永远不要在宝宝吃东西的时候走开，而把她单独留下。

给宝宝哪些食物

等你的宝宝习惯了谷类食物和水果泥或蔬菜泥，你可以开始在他的饮食里引入包括肉、鱼和奶制品等的其他食物，直到他所有的食物都和你日常所吃的一样为止，这些将逐渐替代奶，成为主要的营养来源。你必须确保他有平衡的饮食，并且涵盖所有主要食物类别里的食物(见第 122 页)。

刚开始吃辅食的时候，你的宝宝能很好地对付稠度类似奶油的细滑的食物，在将食物烹制、捣烂、过滤或煮成泥浆后，再用奶、高汤或煮的蔬菜水稀释。

宝宝到了 9 个月，可以逐渐给他引入更多块状的食物。可用叉子将它们捣烂，或用一把锋利的刀细细剁碎。你不必等到宝宝出牙后才引入块状食物，因为他可以用牙床咀嚼。

食品安全

在宝宝人生的最初几个月里，每天给所有的喂养装备消毒非常重要(见第103页)。而到了他开始吃固体食物的时候，你就没有必要像从前的喂养时间那样给所有东西消毒了——但是奶瓶和奶嘴仍需要像以前一样消毒。把杯子、碗和餐具用热的肥皂水彻底清洗，然后再用热水冲洗干净。但是，随着你的宝宝开始断奶，转为吃固体食物，他的饮食也会因食物范围的扩大而变化，更多常见的食品安全问题开始浮出水面，特别是公布的沙门氏菌爆发和李斯特菌中毒，以及其他关于食品安全的问题。因为宝宝——以及老人、孕妇和病人——在人群中最易受食品中的细菌的攻击，所以家中最好备有一本关于婴儿食品的安全准备、储藏和烹制的指南，这个指南也同样适用于整个家庭。

食物不耐受和过敏

不要因为过于担心，而给宝宝的食物采取明智的安全预防措施——特别是如果你或你的亲人有过敏症。

- 在宝宝7个月大以前，不要给他含有小麦面粉或麸质的食物，因为它们可能难以消化。
- 在宝宝1岁前，避免给他半生不熟的煮蛋。
- 不要给1岁以下的宝宝吃蜂蜜，它可能会引发婴儿肉毒中毒，一种罕见而严重的疾病。
- 不要给宝宝纤维含量很高的谷类早餐食品，因为它们太难消化。
- 在宝宝2岁以前，避免给他未经高温消毒的奶酪。
- 如果宝宝的一个亲戚有过敏体质，至少在宝宝3岁以前，避免给他吃花生或含有花生的食物，以及贝类。

厨房卫生

在处理食物之前，先用肥皂和热水洗净你的双手。确保你和家人用完卫生间后，给宝宝换完尿布后，或与宠物玩耍后都把手洗净。

严格保持厨房洁净，尤其是工作台、砧板和准备食物用的餐具。在用热水冲净碗碟后，用干净的茶巾将它们擦干，或将它们放在架子上晾干。定期清洗擦碗布。保持垃圾桶干净，盖好桶盖，并且勤倒垃圾。

吃剩的食物必须盖好，将食物放入冰箱前也需要盖好。如果你给宝宝喂婴儿罐装食品，而且你知道他能把内容物一顿全部吃完，那么直接用罐子喂他也可以，否则就把食物盛到碗里，把剩余部分留在罐头里，盖好盖子，放入冰箱里，一直到下一顿再打开。

食物采购

经常出去购物，尽可能选择新鲜食材，并尽快用完是食物采购的重要法则。不要买变质或破裂的水果和蔬菜，不需要削皮的水果要在吃之前洗干净。如果你买的是罐装食品，检查一下罐子是否有凹陷或有泄露的迹象，罐口的密封是否完好。检查有效日期，避免买过期的食品。

储存食物

将食物储存在干净的有盖的容器里，放入冰箱，并且尽快食用。不要把熟食和生食放在一起储存，把生肉或生鱼放在盘子里，放至冰箱的底层，以防液体滴到下面的食物。冷冻食物的时间不要超过厂家建议的时间。冷冻过的食物需在烹制前解冻，不能将解冻过的食物再放回冰箱冷冻。

食物准备小贴士

- 在蒸水果和将之捣烂成泥之前，先削掉果皮，除掉种子和任何可能会造成宝宝窒息的部分，然后切成小块儿。做蔬菜泥同理。
- 给你的宝宝吃肉，以任何你喜欢的方式烹制，然后捣烂成泥。不要忘了鱼肉、鸡肉和鸡肝，这些是既便宜，准备时又简单、快捷的肉类。然后用蔬菜水或汤稀释肉泥。
- 选择看起来新鲜的蔬菜（不起皱，或颜色不发暗的蔬菜），买回来后尽快烹制。
- 水果和蔬菜要轻拿轻放。不要用刀切它们，除非你必须这样做，也不要压碎和擦伤它们，因为这会破坏其中的维生素 C。
- 用尽可能少的水烹制蔬菜和水果，盖上一个密封较严的锅盖，这样看起来更像是蒸，而不是煮。这种做法有助于保留住维生素。
- 烹制软皮的水果和蔬菜时，要保留它们的皮，因为这样有助于保留住维生素，而且能给你的宝宝提供纤维素。如果皮非常硬，并有可能呛着宝宝，那么需要去掉皮。
- 使用铸铁锅。烹饪时食物可以吸收少量铁，这有助于给宝宝增加铁供应。
- 提供的食物应适合宝宝的年龄段。例如，给 6 个月大的宝宝喝稠的奶；给 7 个月大的宝宝吃更稠的乳油；给 9 个月大的宝宝吃微稠的糊状食物。
- 不要使用铜锅烹制绿叶蔬菜，否则会破坏维生素 C。
- 罐头食品不要烹制太久，否则会破坏其中的维生素。
- 不要在宝宝的食物里添加盐或糖，他的尚未成熟的肾脏无法对付沉重的盐负荷，如果你不鼓励宝宝吃甜食，那么反而是在帮他的忙。
- 给宝宝烹制食物时，不要使用过多的饱和脂肪，而是用红花油或玉米油替代。
- 烹制食物前，不要提前准备蔬菜，或把蔬菜长时间浸泡在水中，那样会破坏蔬菜里的维生素。
- 如果提前做好了食物，用盖子盖好，慢慢冷却到常温，然后放入冰箱冷藏，这样可以防止细菌滋生。

食物的烹制和再加热

关于宝宝的食物，唯一的安全法则就是必须彻底做熟，尤其是各种肉类和鸡蛋。永远不要给宝宝吃生鸡蛋。尽量避免给宝宝吃经过再加热的剩的食物，如果你要给，必须保证它们被完全热透。冷冻过的食物应该只能加热一次，然后将吃剩的倒掉。如果你提前准备好了食物，尽快在它冷却后放入冰箱冷藏或冷冻。不要把热的食物直接放入冰箱，那样会使冰箱内的温度升高，而使其他食物受热。

已加工好的食物

是自己给宝宝烹制食物，还是购买已加工好的食物，这取决于你。如果你们外出旅游或者时间很紧，那么购买来的食物无疑更为方便，但它们要比在家制作的食物更贵，而且可能没什么营养。但是现在也可以买到一些新鲜的加工好的食物，这些也不错。如果你是在将已加工好的食物当做常规食物，请遵照下面所列的指南。

为宝宝准备食物

你可能已经买了榨汁机或食物研磨机，如果没有，你可以买一台便宜的、操作方便的手动搅拌机。你只需在宝宝添加固体食物后的几个月将食物捣成泥状，这之后就可以把食物捣碎或剁碎吃。从一开始，你就会发现使用机器比自己动手制作更简便，你只需筛选食物，尤其是你并不想制造大批食物的时候。对于冷冻的食物，一个小平锅很适合给它们快速加热。

要想稀释自己在家烹制的食物，只需往里面加水，而煮过水果或蔬菜的水（不添加盐或糖）最为理想，你也可以在食物中加入你挤出的乳汁、牛奶、汤或者番茄汁、橙汁和苹果汁。让食物变稠的方法是使用研磨过的全麦谷物食品，比如麦芽或大米、白软干酪、酸奶酪或土豆泥。如果你想要让食物更甜，那么就用天然的甜果

已加工好的食物

- 检查列在罐头瓶或广口瓶包装上的成分表。罐装食品是为了浓缩而被装入这类容器里，所以首先不要购买成分里含有水的食品。
- 确保在你打开广口瓶的时候，它是真空密封的，否则它可能已被污染。
- 不要买“荤素混合餐”，它们通常含有很多增稠剂。
- 如有可能，买单独盛肉和单独盛蔬菜的盘子，如果你想做一顿“荤素混合餐”，再把它们混在一起。
- 已经打开的罐装食品在冰箱里储藏不要超过2天，如果超过了，就直接扔掉。
- 不要买任何添加了盐、糖、改性淀粉或味精的食品。
- 不要用开口的罐子储藏食物，应把食物倒在盘子或碗里，用盖子或保鲜膜盖好后放入冰箱。
- 不要加热广口瓶里的食物——瓶子会爆裂。
- 直接用广口瓶喂宝宝，以及把吃剩的食物留到下一顿是非常不卫生的。因为食物会被宝宝的唾液污染。如果宝宝能一次把食物全部吃掉，或者如果你不介意把吃剩的部分扔掉，那么这样吃也无所谓。

汁或葡萄糖。永远不要使用精制砂糖——红砂糖或白砂糖。我们的身体不需要它，它对我们的牙齿不好，而且这样只会鼓励宝宝爱吃甜食。

给宝宝喝饮料

在你引入固体食物后的相当一段时间，奶在宝宝的日常饮食中仍将占据重要的位置，仍是宝宝日常热量摄入的一个主要来源。到了他9个月，给他喝牛奶已经安全了，既可以用杯子喝，又可掺在食物中。尽管奶不必煮沸，但要注意每次宝宝喝奶前，都必须把盛奶的容器彻底洗净。

一旦宝宝开始吃辅食，不论多少，除了奶之外，他还需要喝水。刚开始的时候，在两餐之间给他喝15毫升水，或者稀释的果汁（给他用杯子是个很好的主意）。随着他一天天长大，白天只要他渴就给他喝水。把这点牢记在心，特别是在夏天或天热的时候。避免给他喝含糖浆剂、酒精和可乐的饮料，以及任何添加了糖或糖精的饮料——这些既含有很高的热量，又对宝宝的牙齿不好。记住，坚持喝天然的、不加糖的、稀释的果汁。

在哪里喂你的孩子

一开始你可能会让宝宝坐在你的腿上，或坐在宝宝椅上喝水，但是等到他的背部肌肉强壮到足以支撑自己身体的时候，你可能想买一把高脚婴儿餐椅。确保你买的餐椅符合安全标准。宽底的椅子是最安全的，即使宝宝坐在上面乱晃或在它

用杯子给宝宝断奶

让宝宝从6个月起就开始用杯子喝水，将此作为他断奶过程的一部分。使用杯子的最佳时间是在中午和傍晚，在这两个他可能想吃固体食物的时间，等他吃完固体食物，试着用杯子喂他喝水。

市面上有很多婴儿专用杯卖。带喷口的大口杯最适合宝宝刚开始使用，因为它们是让液体滴出来，这样宝宝必须一边喝一边吸吮才能喝到东西。由你拿着水杯，一开始只给他几小口奶，一旦他想要自己拿杯子，就放手给他拿着。等到他的动作更为灵巧时，给他改用带有两个把手的水杯，那种歪嘴的更理想，因为宝宝不必高高地倾斜杯子倒水出来。然而，也有些宝宝喜欢开口的杯子。

你的宝宝将慢慢自己断了早晨那顿奶，但是至少在1岁前，他仍会想在睡觉前吃一顿母乳或配方奶——更多的是为了舒服，而非为了食物。

使用练习杯

用杯子给宝宝喝水或果汁。刚开始你需要帮他拿住杯子，但是等他变得更灵活了，他就能够自己拿住杯子。

周围乱蹦乱跳，它们也不太容易倾倒。定期检查椅子，看看是否有尖的边或松动的零件。每次喂餐后都对椅子进行清洁，不让食物残渣堆积在隐匿处或边缝里。

宝宝刚开始坐高脚餐椅的时候，你可能需要一个靠垫支撑他，大多数高脚餐椅都有防止孩子滑落的保险带，这是重要的安全装置，确保你知道如何快速打开它，以防宝宝吃东西时发生卡喉或窒息。

如果发生了食物卡喉的状况，他几乎肯定在某个阶段会发生这种状况，重重地拍宝宝的后背，直到他把食物吐出来。在你给宝宝一种新的质地的食物时，他可能会因为惊吓而呛着，所以在给他吃的时候，用安抚的口气跟他说说话，轻轻抚摸他的后背，这样他就可以咽下令他畏惧的食物了。遇到这类情况时知道如何快速反应是非常重要的事情。一旦宝宝出现窒息，必须严肃对待，特别是如果他失去知觉，你必须知道该做什么，以及正确的急救步骤(见第 299 页)。切记，永远不要把正在吃东西的宝宝独自一人留下。

自己动手进食小贴士

- 在宝宝的围嘴的领口部位卷上一点儿纸巾，以防他自己喝水弄湿脖子。
- 如果宝宝没有戴围嘴，可给他脖子带上一块儿有色彩的围巾，以防他弄脏衣服。
- 如果你的宝宝马上要打喷嚏了，赶快躲远，否则你会被他喷一脸的食物。
- 在高脚餐椅的背面或附近安一个厨房纸巾架。
- 让高脚餐椅离你家的墙远一些——现在你的宝宝已经很会投掷东西了。
- 如果可以，买一个防滑的碗，因为宝宝在尝试用勺子从碗里取出食物的时候，最好能让碗不移动。

给你的宝宝喂食

你的宝宝将会很快期待固体食物——不仅是为了吃，还为了玩。喂食时间将会变得更加混乱，所以建议你在高脚餐椅的座椅底下和餐台上铺一张报纸或塑料膜，用于接住烦人的垃圾。让你的宝宝远离装修得很贵的墙面——记住，他现在已经能扔东西了。

在吃了一个月固体食物后，你的宝宝能成功掌握将勺子里食物吃到嘴里的技巧，等到他开始每天吃两顿固体食物后，他将准备好张开嘴吃食物。

自己动手吃东西

毫无疑问，当你的宝宝想自己动手吃东西的时候，他将不需要你：他只是从你那里要走勺子。放手让你的宝宝体验，还要容忍他制造的混乱。对宝宝所有自己进食的尝试都给予鼓励，因为这是你的宝宝取得的不小的进步，既是身体发展上的进步，又是智力发展上的进步，还因为这样做能给他带来成就感和自信。它能帮助你的宝宝双手更灵巧，肌肉和运动更协调。没有什么比自己动手把满勺食物送进嘴里，更能提高手眼协调能力的了。

你的宝宝将花上几个月的时间成为自

己动手吃饭的专家。食物将成为玩物，而你在旁边可能会担心，因为大多数食物似乎都掉到了地上，而不是进了宝宝的肚子里。这是天性使然。从宝宝自己动手进食开始，他最初的身体急速增长期将开始慢下来，所以他吃的也变少了。

在他能设法把食物成功送入嘴里之前，你的手里也要拿着一把勺子。在他没法把食物用勺子舀起来的时候，用你的满满的勺子换他的空勺。

灵活喂食

尽量不让自己在宝宝的就餐时间紧张。如果你没有花很长时间准备食物，或者生气宝宝不吃你做的饭，或者没有采取措施防止餐后做很多清洁工作，那么你会很容易紧张。最重要的一条法则是，不要和你的宝宝的意愿对抗。最终你是没有办

准备食物

确保烹制过的蔬菜足够软又能让宝宝容易用手抓住，使宝宝容易咀嚼。在她设法把食物放入口中的时候，记得给她一些鼓励。

手指食物

如果自己用勺子进餐让你的宝宝不知所措，而他的胃口又很好，那么可以试试手指食物，它们很容易对付，即使是硬的，你的宝宝也会吮吸。

水果和蔬菜

- 任何容易拿住的新鲜水果，切成片，去除皮或种子，比如香蕉。
- 任何可以切成条状或其他易拿在手里的形状的，需要经过烹制的蔬菜，比如胡萝卜。
- 土豆泥。

五谷杂粮

- 小块儿无糖的干的谷物食品。
- 小米饭团子。
- 全麦面包（没有完整的谷粒）。
- 全麦饼干（没有完整的谷粒）。

蛋白质

- 块状低脂奶酪块。
- 通心粉和奶酪。
- 吐司上的小片奶酪。
- 汉堡和小馅饼切成容易拿的小块。
- 摊鸡蛋。
- 白软干酪。
- 任何一种熟肉，最好是白肉，切成容易拿住的小块儿。
- 小块儿结实的鱼肉，剔去鱼刺。
- 煮鸡蛋切成片。

安全小贴士

- 你应该当心不要给宝宝大小可能正好会卡住喉咙的食物，所以应该避免坚果及带有果核和种子的水果、没削皮的硬皮水果，以及生的蔬菜。
- 永远不要在你的宝宝吃东西或喝水时把他独自留在房间里。如果他卡喉、窒息或呕吐，你需要立即帮助他（见第 299 页）。
- 不要痴迷于清洁卫生，但要注意进餐时间的卫生。使用干净的餐具、高脚餐椅和围嘴。
- 把食物储藏在冰箱里的时候，需要用保鲜膜包住盛放食物的容器，永远不要把生肉和熟肉放在一起。

法强迫一个宝宝吃东西的，而且也不应该这样做，即使你担心宝宝没吃饱。如果他不想吃，他的需求会暂时萎缩。如果宝宝饿了是肯定会吃东西的，并且会吃到满足为止。一次少餐可能是因为上顿吃得多了。

营养摄入均衡

从长期角度考虑。不要考虑你的宝宝每天从食物里摄入了多少营养，而应关注他这一周吃了哪些食物，并且试着在这个时间尺度里平衡膳食。你可能会发现这两天他除了吃谷物食品，什么都不想吃，而第三天他可能又开始狂吃水果，抑或是只想吃奶酪了。婴儿，就像大多数动物一样，天生有自我调节的能力，他知道自己想要什么，以及何时想要。

同养育孩子的许多其他方面一样，在喂食方面，你也应该跟着你的宝宝走。为了能让你放心，宝宝自己选择的饮食应该是一套平衡的饮食，但是前提是他有正确的食物可选。

日常饮食模式

不要理会现有的指南或一些育儿书关于营养方面的说法，你的宝宝不必每餐都吃到所有类型的食物。他可以在一餐就摄取可供全天需要的蛋白质，然后在下一餐吃到全天所需的碳水化合物。学会放手，不强迫自己控制宝宝的饮食，也试着忘掉做个好父母就意味着每餐都要求宝宝吃“好的”这种观念。将均衡饮食的时间尺度放大，更看重的是宝宝整个一周所吃到的食物，而不是担心他每餐所吃到的食物。

你的宝宝一天内不需要超过 1 顿或 2 顿大餐，中间可以吃一点儿零食，不要把吃东西局限在正餐上。对于顽固不化的宝宝来说，就餐时间他可能会把家里变成激烈的战场。当然，应鼓励你的宝宝按时就餐，但是如果正在度过一个困难阶段，那么你需要妥协一下，过会儿再给他补充一点小零食。

如果你的宝宝在吃饭时站起来，或者试图从高脚餐椅里出来，那么把他抱出来，暂时忘掉吃饭的事。等他饿了，他会回来要东西吃的。如果你跟他争执，你会恼火，你的宝宝也会生气，进餐时间会变得不愉快，他以后会将进餐时间和不开心联系起来，而这样问题会变得更大。

食物与进食 1-2 岁

为了保持强壮和健康，你的孩子的饮食里必须有足够的蛋白质、碳水化合物、脂肪、维生素和矿物质。如果你提供各种各样可供他选择的食物，他会从中摄取到这些营养（见第 122 页）。你的孩子能吃多少在很大程度上取决于他是否好动，以及他的身体是否处于急速生长期。例如，人的生长速度会在 1 岁左右减缓，但是在学走路的时候又会再次提速。在 18 个月的时候，因为生长速度的提高，你的宝宝将每天需要 3 倍于成年人所需的热量，以适应他体重的增加。这个时候，为了提供足够的能量，你的孩子应该每 500 克重需要 45 卡路里。同时，他每天还需要 25 克的蛋白质。尽管比婴儿需要的量要少，但仍是成年人的 2 倍。

新口味

现在你的孩子开始和你们一起吃家庭餐了，鼓励他尝试不同的口味，以及自己动手进餐。

给什么食物

到了 2 岁，你的孩子将能够差不多和你吃一样的饭了。没有什么是为了健康而必须吃的重要食物——他只是需要大量经过烹饪的新鲜食物，靠它们建立一个平衡的膳食。奶作为宝宝的饮食中一个重要部分，仍将保留，因为它是蛋白质的重要来源，但是在宝宝渴的时候也应该给他水喝。

每餐至少给你的孩子一份富含蛋白质的食物，而且一天至少提供 5 份水果和蔬菜。他每餐将能吃下越来越多的食物，具体多少取决于他的胃口，但是他每餐的饭量基本上能达到成年人的 1/3 到 1/2。

不要给你的孩子：

- 整个坚果。
- 爆米花。
- 非常粗糙的有整粒谷物的全麦面包。
- 小片生水果或蔬菜。
- 有果核或种子的水果，比如李子。
- 未削皮的厚皮水果。
- 辛辣的菜肴，除非他喜欢它们，并特别需要它们。
- 咸的食物。
- 含糖的饮料。

食物营养成分表

食物种类	食物名称	营养成分
高蛋白质	鸡、鱼、羊肉、牛肉、猪肉、内脏、鸡蛋、奶酪、豆类	蛋白质、脂肪、铁，维生素 A、D、B
奶和奶制品	奶、奶油、酸奶、冰淇淋、奶酪	蛋白质、脂肪、钙、维生素 A、D、B_2
绿色和黄色蔬菜	卷心菜、豆芽、菠菜、羽衣甘蓝、绿豆、南瓜、莴苣、芹菜、西葫芦	矿物质，包括钙、氯、铬、钴、铜、锰、钾、钠
柑橘类水果	橘子、葡萄柚、柠檬	维生素 C
其他蔬菜和水果	土豆、甜菜、玉米、胡萝卜、花椰菜、菠萝、杏	碳水化合物、维生素 A、B、C
面包和谷类食物	全麦面包、面条、大米	蛋白质、碳水化合物、维生素 B、铁、钙
脂肪类	黄油、人造黄油、植物油	维生素 A、D

帮助你的孩子建立良好的饮食习惯，不要在他的食物里掺入糖或盐，最好不给他“零”热量的蛋糕、曲奇和糖果。不给孩子甜布丁——水果、酸奶或水果泥。

进食模式

等你的孩子开始蹒跚学步了，他将每天吃 3 小餐，还在上午和下午吃点儿小零食。你要有心理准备，你的孩子的胃口在这一年会阴晴不定：他前一天可能会狼吞虎咽的，把你提供的任何吃的食物都吃光，第二天吃东西却很费劲。如果你的孩子总是挑食也不要担心，在这个阶段，这是完全正常的(见第 125 页)。同样，如果他在经历食欲不佳的时期你也不用慌乱——你的孩子完全知道他需要什么，而且为了跟上自己的生长节奏，他会主动吃的。

给糖果

我坚信剥夺孩子们吃糖果的权利是错误的。剥夺权利通常会导致偷偷摸摸的行为和不诚实。然而，我认为应该定量管理，但我不是要忽视将糖果作为奖励的老办法，我知道这类奖励方法能很快被你的孩子领会。我对自己的孩子们就是采用的定量的方法，每次午餐和晚餐后，我都给孩子们一块儿糖，我把这个规矩用在我的 4 个孩子身上，这样可以促进他们自我控制，并促进养成好的饮食习惯。孩子们每次吃完糖果后都应该刷牙。

给 14 个月大的孩子的示范餐

第 1 天	第 2 天	第 3 天
早餐 1 个摊鸡蛋、1/2 片加黄油的全麦吐司	早餐 1 杯稀释的橙汁、25 克酸奶、2 大汤匙婴儿穆兹利，其中包括麦芽、50 毫升牛奶、1/2 个香蕉	早餐 50 克谷物食品加奶、1 杯稀释的鲜橙汁、1/2 个香蕉
上午中旬 1 杯稀释的橙汁、1 个苹果	上午中旬 1 杯稀释的橙汁、1 块曲奇饼干	上午中旬 1 杯水、1 个苹果
午餐 50 克白鱼肉、1/2 全麦面包、1 大汤匙绿豆、1 杯稀释的果汁	午餐 1 杯牛奶、1 杯水、2 个炸鱼条、1 大汤匙豌豆	午餐 佛罗伦萨煮蛋、2 大汤匙菠菜、1 个鸡蛋、25–50 克奶酪、1 个梨、1 杯无糖型酸奶、1 杯牛奶
午后 1 杯水	午后 1 杯水	午后 2 杯稀释的苹果汁、1 个燕麦曲奇饼干
晚餐 150 克豆子、50–75 克土豆、50 克奶酪、1/2 个香蕉、1 杯奶	晚餐 加有（25 克）奶酪、1 大汤匙新鲜绿豆的煎鸡蛋卷、1 杯奶、1/4 片全麦面包	晚餐 全麦面包做的火腿三明治、几块奶酪、生的胡萝卜、几小块瓜

在餐桌上吃饭

在你们吃饭的时候，把高脚餐椅推到家里的餐桌前，让宝宝坐在上面，给他引入家庭进餐时间的概念。这样他可以看到发生的一切，慢慢习惯家庭餐，以及在习惯进餐时间大家的行为举止和好的礼仪。为了确保让你的孩子感觉融入大家，给他吃和你们相同的食物，但是准备他的那份饭菜时，要处理一番，使宝宝能完全用勺子控制食物。如果孩子的动作灵活，能自己吃饭而不制造很多混乱，你们会更轻松。然而，如果你的孩子总是弄得一团糟，那么你在其他家庭成员吃饭前先喂他吃会更好，等他吃好后再把他带到大餐桌旁，给他一点他喜欢的手指食物，让他在你们吃饭的时候能在一旁高兴地待着。

不要指望你的孩子会自动接受成年人的行为准则，特别是一开始。12 个月左右的时候，他将习惯爬和“巡航”，而且可能离学步不远了，所以如果他不愿意长时间老实地坐着，也不必吃惊。如果他坚持离开餐桌，就随他去。他可能几分钟后就会为了食物回来，并很快知道食物意味

着坐直了吃。然而如果他没有想回来的迹象，不要坚持让他把食物吃光。如果他饿了，他会在下一餐补上。

像一家人一样就餐

在你们就餐的时候，即使你的孩子已经吃完了她自己的食物，她也喜欢同你们一起坐在桌子旁。趁这个机会，你可以让她尝尝新口味。

一塌糊涂的食者

一些孩子能在吃饭时找到很多乐趣，以至于难以集中精神把盘子里的食物送到嘴里。试着对你的孩子在进餐时间制作的混乱保持哲学的态度。这是一个过渡阶段，在这一阶段他将学习如何手眼协调。你可能会觉得他的学习让你付出金钱代价，但是你还是要试着保持冷静。记住，"整洁"这个词，相对于你的孩子的开心和按他想要的方式吃东西来说，根本不重要。为了让你们的就餐时间愉快，并让清洁工作降至最少，有以下几点建议可供参考：

- 在高脚餐椅下垫一块儿塑料桌布，这样可以轻松接住掉下来的食物残渣，而且方便清洗，或者围着餐椅铺一圈报纸，这样可以在餐后直接扔掉。
- 在高脚餐椅的餐台上画一个圈，告诉你的孩子把他的杯子放在这里。把摆放杯子的事情变成一个游戏。
- 大多数宝宝不喜欢别人用毛巾洗他们的脸，那么就用你的手蘸上水。出于某种原因，这更易被宝宝接收，效果也很好。
- 如果你的宝宝把自己弄得很脏，带他到面盆洗洗手。把洗手变成一个游戏，让你的宝宝在你的监督下玩一些玩水游戏。
- 让你的孩子仍坐在高腿餐椅上，端来一碗水，让他把双手浸在水里洗手，然后只需用毛巾给他擦干。

进餐可能存在的问题 1-2 岁

阶段性饮食偏好

你的孩子在 1–2 岁时会开始表现出对某些食物明显的喜好。对于儿童来说，阶段性饮食偏好是很普通的事情，它表现为在一段时间只想吃一种食物，而拒绝其他所有食物。比如他可能不想吃肉，只想吃酸奶，可能这一周是这种情况，而下周又变成讨厌酸奶，而渴望奶酪和水果。

做个好父母意味着面对这种情况时镇定自若。没有哪一种食物是有神奇功效的，总会有一种别的食物可以替代你的孩子拒绝吃的那种。你不要花时间烹制明知孩子会拒绝的食物，在他真的拒绝后，只会惹你生气。采用省事的方法，做你知道的他真的想要的食物，即使那是你不赞成的。

研究表明，只要你给孩子提供的食物种类丰富，他自己从中选择的饮食就能均衡。毕竟，根本就没有理由能解释为什么孩子就应该吃你选择的食物。他的口味没必要与你的相同，如果你是关心孩子的快乐和健康，你会马上意识到给他吃他喜欢的食物，要比给他根本不吃的要好。因此，在给孩子吃什么的问题上变通一些。

如果你的孩子不喜欢某种食物，给他找到一种可以提供同等营养，并且你知道他喜欢的替代品。如果孩子对某种食物明显表示厌恶，你却哄骗他吃，那样可能会导致他也拒绝其他食物。在你给他引入一种新食物的时候，最好在他正饿的时候给他，那样他可能会更能接受。

你唯一应该站出来捍卫的原则，是阻止他排斥一个食物类别里的所有食物。一旦这种情况发生，他的膳食就会变得不均衡。除此之外，阶段性饮食偏好完全没有什么错。你不要忘了，越是强迫，你的孩子就会越讨厌它们，因为他很快会知道那是一个可以对抗你的有效办法。请学会妥协。

体重问题

如果一直给宝宝提供正确的食物，他的体重是不会超重的或过轻的。你的宝宝会自己控制饮食，而且为了满足自己的需求，在任何特定时间他都会自己摄取足够的食物。因此，造成宝宝体重超重或过轻的原因，应该归咎于提供错误的食物的父母。

超重 宝宝体重超重一般是由饮食中过量的肥肉、含糖饮料和精制的碳水化合物（蛋糕、曲奇饼干、果酱和甜食）所造成的。也可能会因为你总把宝宝放在推车或游戏围栏里，限制他的活动，不准许他通过爬或走来消耗能量。应该经常和你的孩子一起玩游戏，鼓励他多活动——越闹腾越好。

体重过轻 除非宝宝的食物被刻意节制，否则即使体重低于同龄同性别的其他孩子，也很少有宝宝真的体重过轻。很多家长对自己瘦小的孩子会有不必要的担心，然而，事实上，就像成年人一样，有些孩子天生就（而且健康的）瘦小。

如果你给宝宝的是均衡的膳食，而且

他快乐、满足，发展正常，那么你根本没什么可担心的。不过如果你还是担心（见第189页），可以让你的儿科医生或来家探访的保健员给宝宝检查一下。

食物和进食 2-3岁

随着宝宝一天天地长大，他的热量需求也在不断增加。到了3岁，他的身体每500克重大概每天需要50卡路里，他的营养需求保持不变，而他需要吃很多不同种类的食物以摄取充足的维生素和矿物质。出于增加体重的需要，这一时期，他仍比成年人需要更多的蛋白质和卡路里。

给什么食物

到了两三岁，孩子们大多都喜欢面包、谷类食品，以及奶制食品，比如牛奶、酸奶、冰激凌和白软干酪。他们不喜欢，甚至可能拒绝肉类、水果和蔬菜。不要强迫他吃，而是试着在肉类、水果和蔬菜中每个类别找到两种他爱吃的，一直给他吃，直到他想换换口味。

每天给你的孩子2份或3份蛋白质、5份或更多的水果和蔬菜，以及4份或更多的全麦面包和谷物食品——2份面包，每份是半片面包，以及1–2大汤匙的谷物食品。避免高热量、含淀粉的食物。

2岁宝宝进餐小贴士

- 确保每顿饭至少包含一种他喜欢的食物。
- 每次只给少量，并允许给第二份。一整盘的食物会吓着孩子的。
- 保持食物简单化。孩子们喜欢看清自己在吃什么：他们不喜欢杂乱的食物。
- 提供的食物要种类丰富，以保证饮食均衡。
- 试着通过色彩丰富的食品，把孩子的饭菜装点得生动活泼。
- 在你的孩子上学以前，尽可能每顿饭都有一样手指食物。
- 食物中包含吃起来有乐趣的零食，比如果冻、薯片、蛋卷冰淇淋等等。

进餐模式

这一年，你的宝宝可能仍有阶段性食物（见第125页）偏好，而且在进餐时间可能还有自己的“规矩”。规矩是指你的孩子必须不断重复的东西。例如，斜着切三明治可能会成为一个规矩：你的孩子会拒绝吃用别的切法切的三明治。一些孩子想按一种特定的方式摆放他们的餐盘，如果没有，他会生气地把餐盘扔掉。对待这两种“规矩”的方法就是耐心。毕竟，成年人也有自己的规矩：我们可能在吃饭时会坐在固定的位置，也可能更喜欢桌子以某种特定的方式摆放。既然它是合理的，你应该放任你的孩子的规矩。另一方面，

装饰漂亮的食物

有一种鼓励孩子尝试不同食物的方法，就是把食物装饰得漂漂亮亮，或者做成有趣的形状，比如把食物做成可爱的小老鼠。然后让你的孩子品尝它的胡须，或者吃掉耳朵和鼻子。

如果孩子的规矩严重影响到了进食，或打扰了家人，那么就试着跟他讲道理，跟他解释这样的行为对别人不公平，强硬一些，但同时要有心理准备，打破一种不良的规矩可能需要反复尝试。

进餐时间管理

你的孩子需要非常熟悉进餐的社会方面，但是不要对他有太多期待。孩子很难集中精神用勺子吃饭，很难不弄撒他的饮料，很难不搞得一团糟，也很难在餐桌吃饭时安静下来。他试着倾听你说的所有话，尤其在对话中，又要把注意力集中在食物上，同时，他还要试着学习很多新技巧。看到这些，你就不奇怪他为什么有些兴奋了。你只需打破紧张的局面，因为这与出意外紧密联系。重申一遍，多理解他，多变通些。

让进餐时间更有趣

关于进餐，关键词就是变通。你和你的孩子应该心情愉快，所以在这里给你们介绍一些小点子，让你们在进餐时间更愉快。

- 冰激凌的圆筒不是只能用在冰激凌上，用一个筒装上一起切碎的奶酪和番茄，或装入金枪鱼沙拉。你可以让你 3 岁的孩子在玩的时候吃上一小餐。
- 鼓励你的孩子“建造”一顿饭，即让他自己用三明治、块状奶酪、蔬菜、干果等食物搭建一个房子、一辆汽车或一条船，等它们完成了，吃掉它们。
- 如果你的孩子想用刀子，给他一把塑料的或钝端的刀。
- 让他尽量用吸管喝东西，这样他不会把饮料弄撒，把吸管切短，使其不超过 5 厘米长，或者给一根可弯曲的吸管。
- 对创新持开放的态度，可以偶尔用娃娃的餐盘或平的玩具盛孩子的食物。
- 在蛋糕盘里放上几种手指食物，比如小块奶酪、冷肉、生的蔬菜或水果，以及小块三明治，让你的孩子随意挑选自己想要的。

喂养可能存在的问题 2-3 岁

体重超重的孩子

小儿肥胖大多是由于缺乏锻炼，同时长期单一的高“零”热量饮食——例如，高度精制的淀粉食品和碳水化合物食品，如蛋糕、曲奇饼干、糖果、巧克力、冰激凌和甜饮料。如果你的孩子体重超重，可考虑以下做法：

- 看看你的孩子每天消耗多少糖（特别是添加在食物中的“隐形”的糖）。你的孩子根本没必要吃任何糖。
- 如果你曾在食物里加入糖，从现在开始停止，让你的孩子开始习惯天然食物的糖分，比如水果。
- 看看他每天吃的小零食的数量。试着减少它们的数量，并换成低热量、健康的零食（见第 130 页）。
- 减少在准备食物时放入的油；不要使用黄油或人造黄油；你的孩子可能不会注意的。不要吃油炸食物，换成烤的；尽量买瘦肉，切掉任何肥肉部分；减少曲奇饼干的数量；等他 2 岁以后，给他低脂牛奶。
- 确保他得到所有活动或玩的机会。鼓励他做剧烈的运动。邀请朋友来家里玩踢足球游戏，或者和你的孩子一起出去玩运动量大的游戏。
- 算一算你的孩子每天消耗的奶量。如果他吃的食物富含蛋白质，同时又喝很多奶，那可能太多了，需要减少。
- 尽量多给他在家里做的食物，或未经烹制的食物。买来的包装食品，特别是甜的或咸的零食，通常热量都高。

拒绝进食

这通常是你的孩子不舒服的第一表现，需要仔细观察他，看他是不是没有平常机灵，是不是脸色发白，脾气更暴躁？如果是，测一下他的体温，如果你很担心，就带他去看医生。如果不是生病，那么你的孩子可能还不饿。他可能在餐前吃了很多零食，举个例子，如果他在饭前一小时内吃了零食或喝了奶，那么你就别期待他以应有的热情吃饭。

有时候，你的孩子会没有明显原因地拒绝食物。这种情况一定不能强迫他吃，也不要被孩子的反复无常的表象给蒙骗，试着以平常心看待，然后留意一下是否还有别的情况。如果你坚持要他吃，那么进餐时间会很快变成一场战役，而且最后输的总是你。在这种情况下，如果你不管他，等他饿了他会吃的，如果没有吃，那么他会在下一餐补回来。

装饰食物

鼓励你的孩子尝试不同食物的一个方法是装饰食物，或做成可爱的形状。然后叫他尝一尝它的胡子，或吃掉它的耳朵和鼻子。

食物过敏

不要将食物过敏与食物耐受混为一谈。食物耐受可被简单地理解为，有些食物就像个别人一样跟你不和，而食物过敏

挑剔的食者

把进餐变成一场游戏。给孩子几个装有不同食物和一些剁碎的蔬菜的容器，让她自己动手“做”一顿美餐。

则是你遇到的非常特别和非常稀有的人。大多数被怀疑为食物过敏的情况最后都被判定为是食物耐受，或是孩子的挑食和家长的挑剔的共同结果。

食物过敏是身体对外源蛋白质或化学物质做出的反应。它是一种保护机制，并产生多种症状，从头疼、起疹和有不消化的感觉，到严重呕吐、嘴、舌头、脸和眼睛等部位变肿，皮肤遍布红色斑点、腹泻，直到极度不适。第一次接触过敏原的时候，这种反应可能会很小，但是如果重复接触，过敏反应则可能变得越来越糟。

食物过敏之所以引起人们如此大的关注，因为它们被归罪于造成了儿童“行为障碍”，然而，事实上，能够证明是食物过敏导致的行为障碍的案例真的寥寥无几。唯一能证明它是引起行为问题的方法，是在撤掉某种特定的食物后，儿童的行为会明显改变，而再次给他这种讨厌的物质后又会恢复到之前的糟糕情况。某种物质被撤掉后，行为的改善并不构成证据，而在再次引入后症状再次出现才能证实。

此类案例非常少见，而且在为数不多的案例里，也很难证明孩子在撤掉食物后是否做出了反应，或是从父母、医生、护士和亲戚那里得到更多的关注后，是否做出了反应。有一种可能，而且很多案例确定无疑地证实了，孩子的坏行为是为了获得关注和爱。如果真是这种情况，不管怎样，所谓的食物导致的异常行为也已经改善很多了。家长们不应该回避这件事，而是应该在试图把任何食物从孩子的饮食中撤出前，先改变他们自己的行为方式。

和你的儿科医生谈谈

我之所以如此关注过敏和耐受，原因在于我想说，成年人没有必要打着未经证实的因果联系的旗号，而削减或剥夺孩子很多有营养的食物。家长们永远不要未得到医生的建议就擅自把一种食物隔离开来，或改变孩子的饮食——首先应该收到儿科过敏症专科医师的确切诊断。

零食 1-3 岁

关于儿童的饮食习惯的一些研究，表明儿童在四五岁以前更喜欢不停地吃东西（事实上他们的身体需要他们使劲吃）。这是因为他们的小胃无法对付一天三顿的成年人餐，我们也不应该把成年人的饮食模式强加在他们身上。关于幼儿一天该吃多少次食物，这个数量范围很宽——从 3 次到 14 次不等，平均大约 6–7 次。一天中他每餐想吃多少也很不一样，但是作为放诸四海而皆准的法则，孩子吃的次数越多，每餐吃得就越少。平均来说，儿童摄取的营养是等量的，无论他们一天吃多少次。重要的不是他吃的次数，而是吃了什么。

明智的零食是那些可提供健康的卡路里和营养，却不促进生成蛀牙的零食，包括新鲜的水果和蔬菜、小块的奶酪、带全麦面包的奶酪三明治，以及新鲜的果汁。

大多数买来的零食，特别是从贩售机和快餐店买到的，都经过了高度精制和加工，它们含有很高的热量却缺乏营养。请记住，避免曲奇饼干、糖果、蛋糕、冰激凌和类似葡萄干的干货食品。

有计划地吃零食

零食不应该对一整天所需的营养负责，所以不要放任不管，而应认真地计划。引入各种各样的零食很重要，因为就像正餐一样，总吃一种零食也会让孩子厌倦的。你可以按照下面的方法做：

- 试着协调正餐与零食的关系，以便你在正餐和零食里提供不同的食物。
- 试着把零食做得有趣。比如把番茄在全麦面包三明治上摆出个笑脸状，或

水果思慕雪饮料

将软的水果搅拌成泥，加入牛奶和/或酸奶，让你的孩子喝一杯富含维生素和矿物质的饮料。他可能也会想帮助你做。

者把每块水果切成与众不同的形状。

- 试着让孩子也参与到计划里，更重要的是，让他帮你一起准备制作零食。
- 充分利用一起准备食物的活动，来使零食变得令人兴奋，甚至有教育意义。举个例子，让你的孩子帮助你剥豌豆皮，或者做面包，然后把你准备的其他食物放在一起，做成一种零食。
- 一种平常的食物你可以变换形式提供给孩子，比如如果你的孩子不喜欢直接用容器喝酸奶，那么就把它冷冻一下，使它更像个冰激凌。
- 饮料是最好的零食之一，特别是在奶的基础上加工的饮料——但是你应该在孩子满 2 岁后给他喝低脂牛奶。以奶为基础制作的零食会很有营养，因为它包含了蛋白质、钙、铁和多种维生素 B。

零食和蛀牙

食物会促进蛀牙的生成。我们每次吃东西都会在牙齿间残留食物，这些食物颗粒，特别是零食的，被口腔分解成酸。甜饮料里的精糖（蔗糖）、蛋糕、糖果要比其他食物更容易被细菌转化成酸。研究显示食物中的糖含量越高，就越容易被细菌转化成酸，同时越容易引起蛀牙。果汁也可能是酸的，应该与食物一起给孩子，或者在就餐时间限制。

众所周知，葡萄干等黏性食物易长时间黏在牙上，于是细菌有更长的时间把淀粉转化成酸。因此，容易黏在牙缝间或牙齿表面的黏性食物，要比不在牙齿上长时间驻留的甜食更容易引起蛀牙。举个例子，黏焦糖比饮料里等量的糖更容易引起蛀牙。这同样适用于其他难嚼的食物。

关于零食，你必须考虑它们对长蛀牙的影响。你可以在早期开始就不往孩子的食物里添加糖。没人需要吃精制的糖，人的身体没有它也会很好。帮你的孩子的忙，不要鼓励他喜好甜食。

另一个预防措施，是鼓励你的孩子在每次正餐后刷牙。问问你的牙医该给孩子用哪种牙膏。此外，最好避免以甜点结束一餐，以水果结束更好，奶酪最好。奶酪是碱性的，可以中和口腔里的酸，长期养成这种习惯可帮助预防蛀牙。

8 排尿与排便

关于排尿和排便，最重要的事件将出现在你的孩子能设法控制自己，使自己在白天和夜里都保持干爽和洁净的时候，除非在她生理上和心理上成熟到能够相互配合，这才会发生。你无法人为地加快这个进程——在她渐渐获取控制自己身体的能力的过程中，你只能在一旁帮助她。

排尿 0-1 岁

小宝宝的膀胱会自动排净，宝宝会从早到晚频繁地排尿，这是因为膀胱还不能控制尿液，一旦储存一点尿液，膀胱壁就会伸展而刺激排空尿液。这是非常正常的，在宝宝的膀胱发展到有能力控制尿液之前，你不要期待她会有不同的表现，这在 15 个月大以前很罕见。

排便 0-1 岁

分娩 24 小时后，你的宝宝将排出一种叫做胎便的墨绿色黏稠物质。在你的宝宝还在子宫里的时候，它们就充斥在肠道里，并在宝宝正常的消化功能形成之前就被排出。

你的宝宝将很快安定下来，进入一种日常常规，粪便也会变得更硬实。只要她健康、快乐，体重在增加，你就无需关注她的排便。别过分关心它，也不要为它担心。

尽管每个宝宝的排便次数都不尽相同，但总的趋势是随着年龄的增长，宝宝的排便次数会越来越少。刚开始，她可能一天排便三四次，而到了 2 周，可能两天才排便一次。

这是非常正常的。事实上，以下所有这些都正常：松散、不成形的大便；完全绿色的大便；每次餐后都进行排便；或者在头几天每天排便次数高达 6 次。

使用便盆

一个还没准备好的宝宝是不能接受如厕训练的，而且不需要任何训练。不要强迫你的孩子，而应该由他牵着你走。

母乳喂养宝宝的大便

大约在第 1 天，你的宝宝会排出墨绿色的细滑而黏稠的胎便。之后，母乳喂养的宝宝将排出浅黄色类型的大便。宝宝每天的排便次数真的不重要，有的宝宝一天会排便几次，有的却不怎么排便，还有的则每次餐后都可能进行一次排便。小宝宝的粪便可能像面糊一样，也可能还没有奶油汤稠，但是很少有硬的或臭的。母乳喂养的宝宝很少遭受便秘之苦。这是因为吃到的所有母乳都被他们有效地吸收了，产生的废物非常少。按照这个逻辑，他们可能每 3 天排便 1 次。

人工喂养宝宝的大便

一旦消化功能形成，人工喂养的宝宝就会频繁地排便，而且要比母乳喂养宝宝的大便更硬，颜色更深和更臭。你可能会发现宝宝的大便是软的，像摊鸡蛋，但是最常见的趋势是大便变得越来越硬。使其变得正常的最简单的办法，是在两次喂食之间给她喝凉开水，用一个小勺缓缓地喂进嘴里。等她几个月大时，可在喝的水里添加西梅汁，或者将滤过的果汁兑水稀释，用茶匙给她喝，这样可以软化大便。

永远不要在宝宝的奶瓶里加入糖，但是如果配方奶粉有较高的含糖量，那么宝宝的大便可能会松软，呈绿色凝乳状。如果这种情况持续，需要咨询你的儿科医生。

排便的变化

如果你的宝宝排便正常，那么即使她的大便在前一天和第二天外观有所不同也没关系。颜色浅一点儿或深一点儿并不能说明有什么严重的情况。颜色略浅的成形的大便，或更硬些的大便不意味着哪出了问题。如果你还是担心，可以咨询助产士、社区护士或医生，他们会欣然给你建议。同样，松软的大便也不代表不正常或有感染。另一方面，伴有颜色、排便频率、气味突然发生变化的水状大便应当引起重视，告诉你的儿科医生及到家里探访的保健员，特别是如果你觉得宝宝脸色不对。作为一条真理，排便次数和颜色的变化没有大便气味和水含量的变化重要。

随着宝宝的渐渐长大，每当你添加一种新的食物，特别是水果和蔬菜，要有心理准备，她的大便会改变。如果在你引入一种新的食物后，她的大便变得非常松软，那么几天内不要再给她吃，之后再给很少的量试一试。不要忘了，甜菜会使大便变红，还有，如果大便暴露在空气里会变成棕色或绿色，那是很正常的。

大便里出现血丝一定不正常。即使起因看似很小，比如肛门附近的皮肤出现微小的破裂，你也应该咨询你的医生。如果大量的出血，流出浓汁或黏液，则预示着肠道发生感染，必须立刻寻求医生的帮助。

排便可能出现的问题 0-1 岁

便秘

大便干硬，隔时较久。如果你的宝宝三四天才排便一次，而且排便不舒服或疼痛，那么她可能便秘了。便秘本身不能造成孩子生病，而且，便秘会毒害新陈代谢系统的老说法很早就已经废弃了。

如果没有任何其他生病的迹象，就完全不用担心便秘。然而，如果你的宝宝是在用全身力气排出硬屎，你应该咨询儿科医生，看看是否有必要开药软化大便。医生一般都不愿意给小孩子使用泻药或通便药，而且完全没必要求助于这种治疗方法。便秘发生在小宝宝身上的几率极小，而且几乎都是家长给喝的水不够导致的，基本上只要多给宝宝喝白开水，或每次吃奶时在奶瓶里多加点水症状就能好转。不要尝试往奶瓶里添加糖的老办法——那没有效果，而且你的宝宝不需要糖，那样只会鼓励她喜好甜食。

目前为止，软化大便的最好办法就是修改饮食，在宝宝的饮食中多加入一些膳食纤维和粗粮。将 2 茶匙西梅汁倒入宝宝喝的水里也会有帮助，如果她已经开始吃固体食物，把 2 茶匙的经过蒸煮的西梅泥加入到正餐中，应该能见效。

如果你的孩子的饮食丰富多彩，她应该不会便秘，除非她的饮食里缺乏足够的新鲜水果、蔬菜、全麦面包和全谷类食物。在宝宝开始吃固体食物后，预防便秘很容易：只需在饮食里多添加些以上这些食物。小孩子的肠道通常对复杂的碳水化合物（植物根部和绿色蔬菜中所含的）做出反应，因为它们所含的纤维素可保持粪便中的水分，并使之变得更膨松和柔软。

为什么孩子会变成慢性便秘？理由只有两个：第一个是总是关注孩子的排便规律的过于敏感的父母。第二个是如果孩子在以前有过排便不舒服或疼痛的经历，她可能会憋住大便，以防止再次发生。

儿童在生病和高烧后可能会有几天便秘，这是相当常见的。一方面是因为她没吃多少食物，所以没什么废物可排出，另一方面是因为出汗造成的脱水，结果身体将所有可以吸收到的水分都储存起来，包括从粪便里吸收的水分，从而造成排便困难。这类便秘根本不需要治疗，等你的孩子病好后，恢复到正常的饮食，自然能改善。未经医嘱不要擅自使用成药、开塞露、泻药或灌肠剂。

腹泻

真正的腹泻——频繁、稀薄的水状的大便——是肠道“烦”和食物“急着出来”的一个信号。在你的孩子开始吃固体食物后，一次饮食的改变，包括一种新水果或蔬菜的引入都可能会导致腹泻。

腹泻对于小宝宝来说通常是很严重的问题，因为肠道没有足够的时间吸收对生命至关重要的水分，而严重的脱水会迅速恶化。如果你的宝宝表现正常，吃东西正常，而且看起来快乐，那么没必要关注她奇怪的松散的大便。但如果你的宝宝拉出绿色、很臭的水状的大便，拒绝食物，发烧 38℃以上，大便里有脓血，并且无精打采，在眼睛下面有黑眼圈，那么必须马上就医。

如果你的宝宝很小（4 个月以下），宝宝腹泻必须尽快带她去医院儿科或急诊室。对于大一些的宝宝，停止给她所有食物，只给她水喝，直到你能够带她去看医生。如果她在腹泻的同时还伴有呕吐，建议饮用诸如口服补液盐的电解质溶液。如果你的宝宝腹泻了几天，建议避免给她奶或奶制品（比如换成大豆配方奶粉）。果汁也应该避免，因为它会使腹泻更严重。如果她只是轻微腹泻，没有其他症状，你可以自己给她治疗。如果你是母乳喂养，可以继续喂她。腹泻通常能用母乳清除。如果你的宝宝在腹泻后吃不了普通的配方奶粉，那么推荐吃以大豆为原料的配方奶粉。如果你的宝宝喜欢吃，她想吃多少就给多少，而且尽可能频繁地吃。她可能不想吃东西，或吃的量很少，并且会饿得更快。如果她的轻微腹泻在 2 天内没有改善，就咨询一下医生。

一旦腹泻好了，你可以重新引入正常食物。刚康复时，最佳的食物是温和的牛奶制品，刚开始的量是平常食量的 1/3 至 1/2，第二天给 1/2 至 2/3。到了第三天，如果没有复发，可给她恢复到平常的量。

获得控制力 1-2 岁

我相信关于排尿控制和排便控制，你能做的只有一条，就是注意来自你的孩子的信号，然后帮助她（不是训练她）。15 或 18 个月以前，没有几个宝宝对肠道或膀胱有控制能力，而且有时候，这个时间还要更晚一些。

提高对肠道的控制力

宝宝在进食时或刚完成进食的时候排便并不是不寻常的事情。一些父母错误地将此当做宝宝准备接受如厕训练的早期信号。事实上，它不是，那只是宝宝在进餐时刺激食物从大肠向下通过结肠的胃结肠反射在工作。

在你的孩子能将内在感觉与排便、排尿的身体现象联系起来以后，她将准备接受你的帮助。你会注意到她的这种意识，比如，她会突然停下手里的事情，指向她的尿布，或者在弄脏尿布后通过哭喊吸引你的注意。她可能同时有直肠满了和膀胱满了的意识，但是处理这两种感觉的能力会有所不同。

引入便盆

“憋住”满的直肠要比控制满的膀胱更容易，你的孩子可能先获得肠道控制能力。因此最好帮助你的孩子先为排便而使用便盆。从你的角度来看也是明智的，因为排便更容易预见，你能替孩子提前准备。当她做出特殊的动作，或发出特别的声音，建议她使用便盆。主动帮宝宝解开衣服或尿布，以便没有任何东西阻碍她及时坐到便盆上。

待她用完便盆后，用卫生纸给她擦屁股（女孩从前往后擦），把纸扔进便盆里，而后把便盆里所有东西倒入马桶冲掉。擦掉便盆里的污痕，并用水冲净，再加入消毒液冲洗干净。

不要强迫孩子坐在便盆上。那样只会带来消极影响，等下一次建议她使用的时候，她的直接拒绝或甚至发脾气只会让你碰一鼻子灰。取而代之，忘记几天便盆的事，然后用一种很随便的方式再次引入它。

使用便盆

另外准备一个便盆，把你的孩子喜欢的玩具或泰迪熊放在上面，这个方法也可促使她坐到便盆上。

提高对膀胱的控制力

这一进程将会较为漫长，它的成功意味着你的孩子的膀胱将能控制更多的尿液，而不是像从前总是不自觉地排空。标志着它成熟的信号，是她的尿布会在相当长的一段时间内保持干燥（例如，在午睡后）。一旦她几天在午睡后都能很规律地保持干燥，你就可以撤掉午睡时她带的尿布了。在把你的孩子放在下午睡觉前，鼓励她排尿。如果她尿了，和颜悦色地恭喜她，如果她没有，不要较真，第二天再试。

如果她能够成功做到这一点，并且能暗示你她想用便盆，那么从这一天起你就可以完全撤掉尿布了。不过，除非在你给她脱衣服的时候能好好地等几分钟，否则还不要开始使用便盒。

可能会发生意外，要有心理准备，并且要表现出你的同情心。如有意外情况发生，不要责怪她，只是耐心地给她清理和换衣服。

小贴示

- 让你的孩子随着她自己的步伐发展。没有能够加快发展进程的方法。你只能在孩子身边帮助她。
- 让孩子决定是否要坐在便盆上。你可以建议她坐，但不要强迫她。
- 用明智的方式处理孩子的粪便，不要表现出恶心或厌恶。它们是你的孩子的一个自然的部分，而且最初她会很为它们骄傲。
- 一旦你的孩子向你暗示她想用便盆，就不要拖延，因为她只能憋很短的时间。
- 经常表扬你的孩子，将她能成功控制排便视为成就。

如厕“训练”

我个人是全力反对如厕训练的。对我来说，就不该有支持它的呼声，我坚信，如厕训练及倡导“训练”孩子排便和排尿，应彻底从照顾幼儿和幼儿发展中取消。

我之所以强烈呼吁这一点，理由很简单。除非孩子的身体在解剖学和生理学上，发展到了能承担你要求的任务的程度，否则你不可能训练她做任何事情。

这一道理应用在排尿和排便时，意味着你的孩子不可能自己控制肠道和膀胱这两个器官，除非等肠道和膀胱的肌肉强壮到足以能憋住尿液和粪便。而且，因为要从大脑里得到信号，肠道和膀胱的神经必须成熟到能接受大脑的指令排泄。如果这个阶段尚未来临，对于你的“训练”项目，孩子还没有办法遵从。

你马上就会看到你把孩子置于多么可怕的境地了。她要懂世故，能觉察出你想要什么，而事实上，她的身体却做不到。你的孩子渴望取悦你，不惜践踏自己几乎所有其他的渴望，而且如果做不到，她会有受挫感，会不开心。她可能觉得自己没有做好，感觉到羞愧、罪恶感，或忿恨。如果你坚持在她尚未准备好就进行如厕训练，结果只能是悲剧。你和孩子的关系会变坏，你成为了她不快乐的原因，排便和如厕训练将成为宝宝的意愿与你的神经相对抗的战场，而输者永远是你。你没法要求她排便或保持尿布干燥，如果你想尝试，只会在每次不可避免的意外发生时，把你的宝宝变得更可怜。

获得控制力 2-3 岁

即使你的孩子似乎表现出了对膀胱和肠道部位肌肉有控制力的迹象，并且对排尿和排便有了意识，她可能还是不能控制自己的排尿和排便。如果是这种情况，不要着急。帮助孩子懂得自己的身体需求的程序，对所有的孩子来说都是一样的，不管是从多大开始的。

然而，如果你的孩子已获得一定的控制能力，你也将发现她在这一年会继续提高。研究显示，2 岁半的孩子大约有 90% 的女孩和 75% 的男孩已实现了对肠道的控制，甚至自己走到洗手间。然而，同一研究还显示这个年龄的孩子有一半仍会在夜里尿床，尽管此时她们已经能在白天不带尿布了。

夜里保持干爽

宝宝在夜里对膀胱的控制能力到来的最晚。通常来讲，一个 2 岁半的孩子控制尿液的时间不太可能会超过 4 或 5 个小时，而且多数是短于这个时间。如果她有规律地在早上醒来时保持尿布干燥，就是可以停止夜里带尿布的信号。撤掉尿布后，注意每天晚上睡觉前要带她去一趟厕所，并鼓励她排尿。在孩子床边放一个便盆，如有必要，建议她在夜里起来用它。在她的房间留一盏夜灯，方便她看清自己在做什么，而且也能方便你帮助她。

对你的孩子来说，停止依赖你，并且负责自己使用便盆，是她迈出的不小的一步。只要在她表现出担当起这一责任，就马上表扬她，你这样做非常重要，这样她会有一种自信的感觉。

对于意外，你要有心理准备，而且永远不要为此而心烦。你可以通过以下做法使自己的工作量最小化：

- 在床垫上铺一张橡胶床单，上面盖上一层你平时的床单，以防尿湿床垫。
- 在孩子的平常用的床单上铺一小块防尿毯，对折防尿毯，另一半压在下面。如果发生意外，你可以迅速移走弄脏的一半，垫下面的那一半。
- 确保夜里穿的睡衣上没有拉锁，这样孩子能顺利地脱掉衣服。
- 避免以任何方式强迫孩子而造成的冲突。亲切和宽容必然能成功解决问题。

习惯上洗手间

一旦你的孩子能有规律地自己使用便盆，就开始给她引入上洗手间的方式。帮助她感觉安全和放心，在座便器上安一个儿童专用座椅，让她坐在上面。如果她害怕，告诉她抓住座椅两边的扶手，而且始终待在她身边。你可能需要在座便器前放一个脚凳或木箱子，便于她爬上爬下。向你的小男孩演示如何站在座便器前，对准里面小便：放一片卫生纸在马桶里，让他对准。

如果你的孩子想所有事情都自己做，尊重她的意愿，但是要教你的孩子如何在便后擦屁股，尤其是小女孩。从小就让女孩知道避免细菌从直肠传播到阴道的重要性。

排便和排尿可能存在的问题 2-3 岁

发展得慢的孩子

有些孩子获取控制排便和排尿能力的时间要比其他孩子晚，给家长们带来的麻烦可能也更久些。这种情况下，责怪孩子基本都是错误的，因为这些孩子通常是有晚获取控制能力的家族史。如果你的孩子白天和夜里都尿湿衣服，大多数儿科医生会认为 3 岁以前没必要调查原因，如果只在夜里尿湿，医生可能会认为这种调查应推延到 5 岁再做。无论何时在你去看儿科医生咨询泌尿问题时，记得采集一份孩子的尿样。

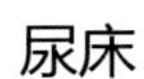

尿床

很多孩子，尤其是男孩，要到 4 岁才停止尿床，这非常正常。而且，如果孩子已经不尿床了，之后生活常规或环境的改变也可能会再度引发尿床，比如另一个宝宝的诞生、生病、不开心，或是开始上学。如果你的孩子有尿床的毛病，轻声地建议她考虑让整晚都保持干爽——积极的信息也许会有所帮助。不要大惊小怪——那样

培养良好的卫生习惯

在教孩子养成良好的卫生习惯的时候，女孩通常更容易接受家长的教导。如果你的孩子想自己冲马桶，就让她冲，但是记得提醒她冲完后洗手。

关于宝宝排尿和排便的小贴士

- 旅游时带上一个便盆，这样你的孩子遇上任何情况都无需等待。把便盆放在车后座下面，这样你们可以任意停在路边，而不必着急找公共厕所。
- 如果她坐下却什么也不做，可以打开水龙头，这招对小宝宝也管用。
- 如果你习惯用小星星记录宝宝不同的成就，那么她每次的成功都要给她记录一颗。
- 可以把便盆放在洗手间，这样你和孩子能同时上厕所。
- 让你的孩子很小就陪你进洗手间，这样可以让她在一旁向你学习。这招对男孩尤其奏效。
- 如果出现意外，肯定而同情地告诉你的孩子没有关系，你会原谅她的，让她不要担心。
- 在觉得孩子该开始用便盆之前，给她准备好一个。你可以跟她解释为什么把它放在这，等你的孩子足够大了，她就可以使用它。这可能会让她有尝试的欲望。
- 冲马桶的时候，如果你的孩子在身边，你需要谨慎，因为很多孩子会被冲马桶的噪音吓到，而且会因为想到“自己的一部分”被带走了而感到后怕。

她会担心，而且你的目的会落空。不管会持续多久，要相信她这种状况最终会结束的，因为它肯定会结束。她会长大，这种情况也不会再出现，要始终保持冷静，对她的遭遇表示同情，而非责难。

退化

如果你的孩子突然似乎又丧失了对排便和排尿的控制，退化到了一个早期的阶段，原因很可能是身体的疾病，或是情绪困扰。有时候起因显而易见——比如，你又有了个新宝宝，她会有失宠和被抛弃的感觉，她会做出一些事情来吸引你的注意力，企图让你从新宝宝那分心，包括尿湿和弄脏裤子，这是正常的。开始上幼儿园，搬到新家，或你的离开也会刺激她出现同样的行为。如果上面情况都没发生，那么需要看看医生，因为她可能患了泌尿感染，或者她的泌尿道有轻微的解剖学上的异常。

幼儿腹泻

有些幼儿虽然健康，也吃得很好，却经常腹泻，而且大便里有未消化的食物。这类幼儿腹泻的准确原因目前还不得而知，但可能与饮用了太多饮料有关，特别是果汁，可能因为吃的脂肪过少，有时也可能是因为吃得过快。如果你的孩子除了这个症状，其他看起来都很好，而且查了没有潜在的疾病，那么改变她的饮食通常管用。

- 给你的孩子喝水或喝奶，取代果汁。纯苹果汁似乎是一个元凶。
- 略微增加孩子的脂肪摄入量。给她的饮品全部换成奶，在她的饭里添加黄油，而且不给低脂食物。
- 鼓励孩子多吃水果和蔬菜，但不给她过量的纤维素。

9 睡眠

一个新生婴儿的大部分时间都会花费在睡觉上，但随着他一天天地长大，有规律的睡眠模式会形成。到了他 3 个月大，他在一天中将会有一个主要的清醒期，通常在每天同一时间，而且经常是在傍晚或晚上的早些时候。12 个月大的时候，他可能一天会小睡两次，一次在上午，一次在下午，而且晚上会睡整觉。虽然睡眠模式会在第二年和第三年逐步转换到类似成年人的模式，但是由于在生长和游戏中消耗了能量，他在白天仍需要一次简单的午睡。

关于睡眠 0-1 岁

除非你的新生宝宝饿了、冷了或其他不舒服的原因，否则他会将每两次喂奶之间的时间全部用于睡觉。婴儿睡眠时间的长度取决于个体的生理机能，但是平均时间是一天的 60%。不过你也不要期待宝宝一直睡觉，如果他的睡眠时间有些少也不必担心。有的宝宝天生就醒得多，有的宝宝则睡得多。

即使你的宝宝将遵从自己的睡眠模式，也需要让他知道白天和黑夜的区别。有几种方法可以帮助他知道这一点。举个例子，夜里把宝宝放到婴儿床里的时候，确保房间很暗，再花点时间看看他睡得是否舒服和惬意。他在夜里因要吃奶而醒来时，喂他，但不要逗他玩，或做其他转移注意力的事情。等他长大些，帮他发展一个夜晚常规，在他高高兴兴地睡觉前给他喂奶、洗澡、讲故事、做游戏和唱歌。

有时候，宝宝在进食后会变得更喜欢与人交流，而非昏昏欲睡，这是一段享受的时光，但是这不应该阻止你尝试在晚餐后建立一个睡觉常规。

如果你的宝宝习惯在晚餐后醒着，不要因为坚持要他待在婴儿床里而引起不快，那样他也只会生气，坚持的最终结果是他会难以安抚，而你的神经也几乎会崩溃的。如果你像我一样是个职业妇女，而且你的大部分时间都不在家，那么你的孩子很自然会将夜晚当做由母亲照顾的时光，而且会渴望与你共度那段时光，你也很可能想和他在一起，这种情况下，在何时上床睡觉的问题上做一下变通没有什么

错。在我家，当我和丈夫发现我们有两个不睡觉的小家伙时，我们不得不放弃了按常规睡觉时间的想法，而全家人都很开心。然而，我们也并没有放弃睡觉常规。

你的宝宝应该睡在哪

只要温暖舒服，你的宝宝几乎能在任何地方睡觉。大多数家长一开始是把宝宝放在睡篮或手提式婴儿床里(见第36页)，因为它很方便，能把宝宝提着走，这样能让宝宝一天到晚都待在你身边。然而，等到他长大些，这些会容不下他了，到时候你必须给他换成婴儿床，最好是一侧可以落下、床垫高度可调节的款式，以便能轻松地把宝宝抱起和放下。

无论你把宝宝放在哪个房间睡觉，一定要保证房间温暖。你的小宝宝还不能完

让他在你旁边

听着你的声音，以你的声音为背景“音乐”睡觉，你的小宝宝会非常幸福，所以把他的睡篮或婴儿床放在你身边。

全控制自己的体温：他很容易丢失热量，却没法通过走来走去或手脚抖动创造热量。正因为此，你必须将房间保持在一个16℃ –20℃的恒温。如果你不想把整个房子都调成这个温度，可以买一台温控加热器来保持宝宝房间恒温。

如果你把宝宝放在室外睡觉，注意不要让他被太阳直晒。或者把手提睡篮放在树底下，或者给他打上遮阳伞。如果有一点微风，把推车的罩子支起来，它能有效地挡住风。此外，确保你一直在推车前面罩一张防猫网，即使你们不养猫。

你的宝宝应该穿什么

小宝宝不喜欢换衣服，因此，在他需要频繁换衣服的最初的几周，你会想给他穿能方便换尿布却不太让他反感的衣服。一开始，睡衣会比较有用，但是一旦他安定下来，也就是大约不到 1 个月，连体衣会更为实用。

宝宝到了大约 4 个月，你可能想给他用一个睡袋，尤其是在冬天 (见第 36 页)。你的宝宝在里面，可以享受贴身的温暖，而且没有在寒冷的夜里踢掉被子的风险。选择一个重量轻的睡袋，确保大小合适，这样宝宝不会陷进去。如果天气非常冷，最好选择给他穿连体衣，或者就只给他穿件内衣，带上尿布。在夏天，尽管你想给他穿件 T 恤或内衣，但他可能并不需要它们。

很多家长会担心他们的宝宝在睡觉时会不会太热或太冷。你可以通过摸宝宝的后颈来判断，但是需要注意这样做之前，你要保证手的温度不能太热或太凉。如果你感觉他的后颈与你是一个温度，说明他体温合适；如果感觉潮湿出汗，他可能太热了，如果你给他盖了毯子，这时候你应该撤掉一条；如果感觉他有点凉，就给加一条毯子（同时要检查一下房间的温度——详见上面的图表）。永远不要靠摸宝宝的手来判断他的温度，宝宝的手脚通常比身体其他部位更凉，而且通常颜色发青，这无需担心。

铺床小贴士

- 将你的宝宝包裹在天然纤维(棉最为理想) 的床单和毛毯里，这样他最舒服。
- 不要使用有毛边的毯子，宝宝可能会嘬他们的毯子。
- 避免用有花边或镂空的披肩，因为宝宝的手指可能会卡在孔里。
- 可以给宝宝用你的旧床单，将它裁到合适的大小。你准备得越多，清洗的频率就越低。
- 使用一个枕套作为宝宝的床单——只需把床垫塞入里面，在一侧变脏后，只需将整个床垫翻过来再用。

使用什么床品

温度	使用什么
14ºC	床单和 4 条毛毯及以上
16ºC	床单和 3 条毛毯
18ºC	床单和 2 条毛毯
20ºC	床单和 1 条毛毯
24ºC	仅 1 条床单

把宝宝放下睡觉

把宝宝放下睡觉最安全的姿势是让他仰躺。这个姿势睡觉，他不太容易窒息。研究显示在宝宝仰躺时，婴儿猝死综合征的风险可大大降低。宝宝四五个月大的时候，不管你是怎样把他放下的，他都能自己翻滚身体寻找最舒服的姿势。请注意，把宝宝放下时，让他的双脚触摸到或者接近睡篮或婴儿床的末端。

最好不用缓冲器，因为它会阻碍空气流通，而且以后宝宝可能会用它爬出婴儿床。如果你的宝宝已经睡着了，不要改变他的姿势，否则会弄醒他。同样，不要总是进房间检查他是否安好。但是，在他睡着后，用背带把他背在身上是没有问题的，他喜欢与你长时间的亲密接触带来的抚慰。

你在把宝宝抱到床上时，没必要保持屋子安静。事实上，鼓励他习惯在总有噪音的家居环境下睡觉是件好事。

带你的小宝宝睡觉

你的新生宝宝在累了后肯定会睡着，而且几乎在任何环境都能睡着，但是你应该注意以下几点：

- 在把宝宝放下前，先把他包起来，至少是在第一个月。身体被紧紧包裹会让他感觉更安全和踏实。用不太重的包被包裹他，确保他的头没有被蒙住。请注意，包被是用来替代其他床品的，而不是添加到那些床品内，不要让他太热了。
- 夜里要把宝宝房间的光线调暗。
- 冬天，在把宝宝抱到床上之前，先把一个热水瓶放在他被窝里半个小时。别忘了把宝宝抱到床上之前拿走它。
- 确保房间足够温暖（见第 143 页）。
- 把你的手放在宝宝的后背上，或他的一条胳膊或腿上来安抚他，或者轻轻地摇他。
- 在宝宝的床上挂一个可以播放音乐的活动玩具。

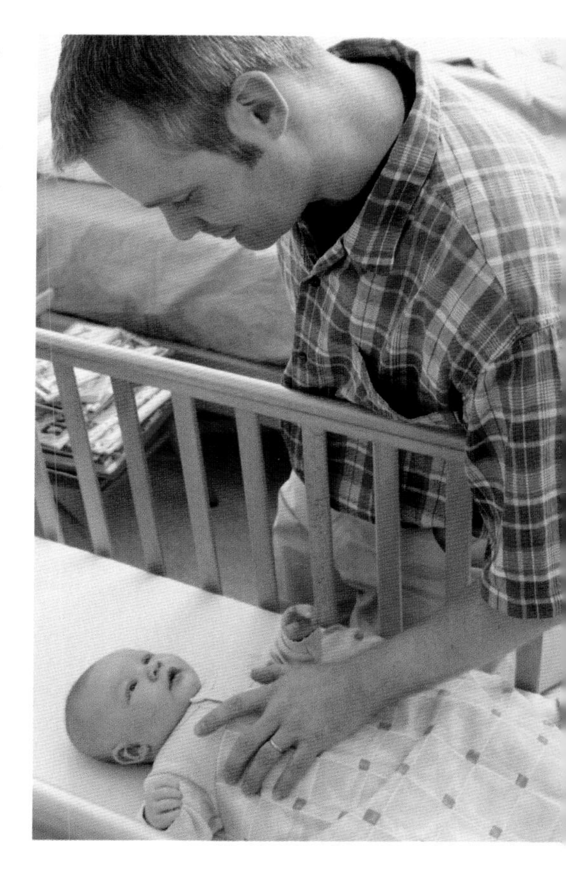

双脚靠近床尾

让你的宝宝背朝下躺在婴儿床里，双脚触碰到床尾，即使他的头在床垫正中位置也没关系。这样，宝宝就无法扭动到被子下面了。

带大一点的宝宝睡觉

大约 9 个月的时候，你的宝宝将能让自己保持清醒，甚至是在他困的时候。结果是他会累过头，因为过于紧张而睡不着觉。他这样做的主要原因是对你的依恋，你给他带来了爱、安全和兴奋，他不想失去这些，即使是片刻。

另一个原因与他渴望的安全有关，即他不喜欢生活常规被打破。例如，如果你们带着他去度假，或者如果把他换到了另一个房间，他可能会被外界的变化扰乱。不管是什么原因，这种缺乏安全感的阶段会很短暂，所以尽可能冷静和理智地处理，请记住，你的孩子不是世界上的唯一拒绝睡觉的孩子。

安慰物

大约 9 周的时候，你的宝宝可能会表现出对安慰物的依赖，如一个毛毯、一块布、一个手绢、一个玩具，或他自己的大拇指。他想要任何这些东西都没有问题。

宝宝们没有一个应该或不应该使用“安慰物”的特定阶段，比如尿床的阶段，孩子们长大了自然就不会这样了。所以，如果你的宝宝把一件东西当做了自己的安慰物，也不要试图阻止他。如果你真的怀疑是否该让他拥有它，可以用这种方式看待：通过使用这样一个东西，你的孩子是否表现得更加自立。如果是，就说明他已经找到一个没有你也能对付外面世界的方式。我认为如果质疑宝宝使用一件安慰物的时间，应该是看他是否一直用它，甚至你在的时候。如果他偶尔在生病时紧握不放，或者在非常疲惫的时候，那是可以理解的，但是如果他一直坚持要它，那么说明你没有提供他所需要的舒适和爱，因此他必须依靠一个人工的安慰物替代你。

睡眠小贴士

- 尽可能保持预睡时间开心和愉快。
- 试着在把他抱到床上之前，给他乳房或奶瓶，让他安慰性地吸吮一番。
- 发展出一个睡觉常规，并坚持下去。不要直接把宝宝放到床上，而是按照常规一步步来，先是玩耍，而后是洗澡、上床、讲故事、唱歌，最后道晚安，但不要离开房间，而是静静地整理东西，让宝宝知道在没有真的“失去”你的情况下，自己能慢慢睡着。
- 让宝宝形成安慰的习惯（见上文）。
- 晃动宝宝的婴儿床，如果他发现这样可以给他安慰。
- 播放带音乐的活动玩具。很多宝宝会迷上它，而且它播放的音乐声可使宝宝平静。
- 等宝宝大些后，晚上不要把他抱出他的卧室和你在一起，即使你以前习惯这样做，而且一直没出问题。他会习惯自己的常规和自己的房间，如果把他转移到别的地方睡觉，他会害怕。
- 如果他哭了，过去看他，但是不要立即把他抱起来。先看看出了什么状况——他可能只是需要你帮他换个姿势，或调一下房间的温度。

小睡

你的宝宝开始在夜里睡整觉后，他在白天会需要一两次小睡恢复体力。何时小睡取决于宝宝自身——可能在早餐后，可能在上午，可能在午餐后，或者在下午4点。一开始，这个时间每天都不同，每周也不同，但是到了第一年结束，一个稳定的模式可能会建立起来。除特殊情况外（比如，你想让孩子在一个特殊的时间醒着），睡多长时间应该由孩子决定——有的孩子一天只小睡20分钟，有的则要4个小时。然而，如果他想睡一整个下午，而后晚上大部分时间睡不着，你可能想早点叫醒他，以便他能在你的社交活动较多的晚上睡觉。这样做完全合理，对他也没有坏处，而且如果大人和孩子的作息时间吻合，全家的生活就能更轻松。

晚上出门

在宝宝大约6个月，确实需要一个有规律的睡觉常规之前，你能在晚上任何时间带着宝宝出门。事实上，对于想在早期享受些娱乐活动的家长来说，这是件好事，尤其是母亲，而且因为你的宝宝能在任何地方睡着，所以这件事不难。

然而，一旦你的宝宝开始在晚上睡整觉，还是建议遵守一个有规律的睡觉常规。你不能期待他有像成年人一样强的适应力，但是如果你想要一个没有麻烦的睡眠，那么你最好遵守常规。

可能存在的问题 0-1 岁

早醒的宝宝

很早就开始鼓励宝宝睡醒后一个人开心地待在床上玩。在婴儿床上挂一个能在空中摇摆的有趣的活动玩具，在他醒后给他打开这个玩具。在婴儿床一侧放上一块镜子，这样他能看到自己反射的影子，而不会感觉孤单。一旦你的宝宝能向上触摸东西了，把系着绳子的玩具放在他手能够得到的地方，这样他能拍着玩。不过绳子不能过长，否则会缠绕他的脖子。确保系在绳子上的东西不能太小，否则宝宝可能吃到嘴里引起窒息。这些小东西不需昂贵，可以是家居用品，比如小木勺或线轴，也可以挂几个宝宝喜欢的玩具，这样总能让他觉得有意思。早晨房间的光线不要太暗，至少能让他看到自己在玩什么。如果房间太暗，在婴儿床附近留一盏夜灯，或者考虑换成更透明的窗帘。

你可以先通过自我控制来帮助训练宝宝自己在床上玩。不要躺着等宝宝醒来发出第一声，就马上跳起来看他是否安然无恙，而是尽量拖延，让他一人在那哭鼻子或喋喋不休，除非他表现出焦躁、痛苦，才可抱起他。你还要等待，看他后来是否能安静下来。你这样做是在训练他自主和独立，即使他还这么小。然而，一旦他变

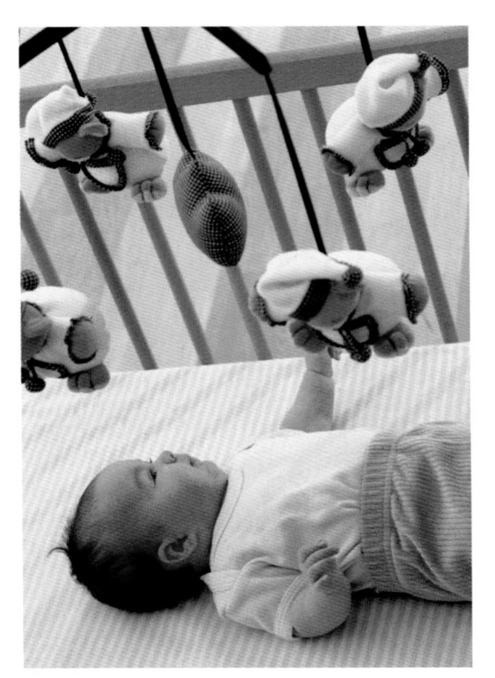

得焦躁不安，不要拖延，应马上走过去给他所有你能给予的安慰和爱。

夜里醒来的宝宝

小宝宝 充足的休息对你来说绝对是重要的事情。如果你有个喜欢在夜里醒来的宝宝，你和你的伴侣从一开始就应该平等地分担，每晚轮流值班。不管他为什么哭，你应该马上过去看看。如果你不去，他会更痛苦，而结果是宝宝难以安抚，家长更不知所措。除非你的宝宝到了不需要夜里吃奶、能睡整觉的阶段，否则在某一阶段你必须每晚都起来。为了应对这种情况，你应该尝试以下做法：

- 与你的伴侣制订一个生活常规，这样你一周至少能早睡一两次。

不让你的宝宝感到无趣

除非你的宝宝饿了，或者因为把自己弄湿了感觉不舒服，否则只要有东西吸引他的注意力，他就会高高兴兴地躺着。在婴儿床上放色彩鲜艳的、可活动的玩意儿，可以刺激宝宝稚嫩的眼睛。

- 如果你是人工喂养，让你的伴侣也参与到夜间喂奶。
- 如果你是母乳喂养，而且乳汁充足，你可以提前挤出乳汁储存，夜里让你的伴侣给宝宝喂奶。完全没有理由可以说明你为什么不能这样做，尽管宝宝一开始可能不接受橡胶奶头（见第96页）。
- 如果你是母乳喂养，而且宝宝在别的房间，那么可让你的伴侣帮你把宝宝抱过来，并在哺乳后换尿布，再把他放回去睡觉。
- 很多新妈妈发现自己一旦被吵醒就很难再入睡，不要满是怒火地躺在床上，因为你更应该睡觉：试着做一些放松操，或是读书、做些家务，或者做一些白天被延误的工作。
- 如果你在夜里失眠了，第二天必须补觉。白天完全放松，尽可能少做家务，这样你可以在宝宝睡觉的时候也睡一觉。

大一点的宝宝 第一年的下半年，你的宝宝应该能在夜里睡整觉了。然而，出于某种原因，他可能会偶尔在夜里醒来。你可以尝试以下做法：

- 检查一下你的宝宝是否太热，如果是去掉一些衣服或被子。

- 确保他在踢掉被子后不会太冷。或是使用一个睡袋（见第36页），或是给他加些被子，或是在房间放一个安全的加热器，给房间提供恒温。
- 检查他是否患上了尿布疹。如果是，它造成的不适会把宝宝弄醒。应及时治疗尿布疹（见第68页）。
- 不要总是走进宝宝的房间检查他是否睡好——你的忧虑会给他更多的打扰。
- 如果他做噩梦了，过去给他安慰，并一直陪着他，直到他再次睡着。如果这种情况在一晚上相继出现两次及以上，想想是否有外因——你是不是总对他发火？他是不是换了个新的临时保姆？你是不是在白天离开他了？

爱醒的宝宝

有的宝宝就是不需要像别的宝宝一样睡那么多觉，结果他们需要父母投入更多的时间和精力。如果这类宝宝在身边没有什么娱乐的东西，不要把他们独自留在婴儿床上。他们的小床里应该放能活动的玩具或“活动中心”，如果他们总在动，父母应该把他们带在身边，例如，你可以把宝宝放在背带里，然后带着他悠然地在房子里走动。无论你怎样做，都不要因为他的睡觉时间比预期的少而发火。宝宝在醒着的时候一直是在学习，你必然会收获一个好学而聪明的孩子。

关于睡眠 1-2 岁

大多数幼儿夜里平均睡11个小时，并且在白天还会有小睡。如果你的宝宝在第一年总需要很多睡眠，那么他第二年也很可能是这样。同样，如果他不爱睡觉，这种趋势也会继续下去。一般来说，幼儿即使在晚上睡整觉，白天仍需要两次小睡。你的孩子这两次小睡时间的长短，就像从前一样，取决于他自己。这一年会改变的可能是他想何时睡。举个例子，你可能会发现他过去习惯在早上大约9点或9:30睡一觉，结果现在变得越来越错后了。他可能想要在午餐一结束就睡觉，即大约下午1:30或2:00点睡一觉。再往后，他可能在上午的晚些时候睡一觉，但是下一次觉可能会错后到下午的中旬。提到这些变化，你只能被你的孩子牵着走，让他按你的指令睡觉是没道理的，而且必须接受他白天的睡眠模式每天都不相同的事实。要适应你的孩子的作息规律。如果他形成了一种大约在上午11:30犯困的规律，并想要在中午睡一觉，那么你应该开始在11:30的时候给他吃午餐。这样他就能在吃饱喝足后有一个满意的午睡，而你也会有一个脾气没那么暴躁的宝宝。你也可以一直等到他醒了再给他吃午餐——能否这样，取决于你的宝宝。

到了大约15个月，你的孩子会到这么一个阶段，即一天2次小睡太多了，而一天1次又不够。这一阶段，他将在第一次小睡的时候开开心心地玩，但因为他无法不睡觉就这么持续到第二次小睡，所以他必须在这之间睡一觉，也就是比平常的第一次小睡时间推迟了一些，而到了下午他却很精神地度过了原本应该第二次小睡的时间，结果他实在太累了，没法熬到常规的晚上睡觉时间，他不得不提早上床睡觉。他落掉一次小睡的日子不会长，而且很快他会形成自己的常规。到了第二年年末，他可能一天只在上午快结束的时候或午后睡一次。

在你的孩子白天小睡的常规稳定下来之前，确保他白天有充足的休息。即使他看起来不累，而且到处乱跑，想学习新的游戏，或玩让人兴奋的玩具，也要让他休息，因为那样他很容易过度劳累。留意你的孩子，如果他开始发脾气或暴躁，或者突然协调性变差了，一定要让他休息一下，或转为玩安静的游戏。

无论你的孩子在何时小睡，让他起床时动作轻缓些。小睡可能是让人恢复活力的睡眠，但他醒来时可能不会那么活力充沛。在恢复活力前，他需要人拥抱和对他温柔地说话大约一刻钟的时间。给他足够的时间恢复好心情。

睡觉常规

你的宝宝的睡觉常规将在这一年改变。他将需要更多有趣的游戏，需要你更多的关注，这两样都给他。请谨记这一点：睡眠时间应该是玩的时间和快乐

帮助幼儿睡觉

白天

- 为你的孩子整理出一个小睡时间“宝盒”，里面放入他喜爱的玩具，和他在小睡前犯困时看的书。不要放好的或贵的书，可能会被孩子撕掉，而是用纸质书或旧书。有一个不错的选择，就是自己DIY一本书，从杂志上剪下有趣的图片粘贴到卡片上，然后用透明的塑料膜塑封这些卡片，制成一本书。
- 偶尔给你的孩子一次特殊待遇，即让他在你的床上小睡，或靠近你的地方小睡。
- 如果你的孩子不睡，确保他有一段休息时间，使他平静和安静下来。
- 如果你的孩子不想睡觉，播放一个可长时间播放的磁带或CD。告诉他要到音乐停止休息时间才能结束。

晚上

- 不要在刚结束异常兴奋的游戏，或一场混战后立即把孩子抱到床上睡觉，那样他很难安定下来，而且会令你失望。给他10–15分钟的时间安静下来，坐在你身边看电视或看书。
- 即使很小的孩子也会喜欢在床上看书，所以，如果你的孩子心情很好，可把他独自留在床上看一本他喜欢的、不惊悚的书。
- 在孩子的枕头上喷一点你的香水或须后水，然后建议他深呼吸。深呼吸是为了放松和平静，这样做可促进睡眠。
- 在睡觉前给你的孩子洗个澡，然后在床边放一杯温和的饮料，再讲个故事。

的时光，即使你已经累坏了，你也应该尽量冷静和放松。这一点非常重要，如果你不能，孩子将被你的焦虑感染，也会烦躁，而如果你不以心平气和的态度多给他 5 分钟关注，你可能要花上两倍的时间才能让他睡着。

你的孩子应该睡在哪里

这一年的某一时段，你的宝宝可能会尝试爬出婴儿床找你。很显然，从床的最上面摔下来非常危险，所以你必须或者放低床垫，让他够不到上面的横杆，或者把他转移到一张单独的儿童床上。如果你把宝宝转移到“大”床睡觉时，因为他的年龄还很小，需要给他放上一个安全的东西挡住床边，或者把一些坐垫或一张床垫放在床旁边的地板上。

一起阅读的时间到了

儿童喜欢常规，而睡觉前是他们与父母一起安静地坐下并阅读一本喜爱的书的很好的时间。他可能甚至每天都想要同一本书，百看不厌。

可能存在的问题 1-2 岁

在夜里醒来

2 岁的孩子估计有 15% 在夜里睡觉时会有规律地醒来。这会成为需要睡眠的父母很担心的事情。不管这种情况发生得多频繁，或者多烦人，也不要任凭你的孩子一个人在屋里哭，而是马上走到他身边，给他安慰，并试着找出问题出自哪里。它可能是可矫正的问题——他可能是因为毛毯或被子掉下去了而觉得冷了；可能是太热了；可能是太渴了；可能是在出牙。

另一方面，可能是一些看不到的原因：他可能不是因为以上这些原因而醒的，也许只是因为做了个噩梦。难题是他还不能解释是什么让自己痛苦的，因此你不能告诉他没什么可怕的。你要做的是给他爱和关心，而不要担心把他宠坏。

对付不爱睡觉的孩子

我很同情那些有不爱睡觉的孩子的家长，因为我也有两个这样的孩子，而且其中一个只要开始哭，一分钟内没人到他身边就会呕吐。我愿意与这类孩子的家长分享一条带来希望的信息。我和我的丈夫晚上睡觉被打扰了 6 年，很多时候我们困得都没法拖着疲惫的身子走动了，但是我们熬过来了，并且忘了这些熬夜的经历。我们在晚上给了他们爱，而他们每天会以 500 倍的爱回馈给我们。

每次在晚上陪过孩子们后，我们的担心就减少一半。我们决定做点什么来保障能睡个整觉，至少是偶尔。我从不相信带着宝宝们到我的床上睡觉会有什么坏处，也不相信在宝宝们需要我的时候，让他们待在我身边会有什么坏处，我只是听从我的直觉，把那些所谓的规则丢到脑后。如果你觉得有必要像这样试一试，我建议你大胆地尝试，而且宜早不宜晚。我确信你不是在自找麻烦，你只是为了做一个好家长。但是切记，永远不要在你喝酒、吸毒或者吃了让人昏昏欲睡的药之后，把孩子带到你的床上。注意检查他的头没被蒙住，还有，用重量轻的毯子。下面是我的一些

早起床的孩子

在你的孩子的床边放一些特别的玩具或纸质书，让她在早晨醒来时，或在午睡后有事干。

经验，希望与你分享：

- 我和我的丈夫轮流“值班”守夜：一个人和孩子待在一起，另一个人睡觉，除非真的有紧急情况才起来。
- 我们先是在婴儿床的旁边搭了张简易床，后来把孩子转移到了这张床上，这样我们能在孩子开始哭的时候用一只手轻拍他，给他安慰。在这种方法下，我们真的不需要完全醒着。

关于早起宝宝的小贴士

- 在孩子的婴儿床里，或儿童床的底下放一些布书或纸质书，用于给爱早起的孩子清晨“阅读”。确保室内有足够光线可以让他看清，如果不能，在你把孩子抱到床上睡觉的时候，给他留着一盏低瓦数的夜灯。
- 在婴儿床或儿童床边放一个纸盒或塑料小桶，在里面装上小玩具、蜡笔、纸、小块布，或者有趣的家居用品，便于孩子醒后和它们玩。
- 在床底下放一个装好一些水果或面包的纸袋，出于安全起见，不要把食物放在一个塑料袋里面。
- 用塑料杯盛好一杯水，放在你的孩子触手可及的地方。

- 我们给孩子15分钟的时间回应我们的策略，而后，如果没有效果，就把孩子带到我们自己的床上——成功势在必得。
- 我们只给醒来的孩子喝水，从不给奶，这样他就不会变得依恋食物。果汁也不给，因为喝了果汁后没有刷牙，会引起蛀牙的。

拒绝上床睡觉

以我的经验判断，我们身边总有一些超出人们想象的“难搞定”的宝宝，而且他们给自己的父母带来很大的问题。晚上不爱睡觉的孩子通常比较聪明、体力较强，对身边事物充满好奇，而且情感开放。在白天，这些难缠的孩子通常很可爱，让你很快乐，但是到了晚上你就要为此“埋单”了。

我的4个儿子中，有2个是不爱休息、事儿多的宝宝，所以我想出了几个对付他们的办法。你必须始终占据主动权，因为没有人能在睡眠不足的情况下身体长时间良好运转，做父母的也不例外。睡眠太宝贵了，不能失去，而且为了争取睡觉，无论做什么必要的事情都是合乎情理的。为什么不采取一些更实用的规矩，来取代过时的教条主义呢？

- 卧室没有什么神奇的，让你的孩子随意去他觉得最舒服的地方睡觉：在靠着你脚边的地板上，在长沙发上，或是在你的腿上。
- 在睡觉时间的问题上变通一些。让他们自便，大多数孩子在晚上7点或8点睡觉，不论你是否把他们放到床上。为什么孩子们不开心地待在自己的房间里，而非高兴地要有你的陪伴呢？
- 晚上早点给你的孩子洗澡，这样通常能让他更放松，更容易犯困。
- 如果你的孩子很难上床睡觉，给他穿上睡裤带他到客厅。如果他睡着了，你不必再弄醒他，而是直接把他抱到床上。
- 如果问题一直持续，和你的儿科医生谈一谈，对于支持家长们处理常见的行为上的问题，儿科医生都经过了培训，他们应该能够给出有用的建议和点子。

快速把宝宝遣返的技巧

如果出于某些原因，你的宝宝开始连续几个晚上都下床或叫你，把他放下后继续哭闹，并且不愿意在晚上待在自己的床上，尝试一下这个办法。尽管这个办法需要连续做几个晚上，但是有效果：

- 走进宝宝的房间，保持安静，把他重新抱到床上睡觉。
- 重复把孩子快速放回他的床上的这个动作，有多少次就做多少次。
- 要有耐心，而且不要放弃。在头一天晚上，你可能不得不重复这个动作50次之多。
- 第二天晚上继续这样做。你可能还需要走到你的宝宝身边20次。
- 第三天晚上会更好些，而且你的宝宝应该在第四天晚上恢复到正常。

关于睡眠 2-3 岁

你的孩子在 2 岁以后通常需要在晚上睡 12 个小时，白天大概需要睡一两个小时，重申一遍，实际睡眠时间的长短取决于孩子自己。一般来说，白天小睡或休息的时间将在这一年有所缩短，但是夜晚的睡眠时间一般保持不变。你的孩子夜晚的睡眠时间不会减少，一直到 6 岁左右才会发生变化，从那时候起，每年睡眠的时间会减少半个小时。

到了 3 岁左右，很多孩子开始停止午睡，但是大多数在五六岁以前仍需要午后在室内休息一段时间。

睡觉常规

幼儿从两三岁起会开始偶尔在睡觉前采取拖延战术。他可能会要求去洗手间，或喝水，当然，有可能他没有任何借口，只是出现在你身边，清醒而可爱的样子。在这些情况下，我认为你必须根据之前的睡觉常规决定如何行动。如果你在就寝时间问题上一直相当变通，从不坚持让孩子回自己房间的婴儿床或儿童床上睡觉，那么在他两三岁的时候，你不能突然改变策略：他将不会接受你的不一致性，并且将坚持己见，完全对抗新的管理体制。如果碰上这些情况，我认为采用切合实际的做法会更好，即让你的孩子在房间里待在你身边玩，一直到他累了，然后让他在你旁边的椅子上睡，睡着后再把他抱到他的床上。

另一方面，如果睡觉常规一直被小心地维护，并且孩子的这种新行为是在破坏它，那么我认为只有你强硬地坚持重新建

轻松就寝小贴示

- 用闹铃或定时器提醒就寝时间，这样可以给你的孩子 5 分钟后睡觉的警告。
- 对于一个年幼的孩子，你可以把一个玩具钟放在真的钟旁边，将玩具钟的指针设置为他的就寝时间。当真的钟的指针指到玩具钟一样的位置时，就到了该睡觉的时间。
- 让孩子的就寝时间尽可能接近你每晚的就寝时间，以便于建立一个常规睡觉模式。
- 孩子们往往到了就寝时间还不困。在有几个孩子的家庭里，孩子们喜欢时间放慢，只是躺在床上看着一个新的玩具，读一本新书，或者彼此聊天。让不同年龄的孩子共享一间卧室，直到他们需要隐私再分开是一个好主意。
- 在你的孩子上床后，最好在你离开他们去睡觉前，和他们一起躺一会儿。这样对他们很有益，你可以温暖他们的床，使他们在进入梦乡前最后的记忆是与你的亲密。而这同样也能让你放松：我就是这样做的，我经常发现自己比孩子们先睡着。这是我和我的丈夫在孩子们很小的时候就形成的一个传统，我们把这个常规一直延续到他们上学后。

夜晚舒适的睡眠

在这个年龄段，孩子可能会喜欢有个特别的娃娃或公仔陪她睡觉。如果发生这种情况，最好在家里再备一个一模一样的玩偶，以防第一个丢失。

立睡觉常规，他才能从中受益。毫无疑问，你将偶尔会听到一些啜泣声和他苦苦的哀求声，但是你已经在你的孩子面前建立起了很好的信用，即确定你爱他，并会在他真的需要你的时候过来，所以你能坚定地维护纪律。你有很多信用可用，而且你的孩子将很快了解，停止重复他的行为。然而，一旦你现在对他屈服，他将它当做一个新习惯，每晚都会尝试。

你处理这类情况的方式，在很大程度上还取决于你还剩多少能量，以及对数晚将被孩子打扰有多少心理准备。如果你整个白天都和孩子们在一起，你可能会觉得晚上的时间属于自己比较公平。如果一直都是你在带孩子，你必须意识到果断地在这一问题上坚持的重要性。

保持就寝时间快乐

保持就寝时间快乐是非常重要的事情。就我个人而言，为了确保我的孩子们不会不开心的入睡，我很早就准备好了做出很多让步。在就寝时间，我会原谅孩子们某些在白天我肯定会惩罚的不端行为，目的是不让我的训斥声萦绕在他们耳边，使他们睡觉时都是这种记忆。我一直在尽力避免让他们在心情不好或哭泣中入睡。睡前活动很值得保留，特别是有趣的和友好的睡前活动：随着你的孩子一天天长大，在晚餐和上床睡觉之间留大约30分钟时间陪伴他们——即使你和他们只是坐在同一房间看看报纸，或做些自己的事情。对孩子来说，你的存在会让他很舒服和心安，你在身边会让你的孩子感到平静，结果他在从客厅回到卧室的时候心情会是愉快的。如果可以，在你把孩子带回卧室前，和他一起看一个适合的电视节目或DVD，或者读一本书，或玩一个安静的游戏。

临睡仪式

大多数孩子都喜欢临睡仪式，即一些临睡前固定的仪式性活动。我们的仪式总是包括 6 首我给孩子们唱的受欢迎的歌，和由爸爸来读一本他们喜欢的书。我们都在家的时候，会共同分担睡觉常规里家长要做的工作：由我唱 10 分钟歌，由我丈夫读 10 分钟故事。我们俩都待在孩子们的卧室里，等到我们有 3 个孩子上床睡觉后，就寝时间就变成了家庭时间，每个孩子都坐在或躺在自己的床上，我的丈夫会在我唱歌的时候躺在孩子的床上，而换成他讲故事后我也会躺在床上。

讲故事和唱歌都结束后，我们会把卧室的灯关掉，只留一盏暗的夜灯，不过我们通常还在屋子里待一会儿，聊聊白天发生的事情。有时候我们也在孩子的被窝里多陪他们一会儿，给他们多一点爱。

在我们家，这个时间有时候会拖延，但是我们制订的睡觉常规很有效果，这个时间花得就值。我们做的最后一件事是把客厅的灯调暗，以方便孩子们夜里找洗手间，或者如果他们需要的话，找我们的房间。带有变光开关的灯可提供足够暗的光线，所以不必关紧任何房间的门。

可能存在的睡眠问题 2-3 岁

拖延策略

你的孩子可能会说不想让你走之类的话试图挽留你。这种情况下，你需要作出选择。你可以和他待在一起，直到他的恐惧消失，而且感觉他已经平静，你在或不在都可以入睡为止。或者你可以叫他害怕的东西的名字，吓唬他，然后走开。我认为后者是相当危险的行为，因为那样会使你的孩子因为过于恐惧而变得歇斯底里。这种做法从短期和长期来看都相当糟糕，短期来看，晚上他会很难入睡，长期来看，你可能会造成他几年都害怕上床睡觉。我绝不赞成这样。

另一个方法，你可以跟孩子说“如果你躺 5 分钟，我就回来”，而后真的在 5 分钟后准时回来。如果他喜欢这样，而后再做一遍。你不在的那段时间，给他播放音乐，让他继续读书或玩游戏，以便他不会带着恐惧孤单地等你回来。到了第 3 轮或第 4 轮，你可能会发现他已经睡着了。

怕黑

如果你的孩子拖延睡觉是因为他怕一个人留在房间里，或因为怕黑，那么你能够减轻这两种恐惧。如果他是害怕一个人待在黑暗里，那么你就坐下来，通过读故事书、玩游戏，或唱儿歌来分散他的注意力。待他平静下来，并且犯困了，然后坐着轻拍他的后背，直到他安静地睡着。在年幼的孩子中，怕黑是相当正常和合理的，所以不要坚持让孩子的房间黑黑的。给他留一盏低瓦数的夜灯，这样可以让他舒服，同时又能方便你看清在他卧室里所做的事情。

噩梦和梦游

你的孩子在 3 岁前基本上是不会做噩梦的，但有时候会在尖叫声和恐惧的表情中醒来，像做了个噩梦的一副样子。很多儿童会做奇怪的梦，这很正常，尽管孩子没有马上变得清醒可能会把家长吓着。但噩梦没有什么不正常，除非它们经常发生，而且伴随有规律的梦游现象。这种行为说明孩子在醒着的时候，为了克服焦虑做了大量自我控制的练习，只是在睡着后失控了。如果你可以，治疗方法就是找出引起孩子紧张的原因，比如一个新宝宝的到来，或开始上学，和你的儿科医生聊一聊所有你能想到的原因，医生也许能帮助你。如果噩梦成了一个真正的问题，你的医生可能会给你推荐一个儿童心理学专家。

夜惊却不同。你的孩子的眼睛可能会睁开，事实上他却看不到你。他可能会用一种陌生的、混乱的语言粗鲁而生气地向你骂粗口。你要做的就是忽视它的存在，那是因为孩子没有控制住自己，不要忘了，夜惊的时候，他会很恐惧。

通常来说，对于减缓孩子的恐惧，你帮不上什么忙，即使那是你最大的心愿。和孩子理性地谈一谈发生了什么都是没有意义的，很多情况下，他甚至根本不明白你在说什么。你的孩子在做噩梦的时候，不要告诉他做任何事情，那样会给他更大的压力，而且只会徒增他的焦虑。你唯一能做的，只能是待在他旁边，同情地、冷静地对他轻声细语和关心他。永远不要把你的孩子独自留在夜惊里，而是整个过程都陪在他身边，直到夜惊结束。他需要你在身边并给他抚慰。用安慰的语气轻声地随便说些你想说的话，但不要建议他冷静，更不能提高嗓门和责怪他，因为这样可能会让他歇斯底里。

紧锁的门

永远不要锁上孩子房间的门，让他和你隔离。这只能说明你在处理孩子问题上的失败，而且这很残忍。锁住房门的方法不应该用在儿童的照料中。没有谁能替代你教育你的孩子尊重别人的隐私，包括你自己的，甚至早在 2 岁起就开始。一个 3 岁的孩子是能够被说服的，你可以跟他解释，告诉他不能随心所欲地在睡觉时离开床，而且只要他跑出来，就把他带回去，不管要做多少次。如果你强硬，而且有理，他应该会回应的。

如果你的孩子习惯爬出床，为了他的安全，在他的卧室门口或楼梯顶上安一个防护栏。

10 哭闹

许多新生婴儿都爱哭，所以你要有心理准备。如果你希望你的宝宝哭，并在她哭的时候将此看做是很正常的事，那么你会更容易应付这种情况。如果你的宝宝是为数不多的不爱哭的宝宝，那么你要庆幸，把它作为给你的奖励。为了弄清宝宝哭闹的原因，以及你该如何给她舒适，你需要记住什么会让一个宝宝伤心，什么能让她舒服，并且这些会随着她的发展而有所变化。一个新宝宝可能会在衣服被脱掉洗澡时哭，而一个 1 岁大的宝宝可能会在你离开房间时哭。将一个新宝宝紧紧包裹在毛巾里可以使她舒服，而回到 1 岁大的宝宝身边会让她舒服。

关于哭闹 0-1 岁

你和新生宝宝的交流“曲目”很有限，啼哭几乎就是她告诉你哪里不对的唯一方式。要记住，过去的几个月，宝宝还是胎儿的时候，她是安详地漂在黑暗里，有恒定的温度，有持续的食物供应。结果，出世后，明亮的光线和坚硬的物体是她意想不到的，所以不要惊讶她在冷了或饿的时候啼哭，啼哭并不意味着她有危险。

认识不同类型的哭声

哭声能够被母亲们或父亲们准确地辨别，在孩子出生后的几周内，家长们区分自己孩子哭声的类别的能力会不断增强。这不是一个单方面的能力，宝宝预测她的母亲对哭声的反应的能力也在不断地增强。大多数新爸爸和新妈妈都很担心他们的宝宝为什么哭，而解释似乎无穷无尽。她是饿了、无聊了、生气了、孤独了、累了、胃疼，还是急腹痛？她是想要一个拥抱，还是她只是哪疼了？

4 周后，母亲们开始不再那么关注哭的类型，而是转而更关注其他的信息，比如上次喂奶已经过了多久了？上次她吃好了吗？她会不会太热了，或是太冷了？

对哭闹的反应

在宝宝痛苦时，你对她的反应将会反映到她的行为举止，以及她的成长轨迹中。你对她的哭声的反应及安慰她的方式，将会影响到你们之间不断成长的母子关系数年。这超越了关于“溺爱孩子”的问题，而上升到了孩子早期与你的经历将影响她

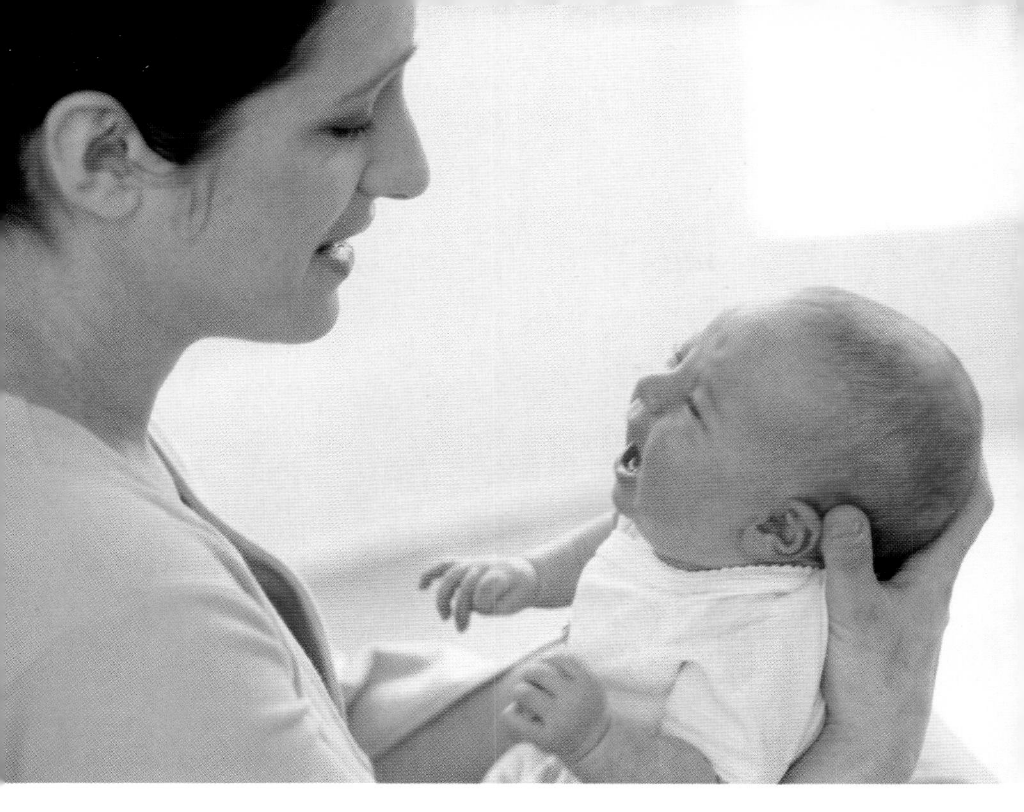

后来的发展这一核心问题。

一些关于母亲和新生儿的研究显示了在宝宝生命的最初几天，对啼哭反应迟缓只会导致更多的哭声，而不是更少。另一个研究发现，早期在哭闹时总被忽视的宝宝在第一年的后半年往往会哭得更频繁、更持久，而在宝宝半岁后，她的这种持久的哭声反而得不到母亲积极的回应。在同一研究里，通过对被研究的每个孩子的面部表情作出比对，发现对孩子的哭声总是快速反应的母亲一般更容易拥有在“交流技能”上更胜一筹的孩子。

进一步的研究绘制了这样一张图——对宝宝的哭声更敏感、更快作出反应的母亲更容易得到一个容易满足的、顺从的、稳重的和能干的孩子。这项研究支持了一种观点，即母亲被编入了立即对她们的孩子作出反应的程序。一些心理学家把母亲在命令孩子上有困难的情况归因于一种自然的母子关系的腐蚀，而这是由于担心会溺爱孩子而造成的。他们把不对自己宝宝的哭声作出快速反应的母亲的行为视为“感觉迟钝”和“违背自然”。

新生宝宝

啼哭是她早期与你交流的唯一方式。你始终要对她的哭声作出反应，这样她将会了解和识别你说话的声音。

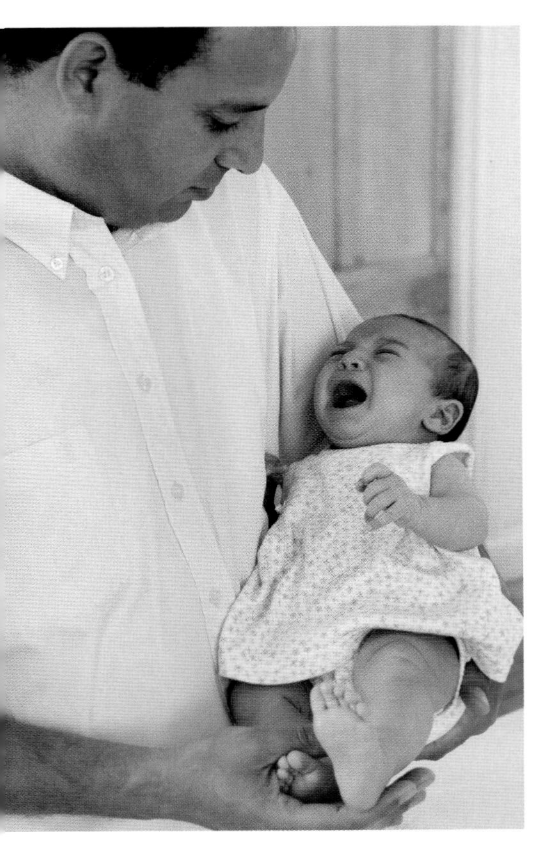

在摇摆中得到安抚

在你的宝宝哭的时候，把她抱起来，用胳膊轻轻摇她。大多数宝宝可通过这种轻柔地摇摆运动得到抚慰，这是他们还在母亲的子宫里就已习惯的感觉。

永远不要对宝宝的哭闹置之不理

阻碍孩子与父母建立深厚的爱的关系的因素，是父母的冷漠和缺乏回应。这是毁灭孩子的情感依附能力的更重剂量的抑制剂，比一个家长对孩子在身体上使用暴力造成的痛苦更严重。

我曾听有的母亲说：“如果她干净，没弄湿衣服，能拍出嗝，好喂，就可以让她随便哭，”或者“她需要哭1个小时，她的肺需要锻炼，所以不用管她。”我强烈地反对这些态度，在我看来，一个孩子永远不应该被人放下任凭她哭。首先，一个正在哭的宝宝会吞下空气，这样会引发不适，并导致喂食困难。长时间地哭泣可能会让宝宝非常疲倦，甚至精疲力竭，那样她将变得易怒和很难安抚。比这两点都更重要的是，她很快会意识到请求关注不会有人理睬，在她需要爱的时候不会有爱她的人回应。

我所读过的所有研究都支持不要让宝宝哭闹。研究还表示，如果你任凭宝宝哭下去，她会很快停止请求关注，这样可能会严重损害她在成长中形成与他人建立关系的能力。一个婴儿的社交行为模式是在她生命的第一年建立起来的，而且可能早在最初6周就开始了，首先是与她的母亲建立关系，其次是与父亲，之后是与其他家庭成员和朋友。如果在此期间你拒绝给予孩子爱，那么她在未来的成长过程中，她可能会变得内向、孤僻，羞于表达自己的情感，并排斥身体接触。不要给你的孩子的人生这样一个不公平的开端。

会宠坏你的宝宝？

在我看来，一个宝宝是不可能被过度溺爱的。我不分享那种认为总把宝宝抱起来，或过多地照料会把孩子宠坏的观点。如果把照料、爱、拥抱和把宝宝抱起来视为溺爱的话，那么一个不到1岁的宝宝是不可能被过度“溺爱”的。在我看来，这些行为没有一样可以构成溺爱。一个孩子被抱起来和被照料的同时也在学习一种人类行为——“爱”，而这一行为的模式就是早期宝宝与父母间的关系，而且这种模式会延续一生。

我们习惯称作“溺爱”的东西既是一个母亲对痛苦的孩子的一种自然反应，也是宝宝的自然需要。母亲的行为正如婴儿的行为一样都是被“设计”好的，从基因的角度，一位母亲天生就在基因里被输入了回应她的宝宝哭闹的程序，尽管她可能在后来受到了一个学来的、干扰自己本性的反应的影响，而抑制了自己包括抱起、安慰和照料她哭泣的宝宝在内的本能。社会中流行的观点告诉母亲，如果她这样做，她会宠坏宝宝的，结果这一信息干扰了她。她不应该听从这种观点，而应该遵从自然赋予她的本能。母亲的保护本能（即她在抱起和安抚自己正在哭闹的孩子时的表现）是她母性本能的基础，这对于她作为母亲的生物学功能同样至关重要。宝宝们需要与柔软、温暖和富有爱心的人在身体上的接触，他们对这一需求的渴望如此强烈，甚至几乎超越了对食物的需求。

母亲的反应

毋庸置疑，宝宝的哭闹，以及你对此的快速反应，在你的宝宝依赖于你的方式上扮演着重要的角色。每个家庭的孩子都会依赖父母双方，但是依赖关系的质量取决于母亲的敏感度。母亲对孩子痛苦的哭声做出反应的及时性和适当性——换言之，对孩子的迎合正是这种敏感度的最重要的部分。在宝宝和母亲之间，以及随后在她的成长中与其他人之间发展出稳定而愉快的关系对她非常重要。

因此，我在“有可能会宠坏一个宝宝吗？”的问题上，会明确回答“不会”。

易哭闹的时期

易哭闹的时期自宝宝出生起一般会持续三四周，甚至6周，直到她适应了外面的世界。在她根据自己的喜好发展出一个常规后，哭闹的频率才会降低。

众所周知，宝宝在夜里哭闹更难对付。当你的睡眠被打扰，你或多或少会像其他家长一样心烦。你的这种态度并不反常，每个人都是这样。如果你的宝宝哭了，没必要慌乱。这种情况无法避免，她迟早会在夜里哭的，而你的紧张只会让情况更糟糕。

如果你感觉她哭得太多了，你可以通过查阅相关研究使自己安心，一些研究表明，婴儿的部分哭闹可能与他们感受到的不适，或母亲给予的舒适感不足完全无关。例如，经过很长时间分娩难产出生的宝宝，或者母亲在分娩时被使用了药物的宝宝似乎更容易哭，而且睡眠更少。

在孕期总是高度焦虑的母亲，通常容易生出易烦躁和麻烦的宝宝。众所周知，在分娩时，男婴要比女婴更容易受到压力的攻击，至少有一份美国权威研究显示，在3周大的时候，男婴要比女婴更易烦躁。

哭闹的原因 0-6 个月

饥饿

在小宝宝中，这是他们哭闹的最常见的原因，而且家长们会很快学会识别它。科学研究已经证实了家长们所知道的一点——婴儿在哺乳前要比哺乳后哭得多。经验表明，婴儿最舒服的感觉是吃得饱饱的感觉，而非被抱起、吸吮或吞咽的感觉。

关于饥饿引起的哭闹，有以下几点建议：

安抚哭闹的宝宝常用的方法

如果你的宝宝仍显得焦躁不安，可尝试以下部分或全部方法，将它们作为你安抚宝宝哭闹的方法的一部分。大多数婴儿都是通过运动和声音来安抚的，而且很多家长也觉得这样很让人放松。

摇动

- 摇晃你的宝宝——摇椅和背带比较理想。
- 和你的宝宝一起走路或跳舞。
- 把宝宝抱在手臂上，用手臂上下晃动她，或放在活动床里来回摇动。
- 把你的宝宝放在一个能够轻轻晃动的弹跳椅上。
- 带你的宝宝坐到汽车上，带她开车转转，或把她放到推车或背带上带她散步，即使在夜里。
- 如果只有你一个人，把你的宝宝放在背带里，背在身上，然后只是让她哭。接着做你要做的事情，试着忽略她的哭声。

声音

- 说话、唱歌或给宝宝轻声哼唱。
- 打开收音机或电视机。
- 打开真空吸尘器，或打开水龙头几分钟，把水接到水槽里。
- 给宝宝一个吵闹的玩具。晃动它，让它不停地发出声音。
- 用录音机或 CD 机播放平静的音乐。

- 按需喂养。不必拘束于喂养时间，也不要按照钟表的时间喂宝宝。请记住，她还很小，她可能需要每两三个小时吃一次奶，而提前 15–30 分钟喂对她根本没有害处。
- 如果你的宝宝似乎只是想吮吸，给她在两次喂食间喝些白开水（用消过毒的勺子）。
- 给她一个安慰奶嘴，如果需要，把它放到宝宝的嘴里。你也可以给她你洗净的手指。

缺乏身体接触

很多宝宝只要大人把她放到婴儿床上，就会哭闹，但是一旦重新抱起来就会停止哭。这非常正常，这意味着她在身体接近你的时候最幸福。在很多文化中，婴儿总是被襁褓包裹着，或是抱在怀里，或背在母亲的背上，紧贴母亲的身体，而且这些婴儿通常很少哭。

关于缺乏身体接触引起的哭闹，有以下几个小建议可供参考：

- 你的小宝宝只要一哭，就把她抱起来。
- 用背带或长围巾把你的宝宝背起来，以便她能听到你心跳的声音。
- 抱起来摇她，直到你累了，然后换你的伴侣接过来继续摇晃，直到宝宝冷静下来。
- 把你的宝宝紧紧地包裹起来。衣服或毯子的面料应该柔软、蓬松——凉的面料效果不好。

- 把宝宝的腹部朝下平放在你的双腿上，给她按摩后背、胳膊和腿。
- 在你的腿上或床上放一个热水瓶，然后把宝宝平放在上面,确保温度不能过高。

温度

热和冷（以及湿度）对宝宝的睡眠和哭闹持续的时间有着重要的影响。如果小宝宝在一个相对温暖的环境里（16℃ – 20℃），她的睡眠会更好，哭得会更少，不过他们也不喜欢太热了。

湿的或干的尿布本身不会导致宝宝哭，除非湿的尿布变凉了，这种情况下，温度的下降是宝宝痛苦的绝对原因。

关于温度问题引起的哭闹，需要注意以下几点：

- 确保宝宝的房间保持在她需要的温度。
- 感觉一下你的宝宝的后颈部，测试她是否太热或太冷（举个例子，如果感觉潮湿，说明她太热了）。如果她太冷了，加一身衣服，如果她太热了，脱掉一身衣服。
- 检查你的宝宝的尿布，看看是否湿了或脏了，如有必要，就给她换掉。

脱衣服

大多数宝宝都讨厌脱衣服，即使房间温暖，而且他们醒着，即使他们在衣服被脱掉的前一秒还是很高兴的。在最初的两三周，宝宝对脱衣服的厌恶还是一样的，但是之后会变得更糟：一旦她感觉衣服要被脱掉了，她就马上紧张起来，结果最终你会在衣服几乎要从她的皮肤上离开的那一瞬间失败。讨厌脱衣服的原因不是冷，而是皮肤接触不到她所熟悉的和让她感觉踏实的衣服质地。

关于脱衣服引起的哭闹，有以下几点建议：

如果哭闹难以招架

你应该意识到这样一件事——每个家长在某一段时间总会或偶尔会想对他或她的孩子预谋干点身体暴力的事情。大多数新生宝宝的母亲都承认，在自己精疲力竭而要试图安抚尖叫的宝宝的时候，无论什么能结束宝宝哭闹的事情她们都愿意干。有这样的想法并没什么不正常的，只是做了才不正常。

一个哭哭闹闹的宝宝是很难招架的，特别是你来月经前的日子。母亲作为理想的家长——在接下来的几个月会非常有爱和体贴，富有同情心，有耐性——你会发现来月经的前几天是极具挑战性的时期。

大多数母亲能在自己开始失控的时候意识到，并且能够控制自己用暴力对待孩子。但如果你觉得自己像山体滑坡一样下滑时，你应该寻求帮助，首先是你的伴侣，或一个朋友，但同时也要向到家里探访的保健员或你的医生求助。

如果有必要，寻求帮助

如果你发现自己打或推了自己的宝宝，不要觉得这是承认了寻求帮助的失败。你必须立即寻求帮助，无论是为了孩子还是为你自己。如果你的伴侣也伤害了孩子，不要袖手旁观，而应该尽量让他看到他的所作所为是错的。如果他对你的请求无动于衷，那么以你们俩的名义寻求帮助。马上联系你们的医生、到家里探访的保健员、警察，或是你们当地的卫生部门。

疝气

原因不明的反复哭闹，这种情况通常发生在晚上或傍晚，而且可能随时发生。哭声可能会激烈而短暂，也可能会持续几个小时，一般的补救措施通常无法平息。宝宝的脸会变红，腿会绷直。

有多种原因可能会造成这种情况，比如过度喂食、吃得过少、吸进空气、被过多抱起或抱得次数过少、消化不良，以及紧张。我一直认为紧张是最有可能的原因。你在晚上很忙，很可能你的宝宝将此领会为你在紧张，于是做出哭的反应。

虽然你的宝宝在前12周可能每晚都会哭闹，但是我反对使用药物来防治。当然，尽量安抚你的宝宝，但不要指望她乐意回应。你应该庆幸，这些疝痛只发生在夜间，而且通常只持续3个月。一般不需要你做什么，疼痛就会结束，而且极少是严重的。

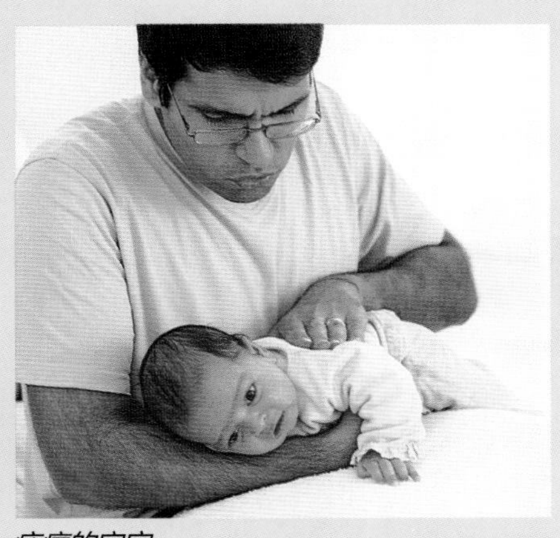

疝痛的宝宝

没人清楚疝气为什么会发生，但它通常发生在宝宝出生后的前12周内。可尝试这个方法——让宝宝趴在你的腿上，支撑住她的腹部，用手轻轻地按摩她的背部。

- 在最初几周尽量少给宝宝脱衣服。试着用海绵给宝宝擦洗（见第72页），这样你每次只需给她脱一点衣服。
- 在你不得不把宝宝的衣服全部脱掉的时候，在她的身体上放一块浴巾——与纺织物接触能让她感觉更好。
- 和宝宝说些安抚和让她放心的话，给她脱衣服时动作要快。

疼痛

这是一种非常确定的引起宝宝哭闹的原因，但是疼痛的真实原因很难考证。关于疼痛引起的哭闹，有以下几点建议：

- 你马上走到宝宝身边。把她抱起来，搂入怀中，然后轻声安慰她。
- 如果是容易识别的疼痛，一定要去除其原因。
- 一直陪伴你的宝宝，直到她完全镇定下来。
- 如果你想出的所有使她舒服的办法都不奏效，而且你的宝宝看起来像是病了，那么需要寻求医疗上的帮助。

暴力或突然的刺激

无论是光、噪音、突然猛烈的运动、粗鲁的游戏，还是突然坠落，这几种原因导致的刺激水平的改变都会引起宝宝强烈的痛苦，而后3个动作会使宝宝受到惊吓，作出手脚挥舞的莫罗反射（见第27页），而且不可避免地引起她的哭闹。

关于暴力或突然的刺激引起宝宝的哭闹，有以下几点建议：

- 抱起你的宝宝，让她贴近你，使用诸如身体接触、摇摆运动和声音等常用方法安抚她。
- 避免再一次突然移动你的宝宝。
- 避免刺眼的强光、大的噪音，或突然猛烈的运动等刺激。婴儿可以长时间忍受非常大的噪音或强光，但是一个突然的变化会瞬间引起她痛苦。

疲倦

很多宝宝在累了的时候会哭闹。我大概花了两周时间才明白我刚出生的儿子在疲倦时发出的信息。我想，我的儿子是个聪明的宝宝，而我是个“笨妈妈”。一些宝宝（如同成年人）在睡着后会抽搐或痉挛。这可能会引起宝宝醒来，如果这种情况反复发生，将会导致宝宝无法熟睡。

关于疲倦引起的哭闹，有以下两点建议：

- 把你的宝宝放到一个安静的、温暖的、光线暗的房间睡觉。
- 如果她特别焦虑不安，先用小毯子把她紧紧包裹起来，再放到婴儿床上睡觉。

不理解你的宝宝的信号

没有理解你的宝宝对你发出的信号，不管它们是意味着“我饿了”，“我累了”，还是“我想要你抱抱，不是和你玩”，都能导致眼泪。举个例子，如果宝宝准备好进食，但是你忽略了这点，却先给她洗了个澡，那么她必然哭。

关于这一点，有以下几点建议：

- 保持警觉。看着你的宝宝，倾听她的喃喃细语，并试着破译她在对你说什么。如果你聚精会神地听，你能明白她在对你说什么。
- 马上解决引起宝宝向你发出警报的原因，以减轻她的压力。
- 使用上面提到的哭闹的（见第 162 页）一般处理方法。

哭闹的原因 6 个月 -1 岁

这个时候，如果你的宝宝饿了，仍然会哭，如果她疼痛，或是太热或太冷，她的表现仍会像个新生儿一样（见第 162-163 页）。但是，随着她的一天天长大，她还会因新出现的状况而难受。

无聊

你的宝宝醒着的时间会变长，如果家长只是让她一个人待着，没有东西可看，也没有玩具可玩，那么她可能会因为无聊而哭闹。她渴望所有的时间都和你在一起，看你在做什么，而当你离开她，特别是她能听出你在别的地方，她必然会哭。

关于无聊引起的哭闹，有以下两点建议：

- 在宝宝的婴儿床上面挂上活动的玩具，或类似的东西，以便她能用手击打它，看看它是怎么动的。树叶飞落、风吹窗帘、灯影移动等，都可以给你的宝宝带来乐趣。
- 如果你在宝宝醒的时候总让她待在你

身边，你会看到一个更快乐的宝宝，因为她能一直能感受到你的存在。

焦虑

你的宝宝可能会变得越来越警觉和胆小，特别是在见到陌生人，或是你离开她的时候。在第一年的后半年，你的宝宝已表现出与你不可分离的密切关系，变得极其黏人。同时，随着对你的强烈依赖感的出现，她也将形成对一个“安慰物”的依赖，这类物体通常是可以吸吮的，或可以抚摸的，宝宝们会在他们焦虑或疲惫的时候使用，目的是模仿出不停地抚摸和接触的效果。

关于焦虑引起的哭闹，有以下几点建议：

- 需要理解这只是你的孩子在成长中必然经历的一个阶段。
- 如果她确实不愿意，不要强迫她靠近一个陌生人。
- 允许你的宝宝有一个安慰物，比如一个安慰奶嘴。等她长大些就不会用了。

无聊和受挫

你的宝宝之所以哭闹，可能是因为想一直和你在一起，但也可能是因为无聊。尽量在宝宝的婴儿床里放几个玩具，以备她醒来时玩。

- 给你的宝宝多一些爱和拥抱。

挫败感

随着能力的增强，你的宝宝在尝试做一些她力所不能及的事情时，她可能也会因为挫折流泪。关于挫败感引起的哭闹，有以下几点建议：

- 尽可能把你的家打造成儿童安全的家，从低矮的桌子和架子上移走易碎的物品，并在整个家里使用适合的安全装置（见第 292–298 页）。
- 让宝宝从引起挫败感的源头离开。你的宝宝的记忆在这一时期非常短暂，她会很快忘记令她好奇的东西。
- 用别的游戏转移宝宝的注意力。

关于哭闹 1-2 岁

在宝宝 1–2 岁的时候，大多数的哭闹都是因为情感困扰：恐惧、焦虑、孤独，或母爱的剥夺。

缺乏安全感

在 1–3 岁之间，宝宝们花在与母亲身体靠近和接触的时间会越来越少，但是尽管他们的独立性在明显增强，与此相反，有时候你的孩子会感到非常恐惧和焦虑。

在 1 岁左右，通常会出现这么一个阶段，你可能会注意到她变得更沉默了，不像平常那么淘气了，而且她在见到生人或到了陌生的环境时变得非常害羞，她会拼命抱住你的大腿，甚至食欲也变差了。这些都是焦虑的信号，你应该快速反应。

关于缺乏安全感引起的哭闹，有以下两点建议：

- 对付这些焦虑的最佳方式是给你的孩子更多的情感，这样做的时候，你是在鼓励她的好奇心和冒险精神，让她有一种不断增强的自信的感觉。对于她每一次小成绩和新成就都给予夸赞和奖励。你的孩子需要你的认可，并且为了得到它，几乎愿意做任何事，包括炫耀她的新的自立性，所以，鼓励你的孩子真的非常容易。
- 一个稳定地依赖于自己至少一个家长（母亲或父亲）的孩子，会将这个家长当做探索的基础，而且，在这个坚实后盾的支持下，会继续自信地探索。很多研究都表明了这个能给孩子带来安全的依赖感的人存在的重要性，他可以使孩子有能力应对新的甚至可能是恐怖的经历，以及克服随之而来的焦虑感。

害怕分离

幼儿非常依赖父母，将父母视为“安全保证”，因此，分离成为痛苦的最重要的原因之一，而且对分离的恐惧是引起焦虑的最主要的原因之一。恐惧、缺乏安全感、焦虑或孤独会给孩子造成很大的痛苦，而且必然会引起哭闹。痛苦的程度根据孩子年龄的不同而有很大的不同（你可能会发现，她在 15 个月大时比 10 个月大时痛苦的程度要轻很多），此外还取决于你是否真的离开了孩子，以及她对环境的熟悉程度，当然，还取决于你的孩子先前曾与你分离的经历。如果分离的不愉快是第一次出现，那么你的孩子很可能在第二次表现得更痛苦。

毫无疑问，所有的孩子都不喜欢家长离开。事实上，你越是个好家长，你的孩子越会在和你分离的时候哭。

关于害怕分离而引起的哭闹，有以下两点建议：

- 在孩子感到害怕的时候，永远不要讥讽她，而应该始终表现出你的同情和支持。让你的孩子知道你是可以信赖和依赖的，让她对这一点放心，而且最好是付诸行动，而不只是靠语言。如果你说你会在半个小时后回来，那么必须做到。如果你说你是去其他房间，那么就不要走远。如果你说你会在 5 分钟内回来跟她玩游戏，那么就说到做到。你的宝宝的自信心的最大来源之一就是她能够信任你。

- 在你表现同情心和树立信用的尝试中，尽量不要过于保护孩子。这样只能抑制你的孩子的冒险精神，并且会阻止她建立自信心。

挫败感

在接近第二年年末的时候，你的孩子的冒险意识将超越她的协调能力和活动能力。她将会尝试自己的灵活性、平衡感和体能所不及的事情，而这必然会引起很大的挫败感。同时，你也不可避免地会成为造成他的挫折感的原因，因为出于对她的安全考虑，你肯定会阻止她做某些她想做的事情。

关于挫败感引起的哭闹，有以下几点建议：

- 尽量有耐心。你能提供给孩子的最大的支持就是你的帮助：帮助她画画；帮助她用积木搭建高楼；帮助她爬；帮助她堆个沙子城堡；帮助她摆放玩具士兵和农场动物。如果她因为能力不够而受挫并哭泣，你只需用她喜欢的另外一个游戏分散她的注意力。
- 如果她在尝试模仿玩大孩子的游戏，或在玩大孩子能轻松玩转的游戏中受挫，建议她让你和她一起玩一个她在体力上肯定能应付的游戏。这对她尝试新鲜事物非常重要，如果她没能一下子成功，就继续尝试，但是注意物极必反，过多的挫折反而会使孩子退缩。
- 不要和你的孩子卷入战争——无论她是用便盆次数过多了，还是吃某一种食物过多了。她会想要捍卫自己的独立性，如果可能的话，尊重她这一点，不要强迫她做什么。让她自己决定是否想用便盆，如果她只想吃绿豆和冰激凌也不要担心。冷静地接受事实要比争吵更好。

哭闹可能存在的问题 1-2 岁

发脾气

发脾气是孩子为了寻求关注的一种伎俩。只要你给她关注，她就会一直闹下去，而如果你撤离，让她自己待会儿，她就会突然减弱。你最好离开房间，那样你的孩子会没事的。如果你的孩子用屏住呼吸的方法表达生气，她是在自我限制，只要她觉得缺氧了，自然会呼吸的。如果她在踢脚和尖叫，你只需把她能接触到的但会伤害到她的物品移开，然后任她踢和尖叫。不需要用甜言蜜语哄她，更不能发火，扇她耳光或拿体罚来威胁她，这些对于平息孩子的怒气或避免下一次脾气爆发于事无补，而且只能添乱。你唯一该做的，就是让你的孩子自己待一会儿。

夜晚哭泣

有少数宝宝会在晚上该上床睡觉的时候哭闹。如果你给宝宝建立一个睡觉常规，你可以在相当程度上避免这点。这并不意味着你没有灵活性，你只是给了一个自己和宝宝都习惯的节奏。你的宝宝从6个月起就应该享受洗澡的乐趣，如果你把它当做游戏时间对待，你会开启一个很好的开端。洗澡结束后，你的宝宝应该会放松，而且开始有困意。如果晚餐也是随意的，非正式的，而且是快乐的，伴有你的孩子喜欢的一杯饮料、一个故事、一个游戏或一首歌，然后在宝宝上床后给她一声肯定的而充满爱的“晚安”，之后只需让宝宝自己睡觉。随着孩子的慢慢长大，她会表达自己更喜欢哪些歌曲，甚至喜欢让你按照一定的顺序唱，或者紧接着要你读她喜欢的故事书。有些孩子会在听着音乐，或听着你在一旁平静地读书或唱歌的时候睡着。找出最适合你的孩子的睡觉常规，然后每天重复，一次都不要落下。熟悉的事物能够给孩子带来安全感，而这会带给你一个在睡觉时间不会烦人而又开心的孩子。

分离时间过长

与家长分离的时间过长对孩子造成的影响，会因年龄段的不同而有很大的不同，宝宝在六七个月以前，通常没有什么痛苦的迹象，比如被带到医院，或与父母分离的时间过长。然而，在6个月到4岁或5岁的时候，他们的反应会很激烈，而且男孩通常要比女孩更易受影响。如果一个年幼的孩子有过一次不愉快的分离的经历，那么她可能在第二次会更伤心。分离的时间越长，孩子表现得就会越激烈，特别是与母亲、父亲和兄弟姐妹分离。

孩子的这种影响也可通过其他养育她的人减小，比如一个养父母或一个很有爱心的护士，特别是如果做到了以下这些事情：

- 按照你的宝宝知道的日常常规和她习惯的养护模式照料她。
- 安排一个短暂的熟悉过渡期，以便在分离来临前孩子能见一见将要照顾她的人。
- 如果后来抚养或照顾孩子的人在孩子面前谈起，过去的回忆会完好地保存在孩子的脑海里。

在你离开时，如何让孩子舒服

给你的孩子留下一件有你的气味的衣物，比如一条围巾或一件毛衣，这样可以有效地减轻分离带给她的痛苦。

关于哭闹 2-3 岁

随着你的宝宝一天天地长大，哭闹的原因也变得更加复杂。她的思想变得日益成熟，她对世界及所发生的事情有了自己的认识，她能够洞察你的动机；能够领会你在批准和不批准上的更多的微妙表达；能够清醒地认识自己在家中、在朋友中，以及在世界中的位置。她会有新的引发缺乏安全感和焦虑的问题。恐惧不再限于诸如害怕分离这种简单的问题，现在，每天都有可能会引发恐惧的各种各样新的和不寻常的事情。你的孩子对世界的认识正在增长，因此，对她来说，被各种问题引发心情烦乱的可能性也在日益增加。在她获得自信的同时，她也变得更敏感，更容易感觉到害羞、怨恨、沮丧、生气、嫉妒和厌恶，这些都可能会惹她心烦，并导致她流泪。因为她知道了更多关于世界的事情，所以她对身边的威胁，以及它们如何影响她变得更加警觉了。很多时候，她必须要独自面对它们。这对任何人来说都不容易，更不用说一个小孩子了，所以无需惊讶你的孩子为什么经常诉诸于眼泪。

使分离更容易的小贴士

分离导致的焦虑

3 岁以上的孩子仍然不喜欢与他们的父母分离，即使他们只是利用晚上的时间出趟家门。到了五六岁，孩子流下些眼泪也是非常正常的，除非你透露一些你晚上外出的细节才能让她安心。

对于这个年龄段的孩子来说，一种最为困难的分离就是母亲去医院生新宝宝。在这个时候，孩子所感受到的，除了大多数孩子感觉到的最强烈地嫉妒（见第 253 页），还有与母亲分离带来的变化。你在生产前提前准备好，跟她说说关于新宝宝的事情和你要去医院的事情，告诉她谁会在你离开时照顾她。最理想的人选是应该她熟悉的，而且了解她的生活常规，并能确保在你离开后会继续保持这些常规的人。还有，尽量让她能经常去医院看你。

使分离更容易

- 每次离开前，你花上几分钟和孩子一起安静地做些事情。永远不要在没有恰当的告别的情况下冲出家门。
- 如果你做出了将在某一时间回来的承诺，那么说到做到，离开的时候，再提醒一下你的孩子你肯定会回来的。如果你延迟了，需要致电解释原因。
- 有一个告别仪式——先讲一个故事或做个游戏，给她一个拥抱，然后在你上车的时候给她一个飞吻，最后，对站在台阶上的她挥手告别，或是按一下汽车喇叭跟她告别。
- 琢磨出一些游戏——比如，亲吻孩子的手心，然后让她合拢手指，告诉她在你离开后如果她需要一个吻，她的手里会有一个。
- 永远不要隐瞒你要出去的事实，而是提前告诉你的孩子。
- 如果你打算请个临时保姆，让她在你离开前一个半小时就来，这样她可以在你走之前先和你的孩子做个游戏。

真实的恐惧和想象出的恐惧

在 2 到 3 岁之间，幼儿会受几种典型的恐惧之苦。事实上，你的孩子受它们所扰并不是不正常的信号。以下是对两种最常见的恐惧的描述：

怕黑 这非常普遍，而且完全没有什么不正常。在卧室里留一盏夜灯可以帮助你的孩子克服恐惧。你不必多花什么钱，只需把卧室的标准灯泡换成一个低瓦数的有颜色的灯泡。你也可以向你的孩子演示黑暗没什么可怕的，比如晚上带她出去走走，指着各种在白天看不到的有意思的东西，比如星星、月亮和夜行性动物（去动物园的夜行动物馆，在那里你们必须在黑暗中行走，这也是个好主意），夏天带你的孩子躺在院子里的草坪上，身上铺一个毯子，感受黑夜。

害怕打雷 大多数孩子都害怕打雷和闪电。你最好在天空电闪雷鸣的时候，和宝宝做点事情转移她的注意力。你可以给她讲个有趣的故事，或打开电视机，把声音调大，播放音乐，或者和她玩“专门为雨天”准备的玩具。

走开

如果没有观众，孩子的撒泼犯浑是坚持不了多久的。每次都尽可能慢地走开，这样你的孩子能追上你，请求与你和解和拥抱。

对待恐惧

一旦你的孩子有了交流能力，鼓励她和你聊一聊关于害怕的话题。专心地倾听她所说的，并向她表示你的关心和同情。听她说，即使她还很难用语言表达害怕一词。试着通过给她举例子帮助她，并表示你认同这样的恐惧。

永远不要取笑你的孩子，或让她感觉羞愧，那样只能促使她隐藏自己的恐惧，并导致她与你疏远。你应该始终像一个富有同情心的朋友，在遭遇令她恐惧的状况后，能够给予她帮助和安慰。你必须向你的孩子演示如何面对恐惧，有以下几种方法可供参考：

- 让你的孩子安心的最佳方法之一，是向她表示你和她完全一样。所有的孩子都喜欢听妈妈讲她们儿时像自己那么大的时候的故事。告诉孩子一些你害怕的事情，并解释你是如何在你的父母的帮助下克服的。
- 如果你的孩子害怕一件家里的设备，比如洗衣机，那么向她解释它的用途，以及它是如何工作的，以此帮助孩子克服恐惧。告诉她那个机器没什么可怕的，并证明这一点，即在你操作洗衣机的时候，把孩子抱在怀里，对你的每一次操作都做出准确的说明，然后按照程序放入洗衣粉并启动机器。把你的手放在洗衣机上，感受机器的震动，然后慢慢地把她的小手也放在上面，这样她能知道你不害怕，在你的支持下她也不必恐惧了。
- 如果你的孩子害怕走失，或害怕出意外，你需要和她谈一谈。举个例子，你可以这样说，如果你走丢了，你首先应该怎么做呀？哦，我想可能最好的办法就是走到你第一个看到的商店，走向柜台，然后说："我叫简·布朗，我的地址是……我的电话号码是……你可以帮我给我妈妈和爸爸打个电话吗？"
- 永远不要忽略你认为不严重的恐惧。对你的孩子来说它很严重，你也应该严肃对待。如果你的孩子害怕她卧室里的灯，因为它会在墙上投出让她不愉快的黑影，那么你可以把灯或床移动到一个不会制造出影子的位置。

处理受伤

你不希望你的孩子娇滴滴地长大，受了点轻伤就像个小宝宝似的，但你永远不应该低估一个小伤，特别是如果你能看到伤口。那种说一个小擦伤不会造成伤害的说法是没有根据的，因为出血会吓到你的孩子，而且她会用疼痛作为借口寻求你的的关注。只要你的孩子带着伤痕走向你，就要给她同情和帮助，如果可以，每次都给她使用安慰剂。最好的安慰剂可能是一个吻、一个拥抱和一句温柔的话。接下来，给她一点她喜爱的饮料或零食，然后建议小小地款待她一下——也许是在下一餐做她喜爱的食物，或在花园里来个野餐。始终保持你的"神奇"药膏触手可得。在我们家，总放着一个简单的抗菌药膏，是用于所有的割伤和擦伤。它很有安慰效力，如果你的孩子相信软膏会带走疼痛，你就成功了一半。

对付不合理的恐惧

对待不合理的恐惧的最佳办法之一是通过一些活动驱散它们。如果你的孩子害怕怪兽或鬼，就告诉她你是一个能对它们施魔法的妈妈或爸爸，如果你说你能把它们吹走，就吹出一口很大的气；如果你向她保证你能用真空吸尘器把它们弄走，那么真的把吸尘器打开；如果你保证你能把它们冲到马桶里，就这么做。有些人说对孩子说你和她一样相信鬼神，可以促使孩子相信他们，还有一个更好的方法，就是告诉孩子根本不存在鬼神。但是这种策略的弊端是孩子可能会不相信你了，因为只有在她的恐惧是合理的时候，她才相信你，而害怕妖魔鬼怪可不是什么合理的恐惧。

因过度疲惫而哭闹

这是引起哭闹的最常见的原因之一，特别是在晚上。孩子可能偶尔会被家长准许比平常晚睡，这可能是因为有朋友或亲戚造访，或者在一个特别的场合，如圣诞节，在这些情况下，孩子们会打破他们的日常常规，而且面对难以招架的兴奋，最终他们的过度兴奋会不自觉地转化成泪水，同时，身体也会过度疲惫。结果，你不得不用更多好话劝她别哭了（尤其是在家里有客人的时候必须这样做），而她可能会哭得更加歇斯底里，更难以安抚。因此，在第一时间防止这类情况发生才更聪明，尽量防止你的孩子变得过于兴奋，如果你希望她晚上比平常晚睡些时间，那么确保她在中午睡个午觉。

如果你无法避免这种情况，而你的孩子已经疲惫过度并泪流不止了，那么就试着尽可能冷静地对待她。安静地把她带回她的房间，抱着她，直到她平静下来。如果她有喜爱的书和歌，而且她已经平静下来了，那么给她读书和唱歌。或者给她安静而放松地洗个澡，之后带她上床，和她待在一起，直到你确定她已经完全放松，并准备好睡觉了再离开。

学前紧张

刚上托儿所或幼儿园的时候，很少有孩子能高高兴兴地留在那里，和家长愉快地告别，甚至头都不回的。提前为你的孩子做好准备，不管她看起来有多么自信。

首先你必须做的，是了解你家所在的地区各类不同的学校。参观每个学校，和老师们详谈，并至少坐着听两节课。好好感受课堂的气氛，观察孩子们对老师是否感兴趣，以及在不同的活动中，老师准备给每个孩子多少关注。你必须能够和那里的老师们建立融洽的关系，这是一件极为重要的事情，否则你没有理由把孩子送到那个地方，无论那所学校看起来有多么好。

带你的孩子去幼儿园

大多数幼儿园都建议家长在入学前几周带着孩子做一个简短的参观。不要把这看成件大事。上班时挤出点时间去一趟，不要超过 15 分钟。不要强迫你的孩子做什么。明确你的参观目的，和其中一个老师聊聊，只需让你的孩子看、听、观察和吸收。让她在幼儿园里瞎转转、触摸、拿起东西玩，但不要强迫她做这些。有的幼儿园会让你的孩子参观几次。

在上幼儿园的第一天早上，要有心理准备面对一个动荡不安的局面。如果有必要的话，准备好和你的孩子一起在那里待一个上午。很多幼儿园欢迎家长这样，而且会建议你通过参与到课堂、待在孩子附近来帮助她习惯（当然，也可能不需要这样）。只要你的孩子感觉你不会离开，你坐在教室后面她就会很开心。带着一些工作，或带着一本书去，以便你待在后面不会完全浪费时间。如果你的孩子看起来很开心，可以告诉她你要出去到车里取点东西，5 分钟后会回来。然后在 5 分钟后真的回来。如果说了要离开，结果你的孩子很痛苦，那就不要走，反之，如果她很开

心，那么你可以在半个小时后再尝试，说你只是出去工作一会儿，20分钟后会回来。注意不能食言，必须说到做到。

由你的孩子牵头

在接下来的几天，将你的孩子的反应作为向导，看看你能否离开她更长的时间。有些孩子很快就能适应幼儿园，因此家长在几天后就不需要再待在那里。而有的孩子可能在快两周了还想要家长陪一个半小时。你只需顺着她。最重要的事情，是你的孩子应该觉得学校是一个快乐的地方，而不是将它和分离的痛苦和孤独联系在一起。一个对你的孩子自信，对自己也自信的好老师，会在认为合适的时机非常坚决地建议你离开。在幼儿园过于保护自己的孩子只会让事情更困难，而非更轻松。特别是如果她有能力应对没有你的情况。如果你和老师有密切的联系，你应该高兴地采纳她的意见。

我的所有孩子在第一次离开家上幼儿园的时候都喜欢有一个仪式。不管是什么样的，我们总是会在和孩子们告别前5–7分钟做些事情，然后他们会到我的车窗前跟我挥手告别。这一招似乎总能让一个不满3岁的孩子与我高高兴兴地分别，你可能也想试一下类似的方法。

哭闹可能存在的问题 2-3 岁

发脾气

你和你的孩子一起在家的时候，一个对付发脾气的孩子的办法是完全忽视她。你也可以试着通过做一些事情来分散她的注意力，比如，说一些不寻常的、有趣的或冒傻气的事情，或者开灯、关灯或开门、关门数次。

恐惧和焦虑

如果小孩子因为什么事情而沮丧，没有比妈妈或爸爸的一个拥抱更能给他安慰了。

然而，随着孩子慢慢长大，她在公共场合发脾气的机会也会增加，有几种处理这种情况的方法。发脾气大多是由生气或沮丧引起的——生气是因为她不能以自己的方式做她想做的事情，或因为身体不够强壮或协调性不好而做不好自己想做的事情。你的孩子像其他人一样，需要经常有一个发泄口来释放自己的怒气。你可以通过以下做法帮助她：

- 如果你的孩子在公共场所发脾气，不要激动，只是尽量冷静地把她带到另一个房间。如果你们在一个商店，把她带到街上，或进你的车里。如果你们在一个餐馆，带她去洗手间。周围的人越少，越容易冷静处理孩子发脾气的问题。

- 在孩子的气消了，她能重新控制自己的情绪后，不要忘记鼓励和表扬她。毕竟，她在努力克制自己走过了那个阶段。
- 大多数怒气和攻击欲望可以通过户外激烈的游戏消除。这就是诸如儿童三轮车、滑板车和足球如此受欢迎的原因，因为剧烈的身体运动可以使反社会的情绪转移方向。
- 如果你的孩子通过叫喊表达生气，用几句严厉的话介入，然后慢慢调低你的声音，鼓励她也这样做，直到你们俩都变成了轻声细语，然后一起嘲笑你们自己刚才的行为。
- 给你的孩子一些纸、蜡笔或手指画颜料，让她画下她真实的感觉。
- 告诉你的孩子她有一套“生气”玩具，比如一个可以大声击打的鼓，或类似木琴的乐器可以弹奏，或者一首可以用来大声喊的进行曲。
- 多和你的孩子谈一谈关于生气的话题，让她知道你认为它是一个合乎情理且有价值的感觉，这样做对她有帮助。发脾气可以减压，但是它需要有个限度。在你的孩子超出你的限度时，你的生气可以提醒她。重复一遍，生气对于孩子来说一样是有用的。
- 试着和你的孩子探讨一下她生气的原因。试着找出问题的根源。这是教她与他人分享、忍耐、爱、友好和体贴的一个机会。如果你认为她的生气是合乎情理的，那么就说出来，并且告诉她为什么你认为发生的这件事情可气，但是随后要和她商量一下你可能会采取的不那么有伤害性和破坏力的其他方式。
- 告诉你的孩子，生气可以用言语表达，而不必用暴力或制造破坏来表达，并且让她知道，对你来说，用生气的话表达要远比打人或摔东西更能让你接受。

屏气

随着你的孩子渐渐长大，她可能会试着屏住呼吸，这个过程中，她的脸可能会变青。在这种情况下，尝试做以下任何一条建议：

- 轻轻地吹一下你的孩子的脸。
- 洒几滴凉水在你的孩子的脸上，或者敷一块凉的布。
- 轻轻地捏住你的孩子的两个鼻孔 1–2 秒钟。

恐惧症

恐惧症不同于平常的害怕。如果你的孩子害怕蛇，她只会在非常近的距离遇到一条蛇时害怕，其余时间她一秒钟都不会想蛇。然而，如果她真的对蛇有恐惧症，她会在看到真蛇，或看见蛇的图片想到蛇，或有什么提醒她想到蛇的时候都会歇斯底里。

你必须理解的一点是，如果你的孩子的恐惧症一直不好，即使她在长大后，恐惧症的症状也不会有变化：她不对合理的解释开放。为了帮助她克服恐惧症，你唯一能做是通过某些方式让她相信她所害怕的东西是无害的。以下有几种方式可以帮助她明白这一点：

- 你可以通过让你的孩子知道你没有同样的恐惧，以便帮助她认识到她的恐惧是没有根据的。但是请注意，你不能采取导致她以后深藏于心而不敢表露的方法。
- 另一个方法是向孩子证明凝视害恐惧症的东西可以消除恐惧。举个例子，如果她害怕狗，那么让你一个养狗的朋友哪天在接孩子的时间带着狗到幼儿园，这是个好主意，这样你的孩子能看到其他小朋友根本不怕它。
- 永远不要取笑你的孩子的恐惧。不管它们在你看来多么不可思议，但是对于她来说，却是真实的。在任何你可以解释的场合给她合情合理的解释，始终用合乎情理的方式给予她同情和帮助。
- 如果恐惧症突然出现，在你的孩子的生活中，找出究竟是什么原因造成了压力。如果这与某些事情有关，比如父母的离开，一个宠物的死，或是开始了幼儿园生活，那么恐惧症是有机会转变的。
- 你的孩子可能会因某些你难以查明的事情而情绪低落。你可以尝试一些真正的治疗方法，通过慢慢在他正在高兴地做事情的同时，介绍令她患恐惧症的东西，例如，在她正在吃非常喜爱的食物的时候，比如冰激凌。

家庭冲突

当然，你的孩子不得不在成长中知道关于人生的各种真相，其中之一就是成年人偶尔会意见不合、生气和争吵，但一定不要让它们频繁发生。

不要在孩子面前争吵

如果你们的夫妻关系正在经历一个困难时期，不要在孩子们面前争吵。孩子当然希望他们的家长生活在一个没有争吵、没有愤怒、没有恶语相向的理想世界。如果他们最爱的人似乎并不爱对方，他们会没有安全感。我在和丈夫争吵完的几分钟后，我们的第三个孩子——4 岁半的儿子会走过来依偎在我身边，他看起来很忧伤，这对我来说是最有威慑力的了。当我问他出了什么事，他说：“我不知道，但是觉得所有的一切都不对劲。”

大多数孩子有一种成为和平缔造者的本能，我的孩子也是如此。只要他们听到我们语调变高或强烈地表达意见，他们就开始转移注意力战术，比如“你要杯咖啡吗，妈妈”，然后居然突然插话“请你们别再争了！”这是他们想解决问题的方式。在一个孩子恳求你保持冷静的情况下，你很难生气。

请记住，目睹一场争吵对孩子的破坏性影响对家长来说是最大的震慑。

11 身体发展

看着宝宝一天天地成长，是最令家长们激动的事情之一，在第一年，你会对你的孩子的飞速变化感到震惊。他对身体的各种肌肉的控制力每周都在增强，因此他的协调能力也在提高，而随着协调能力的提高，他将能够坐、爬、站立，最终行走和跑。他的手部操作能力也将提高，渐渐地，几个月后，他将对动作发展出很好的控制能力。

一般的发展情况 0-1 岁

每个孩子都会形成自己的节奏，而取得各种技巧或协调方面的成就的年龄只是相似。永远不要强迫你的孩子加快进度——那没有用。让他按照自己的节奏学习新技能，同时在一旁尽量给予他所有的鼓励和帮助。

在第一年，你的宝宝外表的主要改变，除了身体大小和体重，就是他的比例、姿势和身体控制能力。他的头部相对于身体的比例会变小，四肢会变得更长，变得更有力量，开始准备行走。在第一年，你的宝宝基本上将能够控制他的身体，不再那么软绵绵，而且他将能够有意识地移动身体。

你的宝宝在子宫里度过了生命中生长速度最快的生长阶段。在出生后的 6 个月内，他将继续快速生长，体重继续快速增加，但是这种速度会在接近第一年年末的时候减慢。通常来讲，一个正常体重的宝宝在前 6 个月身高会增加 1/4，体重会增加 1 倍，到了 12 个月，头围会变为出生时的两倍，而再达到这个倍数将在 11 年后。

长期趋势的变化

大多数身高体重表里的年龄都是以周为单位，体重是以千克或磅为计量单位，身高是以厘米或英寸为计量单位。宝宝的体重只需在他生命的最初几周格外关注，其余时间你最好不要过分关注他的体重。如果他从外表和表现上看起来很健康，就不太可能有什么问题。长期趋势的变化才是重要的。

你在关注孩子的生长时，应该重视体重增长的规律性，而非数值。只要你的孩子的体重每周都在增加，那么即使其体重数值有些不稳定，只要看起来快乐、活泼、

就没必要经常担心他的体重。此外，所有的身高体重表都是按照一个孩子“平均值”做的，平均值是一个理论上的统计值。你的宝宝是唯一的，并且他的生长模式和体重增加模式可能会与你知道的其他孩子有很大的不同，但那样不等于他不正常。

抓握反射

你的宝宝一出生就有“抓握反射”，它是指宝宝会紧紧弯曲手指，把任何放进他手里的东西抓牢的一种本能。几周后，这种反射会终止。

里程碑

在宝宝的成长和发展中，有不同的阶段或“标点符号”。宝宝们的发展阶段通常按照同样的顺序，每一阶段的发展取决于前一阶段的情况。宝宝们的发展规律性很强，以至于你基本能够按照大多数宝宝出现的情况，准确预测你的宝宝的下一阶段出现的情况。

然而，这并不意味着所有的宝宝都会以同样的速度发展。正如在身高体重表中会有一个较宽的区间范围一样，身体能力的发展也一样。没有任何两个宝宝能以完全相同的速度或相同的方式发展。有一些适用于所有宝宝身体发展的通用法则，详见以下表格：

里程碑：0–6 个月

月份	里程碑
刚出生	• **仰躺时的头部控制能力** 如果你抓起宝宝的胸部以上部位，把他的身体从床上抬起，他的头会因重和松软而自然向下垂，这是成年人之所以必须小心支撑宝宝颈部的原因。 • **坐** 如果没有支撑，宝宝还不能坐。如果你把他摆成坐立的姿势，他的背会弯曲，头会向前倾。如果不扶好他，他会立刻歪歪扭扭地倒下。 • **爬** 宝宝一出生就会有“爬行反射”（见第 26 页），但是一旦他身体舒展开，不再像胎儿时的姿势，他就会失去这种反射。
1	• **移动** 宝宝在这个时候不再是刚出生的样子，但是他的腿仍然弯曲。他也许能够移动头部了。 • **手部操作能力** 宝宝的手将可以握成拳状，他可以反射性地抓住任何放进他手掌里的东西。 • **腹部朝下时的头部控制能力** 宝宝能将头歪向一边地趴着，他的臀部能在空中向上拱，膝盖在身体下略微弯曲。 • **坐** 宝宝的后背仍将弯曲，他只能比以前稳定一点。然而，如果你扶着他，他会试着把头抬起来一两秒钟。
2	• **移动** 你的宝宝将继续伸展自己的身体。当他仰躺在地板上时，他可以将头抬到 45 度角，并保持一小会儿。 • **手部操作能力** 他将更加频繁地张开手指，而且是主动性抓握。 • **仰躺时的头部控制能力** 如果你通过抓住宝宝的双手把他从床上抬起，他能够抬起头，使头部与身体其他部位成一条直线，坚持一两秒钟。 • **腹部朝下时的头部控制能力** 宝宝的身体将近乎完全伸展，并且能在床上抬起头待上一会儿。
3	• **移动** 宝宝的身体将完全伸展开，腿将会伸直。他将能控制自己的头部。 • **手部操作能力** 他的手将在一般情况下保持张开，不过他还不能长时间握住东西。 • **仰躺时的头部控制能力** 在他仰躺的时候，如果你通过拉他的双手把他拉起，他将能够抬起头，并且保持头部与身体其他部位成一条线。 • **腹部朝下时的头部控制能力** 现在他能将腹部朝下躺得非常平，并且能抬起头保持很长时间。他将开始能靠支起前臂来承受肩膀和头部的重量。 • **站立** 一旦宝宝能够支撑住他的头部，他将很高兴被你抱起来，面对着你，同时用双脚触碰你的膝盖。可以将他举上举下，这样他能感觉到双脚在与你的腿的触摸，并学习撑起身体重量的感觉。

3 个月的宝宝

月份	里程碑
4	• **移动** 宝宝应该能从两侧把身体翻过来了。他会用前臂支撑自己。 • **手部操作能力** 宝宝将发现自己的手是好玩的东西，他将吸吮和玩自己的手。 • **腹部朝下时的头部控制能力** 你的宝宝能够抬起双腿离地，也能通过支起前臂来支撑他的胸部和头部，这样他能看到自己周围发生了什么。 • **坐** 如果你把他摆成坐立的姿势，他能够用颈部支撑头部坐着，他的后背下面仍会弯曲，但是上面已经差不多能直立了。 • **爬** 宝宝可能会抬起胸部和腿部离地，同时用胳膊做出游泳的样子。
5	• **移动** 当把宝宝放平、腹部朝下时，他能马上抬起头，从一侧把身体向上翻过来。 • **手部操作能力** 你的宝宝能够用一只手抓住东西再传给另一只手，并且能够轮换地吸吮他自己的脚。
6	• **移动** 宝宝能够从任何方向扭动身体，并且能够在没有支撑的情况下短暂地坐立。 • **手部操作能力** 宝宝能用手指和手掌握住东西，可能还会弯曲他的手腕。 • **仰躺时的头部控制能力** 宝宝的头部和颈部会非常强壮，非常容易控制，他甚至能抬头离地，并看到他自己的脚趾。 • **腹部朝下时的头部控制能力** 宝宝能用他张开的双手克服他的头部、肩膀和身躯的重量，并且能躺着从两侧翻滚身体。 • **坐** 宝宝不需要支撑就能自己坐好，但只能维持几秒钟。 • **爬** 宝宝能用展开的双臂支撑他的上半身，他在做屈膝动作时，你可能会发现他出现了爬的最初迹象。尽管他的身体在移动中摆出了爬行的姿势，但他还尚未掌握窍门，结果身体会前后摇摆。 • **站立** 到现在为止，如果他被人支撑，摆出站立的姿势，他可能会通过弯曲和伸直膝部和臀部做出跳跃的动作。

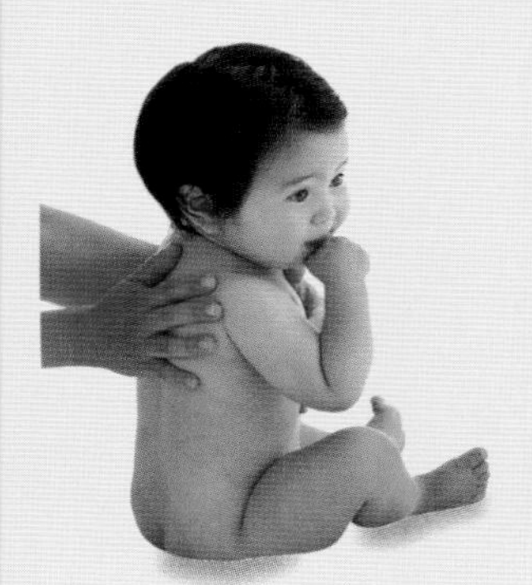
4 个月的宝宝

6 个月的宝宝

里程碑：7 个月至 1 岁

月份	里程碑
7	• **移动** 宝宝坐的能力将会提高，尽管他可能需要靠弯腰向前来平衡自己。 • **手部操作能力** 大拇指与其他手指可以步调相反了。宝宝能够将双手各持一个小物品，而后两手互换。 • **坐** 宝宝能够自己坐好，但非常不稳。他的背部仍会弯曲，他必须伸出双臂支撑自己，但是在这种姿势下，他的手将无法动弹，因为他需要靠它们平衡身体，任何移动都会导致他翻倒。 • **爬** 通过上一阶段一整月的练习，宝宝开始能用一条伸展开的手臂支撑他的体重。 • **站立** 如果你扶着宝宝使他站立，他可能会用一种舞蹈动作取代跳跃动作，而且可能会跳出双脚交错跳跃的舞步。宝宝们会经常把一只脚放到另一只脚上，再抽出底下那只脚，然后反复练习整套动作。
8	• **手部操作能力** 宝宝的灵活性将会提高，能用手指捏住小东西。 • **坐** 宝宝能完全在无人帮助的情况下坐好，并且转动方向。他仍会有点坐不稳，所以确保一直用几个软的靠垫围在他身边，以防他翻倒。 • **爬** 在地板上，宝宝能用双臂向前牵引自己的身体，头部向上挺直，并作出踢腿的动作。 • **站立** 把宝宝支撑起来，使其站立，如果上个月他没有用舞蹈取代跳跃的动作，那么这时候他应该开始会双脚交错跳跃的舞步。他可能也会一只脚站到另一只脚上，然后抽出底下的那只脚，不停地重复此动作。

7 个月的宝宝　　8 个月的宝宝

月份	里程碑
9	• **移动** 宝宝将坚定地努力练习爬，而且这时他也许能用手和膝盖支撑住自己了。 • **手部操作能力** 手的灵活性继续提高。他开始把食指插入玩具的孔里。 • **坐** 宝宝的平衡性将在这个月有大的进步，进而能够摇摆着身体四处张望，而且能将身体向前倾伸手够东西，而不会失去平衡。 • **站立** 宝宝已能够用脚承担他的全部重量，但是还不能站稳。如果你牢牢地支撑他的腋下，他会试着向前移动一只脚。如果扶着你的膝盖，他将会试着向前走一两步。在这一阶段，你必须非常小心地支撑好宝宝，帮他分担大部分重量，因为他的平衡感还很原始。
10	• **移动** 宝宝能够直接靠他的腿和双臂爬行。他能扶起一个支撑物让自己站起来。 • **手部操作能力** 宝宝能用一只手握住两个小东西，但是在放开它们的时候会略显笨拙。 • **站立** 宝宝膝部和足部的肌肉控制能力将会提高，他开始能扶着家具站立起来，只是平衡感还不太好。
11 - 12	• **移动** 宝宝已经能在你的搀扶下东倒西歪地走路了，但大多数时间他是自己在沿着家具“巡航”（见第 188 页）。 • **手部操作能力** 宝宝能够握住蜡笔，自己进餐，给别人东西或去取东西。他的协调性每天都在进步。

10 个月的宝宝

1 岁的宝宝

身体上的里程碑

每个孩子在身体发展上都会经历很多重要的里程碑。

- 所有孩子的里程碑的到达顺序都是相同的，通常来讲，如果你的宝宝在上一个里程碑所掌握的技能没有达到熟练，那么他不会进入下一个阶段。
- 发展的速度极少是恒定的。在经历了快速发展时期（生长快速增长期）后，有可能速度会放缓。发展是持续的，很多孩子会在一个发展的快速增长期有很大的进步，随后又会慢下来一阵子。
- 原始的反射或动作在宝宝获得特定的技能之前会消失（见第 27 页）。例如，你的宝宝会在他掌握有意识地抓住一个物体之前失去原始的“抓握反射”。
- 发展的进程总是从头部开始，最后到脚趾。第一个会到达的里程碑是对头部的控制，而后是对身体的控制，向下到胳膊，再到身体，最终到达腿。
- 在你的宝宝很小的时候，他的动作通常还不稳定。随着他渐渐长大，动作会变得越来越稳定，越来越精确。
- 早期无意识的动作通常会让位于特定的真正的动作。你的宝宝在 6 个月时可能会明显做出无意识的类似行走的腿部动作，但是这个动作与他 1 岁时真的开始走路的动作不同。
- 发展不仅是以“完成了什么”为衡量方式，还包括做得怎么样。换言之，你的宝宝在成长，他的技能也会进步。
- 大脑和神经系统控制人的运动和协调能力，因此你的宝宝只能在大脑准备好后，才能到达特定的里程碑。例如，宝宝只能在连接手指和手掌的神经完全得到发展以后，才能学会用大拇指与其他手指配合抓起小的物体。
- 一个新技能在练熟后，你的宝宝可能会忘掉一个之前学到的技能。这可能只是因为他把注意力都放到了新技能上。一旦练熟新的，旧的就会重新出现。
- 里程碑受孩子的个性影响。独立、果断的孩子一般会比其他孩子更乐于主动尝试和练习新的动作，所以如果他们掌握新的技能比别人早也无需吃惊。一个友善而外向的孩子通常有强烈的欲望与他人交流，而且可能会比其他孩子更早发展出演讲的能力。你可以通过言传身教鼓励他发展这两种个性（见第 225 页）。

坐立

需要记住，在你的宝宝能够坐立以前，他的颈部、肩膀和四肢这些部位首先必须有足够的力量，能够控制他的头部及保持身体平稳直立。在坐立时，他也必须学会如何平衡自己，这样每次尝试拿东西或扭身看背后的东西才不会跌倒。大多数宝宝在八九个月大以前掌握不了这个技能。

新视角看世界

坐靠在一个弹跳椅上，你的小宝宝将会喜欢看周围发生的一切，也会喜欢看你在做什么。

帮助你的宝宝坐立

现在你知道了一个宝宝是如何学习控制头部和坐立的，你可以通过让宝宝做类似他在第一个月做的几种体育运动来帮助他坐立。这些运动可引导他更多地使用控制做抓握和推拉动作的肌肉。其方法如下：

- 在你的宝宝2个月的时候，一边支撑他的腹部和肩膀，一边跟他说话，这样他会尝试抬起头看你，用这个方法也可以帮助他学习坐立。
- 在3个月的时候，宝宝能控制头部、颈部和肩膀，但是他的背部需要支撑，因为它还是弯曲的。
- 4个月的时候，他能够支撑起自己的头部、颈部，他的背部大部分是直的，你要做的就是撑好他的胳膊，使他的臀部保持平稳，防止过于扭曲。

支撑你的宝宝

从第六周开始，你应该在宝宝的坐式推车或弹跳椅上放个靠垫，用以支撑宝宝，以便让他了解周围发生的事情。根据我的经验，我发现弹跳椅是支撑宝宝的最佳物体。这种椅子比较柔软，是根据宝宝弯曲的身形设计的，可在弹跳椅上垫个柔软的

安全小贴士

- 在大约五六个月，大多数宝宝学会了从背部向身体两侧翻身，然后再从前面向后翻身。一旦你的宝宝掌握了这个技能，决不能让他独自躺在任何地方，除非在你已经清除了所有硬物或尖物的地板上。请注意，永远不要把宝宝一个人留在任何地方。
- 支撑起你的宝宝的时候，用一些靠垫环绕他。到了6个月，他只有腰部需要支撑的时候，他仍需要一些靠垫围绕着臀部给予支撑。
- 在宝宝还不能自己坐立的时候，不要在椅子或床上支撑好宝宝后留他一个人在那里——他应该待在地板上。
- 大约7个月时，你的宝宝开始能自己坐起来，但在尝试中时常会翻倒，因此你必须用靠垫或枕头围绕他，以防他受伤。
- 避免让他抓到重量轻的婴儿床、家具（例如椅子）或手推车。如果你的宝宝想扶着它们站起来，却抓到了上面不牢固的一侧，就很容易把它们整个拽倒。

枕头或靠垫。但是必须扣好安全带，以防宝宝滑下来，宝宝的头部必须用枕头或坐垫支撑好。因为椅子很有弹性，能对宝宝突然手臂挥舞和踢腿的动作做出回应，所以它可以鼓励宝宝尝试创造更多的动作。永远不要把弹跳椅放在一张桌子或其他高于地面的平面上，以防宝宝因动作过大而连同椅子一起“弹”下来。

安全小贴士

- 永远不要让宝宝一个人待着。
- 移走有锋利的边和棱角的家具。
- 移走距离地板不到 1 米的物体表面上任何易碎的东西。
- 不要在地板上留有可以拖动的电线。
- 在插座上插好安全塞。
- 确保在距离地面不到 1 米的地方没有电源开关。
- 在接近楼梯顶部的卧室门口和楼梯底下安上安全门。
- 地板上尽量不留小的和锋利的玩具。
- 确保家里的壁炉和炉灶都做好防护。
- 不要把任何衣服悬在桌子上，宝宝能触摸到，并拽下来。
- 确保所有家具都坚固，固定在墙上的装置都安全。
- 不要在宝宝待的房间的桌子上留任何热的东西。
- 确保家里楼梯的栏杆不要过宽，以防小宝宝钻进栏杆被卡住。
- 关牢所有的柜门，门把手不能让一个正在爬的宝宝够到，如果不能保证，就锁上，或用密封胶带封上。
- 把所有盛有毒物质的容器锁起来，或放到宝宝接触不到的地方。

爬

在你的宝宝会爬之前，他必须首先能够摆出正确的姿势。他必须能够把身体伸直，以便把腿伸展开；他必须学会恰当地控制头颈部；他的双臂必须有力量支撑身体，这样才能让他的胸部和头部离地。

很难准确指出一个宝宝应该从多大开始爬，所以你应该将前面的里程碑表格上的时间视为宝宝发展的阶段，而非当做年龄。此外，即使你的宝宝表现出对爬没有兴趣，你也无需担心。有些宝宝讨厌肚子着地的姿势，他们通常是那类喜欢在高处看着周围的宝宝。他们可能会将爬留到下一个阶段。事实上，有的宝宝根本不学爬，但是也能走得很棒。

帮助你的宝宝爬

我非常反对教你的宝宝做正统的爬行动作，你可以鼓励他从一个趴着或坐着的姿势开始向前移动。

- 对你来说，最好的方法就是在离你的宝宝几步远的地方坐下，鼓励他朝你这边来，你可以用一个他喜爱的玩具作为诱饵。
- 只要你觉得你的宝宝需要，就过去帮助他，特别是在他因努力却没换来成功而疲惫和沮丧的时候。请注意，对于他做出的任何努力，始终给予表扬。
- 随着他变得越来越爱冒险，你可以通过在他刚好够不到的位置放一个玩具来帮助他，这样他会为了得到它，不得不使用自己所有的资源，包括他的决心。

- 宝宝们在很小的时候就会通过模仿来学习，所以一旦他开始尝试爬了，你也趴到地上和他一起爬会是个不错的主意。
- 滑的地板，尽管通常比较危险，却能用来促进正在爬的宝宝的“爬艺”，因为在它上面即使最微小的动作都能给宝宝向前移动的回报。

拖着脚移动

为了向前移动，你的宝宝需要协调手部运动和膝部运动。起初他可能会觉得这很有难度，可能会想出一种独一无二的拖着脚移动的方式来推动自己向前和向后移动。有的可能看起来像螃蟹似的横向移动，有的可能是一条腿屈膝折在臀下以助平衡，然后拖着另一条腿移动的方式。不管你的宝宝采取哪种办法都没关系——这些都是能接受的。重要的是他已经掌握了移动的技术，这已经是一个很大的成就，为此他应该得到很多表扬。不要阻止你的宝宝做出奇怪的动作。允许他以自己特有的方式发现如何控制和移动他的身体。

正在爬的宝宝

一旦你的宝宝学会了爬（或拖着腿移动）的诀窍，他将会很快提速，所以他需要大人时刻看护。他可能需要很多房间，以便能四处移动，完全拓展他的能力。因此，出于这一点考虑，以及为了鼓励你的宝宝的好奇心和冒险意识，你需要尽量给他提供很多清空的地板空间。正在爬的宝宝每天都会变得越来越强壮，所以要注意家里会摇晃的或易碎的物品，因为他现在能以迅雷不及掩耳之势立刻毁掉。

现在，你的宝宝也变得更脏了，而且他会把在地板上发现的一切东西往嘴里塞。确保他不接近宠物的饭盆或饮水罐。你的宝宝的膝盖会重重地撞击地板，所以要给他穿裤子或背带裤。尽量保证家里的地面平滑，或在上面覆盖软的东西，以防磨破宝宝的衣服。你的宝宝不需要鞋，而且在他学走路以前都不应该穿鞋。

站立

因为宝宝的发展进程是从头向脚这样一个方向，所以宝宝很难在 10 或 11 个月前掌握对膝盖、小腿和脚部肌肉的控制。只有到那个时候他才能有足够的力量和平衡能力，才能用脚负担全部的体重站立起来。

坐下

相对于坐下，站立起来更显容易，而且一个宝宝通常要花三四周的时间掌握从站立的姿势重返地面的技能。他的做法通常是砰的一下向后坐下，或者小心翼翼地用手沿着一个支持物的侧壁向下滑，直到臀部着地。

在他掌握这一技术之前，他可能只会僵直地站着，用尖叫呼喊你来帮忙。在宝宝学会如何俯身坐下之前，他和你都会有一段挫折期。你可以扶着宝宝使他的身体缓缓下移，以便他在练习中获得自信，通过这个方式帮助他。在一遍一遍的练习中，你不对他生气也是在帮他的忙。

巡航

你的宝宝从成功地学会站立和坐下获得了足够的自信后，可能再过 4 周他将开始“巡航”。他会扶住一个支撑物，面向它，然后双手沿着它慢慢向上摸索，之后一只脚跟着另一只脚踩着地面，并在手的力量下带动自己的身体站立成一条直线。他在这个方法上获得信心之后，会靠手臂的力量扶住支撑物，并且将它们用于平衡身体。

一旦你的宝宝达到了这一阶段，不用几周的时间他就可以放开支撑物，自己向前移动到下一个地方。最初的几步会非常不稳。为了增加根基的宽度，他会把双腿叉得很大，并且通过向前抬起胳膊、轻微弯腰来保持平衡，踉跄前行。等到宝宝熟练掌握这种行走技巧之后，他才会将双脚靠近，双手垂在身体两侧。

沿着家具巡航

如果你家有低矮而牢固的家具，你的宝宝将会靠它带动身体直立，并且用手支撑自己，绕着家具“巡航”。

帮助你的宝宝站起来

- 不要给宝宝穿袜子或穿鞋。光脚能让他有更好的抓地力和平衡力。如果你的房间冷，给他穿上小山羊皮底的长筒鞋袜。宝宝所有的衣服都应该是宽松的，这不会限制他运动。
- 所有房间的家具都应该沉重、牢固而平稳，这样宝宝用手扶的时候，不会出现家具倒下来砸到宝宝的危险。
- 抵制住想催促你的宝宝尽快站立或行走的念头。他自己会在适当的时间做到这些，而且没有任何方法可以加快进程。
- 不要跟你的宝宝玩突然撤走你的支撑的把戏。这会严重吓到他，而且可能会破坏他对你的信任，因为在那一刻以前你都是他可以依靠的人。
- 最好不要现在就开始使用睡袋，你的宝宝会尝试从里面站起来，而且会摔倒，但是如果他已经在用，并且已经习惯了，那么继续用也可以。
- 藏好家里所有的电线和绳索，或牢牢地钉住，因为现在他可能要开始围绕着家具“巡航”了，不过一条绳索也许是他转移到下一个目标的理想的“扶杆”。

一般的发展情况 1-2 岁

到了第二年，你的宝宝的身体生长速度会变缓，没有了圆嘟嘟、矮胖的样子，而变得更结实，肌肉更强健，并且开始有了成年人的身材比例。他的平衡能力和协调能力会提高，而且会很好地掌握许多运动技能。

就像成年人之间一样，每个孩子在身材和体重上都会有很大的不同。你的孩子的体重随着他的身体比例而增加，所以小孩子与大孩子相比，体重增加得要更少、更慢。

身体上的里程碑

13–15 个月 你的宝宝应该能够自己站立，并向前迈一两步。然而，如果没有支撑（来自你或通过扶住家具），他还不能从坐的姿势自己站起来。

15–18 个月 你的宝宝能够在没有帮助的情况下自己站起来。他开始岔开双脚、抬高胳膊肘，用原始的姿势自己行走。与你的宝宝一起练习更多的腿部运动，给他一个大而柔软的球，让他试着踢给你，这样有助于锻炼他的平衡能力。

18–20 个月 他走得更稳，他的手臂会自然垂向两边。而且几乎肯定，你的孩子想要上楼梯。

21–24 个月 你的孩子在弯腰捡东西时能保持身体平衡而不摔倒。和他一起跳舞可以帮助他练习很多运动。

手部操作能力里程碑

12 个月 你的孩子能很好地掌握成年人的抓握动作，这个很有用的动作是通过反复练习合拢手指做到的。如果你向他要什么东西，他会给你，并且能用手在地板上滚球。

13–15 个月 你的宝宝能够单手握住 2 件小东西，并且能把一块积木码到另一块上面，而且可能会试着用笔在积木上面做记号。如果你给他脱衣服，他可能会自己脱掉鞋了。

18 个月 你的宝宝能用积木建造一个大约三四块积木高的大楼。动手用勺子吃东西的技术将会变得更好。如果你现在教他拉拉锁，他会把拉锁向下拉。

2 岁 你的宝宝将学会旋转和拧东西的动作，能够通过转动门把手把门打开，也许能够把一个松了的盖子拧掉。他将喜欢自己洗手。

翻书

大约 18 个月的时候，你的宝宝能够自己翻书看了。

学走路 1-2 岁

宝宝该何时走路没有一个确切的时间。你的宝宝第一次没有任何支撑地迈步可能发生在 9–15 个月之间的某一时间。没有人知道宝宝走路早或晚的原因，不过这种情况通常有个家族史。尽管宝宝学走路的时间有很大的不同，但是他们在能够自信而平稳地学会走路之前，都必须经历一些相同的特定发展阶段。

宝宝们自己会设计每个阶段的时间长度，你永远不要犯拔苗助长、急于推动你的宝宝从一个阶段进入下一阶段的错误。如果你始终在宝宝的身边说着鼓舞的话，让他不失去信心才是对他极大的帮助。学走路是他不得不经历的最难的事情之一，所以你要让他对自己的成就感到骄傲。

学走路的阶段

1. 你的宝宝可能在 1 岁前已经开始了沿着家具“巡航”。他的双手沿着支撑物向上摸索，利用手臂的力量带动双脚站立，与身体其他部位成一条直线。此时，平衡会是一个问题。

2. 他仍在“巡航”，但是他会站得离家具更远，并且用双脚承担身体更多的重量。他将开始用两只脚迈步，而不再是两只脚一起滑动。随着信心的增强，他的手和脚能够同时动起来。他将有信心和平衡能力短暂地用单脚承担全身的重量。

3. 你的宝宝会爱上利用任何支撑物在房间里自由走动。下一个阶段他要练习跨过两个支撑物，不过他要先能够同时扶住这两个物体，在这个过程中，他仍需要你的保护，而且只有他在一只手牢牢扶好下一个支撑物后才会放开前一个。

4. 你的宝宝将开始通过比他张开双臂的宽度还要大的空间，但仍要用一只手

帮助你的宝宝学走路

- 环绕着房间放置家具，以便他可以从一边下来，蹒跚走几步，再扶着另一个起来。
- 起初，家具间的间距不应该超过宝宝双臂的宽度，这样他可以用一只手扶住一个家具，同时伸展另一只手够到下一个支撑物。如果间距太大，你的孩子将无法够到下一个支撑物，也就无法通过这段距离。
- 在宝宝学走路的时候，确保地板不打滑——一个重摔可能让他几周都不敢走。
- 确保房间内没有能伤害到宝宝的东西，没有他能拉动的物体或绳子。
- 他不需要鞋和袜子，光脚更安全，不仅因为可以防止脚畸形，还因为那样能有很好的抓地力，而且可以让他习惯感受自己的重量。
- 在你的宝宝练习沿着家具“巡航”和最初松开手迈步的阶段，一个玩具推车或小推车会是很好的辅助工具。买这种小推车的时候，注意底部应该稳固而宽大，这样它不会翻倒。不要使用婴儿学步车。
- 在你的宝宝刚开始迈步的时候，你要始终待在他的旁边。

学步推车

借助图片所示的这样一个牢固的带轮子的学步玩具，你的孩子的活动性和独立性将会大大地增强。

扶住一个支撑物，移动到间距的中央，在身体平衡以后再放开前一个支撑物，向着下一个支撑物迈出一步，然后抬起双手扑过去。

5. 你的宝宝将开始“蹒跚学步”。他将设法摇摇晃晃地迈出两步去够第二个支撑物。

6. 你的宝宝将从一个地方把自己发射到一个空地，在没有支撑的情况下自信地迈出几步。在他失去平衡“砰”的坐到地上之前，也许能迈上五六步。

安全小贴士

- 请记住，一旦你的孩子能走了，他也同样能爬，所以应该给所有窗户都安上保护儿童的装备：或者是栏杆，或者是一种使窗户只能打开几厘米的特别的连接件。
- 将衣柜或床头柜这类可以藏身的地方锁好，以防你的宝宝藏进去且被锁在里面。
- 确保门锁安在你的孩子接触不到的位置。
- 不允许你的孩子一个人进入能通往大街的后院。尽快训练他上街的注意事项。
- 在你的孩子还不会扶着栏杆下楼的时候，这样教他如何正确下楼：让他坐在最上面的台阶上，把他的双腿放到下面一节台阶上，然后双手紧随其后，这样一节一节地下去。
- 将所有的锅柄由灶前转到别的地方。
- 不要把热的东西留在孩子能触摸到的地方：放在他够不着的地方，除非它已经绝对冷却。
- 玻璃门不应该太干净，你的孩子会撞到上面。在玻璃上贴上彩纸或彩色玻璃贴，使孩子能看见它们。
- 将所有的药物放在一个药箱里，放在高处，并且锁好。不要在你的手包里装药。
- 将所有的清洁用品放在孩子够不着的地方，或将它们存放在一个上锁的柜子里。
- 不要将小地毯铺在抛光的地板上，除非它们底下有双面胶带或地毯绷带固定。
- 不要让你的孩子靠近任何非常小的东西，以防被他吞食，或被他塞进鼻孔或耳朵里。
- 将所有锋利的工具，包括厨房用具放在你的孩子接触不到的地方。
- 不要乱放缝纫材料或工具。
- 永远不要把你的孩子单独留在靠近水的地方。

你的蹒跚学步的孩子

你的宝宝在刚开始蹒跚学步的时候，对自己的动作几乎没有控制力。然而，到了 19 个月，他就既能正着走，又能倒着走了，并且甚至已经能跑了。一旦能跑了，他也应该会跳了。

到了 2 岁，他能够在跑的时候转方向，并且能瞥一眼自己的肩膀而不失去平衡。他能突然停下来而不摔倒，他的平衡能力已经有很大的进步，他可以直接弯下腰捡东西，而不必先坐下来。在你的鼓励下，他能够踢球，但会因不能单腿长时间保持平衡而踢得摇摇晃晃。

很自然，你的孩子肯定会想尽可能多地四处乱转，但是在户外你必须格外小心。他还没有道路意识，所以你必须或者拉住他的手，或者使用栓绳式安全带。我相信，无论对你还是你的孩子来说，这种特别的安全带都会是最满意的解决方法：它既不

开始蹒跚学步

你的宝宝在刚开始学走路的时候，只能朝着一个方向走，刚提速时，她无法转弯或突然停下来。

会伤害你的胳膊，也不会伤害孩子的胳膊（可能像个腕带），而且能让孩子比拉着你的手更自由。尽管你的孩子的力量在这一年会一直增加，但你也不要期待他能一下跑几百米。如果你着急，或受不了他总是停下来看这看那，就给他带上个推车，在他累的时候让他坐在里面。

如果你的宝宝在学走路这一发展阶段有所倒退也不要着急。他在短时间内学了太多东西，可以理解他的发展的一个方面可能会慢下来，以便能将精力集中到下一个。他可能也会在生过一场病后退步。放轻松，让你的宝宝按自己的节奏发展。

一般的发展情况 2-3 岁

到了第三年，你的孩子的生长速度和发展速度都会减慢。他基本上能完全控制自己的身体，而且很多动作都变成了自然而然的行为——在做需要很好的协调能力或手部操作能力的事情时，他不必全神贯注或非常努力。他的协调能力将帮助他搭建出漂亮的积木城堡，他将尝试自己穿衣服和脱衣服，甚至能想办法解开扣子。

身体上的里程碑

2 岁 你的孩子能够自己上下楼，但是他每次在移动到下一个台阶前必须两只脚都站到同一台阶上。他能成功地踢球而不摔倒。

2 岁半 他能用脚尖走路，从一个物体上跳上跳下。然而，他还不能单脚站立。

3 岁 上楼时，他能一只脚一只脚地上台阶，但是下楼时仍然必须先双脚踩在同一节台阶上。到了最底下的一节台阶，他会直接跳下去。他能单脚站立几秒钟，但还不能单脚跳跃。

手部操作能力里程碑

2 岁 他能自己成功地戴上手套，穿上袜子和鞋。他会设法准确地转动肘关节，以便转动门把手或拧开一个盖子。他开始用铅笔和蜡笔画画。

2 岁半 他能自己脱掉外裤和内裤，将一根细绳穿过大珠子，能扣好大的且容易扣的扣子。

3 岁 只要他的手可以够到所有的扣子或拉链，他完全能自己穿衣服和脱衣服；他能对付鞋上的粘扣；甚至带扣；他能很好地握住彩色铅笔，准确地绘画和上色。他可能也开始掌握使用剪刀这一难度较大的技能了。

学习控制笔

他能握住一支铅笔，并且爱在纸上涂鸦。在他能约束自己不画出纸的边界以前，给他用可水洗的水彩笔。

协调能力 0-1 岁

在前6周，宝宝的手一直是握成拳状，可能只在哭的时候张开和并拢。到了第8周，他的手会越来越频繁地张开，抓握反射（见第27页）也将被有意识抓握动作取代。一些家长会在这个阶段担心，因为他们的宝宝没有以前抓东西那么紧了。不要担心，你的宝宝是在学习一个新技能，这个新技能会在2个月内被他完美掌握。

在这个时期之前，宝宝还没有尝试过协调手指动作和手部动作，而是花了大量时间观察手的样子，探索对它们的感觉，以及琢磨它们是如何动的。他的大部分时间都是张开手，近距离仔细观察，似乎是在开始使用手之前对自己的力量做评估。

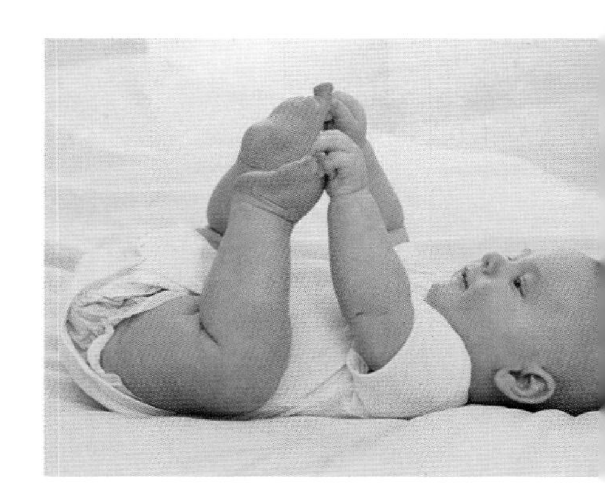

和他的脚玩

在你的宝宝发展协调能力的过程中，他会尝试用手抓所有的东西。他会抓起自己的脚和各种玩具，而且会把所有的东西都塞进嘴里。

发展控制能力

在四五个月的时候，他将有意识抬起手抓东西——他可能会抬起双臂伸向一个物体，用两只手去抓它。到了6个月，你的宝宝既可以用两只手抓住物体，又可以用单手抓住，通过手指和手掌用力挤压而抓住这个物体，不过他的控制力还不好。

然而，他能够区别对待大的和小的物体，并视情况张大自己的手。他会喜欢触摸物体的感觉，所以应给他提供各种不同材质和形状的物体，供他抓握和控制。他在躺着的时候可能会抬起腿，用手够自己的一只脚，然后把脚塞进嘴里。他还不知道如何对付所有拿在手里的东西，所以如果你给他一个立方体的东西，他可能会好好地拿着，但是如果再给他一个，他会想都不想就把第一个扔掉。这段时期，他将开始探索如何用手吃东西。手眼协调能力在此时期将会有长足的发展，他能够用手指自己拿着食物吃，只是动作还不准确。

学习如何松开手

大约8个月的时候，你的宝宝将会拿东西给你，但是还没学会如何松开并稳稳地把它给你，要到大约1岁，他才能进入这个阶段。那个时候，坐在高脚餐椅或推车里往下扔东西将成为很有乐趣的游戏。从现在开始，他的抓握动作将变得越来越灵巧，到了9个月大，他将停止用手掌抓东西，而改为用拇指和食指抓东西，到了

手眼协调能力

月份	技能	如何帮助宝宝
0 - 2	宝宝在 8 周以前是学不会用自己的双手的。他将学会聚焦，双眼聚焦的最远距离约为 20 厘米 –25 厘米。	他将尝试双眼聚焦在移动的物体上，例如一个彩色的活动玩具。不过，你的脸才是他生活中最有趣的关注目标，因此要确保他经常看到你，而且是近距离看到你的脸。在他视线范围内，即不超过 25 厘米的地方挂上有趣的物件。
2 - 2½	宝宝将会伸开手，饶有兴趣地观察它们。眼睛的焦距不超过30厘米，所以他会把手伸向自己的脸，以便看清它们如何动。	一旦他的手伸展开，就准备好了让你在他手里放入东西。他觉得最有趣的玩具是能发出响声的玩具，比如拨浪鼓。这类玩具很有用，因为宝宝开始把自己的手在做的事情、眼睛所看到的和所听到的做出关联。
2½ - 3	宝宝会非常仔细地研究自己的手，而且饶有兴致。如果你发现他这样做，就意味着他已经将所见到的和所做的这二者做出了关联。在这个时期，他可能会为了得到附近的一件东西而做出伸手抓的动作，只是动作还很笨拙。	他正在学习判断距离，他会把手伸向他看到的发生了有趣事情的位置。在婴儿床上挂一条绳子，上面挂上许多有趣的物件。让它们自由摆动，以便宝宝能够到和触摸它们，并观察自己的动作会对它们造成什么后果。
3 - 4	宝宝能触摸任何在他视线范围内的东西，并学习如何用手和眼睛测量距离。他会看着一个目标，然后通过尝试用手摸它来确定距离。他不是用伸开的手去够物体，而是在碰到它之前手先缩成拳状。	现在他已经很会晃动东西了。如果够不着某个物体，他会有挫败感，因为他想要抓住它。你可以不把玩具悬挂在绳子上，而是绑在婴儿床的两侧。你也可以用手拿着玩具，让宝宝尝试抓它。一直等到他碰到玩具后再给他。
4 - 6	这段时期，宝宝的手眼协调能力将快速发展，他能很好地判断距离，眼睛将成熟到有能力聚焦于任何距离的物体。他也将学习如何抓握，所以当他够到和触摸到想要的物体后，他会伸开手，然后弯曲手指，把它握住。	他需要大量练习伸手够东西和抓握的动作，而且他会乐此不疲。你可以在他面前示范握住有趣的东西，鼓励他也这样做，例如，任何能发出声响或形状有趣的东西，比如一个塑料瓶、毛绒球或车钥匙。

1 岁，他能够用拇指和其他手指的指尖捏起小东西，并且在抓小东西之前，通常会先伸出食指指向这个东西。他能用一只手把物体递给另一只手，也能一手一个同时拿起两个物体。

手部操作能力

在宝宝 8–10 个月的时候，他会真的学习使用手。他会用手挤压东西，也会拍击、滑动、捅、抓挠它们。他会用手探索每种新物质，包括食物，任何液体或鼻涕他都会用手搅浑、涂抹，或拍得四处飞溅。他会把大多数东西直接塞到嘴里，无论是他的脚、手指、塑料盖子，还是玩具。

随着他的手部操作技能变得越加熟练，他对东西塞进嘴里的迷恋会开始减退，而转为开始玩类似“拍蛋糕”的游戏。他也将发展出与人挥手再见的社交技能。

右撇子和左撇子

如果你和你的伴侣都是左撇子，那么你们的孩子是左撇子的概率为 1/3，这个概率发生在父母都是右撇子的孩子身上仅为 1/10。没有任何自然法则证明一只手要比另一只手更优秀，所以如果你的孩子是个左撇子也无需担心。

你的孩子无法控制自己的哪只手占支配地位，这是由正在发育的大脑决定的。把大脑想象成彼此相连的两半，每一半都分别控制不同的行为。随着宝宝大脑的发育，它们中的一边会成为主导。如果左边大脑支配他，那么你的宝宝会是个右撇子，反之亦然。

在第一个月，你的宝宝可能还没有左右偏好，但事实上大多数新生儿向右转头要比向左转头更频繁。随着宝宝的协调能力的增强，你可能会发现他的一只手开始比另一只用得更多了。如果你的宝宝这样做，根本无需担心，他会以自己的节奏发展。永远不要尝试阻止你的宝宝成为左撇子。如果你改变了宝宝的大脑自然想做的事情，你会危险地造成他心理上的“副作用”，比如口吃，以及阅读和写作上的困难。

你的宝宝喜欢模仿

坐着和你的宝宝一起画画。他可能还没有足够的协调能力自己画画，但是他很快会通过观察找到方法。

协调能力 1-3 岁

到了 1 岁，你的宝宝能够用大拇指和食指捏起很小的东西，比如一枚纽扣。如果你拿起一支铅笔或蜡笔在一张纸上画个符号，你的孩子也会拿起笔，并且尝试模仿你画的符号。

到了 13 个月，你的宝宝将学会用手握住一个以上的小东西。他的协调能力在不断提高，所以如果你向他演示如何搭建一个积木城堡，他将学你把一块积木码到另一块上面。他也开始尝试脱衣服了（见第 46 页），并且喜欢牵着一个拉绳子的玩具走，玩敲木钉的游戏，把不同形状的东西安入正确的缺口内。到了 15 个月，他可以自己进餐，无需任何帮助，而且不会制造太多混乱。如果你向他演示如何梳头，他会尝试自己梳头，并且还想在家里帮助你做些事情。

新的成就

到了 18 个月大，你的宝宝能够搭建一个四五层高的积木城堡，能自己翻书看，一次翻两三页。到了 2 岁，他的手将有很好的协调能力，将会做出用手拧动东西的复杂动作，通过旋转门把手把门打开，并拧开松动的瓶盖。洗手和擦干手将成为他钟爱的一个消遣。2 岁通常是孩子们第一次尝试穿衣服和脱衣服的时候，他们通常能够应付穿鞋，但是穿袜子可能还需要帮助。

请始终牢记，你的孩子将以他自己的节奏前进，还有，他的肌肉协调性的发展不可能比大脑和神经系统的发展快。没有任何两个孩子能以完全相同的速度发展。不要对你的孩子有太多超出他能力范围的期待，这是错误的。他对快乐有极大的需求，如果你不断地设定高于孩子自然能力所能及的目标，他会情绪低落，因为他感觉自己让你失望了。更糟糕的是，如果他渴望做些超出自己身体允许范围的复杂事情，在遭遇必然的失败后，他可能会生气或沮丧。你的角色是帮助和鼓励你的孩子，不要给他设置不可能完成的目标。

需要掌握的技能

在你的孩子 3 岁时，他应该有能力做到以下的事情：

- 搭建一个8–10块积木高的积木城堡。
- 继续自己穿衣服和脱衣服，此时技术将会更加熟练。
- 能够解开手容易够到的扣子，但是可能还不会扣上它们。
- 帮助你做任何你建议他做的家务劳动或日常杂务，他会模仿你，而且爱上这些工作，无论是安东西，还是洗盘子，他都将它们视作游戏。
- 能够把盘子、碟子搬到桌子上，并且会成为一个更有合作意识的家庭成员。

如何提高协调能力

在2到3岁之间，你的孩子会是一个很棒的体验者，所以你应该通过打开他的世界且计划新的探索来满足他的好奇心。这是孩子们想要找出地心引力的奥妙的年纪。他们想探索什么东西总是向下坠落；圆的东西能滚动，而方的却不能；液体可以流动，而没有形状，放在什么样的容器里就能变成什么形状；泥巴和生面团能被挤压做成不同的形状。

这些发现只会使你的孩子的协调能力不断发展和成熟，不仅是手和眼睛，还包括躯体和四肢部位。玩有很好的协调能力的玩具可以帮助他发展协调能力；只需鼓励他沿着狭窄的台阶走，就能够帮助他提高平衡能力，注意始终待在你的孩子身边，否则他会失去信心，并且会摔倒；你能通过和你的孩子一起扔球和抓球来提高他的球感，请注意，一开始应该使用大而柔软的球，比如沙滩球。

鼓励冒险精神

一旦你的孩子变得好动起来，最好是鼓励他的冒险精神，而不要过分保护孩子。当然你的孩子不可避免地会摔很多次，但是总比他身体不自由和不自信要好。如果你不这样，你会给孩子帮倒忙的，因为，你将会剥夺他未来七八年大多数原本可从体育运动中得到的快乐。如果他行动的节奏和准确度不能像其他孩子一样，那么在开心的活动中，他可能会被小朋友们落下。一个过分保护孩子的家长，会在孩子想要沿着一个矮墙爬行的时候，坚持拉住孩子的手。相反，一个鼓励体育运动的家长会引导孩子在非常狭窄的物体上练习平衡，会在家里把一个厚木板搭在一摞杂志上，让孩子上去练习。

冒险精神

运动对你的孩子来说至关重要，你应该尽可能随时鼓励他参与活跃的游戏。他能从一个带轮子的玩具找到很多乐趣，比如儿童三轮车。

视觉 0-1 岁

人们过去总认为新生宝宝看不到，因为他们的眼睛聚焦范围相当有限，所以他们的视觉世界不需要被刺激，而且甚至可以被忽略。我们现在知道这根本背离事实。一个新生婴儿可以看到东西。新生婴儿和有成熟视力的大一点的宝宝的区别仅在于新生宝宝看不了那么多，看得没那么容易，或者没那么好。换言之，你的新生宝宝看东西的方式有限，你必须把视觉世界在他所能察觉到的范围内呈现出来。

宝宝的视觉能力要到他 3–6 个月大的时候才能完全发展，他的眼睛还无法聚焦于任何距离他面部超过25厘米的东西上。随着眼部肌肉的逐渐强壮及视觉的发展，他的灵敏度也会大大提高。

即使你的新生宝宝的视力有限，他的眼睛还是会对两种东西非常敏感，即人的脸和任何移动的物体。如果你把脸凑近到距离宝宝 20 厘米的位置，你发现他的眼睛会转动，表情也在变化。甚至一个刚出生几个小时的宝宝也能双眼聚焦到一个物体上。随着宝宝渐渐长大，他会在你的脸进入焦距范围时，整个身体兴奋地晃动并对你做出反应。

色彩视觉

你的宝宝在出生时，视网膜上用于分辨颜色的细胞尚未完全发展，因此，你的新生宝宝看到的世界色彩明暗度更为柔和。他最初觉察到的颜色是红色和蓝色，而后是绿色和黄色。在宝宝生命的最初几个月里，他只能看到最亮的颜色，所以应确保在他周围放上色彩亮丽的物体。宝宝们也会被黑白交错的图案或物体吸引。

三维视觉

因为你的宝宝仅能聚焦于离他的面部 25 厘米的东西，所以世界看起来是平的，很多细节无法看到。然而，仅仅两周，当有东西快速扑面而来的时候，宝宝就会自觉用手保护自己。有必要在你的宝宝能活动前让他拥有三维视觉。他可能要在看到和理解第三维度后才能够爬行。宝宝眼中完整的三维世界图像通常要在他 4 个月的时候才能形成，大约到 6 个月图像才能完美。

检查视力

在宝宝出生后的几个月里，你是检查他的视力的最佳人选，但是你不要对此着迷。到了第 4 个月，即使一个注意力不集中或懒惰的宝宝，也应该能聚焦于距离他面部 20 厘米 –25 厘米内的色彩明亮的物体上，尤其是能发出声响的物体，比如一个拨浪鼓，而且特别是在移动的带响的物体。在你的孩子的生活中，最令他开心的一个景象就是你的脸，而且在 4 个月左右，他应该能对你的微笑和你说话时头部摆动的动作做出反应。如果他不能，不要太着

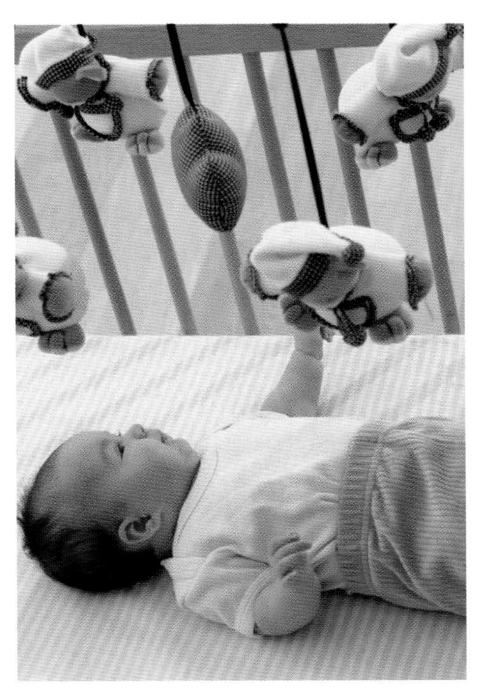

观察物体

你的小宝宝会被移动的物体吸引。在她的婴儿床上系上一些色彩明亮的物件，或一个特别的可活动的玩具，她会很喜欢观察这些东西的。

急，而是跟到家探访的保健员，或在你下一次看到儿科医生时说一说这个情况。

刺激你的宝宝的视力

你可以通过很多方式刺激你的宝宝的视力。

- 把你的一张大头照（或从杂志上剪下来的任意一张脸）放在宝宝的婴儿床的一侧，这样能让他练习眼睛聚焦于人脸的图片，人的脸是他最钟爱的事物之一。在婴儿床的另一边牢牢安上一面镜子，这样他可以看到自己的脸，并且能看到他在靠近镜子时自己的脸的移动。
- 在婴儿床上宝宝的视野所及的地方放一些简单的色彩明亮的图片（注意第一个月不要放在超过25厘米的地方）。
- 在婴儿床上挂些可活动的东西。不必是贵的东西，可以是两个软的玩具，或一些家居用品，可以挂在一个旋转的衣架上，也可以系在婴儿床的围栏上。
- 穿过推车的遮阳罩内侧，拉一根松紧带，在上面挂一些有意思的小东西，这样可以方便你的宝宝躺在车里看它们。
- 如果你的宝宝的婴儿床靠近墙，你可以把挂钩粘在靠近婴儿床栏杆的墙上，把玩具挂到挂钩上，便于他看和练习聚焦。
- 随着宝宝的一天天长大，可移动和发出声响的玩具变得非常重要。因此，最好在绳子上悬挂几个软而轻的物体，这样宝宝可以用手猛击它们，使其晃动。任何能发出叮咚响的东西都很有趣，比如拨浪鼓或摇铃。
- 在你家的汽车座位后面粘上一些玩具，也可以挂在侧窗或顶部，只要不会影响你的视线就行。
- 你的宝宝完全可以跟你去博物馆和美术馆。如果把他背在儿童背架上，他的视野就能完全和你一样。
- 在和宝宝一起待在后院的时候，在一根树枝或晾衣绳上悬挂一些玩具或可活动的物体。对宝宝来说，即使盯着挂在绳子上的随风飘舞的衣服也是非常有趣的。

视觉 1-3 岁

到了大约 1 岁，你的孩子会注意并跟随快速移动的物体，现在，他的视力几乎像成年人一样好了。

你的孩子在他成其为人的数年内发生的主要变化，一定与他将所见所闻表达出来的能力相关，这样他能利用它通过语言来表达自己的想法。换言之，这是大脑与眼睛、舌头、铅笔、画笔、聪明的想法、手和其他成熟的身体部位的联系，不只是看的能力这一初级层面。你应该尽量鼓励他发现眼睛与大脑、眼睛与身体之间的相关联，以便他能发挥自己全部的潜能。你能通过给他有启发性的思想、大量图书、有趣的玩具，以及各种各样的活动来帮助他。

关注变化

我不认为有必要给正常成长的孩子定期做眼部健康检查，但是你应该对你的孩子的眼睛的外观保持关注，及时发现孩子是否有弱视、眼睑下垂或斜视。对他眼睛看不清物体的迹象需格外留意，比如，当他撞到了家具上，或找不到扔给他的球，一旦发生这种情况，就马上看医生，不要等着看是不是有异物要清除。如同一条废腿，一只坏眼睛也会迅速恶化的。

牙 0-1 岁

婴儿没有准确出牙的时间。有些婴儿一生下来就有一颗牙（尽管很罕见），而到了 12 个月还没有长出牙也属于正常现象。因此，我们在某些地方看到的写有宝宝何时会长出多少颗牙的出牙时间表都是误导人的，不过对出牙顺序的归纳是有可能的。

一般来说，出牙始于 6 个月大，而后在宝宝 1 岁前会陆续冒出很多牙。出牙顺序极少有不同。

出牙

只要你关注，你会注意到你的宝宝的第一颗牙开始从牙床破土而出，形成一个很小的白突起物。出牙时唯一正常的症状是焦躁不安和流口水。你永远不该把其他症状赖在出牙上。所谓出牙会导致发烧、腹泻、呕吐、惊厥、起疹子或食欲不振的说法根本是无稽之谈。不要错误地把其他疾病归咎于出牙。如果你很担心，就马上看医生。没有家长愿意看见自己的孩子不舒服，为帮助减轻出牙时的任何疼痛或不适，有以下几点建议可供参考：

- 给你的孩子较硬的东西咀嚼，比如一个冷却的牙胶。你的宝宝可能在吸吮时会疼痛，那么就给他换成杯子。
- 试着用你的小拇指轻轻地摩擦宝宝的牙床，这种办法很有效。当然，你对他的疼痛表现出的关注和关心也会带给他安慰。
- 避免在刮寒风的时候带你的孩子出门，这样可能会使出牙的疼痛更严重。在冬天出门的时候，最好用暖和的帽子或头巾裹好孩子的头部和大部分脸部，并且用围巾围好颈部和下巴。
- 不要把含有局部麻醉药的牙胶放到他的牙床上。它们只会有很短暂的效果，而且局部麻醉药会引起过敏症。
- 不要使用治疗出牙症状的药物。你的宝宝要出很多牙，如果定期给他服用药物，将造成他大量接触药物，这些药大多数都不是必需的，而且都会伴随副作用。
- 如果使用充水的牙胶，必须小心，如果把它放到冰箱里，它会冻冰的。
- 避免频繁使用泰诺宁。它对止痛有用，但是除非是医生指示的，否则不应该定期给宝宝服用。如果你需要它使焦躁不安的宝宝安定下来，而且想给超过 2 剂量，那么你应该咨询你的儿科医生或到家探访的保健员。

出牙顺序

第一个冒出来的牙通常是下中切牙（下门牙），然后是两个上中切牙（上门牙）。紧随其后的是两个上侧切牙，随后是下侧切牙。之后，上颌的第一磨牙冒出来，然后是下颌第一磨牙。接下来出来的是上尖牙，一边一个，紧随其后的是下尖牙，之后，两个第二磨牙出现在下颌，两个上颌第二磨牙在最后出场。

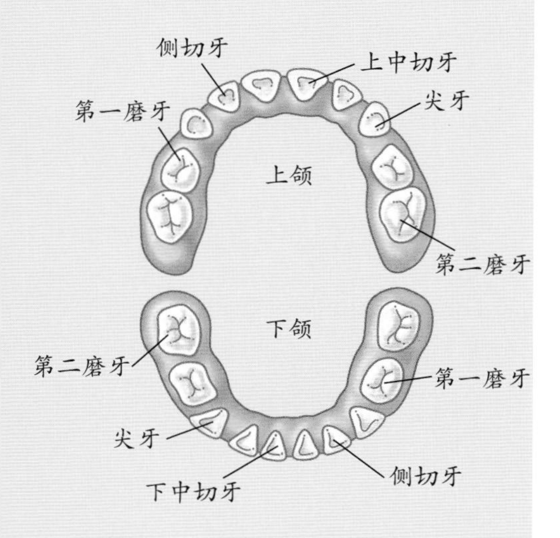

牙齿护理

在你的孩子长出几颗牙后，鼓励他做刷牙游戏，通过这个办法很早就给他培养好的习惯。首先，让孩子看你的示范，这样他能学习如何刷牙，然后给他买一个软的牙刷，权当是个玩具。宝宝们几乎肯定想尝试家长刚刚做的事情，会试着做同样的动作，把牙刷放进嘴里然后来回动。清洁牙齿不是件严肃的事情，相反，应该很好玩。在教你的孩子刷牙的时候，你是在教他爱护牙齿，因此你应该避免对他吹毛求疵，而是用开心的笑声代替对日常琐事的厌倦。

为了给孩子的牙齿做真正清洁，可用纱布蘸一点无氟牙膏，然后轻轻地擦拭他的牙床和每一颗牙。清洁宝宝的牙床很重

要，即使她还没有长出牙，因为这样可使口腔远离引起牙菌斑的细菌，还能为乳牙及后来的恒牙的生长提供良好的环境。清洁宝宝的牙床和牙齿最轻松的姿势是让他坐在你的腿上，面向你，让你能看到他的口腔。

给3岁以下的孩子使用宝宝专用的无氟牙膏。你的宝宝可能想吃掉牙膏，你必须劝阻。每天至少刷牙两次，而且每次给他吃完任何药之后也要清洁，因为宝宝们的药通常又甜又黏，会使牙齿成为细菌的美餐。

第一次尝试清洁牙齿

鼓励你的宝宝很早就开始刷牙。刚开始，在你刷牙的时候，只给他一个牙刷玩。

对抗蛀牙

关于宝宝的牙齿护理，最重要的 3 个方面就是不含糖的饮食、注意口腔卫生，以及定期检查。

宝宝出牙后，保护他的牙齿的最佳方法之一是不在他的饮食中添加甜食，比如糖果、巧克力、蛋糕、曲奇饼干，以及非常甜的饮料。糖果，不论是白色还是褐色，都是引起蛀牙的罪魁祸首。没有孩子需要糖果，对健康来说，它并非必要的东西。如果你不鼓励你的宝宝喜好甜食，那就是给他帮忙了，即对牙齿有好处，又有利于控制宝宝的体重。

不要随便在宝宝身边留一瓶盛有奶或甜饮料的奶瓶供他吸吮。他的牙齿会持续浸泡在含糖的液体里，这样会促进蛀牙的形成，如果他的嘴想吸吮东西，给他一个安慰奶嘴。

保证你的宝宝的饮食里含有大量钙和维生素 D，它们对已经在颌骨生长的恒牙的健康生成有着重要的作用。富含这两种营养物质的食物是奶制品和鱼，而在鱼类中，富含油的鲑鱼、鲱鱼和沙丁鱼尤佳。

很多人认为在孩子的恒牙长出来之前口腔卫生并不重要。这是不对的，从一开始就按照科学的清洁方法给你的孩子护理牙齿，等他到了 2 岁，开始带着他定期做口腔检查。

牙齿 1-3 岁

曾几何时，人们认为乳牙不重要，而现在，我们已经认识到了护理乳牙的重要性。首先，他们会引导恒牙的生长，使恒牙长在正确的位置，其次，如果先前的牙因为蛀牙没了，牙底的骨骼也会受影响，会腐蚀支撑恒牙的骨骼。你的宝宝在第二年的大多数时间都在出牙，所以等待磨牙（臼齿）出来有点烦人。第一磨牙通常在宝宝 12–15 个月大的时候出来，两个上颌第一磨牙出现后，下颌第一磨牙会跟着出来。第二磨牙出现在 20–24 个月，先在下颌出现，之后是上颌。一般来说，乳牙长得越晚，它们引起的麻烦就越少。

一旦你的孩子所有的乳牙都长齐了，就可以给他大量耐嚼的食物，特别是新鲜的水果和生蔬菜，以便促进他颚肌的强健发展。而且这类食物通常有清洁效果，因为它们所含的纤维会被牙齿切成条状。注意定期带孩子做口腔检查。

口腔卫生和口腔护理

研究证明，矿物氟可改善牙齿健康，并且能降低蛀牙发生的几率。所有的水都含有一些氟，但是一些地区会在饮用水中添加氟。牙医都会推荐使用含氟牙膏，但是在饮用水中添加了氟的地区，推荐低于 7 岁的孩子使用含氟量低的牙膏，以避免

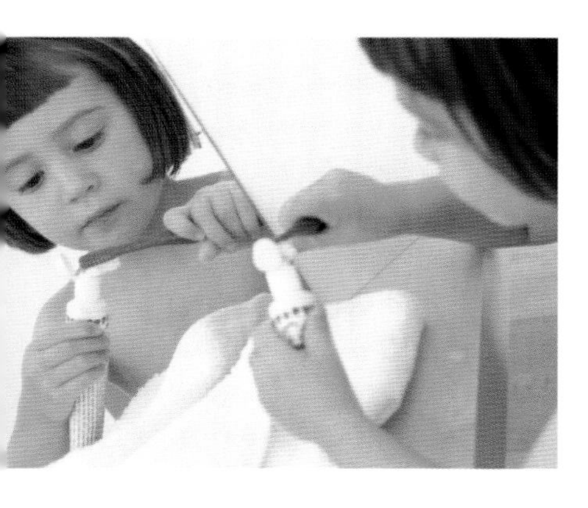

争取独立

引导你的孩子进入一个刷牙常规，养成按时刷牙的习惯，让她每天在早上起床后和晚上睡觉前刷牙。

因氟过量而损坏牙齿。让牙医给孩子做检查，他可能会推荐些补充剂，但是这些必须在牙科监管下才能开出。

帮助孩子刷牙

你的孩子在六七岁以前都无法完全把牙刷干净，所以需要你的帮助。一开始他可能会抵制，会紧咬牙关。这时，最好的办法是拿一个菌斑暴露片跟你的孩子做个游戏，让他含着这种药片，很快这些颜色密集的可被刷掉的牙菌斑就会暴露出来。

只要能去掉牙菌斑，如何使用牙刷是无关紧要的，牙医们通常也会赞同这种观点。曾经我们被告知上颌的牙齿要自上而下刷，下颌的牙齿要自下而上刷，说这样可以保护牙床的边缘。然而，现在我们知道了，最好的刷牙方法，特别是适用于协调能力还不够好的孩子，是在牙齿表面做小幅圆周运动。牙刷的刷毛不要太硬，坚硬的刷毛会引起牙龈出血，并最终导致牙齿松动。

鼓励你的孩子养成早晚各一次按时刷牙的习惯。大多数孩子会在每次喝完甜饮料或吃了曲奇饼干后拼命拒绝刷牙，这种情况下，你可以每次餐后给他一片奶酪。因为它可使口水呈碱性，从而中和口腔内糖转化成的酸，而正是这些酸腐蚀牙齿表面的珐琅质引起蛀牙的。

看牙医

在你的孩子过第三个生日以前，带他做第一次牙科检查，尽可能让此次拜访轻松愉快。在孩子的牙齿健康的时候就带他去，而不是等到出现问题再去。

你可以在自己去做口腔检查时带上孩子，这样可以让他习惯仪器的样子和周围的气味。如果你相信他会乖乖的，而且如果你的牙医没有异议，可让他坐在你的大腿上，让他看牙医是如何给你做检查的。毫无疑问，他会很着迷，并且高兴地模仿你怎样做。在带孩子拜访牙医之前，先和他玩一个“看牙医游戏”，即你们互相张嘴看对方的嘴。然后，等你们真的到了牙医的办公室，提前安排让医生在看孩子的牙之前先假装看一下你的牙。

12 智力发展

你会发现，你的宝宝是你见过的回应最积极且最让你有成就感的学生。她想要做的事情和想要探索的领域如此之多，想要拓宽的视野如此之广，超过你所知道的任何孩子。她也想讨你喜欢，这些特质的结合赋予她令你战栗的惊人的学习欲望。请记住一件非常重要的事情，你的宝宝不会因为年龄太小而不适合学习，只是你必须为她量身定制引入新经验的方法或学习方法。不要给你的宝宝制订超出她能力范围的任务，因为这样只会制造挫折。所有的事情都需要指导她，但永远不要强迫她。

学习 0-1 岁

无论你做什么，不要浪费宝宝生命中关键的前 6 周时间。很多人仍认为宝宝不太会出声，不太会动，她不会对周围发生的所有事情做出回应，也不会学习。我们知道这种观念彻头彻尾都是谬论。在最初几周，宝宝的情感和智力发展与其他方面的发展速度是相同的，无论是身高、体重，还是协调能力。

我相信，在宝宝很小的时候，对她最重要的人就是那个始终如一地照顾她的人。大多数情况下，这个人是母亲。你也是宝宝最重要的老师。作为成年人，我们学到的人生中最重要和最难忘的经验，来自于我们喜欢的且与之有着密切关系的人。如果这个老师对我们有一种特别而亲密的情感，富有同情心，理解我们，那么她所传授的经验会对我们更加有益、更持久。这同样适用于你的宝宝，如果她与你或与她的老师很早就建立了强大的联系，那么她所有的学习过程都会很轻松。跟宝宝关系最近的第二个人是你的伴侣。你的伴侣是宝宝另一个最好的朋友，他应该尽早和宝宝形成一个牢固的关系，而且应和你一样也参与到“教学”中。

你对孩子的教学并非正式的教学，在教学中，不存在孩子必须遵守的特别的规矩，和必须完成的特别的目标。“教”宝宝的方法应该就是把一个有趣的世界呈现给她，给她介绍新的经验，向她解释所有你看到的事物，另外，最重要的是参与到她的每个活动中，和她一起学习。始终给予她鼓励，每当她获得成就，哪怕是微不足道的成就，都应该表扬她，还要不断地给她提供支持，特别是在她非常努力做什么事情，却失败的时候。没有你的帮助，你的孩子不会获得她需要的信心。

五种感官

你的宝宝有五种感官，她想要全部体验它们。她会强烈地渴望体验新的景象、声音、气味、味道和触摸。

你的宝宝懂哪些

新生儿 如果你把脸靠近你的新生宝宝，她的目光将聚焦在你的脸上。她能把你的声音与其他人的区别开。听到你的声音时，她的眼睛会向着你的脸的方向转动，并且如果你的脸靠近她，她的眼睛会随着你的脸移动。出生 36 小时以后，如果你将脸凑到距离她约 20 厘米 -25 厘米的位置，她可以认出你。

4 周 如果你的脸进入她的眼睛可以聚焦的范围，她会在你说话时注视你，小嘴还会一努一努地模仿你说话的样子。如果你把她抱起来，她可能会停止哭，因为她知道你是舒适的来源。她会模仿你的面部动作：能使用正确的肌肉微笑和做鬼脸。

6 周 她会回赠给你微笑，她的眼睛也会随移动的玩具转动。

8 周 如果你的头上戴着亮色的饰品，她会花几秒钟专注地盯着它，然后在你移动时，眼睛会随着它从一边转到另一边。

启发性的游戏

举起一面镜子，让你的宝宝能看到自己。指着镜子里她的影子念她的名字，就像你平常叫她本人那样。

3 个月 她马上能看到举在她上面的玩具。在你说话时她会微笑，会高兴地尖叫和咿咿呀呀地说些什么。对于身边发生的事情，她已经表现出来明显的好奇和感兴趣。

4 个月 在喂奶的时间，她会表现得非常兴奋。在和她玩的时候，她会大笑或咯咯地轻声笑。她喜欢自己的身体被支撑起来，因为那样她就能看到周围发生的事情，她会把头转向发出声音的地方。

5 个月 她会意识到奇怪的状况，并且可以表达出恐惧、厌恶和愤怒。

6 个月 你的宝宝将对镜子非常感兴趣，对镜子里看到的自己非常好奇。

8 个月 她将知道自己的名字，并且明白“不”这个词的意思，她可能会发出一些声音信号，比如一声咳嗽，在她伸手抓想要的东西时，会用这些信号来吸引你的注意。这时，她可能开始想要自己吃东西了。

9 个月 她将表达自己的意愿，如果你要给她洗脸，她可能会阻止你。她会聚精会神地玩玩具和游戏，甚至会把手中的玩具翻过来仔细检查。如果有东西藏在一块布的下面，她会掀起布找它。

10个月 她可能会拍手和跟人挥手再见。她会表现出对很少量单词的理解，而且能说出很短的、很简单的话。

11 个月 她将知道且喜欢上类似“藏猫猫”的简单游戏。她会把喜爱的玩具丢得到处都是，你不得不随时把它们捡起来。她会变得非常吵人，而且会想要摇晃和砰砰地砸任何能制造声响的东西。

12 个月 她会做任何能让你笑的事情，并且一遍又一遍地重复。她将喜欢和你一起“阅读”简单的书，在你给她脱衣服的时候，会举起手臂配合。她可能学会了一些简单的词语，比如瓶子、洗澡、球、饮料等。

看着你的宝宝

对宝宝来说，早期面部的接触极其重要。出生后的几天内，少数能使宝宝做出视觉反应的事物中，人的脸就是其中之一。你的新生宝宝必须在距离她 20 厘米 -25 厘米的范围内靠近人的脸，才能看清这张脸，所以把你的脸凑近些，而且让它“生动”些。在说话的时候移动你的头部，翘一翘眉毛，还有最重要的是要微笑。始终凝视宝宝的眼睛，持续地做眼睛交流。研究显示，在给孩子喂食或和他们玩耍的时候总是面对着孩子的家长，在孩子的成长过程中，很少用体罚约束纪律，而且，如果你看到有这类家长的大一些的孩子社交能力出众，也无需惊讶。

与宝宝对话

你的宝宝会在你们第一次对话的时候微笑。对话是这样进行的：将你的脸凑近，在距离宝宝 20 厘米 -25 厘米的位置和她聊天，随便聊些你喜欢的话题，表情要生动活泼，始终面带微笑。你的宝宝会将此视为友好的接近。每个宝宝都有以友好的方式对他人作出回应的自然的欲望，所以她也会用微笑回应你。她会认出你、回应你，并给你友好的微笑，这一切都会令你开心无比。你的微笑会更多，你可能会大笑，也可能会拥抱她，亲吻她，她喜欢那样，所以她会用更多和更漂亮的微笑来讨你欢喜，你也会做出更多的事情取悦她，如此将对话继续下去。

这种在家长与宝宝间的互动，可以让你的宝宝学到两个非常重要的经验。第一，她会知道她的微笑能够换来微笑，甚至有更多的回报，比如拥抱、奖励，和准许做什么事情。第二，她发现了一个能够取悦于你，并且与你互动的方法。她将知道自己能主动发动一场互动行为，而且将会对别人也使用这个方法。众所周知，一个宝宝微笑的次数与她的智商相关，因为那显示了她已经知道如果自己微笑，全世界都会喜欢自己，而且生活会变得更有乐趣。你已经给了她一个很好的开始，让她知道靠手段可以操控自己周围的世界。

为你的宝宝读书

你的孩子会爱上书，如果你和她一起看书，并且给她读书，她表现出这一点的时间甚至会早得令你吃惊。一起读书可以教孩子学习色彩、字母、数字，以及简单的物体名称。你的宝宝不会因为年龄太小而不适合读书——你的声音可以安抚她，而且你会很快发现，在晚上就寝时间读书，是睡觉常规里很有用的一部分，而且能起到安定作用。在你给孩子引入图书之后，你可能从没想过她会想自己看书。你帮了她大忙，因为你不但向她引入了自己娱乐的想法，还给了她一个将会与她一生相伴的乐趣——阅读和从书中获取知识。

刚开始的时候，我建议你先给宝宝读纸质书，因为它们既色彩明亮又结实。为了换花样，也可以买普通的书，但是你要忍受你的宝宝对它们的粗鲁行为。

每天和宝宝一起读书

在一个舒服的椅子上做好，平静下来，然后给你的宝宝读一个故事。她会喜欢和你一起翻书、一起看图片。

学习爆发期

你的宝宝不是以一个一成不变的速度生长、发展和学习的。众所周知，每个孩子都会经历学习爆发期。在学习爆发期，你的宝宝如饥似渴地吸收新想法，获取新技能，并马上把它们应用在实践中。然而，过了这些学习爆发期后，她已经学到的某些技能可能会出现倒退。不要担心，这些技能不会永远消失，你的宝宝只是正在将她全部的精力放在学习新的技能上，一旦她学会了，过去所有其他技能还会重新找回来。

在一个学习爆发期里，你应该尽量让你的孩子的生活多姿多彩。当然，如果你的孩子表现出对某些事情更为偏爱，那么你应该尽可能频繁地做这些，但是不要犹豫，还要向你的宝宝介绍新东西，她已经准备好以一个非常快的速度学习和吸收信息。给宝宝引入的娱乐在类别上跨度不要太大，此时，宝宝们只能简单地将精力集中到更喜欢和更易理解的东西上，而不理会别的。在第一年，学习是一个完全零碎的进程，所以如果你尽你所能为宝宝提供广泛而有趣的事物，会对她非常有裨益。

学习爆发期过后，不可避免地会伴随

一段发展速度放缓的时期。你可以将它们视为孩子巩固新学到的技能，并准备迎接下一个爆发期的复原期。不要担心——只是顺其自然地让她练习已经学到的技能。你可以和她一边练习，一边跟她说一些类似这样的话来帮助她，比如“让我们再唱一遍那首歌”，或“我们为什么不把木钉再穿过那个洞一遍呢？”

让你的孩子引导你

在人生中，我们遇到的最善于帮助我们发展，和挖掘我们的全部潜能的人是老师。他们帮助我们极大地发挥自己的能量，又将我们的弱点降至最低。你作为孩子的老师，同样也应该试着发挥她的优点和减少她的缺点，而且必须在你的孩子需要帮助的时候向她伸出援手。在别人不需要或不喜欢帮助的时候给予帮助是没用的，因此，请注意在你必须成为一个积极的帮助者的同时，不要变成一个干涉者。你的宝宝不应该学习你想要她学的知识，而是应该学习她自己想要学的知识。

你必须压制那种认为她这个年龄的孩子该做什么的想法，而是对她想做的事情做出回应。这意味着必须由你的孩子引导你。作为好家长，你的工作应该是尽可能给她引入更多的有趣的事情，而不是决定这些事情中哪些是她应该觉得有趣的。换言之，你负责给她端上菜单，然后选择菜肴的人必须是她本人。

玩水

所有的宝宝都喜欢玩水。在一个塑料桶里装上水，然后给你的宝宝一些不会打碎的容器，让她舀水和倒水玩。

学习 1-2 岁

在你的宝宝生命的第一年，学习的重点是身体上的技能：她将学会爬、站立，甚至还能走上几步。这些能力可以给宝宝带来一种成就感和独立的感觉。她能够自己去探索世界，而不必等着你把世界呈现给她。

在第二年，你的孩子不仅会巩固在第一年获取的所有身体技能，还会掌握一种最难的智力上的技能——讲话（见第 229 页）。她会奋力通过讲话来表达她的想法和渴望，随着她的大脑日趋成熟，现在她会知道自己是一个与你分离的个体——她将意识到“自我”。这一年她可能常常会非常沮丧，你可能会注意到她变得更爱发脾气了。她需要你的关爱、鼓励和支持。

学习说话

学习说话是你的孩子需要掌握的智力学习中最重要的一个。没有它，很多其他学习技能将被延迟，而且甚至可能会被禁止。学习说话几乎可以说是一个生存行为，一个孩子会很快知道她必须交流才能生存。

早期的交流，如我们所见，并非靠语言，而是靠啼哭。最初的对话通常是微笑，之后可能只是一个头部动作。你可能会发现，你的孩子只是摆一摆头表示谢谢，之

智力发展

12 个月 你的宝宝喜欢和你一起看简单的书，并且喜爱笑话——她会重复任何能让你笑的事情。她会明白你在给她穿衣服的时候应该举起胳膊。她知道一些简单的、频繁用到的词的意思，比如鞋、瓶子、洗澡等。她甚至可以说出一两个你能理解的词。

15 个月 她将向你表示希望自己梳头。她将知道亲吻是什么意思，而且如果你要求，她还会给你一个吻。任何新的技能都会令她兴奋，她还想帮助你干些扫地之类的家务活儿。即使不明白个别单词，她也能理解相当复杂的句子了。

18 个月 在你和她一起读书的时候，她会用手指向书里的东西，比如狗、球或牛。她会认出牛，并说出“牛”。她将知道自己身体的各个部位：如果你问她脚在哪里，她会指向她的脚，还能认出她的手、鼻子、嘴和眼睛。她知道自己的鼻子和妈妈的鼻子的差异。如果你让她去取个东西，她会帮你取。

21 个月 她会过来找你，吸引你的注意，并带你到她感兴趣或有问题的地方。她将爱上用笔涂鸦。她将开始理解简单的要求和问题，并遵守简单的要求。

2 岁 她喜欢自己玩，而且玩得很开心。她将会用笔抑扬顿挫地模仿写字，而不是仅仅涂鸦。她知道许多熟悉的物体和玩具的名称，并将使用单个有意义的词称呼它们。一旦她知道了一个词的意思，她可能会不断地重复念它。

后她可能会站到一个她想要的东西旁，然后靠叫喊吸引你的注意，一旦得逞，她会指向那个东西。这些早期的经验告诉她，如果她能与周围的世界用通用的语言交流，生活会变得轻松很多，强调一点，是语言，而非手势。

在运用语言的学习中，孩子会了解周围的世界，以及人们在里面有怎样的行为。她常常会通过总体感受成年人在说什么，以及一个词在被说出时的语气，来猜测这个词的含义。在语言的探索中，你的孩子会将声音与她所理解的周围事物的性质做出关联。

在她刚开始应用词语的时候，她会从广义上使用它们，她所讲的词语会比成年人运用它们时的含义更宽泛。例如，“蕉蕉”（香蕉）可能是她对所有水果的一个总称，因为那是她最初学习单个水果名称时所记住的一个词。不过，在你的帮助下，你的孩子会学会小轿车和卡车的区别，尽管它们都有 4 个轮子，她也会知道猫和狗的区别，尽管它们有着相似的大小和外形，而且都有尾巴。

和你的孩子聊天

你的孩子正在学习交流的艺术。为了让她学会，你必须和她交流。如果你的孩子想要什么，告诉她你明白她想要什么，然后把它给她，并且告诉她这个东西的名称。在和她说话时一定要看着她。如果她想要你关注她，那么你就停下正在做的事情，把脸转向她，倾听她说话。在你的孩子刚开始学习语言的时候，她只能学习一句话的大致意思，她可能不明白个别单词的意思，因此经常是摘录一句话的要点。在这种情况下，多帮助她，给她多一些线索。到了晚上就寝时间，先是清理一下游戏房间，让你的孩子帮助你把玩具捡起，把所有东西整齐地放在应放的地方，然后走出房门说“现在是睡觉时间”，把手伸给她。尽管她可能还不明白这些词，但是她能感觉出来。

在早期学习说话的阶段，你可以在学习理解语言方面给你的孩子很多帮助。你的孩子喜欢说话声，而且喜欢你关注她。你可以通过尽可能多地和她说话来使二者

眼睛交流

你在和孩子说话的时候，要始终给她全部的关注，而且通过语言和手势把你的意思表达清楚。

结合。在说话的时候，确保眼睛注视着你的孩子，并且做眼睛交流。面部表情和手势尽量夸张，在强调单词的语气时尽量夸张，音调变化和说话语气也尽量夸张。试着用动作配合你说的话，举个例子，如果你说“我想你的洗澡时间到了”，那么就走进浴室拧开水龙头，如果你说，“让我梳梳你的头发”，那么就拿起一把梳子给她梳理头发。

学习玩耍

对于一个孩子来说，玩就是学习。玩也是很有难度的工作。在她玩的时候，她是在学习和成长。玩可以通过以下很多方式促进学习：

- 它能提高手的灵活性。搭建积木城堡，或者在她大一点儿的时候，玩简单的七巧板游戏，告诉你的孩子，她能够将手作为工具为她工作，并且准备让她以更微妙和精准的方式使用手。
- 和其他孩子一起玩有助于教一个孩子与他人交往的重要性。带伙伴来家里玩可以教她克服羞涩和学习分享。这样可以把没有大人的帮助而需要解决的问题摆到她的面前，并且可以教她控制自己的暴力行为的爆发。通过一个特别的朋友，你的孩子可能会学到如何爱别人，并理解她无法用语言轻松说出来的感觉。与此同时，她将了解别人的感受。
- 通过玩，孩子可以学习交流。和其他孩子玩需要应用更复杂的语言。对你的孩子来说，这可能是对她最复杂的测试之一，因为游戏越有创造力，想法就越复杂，而她的这些想法必须用朋友们能够理解的语言表达出来。
- 毫无疑问，玩可以促进孩子身体的协调能力。事实上，它既有助于身体发

玩有助于孩子协调性的发展

在玩购物篮的时候，她在模仿你，也在表达对你所做的事情感兴趣，而且还能提高她的手眼协调能力。

展，又能促进智力发展。自由地摇摆、爬行、跨越、跑和跳，有助于完善肌肉的协调性和身体技能。玩也能促进听觉和视觉。

提供正确的游戏

你的孩子分不清学习和玩的差别，你可以通过选择给她玩的材料和玩具的类型来帮助她学到很多东西。

我的4个孩子从小就都喜爱玩水，不管是在户外小游泳池里玩，还是只是踩着椅子从厨房水槽里舀一碗水，然后在旁边蹲下玩一堆塑料碟、杯子、水壶、容器和漏斗。

其他你也能玩的游戏

水中游戏通常能让孩子集中注意力1个小时，我的孩子们还从中学到了一些经验：水让人有湿的感觉；它可以倾倒，你能用东西盛它，你也能清空它；你能在里面吹出泡泡；物体可以在上面漂浮；水可以渗透过物体，蔬菜里的色素可以在它里面溶解，使其变成彩色，而别的液体不会；水龙头滴水，会形成水滴，手指并拢成瓢状不能防止水流出。这不是仅有的游戏：

- 彩泥、橡皮泥或面团也是很有趣的，因为它们能被孩子捏成形。他们很快会发现捏成的形状放着不动会变干，或者能把它们揉成球再重新开始玩。
- 沙子，不论是在沙坑里还是沙盒里，都非常有趣，因为它介于液体和固体之间。它感觉是固体，却能像液体一样倾泻。如果把湿的沙子从小桶里倒出来，它能保持桶的形状，而且孩子们能做沙子城堡，如果干了，城堡会倒塌。

帮助学习

在第二年，孩子们掌握的最重要的概念之一就是“分类”——相同与不同。玩具能够促进这个概念的形成。有很多玩具马、牛、公鸡的农场玩具可让孩子对看起来一样的动物进行归类，你最好帮她辨别不同的动物，一边把不同的动物按类别分成组，一边重复地说出动物名字。这种游戏同样适用于很多其他事物，比如水果、汽车、形状或罐子。

孩子们喜欢参与到日常生活中，如果被批准参与其中，他们能从家里所发生的事情和家人每天必须做的事情上学到很多。你每次在烘烤点心的时候，可以给孩子一个装上面团的小碗玩，她可以帮助你搬东西，所以每到打扫卫生的时候，可以给她一套扫把和簸箕，如果你家的这些用具个头不大，可以给孩子真的。

多年来，在我们家的游戏房间里，有一个重要部分——化装箱，我们在里面放上各种旧衣服、制服、帽子和鞋。大多数孩子能从模仿他人的游戏中获得巨大的乐趣，在孩子学习的进程中，这是非常重要的一步，因为孩子开始认识到自己必须和他人一起分享这个世界，必须和他们相处。化装成他们的模样是她实现这一点的独有方式。

男孩和女孩都喜欢娃娃。男孩也应该有娃娃，因为娃娃是他们想象中的朋友和家人，它能帮助孩子们建造一个能让他们躲避现实的想象中的世界。当你的孩子在和娃娃玩的时候，她是在学习或模仿人类的情感。她会当娃娃的妈妈，给它喂食，很认真地跟它说话，纠正它的错误，然后把它放到床上，亲吻晚安。通过这些动作，你的孩子在做发生在自己身上的事情，并且在全身心地学习和理解它们，并把这些应用在别人身上。

创造性的游戏

早在她能够写字和画画之前，你的孩子将爱上用笔涂鸦和运用色彩。一盒彩色铅笔、一个黑板，以及一个画架会非常吸引她，因为有了它们，她能够随意“画画”，然后用板擦擦去涂鸦再重新开始画。在画架上贴上一张纸，给你的孩子一套做手指画的工具，让她在纸上拍打手印，喷溅斑点和肆意涂鸦，设计出自己的画作。

大多数孩子喜欢音乐，而且从一出生就喜欢听唱歌。很多孩子在能够讲话之前，就已经掌握自己喜爱的歌曲或童谣的曲调很长时间了。等你的孩子大一些，给她买一个简单的乐器，比如木琴或电子琴。加入到她的演奏中，一边拍手，一边唱歌。如果你也有自己的乐器，她会更开心的。

如果她遇到挫折，帮助她

帮助孩子学习的最佳方式是加入到她的学习活动中，特别是尝试新事物的时候。你可以拿着个玩具一边跟她说怎样做，一边向她演示，不过你在做的时候必须老练些，而且不被干扰，还要允许她自己决定是否想按照你的建议那样做。孩子的很多游戏玩起来不能没有伙伴，只要你有时间，你就尽可能成为那个伙伴，但是只能在她想要你一起玩的时候才加入，不要越过这条线。让她掌握主动权，她找你帮忙，可能是想要你帮她往桶里装沙子，但是到最后，她只想让你帮忙把桶扣过来，至于建造沙子城堡，她是想自己来。

你的孩子的注意力持续时间在不断延长，但是她可能在集中注意力做事情上仍有问题。你可以通过给她布置一个更简单的任务，或给她搭把手来帮助她集中注意力。向她亲身示范一个任务能够完成，那样可给她一个前进的目标。她需要你的支持和鼓励，如果你欣然给她，她可能会有前进得更远的决心。这样做可以给你的孩子很大的成就感。

让你的孩子自己玩

一些家长错误地认为孩子醒着的每一刻都应该充满有趣的消遣和刺激的活动。这是错误的，甚至是有害的。你的孩子必须学习非常重要的一课，就是她自己能够成为娱乐的来源，如果她愿意单独和自己的玩具在一起，这一点会学得更轻松。一个孩子通常希望能自己玩，而且由自己决定玩什么，玩多久。让你的孩子一个人完成她给自己定的小任务。如果她做不了，她会找你帮忙，如果她没有找你，就不要打扰她。如果你打扰、打断她，或给她介绍一个别的活动，本意是想让她的生活更有趣，结果却会是适得其反。你会把她的生活弄得无趣，因为这样她将永远不会有机会看到一个行动的结局，而且会失去每个孩子都需要的成就感。

另一个普遍存在的错误，是相信孩子需要玩玩具。很多最流行的玩法根本不需要玩具的参与。包括很多体育活动，如游泳、攀爬或跑步、有球拍类的运动、用树枝和树叶搭建帐篷，把水倒入沙坑并填充壕沟，或者收集卵石或贝壳。给你的孩子机会和自主权做这些事情。如果你不赞同个人活动，那么你的孩子会在被迫有你在场的时候，因为感觉权利被收回，甚至被剥夺而非常不爽，而这可能会导致她犯浑、行为不端，甚至更糟糕，使她变得危险。如果你的孩子表现出自给自足，你不在的情况下也能自我娱乐，你应该为此高兴。

对付混乱

让你的孩子一个人待着将意味着你必须既要忽视混乱，又要预见到混乱。如果她在玩水，你要在厨房的地上铺上报纸或废旧毛巾用来吸水；如果她在画画，你要在地毯上铺上一层塑料膜；如果她在玩泥巴或黏土，你要给她的衣服上套一个围裙，并且忽视她的脏脸和凌乱的头发，玩完之后这些都是能洗掉的。

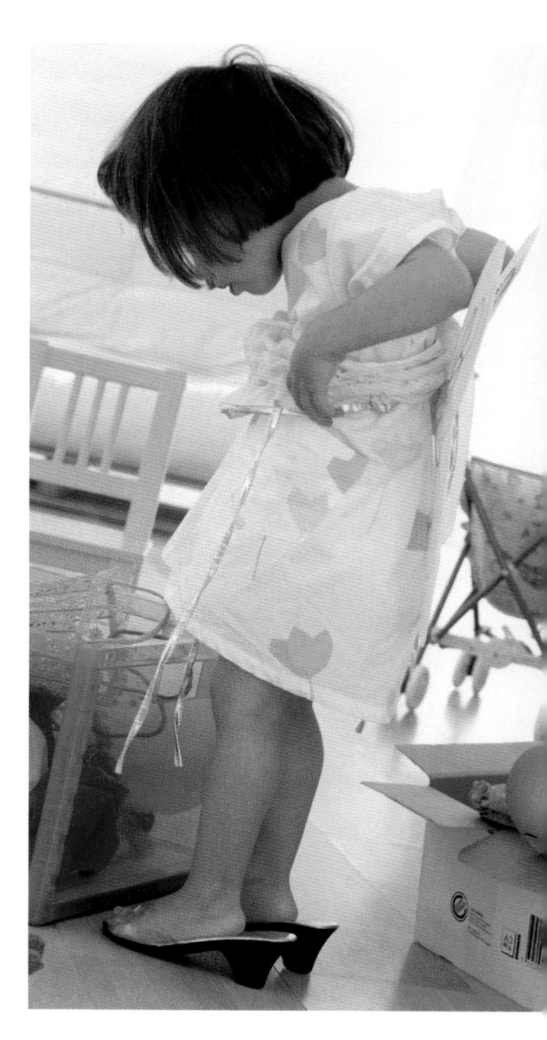

服装和化装

孩子们都热爱化装，所以专门留一个箱子放你和你的伴侣不再穿的旧鞋子、帽子和衣服。

学习 2-3 岁

到了第三年，你的孩子学习的方式会有很多变化，特别是在后半年。作为一个幼儿，你的孩子在这个时期将每次只学习一件事情、一个经验。在此进程中，她可能会竭尽所能地满足自己的好奇心和探索各种经验，吸收大量新的信息，但是她很少将它与生活中的其他事情联系在一起。

学习经验

在第三年，你的孩子开始思考她的经验，并通过它们学到东西。当你的孩子发展出思考新学到的经验的能力，她的头脑就开始了像微型计算机那样工作，即归类和筛选信息，将信息与其他经验进行匹配，看看它们是否能兼容，或者是否差异太大，然后放入相同或不同的分类架。你的孩子开始思考和提前计划，并且变得更有创造力和想象力。她这两年所吸收的全部信息将逐渐随时应用于任何特定场合。你的孩子突然有了一个随她的意愿指挥思想的管弦乐队。

这种思考、想象和创造的新能力，在一定程度上改变了孩子的世界。很多在家里或花园里的熟悉的东西对她不再那么有吸引力，不再令她兴奋。她现在需要更广阔的视野，需要探索，将已有的经验和知识拓展得更远。

这个时期，你的孩子会对事物的前因后果变得感兴趣，与她的对话总会时不时被她的一句“为什么”打断，她渴望获取信息，会不断地提出问题。她的大脑似乎像电脑一样，需要输入越来越多的信息，并且马上就能使用了。你的孩子的智力发展中一个最重要的阶段，是在她明白时间

智力发展

2 岁零 3 个月 她将尝试用积木建造房屋和城堡。如果你一直鼓励她，她将重复新学的词语。她知道自己是谁，可以说出自己的名字。她将开始与你对抗，并且可能会有负面情绪。从她口中说出的“不”会更频繁出现，而且她不会一直顺从你的愿望。

2 岁零 6 个月 她喜欢帮助你，并且会帮助你做家务，帮你把东西拿走，把东西放到桌子上。她将知道自己的名字和姓氏。她能画出水平线和垂直线，能够说出几种常见的物体的名称。男孩将会注意到他的性器官在身体上突出，和他的妈妈不同，也和他的小女朋友们不同。

2 岁零 9 个月 她会开始问问题。她将知道男孩和女孩之间的差别。她将学习童谣，并且能不断重复。她将开始理解数字。会尝试画一个圆圈，但是如果没有帮助，她没法成功完成。

3 岁 她会喜欢与其他孩子玩。她将知道更多的童谣，而且几乎可以画好一个圆圈。她将明白比如上、下、前、后这些词的区别，并且能够造出复杂的句子。

不是存在的物体，而是有过去和未来存在，以及在她明白昨天和明天为何物的时候。为将来计划是我们人类智力中最重要的方面之一，也是将我们与低等动物区别开的一个重要方面。因为它的发展发生在第三年，所以在这一年，你将会第一次听到她这样说，“我过会儿再吃”，或者“我们可以明天去”。

学习说话

随着你的孩子的渐渐长大，说话在交流中扮演的角色越来越重要，帮助她学习的作用也越来越大。现在，你的孩子已经掌握了对话的基本规则。举个例子，她知道人们通常是轮流说话，人们知道何时轮到自己说话，而不会试图主宰一个对话。她也知道，在解释她的意思时，讲单个词语不必一定要伴随手势才能讲清楚，而是可以利用词语的不同声调。她也知道，一个提高的声调通常意味着疑问句，而降调则表示陈述句。在你的孩子很小的时候，说话只是一个她告诉你想要什么或不想要什么的简单的交流模式。随着她的世界变得越来越开阔，她需要更复杂的方式来表达想法。

最初的一种表达方式是她对物主代词的使用——“我的娃娃、妈妈的大衣、爸爸的鼻子”。另一个是否定词，你的孩子很小的时候只会说“不”，现在她会说“不能”或“将不”。再过会儿她将开始表达动词——“娃娃摔了”，“狗在叫”，“撞车了”。她将发展出另一个特点，就是在

学习色彩

所有的孩子都喜欢画画，你可以利用这个机会教你的孩子学习色彩，说出颜料的颜色，并且指向其他相同颜色的物体。

陈述句中不断加入疑问句，比如：“爸爸睡觉了，爸爸为什么睡觉？”“妈妈去购物了，妈妈为什么去购物？”“爸爸出去了，爸爸去哪了？”

到了 3 岁时，你的孩子将会在思考方式发展的同时，提问很复杂的问题。以下句子包含了比较复杂的想法：“我要拿铅笔画画。”“桌子上有什么？”“看，这一个更好，但是这个不是最好的。”

不要说“宝宝语言”

对孩子使用哪种语言非常重要，众所周知，成年人会随着孩子的长大变换对孩子的说话方式，句子变得更为复杂，包括使用更长的词语，以及对抽象观点的描述。不要陷入对你的孩子说“宝宝语言”的漩涡，不要在孩子已经不需要的时候还对她用宝宝语言。慢慢在你们的对话中加入你知道她不熟悉的词语，她能从整句话的主旨猜出它是什么意思。利用这种方法，她可以学到新的词语，并且学会如何使用它们，以及如何发音清晰地表达。研究证明，发音清晰，而且在讲话中用完整的无删减的语言的家长，与坚持使用简约的语言的家长相比，前者的孩子通常对语言的运用更加轻松和自由。

学习玩耍

你的孩子在拓展思考方式的同时，开始越来越远离游戏。事实上，玩仍能融入学习中，只是现在所学的东西不一样了。

- 现在，游戏可以为你的孩子引入与她周围的世界不同的另一番景象。比如，过去的有很多玩具动物的农场游戏，只是一个简单地把动物进行分类，并放入正确地方的游戏。现在，她会用不同的视角看待这个游戏。它向她引入了与她的主导生活不同的生活的另一个方面。毕竟她可能大多数时间不是被动物围绕，所以，游戏有助于把世界以孩子可以掌控的微观的形式展现给孩子。
- 游戏日益成为情绪宣泄的出口。即使是一个动作型的玩偶也能引起孩子的保护欲和温柔的情感，她也可以用同一个玩具来消除好攻击的本能，如果你的孩子直接将这种本能指向其他孩子，将会被挂上淘气和反叛的标签。
- 游戏可以创造出对他人的兴趣。如果你家的“化装箱”里有一套牛仔的行头，或一身护士制服，那么你的孩子可以穿上它们，扮演牛仔或护士的角色。即使她只是把帽子带偏一点儿，再穿上一双大大的高跟鞋，她也能假扮成自己的姑姑。通过表现出她认为姑姑会有的举止，她正在洞察自己的生活和别人的生活。
- 游戏可以促进形成领土和所有权的意识。保护一个新的和珍爱的玩具，或是保护她私人玩的地方，比如小窝、帐篷或一间游戏房，可以教孩子尊重他人的所有物和隐私。游戏可以刺激好奇心、独立性、冒险精神和促进智力发展。手工玩具和拼图可以刺激分析思维，画画、绘图、用泥土塑造形状可以促进创造力的发展。等你的孩子长大些，显微镜、望远镜、化学实验用品或魔术用具等玩具可以用于做实验。这些各式各样的玩具可以教她如何面对挑战和克服困难。
- 随着你的孩子一天天地长大，游戏有助于教她如何对付超出她掌控范围的事情。她可能会打碎一个珍爱的玩具，可能想让机械玩具动起来，却屡次失败，

"假装"游戏

你的孩子将爱上创造自己的小世界，这是她模仿成年人行为的一部分。椅子可以变成一辆火车或一辆汽车，而且她会邀请其他小朋友加入到她的游戏中。

或者她可能还不能胜任她想要做的事情。所有这些挫折都可能是很有益的经历，可以帮助她学习如何应对发生在她的世界里的问题。在游戏中，可能经常会有艰难的选择，但是你的孩子必须学会做出决定。游戏可以帮助你的孩子了解自己。随着她不断长大，她必须学会与他人互动，但是在她成功地做到这一点之前，她必须至少了解一点自己。游戏给了她发现自己的身体和智力上的长处和短处的机会。

- 游戏是促进你的孩子成熟的一个重要辅助。在你的孩子3岁时，她将表现出做计划的意识。她会让玩具警车监管她的玩具车发生交通拥堵问题，而且一直让一辆皮卡车停在路边，这显示了她在超前思考。她在玩需要胶水固定或黏土变干的游戏时，她将开始练习延迟的能力。如果她准备和一个借给她玩具玩的朋友分享她的玩具，那么，在这个过程中，她将学到给予和获得的价值。

形成概念

为了让你的孩子形成概念，并把它们应用于她的世界，她必须掌握一件事，即她必须明白“像”和“不像”这两个基本概念。她是通过识别这两类事物的相似点和不同点，而后在头脑中再进行对号入座来学习这一点的。一旦她做到了这一点，她就在智力发展上会有一个飞跃式的进步。在18个月到2岁之间，你将发现你的孩子在面对一些有共同点和不同点的事物时，会自动做这种分类工作。所有能滚动的且是圆的东西被分在一组，所有有边且是矩形的东西，比如积木，被分在另一组。所有长着4条腿且会喵喵叫的动物是猫，长着2条腿且会飞的是鸟。

我们给我们掌握的概念以语言上的标签（名称），在第三年，你的孩子会通过运用语言，发展出自己对概念的理解。对你的孩子来说，如果她不能说话，形成概念的阶段会非常艰难。你的孩子可能会将“猫”这个词泛指所有她看到的猫，包括家里的宠物猫，书本中的猫，邻居家后院看到的猫和玩具猫。在她的头脑里，她只使用单个标签来泛指所有这些不同的事物。但是等到她快3岁时，她会做出几点更细致的区分，她将知道它们都是猫，所以她有了“猫”这个词是怎么来的概念，但是她还将知道它们存在一些微妙的不同：“我的猫”，“你的猫”，“玩具猫”，“书本里的猫”，“去看奶奶的猫”。

抽象观念

在你的孩子2岁的时候，她是不可能描述出不真实存在的事物，即她看不见、摸不着拿不起来的事物。她不知道“漂亮”这个词的意思，她不太明白空和满的意思，而且，虽然她知道自己在吹泡泡的时候，泡泡会飘散，但她还无法区分轻和重的含义。你的孩子可能知道一个和几个的区别，但是她还不知道用数字衡量的想法，因此，所有比一个要多的东西在她眼里可能都是“很多”。她对时间几乎没什么概念，她不能形象化地理解明天或下星期这两个词，即使是“今晚”她也难以理解。然而，她的理解力会在这一年有很大提高。

为了有抽象的观念，并且用抽象的方式思考，你的孩子必须能够把不真实存在

卡片游戏

到了第三年，你的孩子将学会用更抽象的方式思考。类似卡片配对的记忆游戏可以帮助她发展这项技能。

的事物用图片印在脑海中。如果你问她玩具在哪里，她必须记住自己曾在何时何地玩过那个玩具。她必须在头脑中看到这两点，然后才能重新找到那个玩具。一旦她做到了这点，她就能对不真实存在的事情做出计划。当你问她玩具船在哪里，她会在头脑里有一副小船倒在草地上的图片，然后会说："小船在花园里，我一分钟后去拿。"于是继续画画，在完成她的画之后，洗洗手，然后跑出去拿她的小船，不用任何人催促。这意味着她已经在头脑里有了去取小船的概念，她会用画画打断一下取小船的行为，然后还要完成几个不相干的任务，最后才会回到花园里把小船取回来的概念。

如何帮助你的孩子

帮助你的孩子发展的最重要的方法是倾听她说话。因为现在她的世界已经扩展到了一个巨大的比例，不只是她身体上的能力方面，还包括她新的智力发展方面，你和她开放而自由地交流非常重要。仔细倾听她所说的每一句话，试着理解她在想什么，并且用她可以理解的方式回答她的问题。她一直在问你问题，但是你也可以问她，这样你可以知道她在想什么、对什么感兴趣。

在每次你的孩子向你提问，或者在你和她对话的时候，你都有一次帮助她学习的黄金机会，即使场合可能很随便，很普通。如果你在厨房正在准备午餐，你的孩子在一旁问你为什么把胡萝卜的尾巴切掉，你可以开始一场关于所有植物是如何有根部的讨论，告诉你的孩子因为它们为了生长所以需要食物。下一次你们在花园里的时候，你可以拔起一把草，给她看看草的根部系统。如果你真的有让孩子彻底明白的野心，你可以把一个黄豆放到一个玻璃罐头的一侧，里面塞上一张湿纸巾，然后让她看根真的出现并向下生长。在你们出门上街的时候，注意随时给她讲解你们周围正在发生的事情：红绿灯在变灯，汽车停在了路边，你们在穿过马路，一个警察在打手势指挥交通，等等。

到了 3 岁左右，你的孩子对他人的感受会自然变得敏感起来。如果你看起来悲

早期阅读

一些孩子有早先于他们的同龄人阅读和写作的自然爱好。如果你的孩子是其中之一，鼓励和帮助她，但不要拔苗助长。你的孩子只能在大脑和智力得到充分发展后，才能掌握这些先人一步的技能。你无法知道孩子的大脑是否能够阅读（以及后来的写作），所以应该由她来牵头。在她能够自己阅读之前，你只是继续读给她听，指出书本上物体的名字，并鼓励她重复念它们。

如果你的孩子觉得"识字卡片"繁多而无聊，我反对继续使用它。在这种情况下，如果你坚持这样做，那只是为了满足自己，想让自己自豪，这永远不应该是让你的孩子做任何事情的理由。但如果你的孩子想要学词语，并且能从背识字卡片中获得乐趣，那么就尽可能鼓励她，但仍不能让她读。除非她准备好了，自己开始指着读，只有这样你才能开始帮助她。

伤了，她可能为了安慰你，第一次表现出转移你的注意力的行为。充分利用这一点，并开始教她为他人着想，告诉她友好、有礼貌、乐于助人、体贴、合作是正确的行为。每次有家政人员和邮递员等外人到你家的时候，把你的孩子介绍给他们，而且向孩子介绍他们的工作，以及他们必须要处理的问题，并且建议她帮些小忙，比如到门口接过邮递员的信，然后递给你。

幼儿园

你的孩子满 3 岁后，该开始考虑上幼儿园是否对她更好。学校的好处是她可以遇到很多新朋友，以及擅长知道如何拓宽孩子视野的有趣而有爱心的成年人。她还能有机会尝试新的和有趣的活动（在家可能没做过的事情），而且作为团体的一员，她将学习适应社会生活。最后，也是最重要的，她将不得不应对没有你的世界。

学会一起玩

孩子刚上幼儿园的时候，很难让她学会与其他孩子一起玩。让你的孩子玩一些可与他人分享玩具的游戏，这样能够帮助她学习这一点。

在你考虑上幼儿园的利与弊并决定是否送孩子去的时候，她有没有能力长时间离开你也是你必须衡量的因素。如果你的孩子非常害羞和依赖人，而且不容易与别的成年人和孩子说话，一旦你离开房间就会焦躁，无论你走到哪都跟着你，那么送她去幼儿园会很有问题。然而，你可以看看大多数孩子是怎样习惯幼儿园的，真的，很多孩子对幼儿园迷恋得甚至假期都会想念学校。请谨记一点，如果你认真地制订一个小计划，你就能够帮助孩子度过最初的恐惧阶段，而不会让她有被抛弃的感觉。

评估一个幼儿园

有很多种适合学龄前儿童的组织，比如幼儿园和日托。提前对当地这些场所做一些调查，列出一张附近有资质的学龄前团体的清单，然后从中选择 2–3 个你可以拜访的学校。

彻底开展你的评估工作。首先，和负责的老师谈一谈。约好拜访这个组织的时间，并且坐下来听几节课。如有可能，在那花上一整个上午或一整个下午的时间，以感受那里的常规、有多少纪律、老师是否严厉、你是否认可那里对待孩子的方式、气氛是否快乐及随意和舒适，还有，孩子们看起来是否开心。如果可以，看看设施，并且与这里其他孩子的母亲聊一聊。

一旦你选择了一个幼儿园，你可以带着孩子在她准备上学前的上一学期跟着上几天课，以便她习惯那里的一切，这样可以帮助她在开学后更容易安定下来。

说话 0-1 岁

你的孩子刚开始说话的那一刻绝对是令你激动万分的时刻。现在，你能够准确了解她知道什么和在想什么。似乎是语言给你打开了一扇窗，让你能够看到你的孩子的心理能力，语言也是她学习的工具。她已经到了不再依赖哭闹来交流的阶段。

尽管做过大量研究，我们仍无法准确知道一个孩子是如何学到语言的。然而，我们所知道的是随着所有孩子的讲话能力的发展，学会语言是孩子们发展的一个必经的历程。我们也知道宝宝在开始讲话前就已经学会了很多语言上的东西：在她知道词语的意思之前，她会聆听声调上的任何变化，听你讲话的声调和语气。她也会在开始说话前学习讲话礼仪，很快知道两个人说话时，第一个人说完话后，另一个人会紧随其后。

早期说话

你的宝宝每个月都在发展，她将掌握新的词语和新的语法规则。但是学习说话要远比学习词汇和语法重要多了。你的孩子主要关心的是能和身边的人交流和互动。

孩子们会以自己的速度发展，这一点适用于说话及发展的其他方面。如果她看起来没有别的孩子语言接受能力强，你也无需担心，而是鼓励她，在时间上顺其自然。

说话是如何发展的

研究显示，婴儿对说话声的反应比对其他声音更强烈，即使是刚出生几天的婴儿。

0–6 周 你的宝宝从一出生就开始制造声音。一开始她只会啼哭——为食物而哭，为获得关爱而哭，或者是因为不舒服而哭。与此同时，她将开始发出代表高兴和满意的喃喃声。

大约 6 周 她将开始以夸张的咯咯笑声回应你微笑的脸和声音。尽管她在和你交流时不能用语言和你说话，但是她已经开始学习成年人的交流方式了。举个例子，她会看着你对她说话，她的嘴和舌头会跟着动，并且在再次做之前会等着看你的回应。

3–4 个月 你的宝宝将发出轻柔的咕咕声。在这个阶段，声音是带有开元音的单音节。她最初使用的辅音是“p”、“b”和“m”，所以不必那么惊讶她能叫出“妈”或“爸”这两个词，但是此时她还不明白自己说出的这两个词的重要意义。

7 个月 她将不断提高对声响、人的说话声和音乐的回应能力。她将通过重复最初的音节，把她的咕咕嘟哝声拓展到双音节的词，比如“妈妈”、“哔哔”、“爸爸”。这一阶段她还会冒出一些爆破音的感叹词，比如“哎”、“哦”。

8 个月 你的宝宝将继续咿呀自语，但是她也学会了如何故意叫喊来吸引你的注意。如果她在你附近，而你正在和别人聊天，她会仔细听你在说什么，叫喊之后会转过来看着你对她的行为有何反应。她的咿呀自语可能会变得很有乐感，而且在你唱儿歌的时候她可能会模仿你哼唱。

9个月 你的宝宝说话明显有进步了，她开始把所知道的音节拼在一起，并且用类似句子的语调说出来。她将用成年人抑扬顿挫的语调胡言乱语，比如发出“咔－玛－哒－吧”的声音。一旦她开始发出这样的声音，学术上叫做“隐语”，你就会知道她快要开始说话了。

11–12 个月 这个月的某个时候，你的宝宝可能会说出她的第一个“真正的”词。用讲话的声音清晰地说出这些最初的词语，发出声音是由她的身体能力控制的，而将物体与语言标签做出关联的是由智力

通过模仿学说话

宝宝们喜欢看他们的父母打电话，而且会爱上模仿。她也会拿着电话给爸爸或妈妈“打电话”。

做到的，因此这一过程是这两种能力共同促成的。她选择的词语几乎都是对她重要的人和事物，包括人（比如妈妈、爸爸）、动物（狗、猫），以及物体（杯子、球）。

简化的词语

从咿呀学语转变到说出准确的词，意味着你的孩子必须从一连串的几乎不能控制的发声转变为事先计划、经过思考，并且可以控制的说话。而且，说话的声音必须有一定的顺序，这样词语才能被别人听懂。对于小孩子来说，这是需要花大把时间对付的，所以早期的词语在发音时通常是简化的。

几乎所有的孩子都会吃掉单词开头或结尾的辅音，比如把“斯布恩”说成“布恩”，把“斯迈克”说成“迈克”。她可能也会把“达克”说成“达”，把“拜德”说成“拜”。在学习英语中，这一点通常是最后才能掌握的要领之一，而且孩子们通常要到四五岁才能克服这个困难。

孩子们简化词语发音的另一个方式是把作为词语基本发音的一个辅音，在同一位置念成别的辅音，比如把“道吉”发成了“道迪”或“告吉”的音。

在这个阶段，孩子们表现出的另一个偏好，就是将一个爆破音发成另一个爆破性较小的音，比如，你的孩子在说“派”的时候，可能换成了“拜”，可能把“斗”换成了“透”，把“抱”换成了“泡”。

帮助你的宝宝说话

- 你的宝宝最初学习的词汇的种类之一是标签性词语，即识别事物名称的名词。在和你的宝宝的对话中，要强调物体的名称，并且频繁地重复。在喂宝宝的时候，可以反复提到食物和勺子。尽量避免使用代词，比如用“我去拿你的外衣”，替代“我去拿它”这种说法。你的孩子正在学习自己与其他人的区别，所以最好一直用她的名字，而不是用“你”，比如这样说：“哈里特的鞋呢？”“哈里特和妈妈要上车了。”
- 不要对孩子的发音有过高的期待。如果某个词她不能准确地发音，但是你能听懂，那么不要总让她尝试把它说对，那样只会让她有挫败感。
- 努力理解她自己发明的词，或者她发音不对的词。如果她在试图跟你解释

双语学习

在双语学习的环境下，孩子们也能很好地成长。在小宝宝学说话的时候，他们可以用所有的语言发声。她们接受一种新语言远比成年人容易。而且他们似乎不只是学习两种语言容易，用两种语言思考和表达也相对容易。我记得我观察过我年幼的义子，他的母亲是讲法语的法国人，父亲是讲英语的英国人。我的义子只有两岁半，但他却能轻松地用法语和英语周旋于他的父亲和母亲之间，轻松地和他们交流。我鼓励儿童接触一种以上的语言。

什么事情，你的脑子里要过一遍所有能想到的她可能真正想说的词，直到找到它。如果你找到了它，你的宝宝和你交流会更快乐，她的好心情会促使她想再尝试一遍。

- 帮助你的宝宝学习应用词汇，首先是如何将词语应用于关于眼前事物的描述和谈论中。你的宝宝能够在一个物体和你在重复的词语做出关联，特别是如果她能够看到、摸到、抓住和玩它。比如，你在玩一个球的时候，尽量多对她重复“球”这个词，然后跟她聊聊球固有的特点——它是圆的，可以滚动，可以弹跳。
- 在教宝宝说话的时候，你真的必须暂时成为一个演员。你在说一件事的时候，必须说得很有戏剧性，很有意思，即你的发音和语调要非常夸张。说话时必须吐字清晰，意思表达清楚。在你开心和紧张的时候，也要用语言、表情和动作表现出来。

如果哪里不对劲，排除故障

如果你的宝宝在1岁时还不说话，不要担心。正如发展的其他方面，孩子们学说话的速度也不一样。但如果你的孩子2岁了还没有开始说话，就需要专家的帮助了。如果是听力有缺陷，在上幼儿园或小学前排除故障非常重要。如果是讲话问题，去看最好的儿科，这里有儿童说话障碍的治疗师。很多问题如果及早发现，都可以纠正。

阅读有助于提高语言能力

在你给宝宝读书的时候，一边读，一边用手指向书中的图片，并且一遍遍地重复念物体的名称，她最终会重复你说的词语的。

- 你的宝宝跟着你学语言，要比跟着别人学更容易，但是不要奢求她能领会成年人对话的字字句句，她还分不清句子里的单个词语。当你的宝宝和你“说话”的时候，尽量停下你手头在做的事情，看着她，倾听她“说话”，在她用咿咿呀呀的话努力回复你之后，给她一些称赞。
- 像这样问你的宝宝，“你的泰迪熊在哪？”还有“那个好不好？”刚开始她可能无法回答你，但是她能理解你在说什么，而且可能伸手指或点头。
- 对宝宝说的话不要过于简化。她需要

成年人语言的刺激，而非模糊的“宝宝语言”。

- 充分利用宝宝的兴趣点，跟她谈一些她已经感兴趣的事情。她可能对虚构角色的故事不感兴趣，相反，可能会被一个将她设定为主角的故事吸引。她可能对动物不是特别感兴趣，但是如果你用妈妈和宝宝这种形式讲这个动物，她会着迷的，因为她可以与它相关联。
- 鼓励她将已经学会的少量词语应用在你们的对话中。她将高兴地听到自己的原始对话，而且这样可以鼓励她大胆讲话，并尝试使用新的词语。
- 永远不要讥讽或纠正孩子早期在发音和理解上的错误。我从我的孩子们那里发现了许多可爱的词，我一直不理会这些词，放了一段时期才去纠正的。在我们家，我们总是把暖气片叫做“暖片”，把香草叫做“香香”，把双筒望远镜叫做“双筒望眼镜”。

说话 1-2 岁

这一年，你的孩子无论是身体发展还是智力发展都将有巨大的飞跃。她的词汇量将会增大，她对语法结构的领会也会有很大进步。为了能够准确地表达，她将不得不改正自己从前咿呀学语时养成的坏习惯。举个例子，她以前总是丢掉辅音，也经常发出重叠音。一旦你的孩子获得了控制说话的要领，她将自动纠正过去犯的错误。

开始分类

你的孩子在学习认识和识别事物的同时，将开始对事物进行分门别类。然而，一开始，她是无法做到完全精确的。她看着几个物体，如果它们有一两个共同的特点，那么她会用同一个词称谓所有这些物体。这可被称作“过度扩展”。她这样使用词语，原因是她还没有清晰表达所有词语的能力，但是她交流的欲望如此强烈，以至于她必须使用一个已掌握的最接近的词语。你的孩子将会把词语按照以下方式做出关联：

形状 球、苹果或石头可能被她统称为“球”。

尺寸 钱包、塑料袋和购物袋可能被她统称为“袋子”。

声音 口哨声、汽笛声、汽车喇叭声可能被她统称为“哔哔”。

运动 自行车、小汽车、公共汽车和火车可能被她统称为“火车”。

尽管你的孩子用这个方法过度扩展了一个词的含义，她还是知道自己用一个名词称谓的两个事物的区别。举个例子，她可能把“卡车”和“鸭子”都叫做“卡卡”，但是如果她面对这两个物体的图片，你念

宝宝最初说的句子

在第二个生日前的某个时间，你的孩子将开始把几个词串联在一起。这是一个重要的里程碑，因为这表示她知道了所要表达对象之间的关系。你的宝宝最初说出的一些句子在含义上会很有限。它们可能是解释刚刚发生的事情，或描述某人正在做什么。她的句子将涉及以下内容：

发生了什么	我跑 牛哞哞叫 卡车撞车了
谁拥有什么	我的小车 妈妈的衣服 奶奶的包
东西在哪里	娃娃在盒子里 爸爸来到花园 球在浴室
重复	我要更多的牛奶 还要玩
东西去哪了	喝没了 没玩具了

她的句子不会按照成年人的语法规则——那个会在以后发展——但它们有自己的逻辑。她将很早就学到某些词要在一起使用。她将反复听到“捡起来”，“穿上”，“出去”，并且将继续使用它们作为一个词，即使把它们用在其他地方。于是，她将造成句子，“汽车捡起来”，“门出去”。她将通过在任何东西后面加上个“d”而创造出过去时——“我去过”，“你走过”，“我给过”。为了使单词成为复数，她会在名词后面加一个“s”——“看，几条鱼”，“几只老鼠”，“几个游戏”。

出“卡车”和“鸭子”这两个词，她能用手分别指出。

同样，孩子们也能“过度缩小”一个词语的使用范围。对于大多数孩子来说，动物这个词通常适用于哺乳动物和他们每天在生活中见到的动物。他们通常难以理解鱼、昆虫和鸟为什么被分在动物一类。不管你的孩子早期学到什么词，她都会很快用它们指代各种各样的事物。单独一个词能够被她用来指代问候、需求或问题。在刚开始，你的孩子在说单个词语的时候，为了给它们赋予意义，可能经常添加手势。之后，她将慢慢学会通过改变说话的语调来表示不同的含义。

扩展词汇

你的宝宝的词汇量将继续增加，她最愿意学的词语是与她的日常生活休憩相关的词——人、动物和食物，以及日常生活中最常见的事物。孩子们早期所学的词汇几乎都包括常见动物的名称，比如鸭子、狗、猫、马、牛，以及它们发出的声音。你的孩子也将知道她喜爱的玩具的名称，还有，非常重要的是，通过与你的互动，她将知道许多能用来改变或控制周围的世界的词，比如“不”、“上”、“多点”、“出去”、“打开”等。

一些孩子刚开始说话就能学会掌握词汇，但更常见的是早期 1 个月能掌握 1–3 个词语。到了 2 岁，你的孩子应该能说出 200 个词了。

帮助你的孩子理解语言

理解永远先于应用，你的 18 个月的宝宝能理解很多她所听到的话，远比她所能表达的语言要多。为了帮助她，你应该给孩子更多的信息，而非局限于单词本身。

- 尽量多和你的孩子说话，并且在说话时要一直看着她。这样你的孩子将得到更多学习和理解语言的机会。
- 在说话时加入丰富的面部表情和手势，并且在你的话中添加与她有关的动词，比如“妈妈要穿詹妮弗的大衣”，或者“妈妈要脱掉詹妮弗的鞋”，以此帮助提高她的理解力。
- 为了让你的孩子知道交流永远是一种互动的方式，你不应该对她单方面地用大长句子喋喋不休，或者自己不停地讲故事，而不给她参与和贡献的机会。应该在你们的对话中做出停顿，提问题，并要求有一定的回应。
- 如果有很多噪音干扰，使你的说话声听得模糊，你的孩子会很难理解语言。如果开着电视，把声音调低，也不要大声播放录音机或 CD。
- 给她信心，鼓励她尝试和陌生人说话，在旁边充当讲解者。这样她不会感到尴尬，并且会勇敢上前。
- 尽可能多给她关于你的意思的提示和线索，尽管你知道她无法准确地理解你在说什么。举个例子，在洗澡的时间，带她进浴室，打开水，体验水温，然后给她脱衣服，整个过程要给她关于你在做什么的信息。然后说，“现在你在准备洗澡”。把所有这些视觉动作和语言线索呈现给她，她一定能明白你的最后那句评论。

一起看书

你是最初向你的孩子引入图书的人，看书，与发展她的其他方面一样重要。如果她经常看见你在读书或看杂志，她会很快开始模仿你的行为。你会发现她自己坐到椅子上，认真地“读”她的书——可能把书拿反了——而且不时地翻动书页。

慢慢地，在她开始认识物体后，她的注意力将转向书中的内容。对于 2 岁到 2 岁半的孩子，最流行的书是有清晰的、孩子能认出的常见物体图片的书，你可以陪着她看书，指着图片里的物体，说出它们的名称。在这一年，随着孩子的词汇量的增大，如果你问她某个物体，她能自己在书中指出来。她将很快喜欢上简单的有插图的故事——特别是有重复“押韵”的故事，这些是她期待的故事，比如《姜饼人》或《三只坏脾气的公山羊》。除了有节奏地重复，她这个年龄最流行的故事都是简单的、反复出现的主题——通常涉及大而凶猛的“恶人”（狼、巨怪、邪恶的巫婆）阴谋最终被挫败，或者身形弱小的英雄对抗更大更强壮的敌人最终取得胜利（《三只小猪》里的小猪们）。孩子们通常想要大人一遍遍地重复念同一个故事，出于某些原因，他们发现能在故事里找到需要的东西。如果这是你的孩子想要的，那么随他所愿——即使你都讲烦了。

儿歌的价值

孩子们喜欢儿歌——从最初的“这只小猪”的游戏到所有的传统儿歌——并且会以满腔热情带着随意的动作参与进来。和故事书相比，儿歌的吸引力在于它们的简单、戏剧性和反复出现的主题，以及最重要的，宝宝和幼儿在很早的时候就会做出反应的节奏。如果你认为自己五音不全也不要担心：你的孩子不会介意。事实上，你永远都不会有她这样一个懂得欣赏和崇拜你的粉丝！儿歌在孩子的语言技巧的发展中扮演着一个重要的角色，并且提供了一个愉快而有趣的交流形式。很多儿歌可以在活动的同时唱，比如“跷跷板”或“小蜘蛛”，它们以愉快和印象深刻的形式，教授和强化了概念。所有的儿歌都可以扩展孩子的词汇量，扩展她的想象力，而且能促进她喜爱音乐和节奏。

拍手游戏

多教你的孩子一些儿歌。很多儿歌在配上动作后可以促进孩子理解意思。在你和她一起唱歌的时候配合拍手的动作。

说话 2-3 岁

在第三年，句子的结构将变得更复杂，你的孩子开始把一些词语完整地组合在一起。她将开始理解否定词，并用简单的“不”和“不是”表达否定。她也将开始注意词语的排列，这样将它们拼成一个疑问句的时候，不再仅仅会把“为什么”放在句首，她将第一次完全理解一个事物与另一事物之间的关系。她将开始使用形容词——大、小、胖、瘦——然后是形容词的比较级——更大、更小、更胖、更瘦。她将理解和开始使用代表空间关系的词语——这个、这、那个、那，并且学会“我”与“我的”、“你”与“你的”的关系。她还将学到如何使用包括“和”、“然后”及“但是”的连接词。

对话

在第三年，你的孩子自然而然会成为一个喋喋不休的小家伙。充分利用这种趋势，向她显示对话是如何进行的：一来一去说话的规则，如何用提问让话题变得有趣，对于任何话题，如何从一个兴趣点推进到多个。

将你的孩子带入一场对话的最佳方法之一是提问，问她喜欢什么，她在做什么，或者问她是怎么做的。她回答了你的问题之后，你必须对她的回复表现出真的感兴趣，这样才能让她知道对话是有价值的。同样，当她靠近你，向你提问题或寻求你帮助的时候，或者只是请求你过去看看某件令她兴奋的事情，你必须对她所做和所说的事情表现出真的感兴趣。用这个方法，你能够对她的思考、理解和学习有所帮助。如果你对她正在做的事情敷衍地回应她一连串的“嗯”，那么她不仅是学不到什么东西，而且会很快知道你没有兴趣，而停止让你加入。

帮助孩子拓展语言

给孩子比平时更多的细节上的描述或说明，以此帮助她拓展语言学习。举个例子，如果她的毛衣穿过头部有困难，你可以这样说：“噢，宝贝儿，毛衣的领口对于你的头来说太小了。”然后说：“我来帮助你。”用这两句动脑筋想出来的话，你可以让她至少学到3个想法和3个新词。如果她搬不动什么东西而你能搬动，那么你要跟她强调，你能搬动是因为你比她更强壮，而这个东西很重。

尽可能利用各种场合和你的孩子谈论颜色、形状和材质。比如：“你去拿一个红色的苹果，我拿一个绿色的。”“看看这朵漂亮的蓝色的花，它有长长的枝干。让我们闻一闻。”“我们的汽车有 4 个轮子，这个卡车有这么多轮子。让我们数一数，1，2，3，4，5，6，7，8。”

你也可以通过在户外的对话帮助她拓展语言。如果你问她在花园里做什么，而她不能把词语组合在一起，那么你可以替她指着正确的方向，一边说：“你在沙坑那做什么了？”或者“你是怎么从滑梯上面下来的？”“你刚才骑着小三轮车上哪了？”你可以通过继续提问“然后发生了什么？”促使她继续回应你。

我的所有孩子都喜欢在对话里做一件事，就是让我在一个句子里留下一个空白，以便他们能用自己知道的词填上。举个例子,关于如何从滑梯上面下来的话题，我可以用一句“噢，你的意思是你从滑梯的 __ 下来的，”然后我的孩子们会欣然贡献出“滑道”这个词。或者，如果我们在商量那天下午我们在沙坑里做了什么，我会这样对他们说，“我做了一个沙子城堡，用的是你们的 __，”我的孩子们会喊道“桶”。

帮助孩子学习语法

你的孩子开始进入了理解语法的更复杂的层面，你可以像以前一样帮助她，简单地重复她已经用正确语法说出的话。随着她越来越广泛地运用造句，在她面前正确使用带有新词语和新语法的句子，以此来帮助她学习语法。

否定句

在你的帮助下，你的孩子可以学会把否定词安到它应该放置的位置。通过听你说话，她将学会使用“将不会、不能、不会、没有、不是”。

如果你的孩子说：“我不吃饼干。”你说：“你没有吃饼干。”

如果你的孩子说：“没有糖果剩下。”你说：“哦，亲爱的，是没有糖果了。”

疑问句

用同样的方式，你可以教她如何正确地提出问题，并且在疑问句句首使用适当的词。

如果你的孩子问：“出去？”你说：“我们要去哪儿？”

如果你的孩子问：“更多？”你说：“你还想再要些冰淇淋吗？”

如果你的孩子说：“穿上大衣？”你说：“你为什么穿上你的大衣？”

使用这种办法，你的孩子可以学会使用“wh”开头的词的用法，比如“什么 (what)、谁 (who)、哪个 (which)、哪里 (where)，以及为什么 (why)。

形容词

教你的孩子学习关于形容词和一个物体与另一个物体的关系的最佳方法，是告诉她用形容词描述的一个物体的对立面。比如，如果你的孩子说“大球”，你可以看看周围，找到一个更小的球，然后向她介绍对立的概念，就像大和小。

通过两个物体的比较，你能够向她显示一个要比另一个大，一个要比另一个小。同样，你可以向孩子介绍其他概念，比如宽与窄、厚与薄、深与浅、重与轻、硬与软。讲解的时候，始终用适当的物体给她演示，如果可能，把它变成一种游戏。

代名词

如果你的孩子说：“我带书到这里。”你可以说：“哦，你在那边，你把书带到我这里了。”

如果你的孩子说：“我讨厌这个饼干。”你可以说：“那么我吃你的饼干，你可以吃我的饼干。”

如果你的孩子说：“这是珍妮弗的大衣，那是妈妈的大衣。”你可以说，“是的，那是你的大衣，珍妮弗，这是我的大衣。”

使用这个方法，你的孩子可以学会如何使用“我的”和“你的”这两个词。

提问和回答

在你的孩子接近 3 岁生日的时候，她会不断地问问题。你可能会厌烦回答她没完没了的“为什么”，但是你应该高兴，因为你的孩子对周围发生的事情如此好奇，而且她在努力弄明白这个世界，并且在用语言表达她的想法。

你应该永远认真对待孩子的提问，尽量给她最准确和真实的答案。不要用这类答案敷衍她，“因为它就是这样”，或者“事情就应该那样”，因为这种答案对她的理解一点帮助都没有。你应该给她能够增加知识的信息，而且要以她能消化的方式给她。当你的孩子问你：“为什么会下雨？”不要回答：“因为它该下。”相反，试着用一个简单地解释，比如说：“天上的云里全是水，水以雨滴的形式掉到地面上。”

你的孩子的问题通常很简单，因为她还没学到足够表达各种问题的词汇。注意始终检查问题，看看它的要点是什么。如果你的孩子问“那是什么？”你说“一把尺子”，她可能想要了解超过仅仅一个名称的信息，所以你可以说：“那是把尺子，你可以用它量东西，看，这本书是 23 厘米长。它也可以用来画直线。让我们一起画吧。”

一开始，她可能会经常提出似乎难以回答的问题，比如：“鸟为什么飞？”但是她真正想说的是：“鸟为什么能飞？”“鸟是如何飞的？”“为什么鸟会拍打它们的翅膀。”所以试探你的孩子的真实意思，然后问她：“你是这个意思吗？”

如实回答问题

如果你不知道问题的答案，诚实点，告诉她你不知道，但是要加一句“让我们去查一下书，”或者“让我们去问问爸爸”。

有时候，家长不愿意给孩子真实准确的答案，因为他们以为一个小孩理解不了真相。这通常发生在关于死亡和性的问题上。对于孩子们问的难题，永远不要避讳。然而，也不要错误地认为告诉她真实答案时必须说出全部的真相。这根本不需要，而且这样做是错误的，因为你的孩子没法理解更深奥的东西，她还没法对付你的全部答案的复杂性。你能做的是提供给她可以消化和理解的部分事实。

口齿不清

这是在刚刚学说话的孩子的通病。它之所以发生，只是因为孩子还没有掌握她需要的所有发声，所以她只能用自己能发出的类似的声音代替想要说的。一个孩子可能会把口齿不清的发音复制给另一个孩子。这可以成为一种习惯，然而，这根本不是什么可担心的事情，而且一般不需要什么措施。

然而，口齿不清也可能预示一个更严重的潜在问题。它可能是由一定程度的耳聋、唇腭裂或舌头的错误动作造成的。虽然这些可能性应该在你的孩子的定期检查中能被筛查出来，但是如果你还是担心孩子长期的口齿不清的问题，那么可以咨询你的儿科医生，如有必要，可以开始纠正说话的治疗。

13 社会行为

孩子的社会行为的基础是在婴儿期奠定的。你对待你的孩子的方式，以及他回应你和外面的世界的方式将成为他的一个组成部分。童年早期的社会发展会经历各个特定的阶段。你的宝宝会从刚开始一个非常不懂得社交的新生儿，到通过模仿他人而融入周围的社会群体。在早期阶段，宝宝最重要的向导之一就是母亲，或其他主要负责照顾孩子的人。与母亲建立起温暖而开放的爱的关系的宝宝们，通常会在这种早期关系体会到的快乐的基础上，主动与其他人建立友好的关系。

个人发展 0-1 岁

你的宝宝与其他所有人都不一样，他是独一无二的，而且不论你看多少书，它们都不能告诉你关于他的事情。你必须自己发现你的宝宝，通过仔细观察所有的信号，一点一点发现他，你将了解他的个人特质，并珍视它，它是一个孩子所拥有的最珍贵的财富之一，而且你要做的最重要的工作之一就是呵护那种特质，帮助其生长、开花，保持完整无损。

像不温不火地品读一个令人激动的故事一样，慢慢发现你的宝宝是什么样的人。你会发现他是喜欢别人温柔地对他，还是喜欢略微野蛮；你会发现他是有幽默感，喜欢笑话，渴望和别人一起玩，还是更偏好安静。你可能要花几个星期的时间了解他在状态很好、很开心的时候做何表现，否则在你了解之前，你可能还以为他生病了。你甚至有可能要用几个月的时间知道他的哭闹的模式——他是一个容易焦躁的宝宝还是安静的宝宝的早期信号（见第 158 页）。但是不要担心，你会逐渐知道他的所有特质：他进食是快还是慢，他需要很多睡眠还是更爱醒着，他喜欢被人拥抱，还是不喜欢。

在了解你的宝宝的过程中，你不得不把你的日常常规按照他的需要进行重新安排和调整。

早期显示的社会性

你是你的宝宝最喜欢的人，她会爱上探索你的脸，会对着你的脸说“你好”，表现出对它的兴趣。

关于社会性的里程碑

学习笑

用笑声表示赞同，在游戏中时不时地插入笑声和笑话，这样可开发你的宝宝社交的幽默感。

在6个月的时候，你的宝宝将学到很多关于成为一个社会属性的人的知识。他用我们不太明白的方式，正在成为一个社交专家。他将知道如何与你开始一场对话，如何让你跟他玩。他将学会如何通过微笑、发出咿咿呀呀的声音，以及变得可爱和好奇而吸引你的注意力，也将学会通过扭头看别处或表现出无聊的样子结束一场对话。

关于他获取这些能力的阶段，详见如下描述：

3个月 你的宝宝不喜欢被剥夺与社会联系，只要他被放下，独自一人待着就会哭。但是，一旦他看到成年人再次出现或和他说话，或是被一个玩具或总发出声音的东西吸引，他就会停止哭闹。他一听到人的声音就会转过头，在成年人对他笑或发出一种咕咕声逗他的时候，他就会微笑。如果别人向他微笑，用踢脚和挥舞手臂的动作逗他，他将表达出开心。他将通过社会行为认出他的母亲和其他熟悉的人，而对陌生人会通过转过头，甚至哭表现出惧怕。

4个月 在猜到自己将被抱起来的时候，他可能会主动抬起双臂。他的眼睛将聚焦在人的脸上，并且会盯着离开他的人的方向。他将对和他说话的人微笑，只要有人特别关注他，他就会表现出喜悦。如果有人跟他玩，他会笑出声来。

5–6 个月 他对微笑和责备的语调将有不同的表现。对于熟悉的人，他会用微笑问候，对于陌生人，他会表现出显而易见的恐惧的表情。

6 个月 社会行为将变得更为活跃。如果有人把他抱起来，他可能会拽这个人的头发，或者挠一挠他的鼻子，或轻拍他的脸。

7–9 个月 他将模仿大人说话的声音和手势，变得更有社会性。

12 个月 如果被告知“不”，他将克制自己，并且通过冲向母亲的怀抱表现出对陌生人的恐惧和厌恶，在陌生人靠近时他甚至可能会哭。这个时期，他可能会变得有些黏人。

对他的行为的反应

常见的对一个好宝宝的定义，是一个哭得很少，很容易安定，睡眠时间长的宝宝，对坏宝宝的定义则相反。如果基于这几点来判定好宝宝和坏宝宝，那么我的所有朋友都有好宝宝，而我的都是坏宝宝。然而，我不会把自己的宝宝说成坏宝宝。他们只是需求比较多，而且偶尔难伺候，但是我肯定这只是因为他们需要我的关注，在我看来，这一点相当正常。

在最初的几周，你和你的宝宝必须习惯彼此。不要被你的宝宝最初的表现蒙蔽，他对如何回应外界还没有控制能力，而且在几个月内他可能会变。他可能会让你很痛苦，可能很活跃、超级爱醒，或者超级爱睡。面对你的宝宝的各种需求，你必须尽可能适应和冷静，给出你全部的爱。

“难伺候”的宝宝

真的有很难伺候的宝宝，这类宝宝总爱哭，而且用一般方法也不能安抚（见第162页），让人很难冷静地对付。宝宝的持久哭闹往往会令人烦躁和痛苦，而如果他又拒绝你哄他，你不仅会感觉自己被宝宝冷落，也会觉得自己的努力很失败，而有挫败感。你甚至可能会生气，并相信你的宝宝是故意的。这当然不可能：你的宝宝只是因为受生物学程序控制才这样做，而且一直到他的需求被理解和满足了才能停止。你的紧张是因为你的宝宝没有停止哭，在你神经紧张的时候，你是无法冷静地对待孩子的——结果他会哭得更厉害，在那种情况下，你们双方的坏脾气都会被激化。尽量不发脾气或过于激动。

面对这种情况，有以下几点建议可供参考：

- 与你的伴侣分担责任，只要有可能，两个人轮流照看你们的宝宝。
- 参考本书在哭闹的问题上的对策（见第162–166页），你的宝宝不是世上唯一经历这个“难对付”时期的宝宝。无论你怎么想，这段时间不会长。
- 不要将你的宝宝的行为视为故意拒绝你——此时此刻，他无法控制自己的行为，因为他发现自己置身于一个新的世界，他在拼命地使自己适应这个世界。你必须接受你的宝宝是难伺候宝宝的事实，而且用适当的方法对待

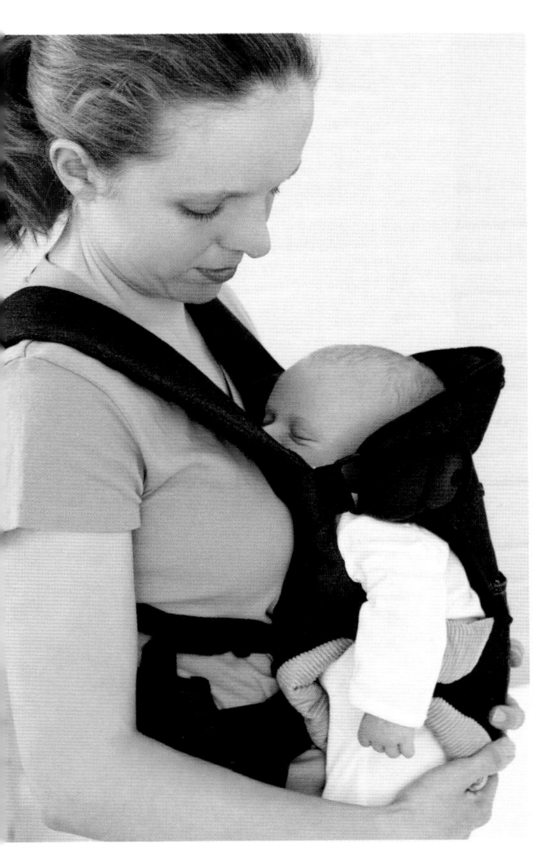

让他靠近你

在最初的几周里，在白天用一个背带背着你的宝宝，以便给他很多与你近距离接触的机会，这样也可能有助于他睡觉。

他，随着他渐渐长大，他最终会变的。

- 接受所有来自亲朋好友的帮助，这样你可以休息一下，给你身体的电池充一会儿电。
- 尝试和别的家长、你的医生或到家里探访的保健员聊一聊，看看有什么对策，或者联系一个提供支持的团体。

贪睡的宝宝

这类宝宝通常被称为安静的宝宝。你的宝宝可能在 24 小时中有 21 小时都在睡觉，他对你很少有这样或那样的需求，而且很少哭闹，他的警觉性低，也不太会关注他周围的环境。他可能在你喂奶的时候就睡着，别人对他说话，他可能不做回应，而且很少表现喜怒哀乐。

起初，这样的宝宝会让人觉得不可思议，因为他能让你在产后有时间好好恢复。但是他会错过生活中的很多东西，并且需要人连哄带骗地让他意识到醒着更有趣。

对于这类宝宝，有以下几点建议可供参考：

- 不要强迫你的宝宝醒着。他知道自己需要多少睡眠，而你应该尊重这一点。然而，你必须保证他不能空腹睡太久。举个例子，如果他能在夜里睡整觉，你必须在晚上睡觉前弄醒他，因为整晚都滴水不沾，对于一个新生宝宝来说，时间太长了。
- 只要他醒着，尽可能给他提供更多的刺激和情感。用活动玩具和照片布满婴儿床的四周，这样即使你不在，他也有东西可以看，而不会觉得无聊。
- 试着用背带把你的宝宝背起来，这样他至少能知道你的温暖和气味，即使是睡着了。

爱醒的宝宝

在生命的最初几周，你的宝宝不是

24小时平均睡16小时，而是可能只睡12小时，而且他是出生不久很快就这样的。他会把生活安排得满满的，对周围发生的一切都感兴趣，而且渴望学习。爱醒的宝宝通常社交活跃、情感丰富。尽管他可能会把你累得精疲力竭，但也会让你感觉付出得很有收获。

除非他长大能够自娱自乐的年龄，否则你和你的伴侣将会是他唯一的娱乐来源，他可能不分昼夜地要你关注他。如果你和你的伴侣不采取轮班制的话，你可能会累得动不了。不要憎恶你的宝宝的充沛活力，试着接受他，并且采取实用的办法想方设法保证自己有足够的睡眠。

对于这样的宝宝，有如下几点建议可供参考：

- 用背带背着你的宝宝。
- 你在家的时候，你到哪个房间，就把婴儿床或睡篮移到哪里，把睡篮安全地放到桌子或工作台上，以便你的宝宝听到你的声音。
- 在婴儿床上放很多照片和活动的玩具，这样可以让宝宝有事做。
- 从第六周起，让他坐靠在一个弹跳椅上，或把他放在童车或手推车里，注意系上安全带。
- 保证宝宝的房间温暖，因为这样有时可以促进他的睡眠。

不满意的宝宝

你可能有一个不满意的宝宝，容易在饿的时候或没吃好的时候烦躁。他进食又慢又困难，后来还表现出不是很爱交际，也不喜欢被人抱。你在和他说话的时候，他似乎不大理睬你，他似乎累了，却焦躁不安、不能放松。当你把他放倒睡觉，他就开始哭。

不要觉得你无法让宝宝感觉舒服和开心，或者开始觉得自己不称职，甚至憎恶自己。尽量排除所有消极的情绪。你的宝宝的行为只是因为他还不能适应外面的世界，不是针对你的。

永远不要将你的宝宝的不快乐视为对你的批评。不管你的宝宝如何拒绝你，也要努力让他对你微笑。试着跟他玩，让他坐在你的腿上跟他做游戏，或给他按摩。等待他回应你，一旦他回应了，你就会知道自己已经转出死角了，而且你们可以彼此了解了。

对于这样的宝宝，有以下建议可供参考：

- 在他哭的时候，尝试所有对付宝宝哭闹的方法。
- 确保他的尿布干燥、洁净，而且在把他放倒睡觉之前，保证他的房间温暖、舒适，以便让他感觉安全。
- 他想吃多少，就给他多少，而且永远不要让他一直等待和哭闹。
- 在他的婴儿床上挂很多活动的玩具，以吸引他的注意力。
- 如果把他随时带在身边能让他舒服，那么就这样做。

神经质的宝宝

所有新生宝宝都对噪音和突然剧烈的动作敏感，但是神经质宝宝对于普通刺激的反应就会相当强烈。举个例子，如果他饿了，他表现的不是普通的持续地啼哭，而是在几秒钟内就歇斯底里地惨叫。对于这样的宝宝，有以下建议可供参考：

- 再重复一遍，请理解，你的宝宝的行为不是拒绝，他只是还不能应付这个新世界。
- 采用安全稳妥的方法抱宝宝，使他的胳膊和腿没有扑通坠落的危险，如果那样他会没有安全感。
- 温柔并轻缓地抱起他。在你弯下腰的时候，跟他温柔地轻声细语，甚至可以给他唱一首歌。
- 如果他觉得靠近你更有安全感，那么就把他放在背带里，让他随时和你在一起。
- 不要给你的宝宝洗澡，只是每天给他露上身或露下身擦洗（见第 72 页）。不要一次全部脱掉他的衣服，总是留一件 T 恤或带着尿布，并且尽可能一直给他身体盖着东西，即使只是一块毛巾。
- 不要单独把他放在一个有噪音的或光线过强的房间。

你的宝宝是家庭的一份子

在你的宝宝生命的最初几周，你们全家人都会围绕着他转，但是之后，他将必须学会适应家庭生活，适应其他家人。让你的新宝宝学会与一个团体一起生活非常重要，让他知道这些人有自己的生活常规，有他们可接受的习惯和行为模式，有他们一系列的行为准则和一些规矩。

然而，如果他还没被介绍给其他家人，你还不能期待他能适应家庭的常规，所以要让你的宝宝尽早参与到类似一起就餐、游戏、外出、购物、做家务、照顾宠物、拜访朋友等家庭活动中。通过这种方法，他还可以将自己如何与家人相处联系到应该如何与陌生人相处。

通过家庭，你的宝宝将最终学到你们的社会习惯和态度。宝宝最重要的学习方式之一是模仿，通过观察和复制你的言行举止，他将会发展出自己的行为模式。

让你的宝宝参与到家庭生活

尽量多让你的宝宝参与到家庭活动中。例如，在家庭就餐时间，给她一个靠前的座位，以便让她知道朋友们和家人。

界限 0-1 岁

很少有孩子在 1 岁前需要真正的纪律。从刚出生到 1 岁这个阶段，一个孩子还没有接触理性的争论，而且你规范纪律的注意形式还只停留在简单的层面，只是通过说“不”设定的界限，而且，如果你的宝宝不遵守，你只能采用或是移开物品，或是抱走宝宝这个方法。请注意，永远不要掴打或惩罚小宝宝。

随着宝宝一天天地长大，所有的家长都应该告知孩子社会可接受的行为的界限。很多界线都隐含在家庭成员对待彼此的行为方式中。以身作则，在孩子面前树立一个好的典范，是教育孩子什么是良好的行为的最佳办法。给孩子行为准则是为人父母的一个责任，所以在你的孩子 1 岁前就开始这项工作。如果你不这样做，你的宝宝很快就会发现其他孩子和成年人不能忍受没有教养和自私的人。为了有秩序、公正和安全，像所有其他有组织的人类团体一样，你必须在你们家里保持一些准则。

理解坏的行为

没有哪个宝宝会故意表现出不好的行为，尽管很多疲惫不堪的家长感觉自己的宝宝是故意的。你的宝宝可能会哭很久，而且非常烦躁和乖戾，但是这通常是因为他过于疲劳、饥饿、生病、不安，或是因为你的离开或遇见陌生人造成的惊吓。这不是宝宝的错，他不应该因为超越他可控范围的事情而受责备，如果你为了防止或纠正引起宝宝不快的事情发生，在能力范围内尽了你的全力，你也不应该自责。

在这一年快结束的时候，造成“坏行为”的原因之一——挫折将会出现。你的宝宝可能有意志坚强的个性，开始变得越来越独立，而且随着他一天天地长大，他会想表现这一点。他与你意愿向左的情况将会出现，他将不再接受你的完全控制，将挑战你的权力，并且开始强烈维护自己的想法。拒绝你选择的食物很常见，所以让你的宝宝自己选择他想吃什么，以及吃的顺序（见第 120 页）。同样，如果他只想穿某件他喜欢的衣服，那么就随他意愿。如果这个时候你不给他一些自由，他就会受挫和生气。

帮助你的孩子

独自一人做事情可能经常会遇到挫折，因为你的孩子的野心通常超越他的能力。他无法使身体做到他想做的事情，而且会发现无法让世界按照他想要的样子运转。这将不可避免地导致眼泪或发脾气（见第 166 页）。一旦发生这种情况，尽量别惹恼他——每个孩子都会经历相似的行为——而是给他伸出援手。这个时候，如果你不帮助他，他可能会顽固不化地浪费很多力气做完全超出他能力范围的事情，而且，一次次的失败会让他更加泄气。如果你的宝宝正处在这种心情，强硬地制止和施加压力将导致他更加顽固。这时，你应该圆滑些、幽默些，甚至狡猾些都可以。如果你让你的宝宝感觉他能够控制，你会发现他通常会随你意愿。如果你的宝宝到处乱扔塑料瓶，不要对他说“不”，换一种方法，将打扫卫生变成一场游戏。坐下，然后建议他尽可能在你数到 10 之前捡起所有的瓶子。

何时说“不”

在第一年，你很少有理由对你的宝宝说“不”。在我的几个孩子不到 1 岁的时候，我只立下了一个不可打破的规矩，就是在他们对自己和他人做出危险的事情时出面阻止。在这种情况下，我会坚决说“不”，同时会到我的孩子那里移走危险物体，或者制止他们做危险的活动，我不会等待他们自己停止。我在教我的孩子们什么是不安全的事情时，通常给出我为什么会制止他们某种行为的解释。我只是陈述有何危险，并且每当有同样的事情发生时都会重复一遍，希望我的孩子能够记住、学会，并且不要再犯。我不会惩罚孩子，也尽量不生气。直到他们长大些，学会了规矩，我才开始给他们一些没有我的介入的抵抗机会。

我相信教孩子如何表现的最佳方式，是对好的行为进行表扬和奖励，或者将其作为示范向其他家庭成员讲解。然而，除非你的孩子的智力发展到能够认识到什么样的行为是错误的，并且能够想出什么样的行为才是正确的，这种方法才能成功。

其他相关的问题 0-1 岁

你对宝宝的感觉

很多妇女相信她们的宝宝一出生，母爱就会像自来水龙头一样打开。然而，让她们震惊的是，甚至宝宝出生后两三天，她们对宝宝可能都感觉不到类似爱的东西。对于这个新生的依赖于她们的小宝宝，能感受得到温柔和保护欲，却并没有感受到一种强烈的紧密相连的爱。

这很普遍，而且一点也不异常。爱通常是在一两周后才会发展起来，在它出现以前，将注意力集中到享受与你的宝宝的身体接触：用你的肌肤感受你的宝宝，将你的鼻子凑近他的脖子肉乎乎的褶皱，闻他的气味，在你把手指伸进他的小手时，感受他紧紧地握住你。

产后抑郁

大多数女性在生完孩子后都会经历人们所知的“宝宝忧郁”。这是由荷尔蒙水平的显著下降造成的，而且通常会很快过去。然而，大约有 10% 的母亲的“宝宝忧郁”会继续发展为产后忧郁症，这是更严重的情况，并且会影响你与宝宝的关系。这需要医学的快速介入——不采取措施会造成更持久的产后抑郁，拖得越久，解决问题所需的时间就越长。产后抑郁有很多症状，不同的女性会有各种不同的症状。除了绝望和失望的感受，患者还会表现出嗜睡、焦虑、紧张、睡眠困难、性欲减退、有强迫性的想法、有罪恶感，以及缺乏自我尊重。如果你有以上任何一种症状，不要封闭自己的感受，马上寻求帮助。越早治疗越好，你的抑郁症状在几周内应该有所改善。

独立的宝宝

就像有些鹤立独行的成年人一样，有些宝宝也喜欢这样。他们不太会笑，别人和他们说话，他们很少有反应，他们似乎不喜欢玩游戏，而且不总是喜欢被拥抱。此外，如果把这类宝宝一个人留在推车或婴儿床里，他们会变得很烦躁。他们更易怒，也很容易不开心。他们容易哭，并且进食很慢，对食物也很挑剔。

当这类宝宝疲惫的时候，他会非常焦躁，但是又不去睡觉。你付出了极大的努力，却没法让他变得阳光，你可能感觉自己浪费了那么多爱，却收效甚微。但是不要自责——有些宝宝就是这个样子，不是只有你碰上了。

一个爱笑、总是洋溢着欢乐的宝宝，对别人给予的友谊、爱、陪伴和帮助会欣然做出回应。而让人头疼的宝宝或保持中立的宝宝却很少回应。生活对他来说是不开心的，所以他长大可能会成为一个麻烦缠身的人。作为家长，你必须努力使你的孩子变得更积极、开朗。尽管很难，但是你必须做出最大的努力，让你的宝宝注视你、倾听你、对你微笑。一旦你的宝宝达到对你的提议做出反应的阶段，他和你的大多数不快乐的经历将成为往事。

残疾的宝宝

所有宝宝的发展速度都不一样，从非常快到非常慢，各不相同。很难判断什么是正常的，什么是不正常的。如果你感觉你的宝宝没有跟上本书所提到的宝宝的一般的“社会性里程碑”，那么可以咨询你的医生。然而，在前几个月，小问题没必要向医生提。如果你怀疑宝宝的发展不太正常，你只需跟随你的本能，早点寻求帮助，越早取得帮助，成功处理异常状况的机会就越大。

如果你的宝宝有身体残疾，和有类似情况的人多交流通常能获得安慰和帮助，所以你可以联系任何相关的国内机构。

头撞床

接近第一年年末，一些宝宝会把头撞向婴儿床的床头。这并不是某种异常的迹象，而且造成脑损伤的风险不大。大多数宝宝长得很快，会把婴儿床用小。你可以在婴儿床的两端塞上填充有棉花的纺织品，可以减少风险，此外，如果婴儿床撞击墙会发出砰砰的撞击声，可在二者中间放入缓冲。在宝宝睡觉前，给他先洗一个放松的澡，以及一个超长的拥抱——一些心理学家认为，这类孩子可能需要更多的身体上的接触和刺激。音乐也有抚慰的作用。如果你的宝宝撞婴儿床的现象持续了几个月，你就需要和你的医生谈谈。

个人发展 1-2 岁

在第二年，你的孩子的很多行为是为了获取别人的注意。他会试着通过说话、哭闹、敲打东西，或通过做其他他知道是禁止的事情来吸引你的注意力。一旦成功，他会通过微笑或大笑表现出自己的满足。

两岁大的孩子似乎会很叛逆，他们经常的口头禅是“不”。这是一个从婴儿时期到儿童时期的过渡阶段，在此期间，你的孩子会尝试主张自己的独立。他想立刻做任何想到的事情，而且总想坚持要一个特别的常规。他的心情可能会阴晴不定，情绪可能会在可爱和发脾气这两极频繁转化。你必须做的是在他表现出强硬的负面情绪时顺着他。在这个阶段，除非你的孩子有运用他的独立性的机会，否则这么早的对抗，无论是现在还是将来，都会导致很强的负面行为。

两岁大的孩子也会很积极，他们在游戏中已经变得更有合作意识。成年人在早期和孩子一起玩的时候，只要耐心地向孩子演示如何分享，他们就能在游戏中教会孩子如何有社会合作意识。你的孩子将通过享受别人的分享而学会分享。慢慢地，他会开始在游戏中与其他孩子合作，尽管刚开始其他孩子可能不愿意分享。通过言传身教，鼓励你的孩子坚持不懈地融入他人。

喜欢和不喜欢

这一年，你的孩子开始会表现出各种各样的坚持，而且他会很自然戏剧化地表达出这些偏好。他渴望长大，并且表现出自己正在长大。现在，他不再将自己看做是镜子中的你，而是把你和他自己看做两个分离的个体，于是，他发现自己没有理由必须按照你要求的那样做。他将决定运用自己的独立性，并且会拒绝你的帮助，对你伸出的援手耸耸肩表示不要，甚至在真的需要帮助的时候也这样。

你的孩子正在发展出自己的喜好，并且强烈而迫切地想要实现自己的愿望，即使这些喜好可能与你的不一样，而且可能带来的冲突会令他很不开心。运用自己的独立性的强大推动力和对你的爱的需要会使他左右为难。

即使他要尝试在与你的斗争中获胜，他仍需要你的帮助和情感支持，因为他还太稚嫩了，没有它们，他根本无法应对。

平衡他的需求

给你的孩子找出一个折中的方式，试着在他对独立的需求与对爱和保护的需求之间找到一个平衡点，这是你的一项工作。这不会一路平坦的，因为你的孩子的思想很不成熟，他的记忆很短暂，判断力也不可靠。他无法超前思考，而且如果没有马上做他想做的事情就会不耐烦。

同时，你的孩子渴望控制和主宰自己周围的世界。他的意志超越他的智力，所以你必须决定该何时疼爱你的孩子，何时鼓励他和推动他向前，在防患好所有危险

游戏中的合作意识

在和你的孩子一起玩的时候，鼓励他和你轮流玩，用这个办法帮助他学会和其他小朋友玩得开心。

的情况下，允许他独立和冒险。变通地允许他练习他喜好的事情，而且不要只是因为要赢他，或显示你的权威，而把你的意愿强加于他。你永远能靠滥用权利赢得一场斗争，但是你不该为了赢而不通情理。

认真对情况做出判断。你将发现，真的必须按照你的方式的情况其实很少（除非你的孩子的安全或健康受到威胁）。如果无关紧要，而且没有害处，那么最好让你的孩子做他想做的事情。

个性

每个孩子天生就有自己的个性，这种个性会在他生命的最初几周就显现出来。然而，在童年的早期阶段，必须有特定的社会环境，孩子的个性才能得以发展。环境对于孩子的个性发展，既能带来好的影响，也可带来坏的影响，所以尽量确保强化好的作用，而削弱坏的方面。

- 如果你的孩子强烈渴望你的认可，他就会有动力实现周围人对他的一些期待。他渴望你和其他成年人的认可，通常先于渴望朋友的认可。无论何时，只要可以，尽管让你的孩子做能获得你认可的“正确”的事，然后夸奖他。
- 年幼的孩子会通过尝试帮助和安慰一个伤心或痛苦的人，来表达自己的同情心，但是他们无法真的同情，除非他们也有过此人所遭遇的类似经历。
- 一旦孩子理解了他人的面部表情和所说的话，他们会发展出觉察他人的感受，以及对他人感同身受的能力。
- 喜欢依赖他人、喜欢得到别人的帮助、关注和爱的孩子，通常会有意识地按照社交活动时普遍认可的方式规范自己的行为，而更独立的孩子对别人的认可的渴望没有那么强烈。
- 友善的孩子会通过想为别人做事情，或和别人一起做事情来表达自己的友好。这些孩子会用所有的语言和手势来表达他们的情感。
- 不被允许长期成为家里瞩目的焦点的孩子，通常有更多的机会与人分享自己所拥有的东西，而且这种行为更容易受到家人的鼓励。他们想关心他人，想为别人做些事情，而不会像宠坏的孩子那样只是关注自己的财物和利益，只按自己的方式行事。

胆小的孩子

有的孩子天生害羞，他们自我封闭，很少说话。不要马上判定你的孩子有问题，而过分担心和过分保护。一个在家里健谈的孩子，到了一个陌生环境或在遇到陌生人时，可能会完全沉默或退缩，这通常发生在宝宝1岁左右。到了新的环境，不要坚持要求你的孩子马上加入环境，这样会增加他的难度。允许他静静地坐在你的腿上，或站在你身边，他需要观察一下每个人在做什么，熟悉一段时间。过了半小时左右，如果你感觉到他更自在了，慢慢地鼓励他加入你们的谈话中。如果用这种温柔而慢节奏的方式鼓励孩子，即使是害羞的孩子也会在1小时左右以后加入到新朋友的队列和新的游戏中。请记住，要慢慢地给孩子引入新的经验，在让他走向其他小朋友之前先习惯一段时间。

如果你的孩子非常胆小和害羞，那么在你离开他并换成一个临时保姆照顾他的时候，他可能会变得非常痛苦。你必须试着了解孩子的感受，而且不管情况有多烦心，也要一成不变地给他你的爱。他会长大，会摆脱对你的依赖，但他首先需要有安全感。

玩和分享

让你的孩子尽早和别的孩子在一起。在第一年，你的孩子会习惯与家人互动，不只是与直系亲人，还包括与大家庭的成员，比如叔叔、姑姑、姨妈、堂兄、祖父母，以及来到家里做客的朋友。如果你的孩子一开始就觉得你的所有朋友都是他的朋友，那么他跟陌生人和成年人打起交道会相当游刃有余。此外，他也需要知道家里还有别的可以信赖的成员会帮助和照顾他。

如果你帮助你的孩子欣然接受他人，那么他在扩展经历，想和同龄伙伴在一起玩的时候，就不会有什么难度。18 个月大的时候，孩子们通常可以容忍别的小朋友，但是他们不一定会一起玩。他们可能挨着做同样的事情，但是很少彼此互动。再过一段时间，在他们开始玩玩具的时候，

鼓励幼儿学会分享

几个 1–2 岁的孩子在玩的时候，他们更愿意彼此待在一旁玩，而不是一起玩。给他们一些可以分享的东西，这样可以帮助他们有更多的互动。

孩子们之间抢东西和打架会是很常见的事情。然而，如果你的孩子总是反复这样，你要告诉他这样做不对，指出他自己也不会喜欢别人这样对他。

你的孩子必须学习分享，期望他把一个心爱的玩具主动给别的小朋友是很不现实的事情。这不是因为你的孩子自私或霸道，而是因为他还没领会分享的概念。如果你的孩子去抢另一个小孩正在玩的玩具，你可以告诉他，如果他想要小朋友的玩具，他必须也给这个小朋友一个他的玩具，用这种方式教他分享。一个 2 岁大的孩子通常能够明白这种互惠主义的公平。

你必须用很简单的方法处理分享这个问题，因为你的孩子的智力还没有成熟到接受更多强加在自己身上的行为规范。等到他 2 岁半到 3 岁，你才能跟他讲道理，并且期待你的孩子变得更慷慨。

独生子女

虽然独生子女无疑会从收到的恒久的爱中受益，在成长中普遍对父母和朋友有很亲的感觉，但是没有几个独生子女不坦言，在他们人生的某些阶段，他们都曾很想有兄弟姐妹。这不太可能成为一个严重的问题，但为了减少任何可能会出现的问题，你可以把你的宝宝介绍给其他同龄的宝宝。18 个月到 2 岁之间，你的宝宝达到了社交的年龄，作为家长，你应该做出些实质的努力，帮他寻找朋友，并邀请他们来家里做客。

不要溺爱独生子女

家长很容易溺爱自己的独生子女，很容易让他感觉自己是最重要的人物。你要克制想给孩子任何他想要的东西的冲动，减少同等重要的所有你的注意力。让他学会接受他不能要到想要的一切，也不能永远成为你的世界的中心，就像大家庭里的孩子那样，这点非常重要（见第 242 页）。

占有欲和过分保护常常会让家长失去理智。这对你和你的孩子没有好处。一方面，在他变得独立和不太需要你的时候，你会有空落落的感觉，另一方面，这样会造成你的孩子丧失好奇心、冒险精神和独立意识，而且可能变得很黏人。你不能回避管教你的孩子的责任。就像所有其他孩子的家长一样，在他长大到能够和其他孩子相处的年龄，你要开始教他正确的行为方式。

鼓励慷慨

很早就应开始鼓励你的孩子做一个慷慨的人。因为你是他生活中最重要的人，最容易让他对你慷慨，所以你可以利用他渴望讨好你的这一点，来教他一些慷慨的行为（比如让他给爸爸一个玩具），然后越来越多地鼓励他对你和其他家庭成员慷慨的行为。你的孩子想要讨好你，并且对明显地关心和爱护他、让他感觉到浓厚感情的人表示友好，是天性使然。

如果你的孩子对爱的人表现出公认的慷慨，并将此当做普通行为规范，那么不难发现他也会对只是朋友的人同样表现出无私和慷慨。让你的小孩子给你或给他爸爸一个玩具，或给你们一人一个。或者，如果他发现一个很激动和开心的特别的活动，那么你可以问问他能否让你加入进来和他分享快乐。然后，你可以鼓励他对其他家庭成员或家里的客人做同样的事。

到了 18 个月，你的孩子应该能和任何来到家里并看上去友好的朋友分享游戏和晚宴。如果他能这样做，他就能慷慨而无私地与他的同龄人很好地相处。

界限 1-2 岁

孩子们喜欢知道行为的界限是什么，为了快乐，为了被很好地调教，他们需要它们。界限对一个孩子的发展至关重要，因为它们可满足孩子特定的需求。

- 通过知道界限，孩子们可以学会怎样表现能得到表扬。他们将这种表扬视作接纳和爱，如果想要你的孩子在成长中被良好地调教，过得快乐，这两点是至关重要的。
- 一旦适用于你的孩子年龄的纪律开始启用，它会成为孩子的一种动力。它可以促使你的孩子实现要求他做到的事情，并且在实现后可以带给他舒适和满足感。
- 界限可以帮助自我控制和发展道德感。这种内在的声音将在日后指导他做出决定和控制自己的行为。没有它们，他可能会犹豫不决，并且以扰乱社会秩序的方式行事。
- 不讲纪律的孩子通常会被责骂。这会导致他们有负罪感和羞愧感。这些感受不可避免地会导致不快乐和缺乏自我调节能力。

何时使用纪律

过多的纪律和过少的纪律对孩子同样有害，因为它们都会导致孩子缺乏安全感。通过恐吓、强迫、体罚或羞辱来约束孩子根本站不住脚。在你想告诉孩子为何你想让事情按照某种方式来做的原因时，你无法对不到 2 岁半或 3 岁的孩子讲道理，所以约束纪律只能采用简单的、孩子容易理解的方式，而且它必须与他为何被惩罚有直接的关系。

如果你经常因为孩子犯了小小的错误而大发雷霆，那么你的孩子只会困惑。只在真正严重的事情上制定纪律，比如毁坏物品、使用暴力或说谎。这样做，关于什么可被容忍，什么不能被容忍，你的孩子能得到非常明确的信息。孩子的记忆很短暂，如果你搞得很复杂，他只会不明白。他会认为你是故意撤走对他的爱而不知所措，因此，制定所有纪律时必须清晰、明了。

了解界限

一旦你为你的孩子设立了行为的界限，就要始终坚持。纪律的一致性能让孩子很好地成长，因为这样他们知道自己站在哪里。

必须避免的问题

孩子很容易接受公平和公正，如果你坚持这两点原则，在规范纪律方面你就可以避免最麻烦的问题。

任何时候都必须避免体罚。研究发现小孩子根本不知道自己为什么挨打。他们不记得自己做了什么，所以无法将惩罚联系到犯错上，因此打骂无法成为一种告诫的方式。永远不要蓄意惩罚孩子。家长在气头上说出的严厉的话语，可以很快在事后被孩子忘掉，这种方式对孩子的伤害远小于长时间的争执，并威胁等你或你的伴侣回家后给他严惩。

如果你对自己设置纪律的动机很明确，你就不会做错。确保它们是为了让孩子更快乐、更安全，而非仅仅将它们作为向孩子显示权威和强加优越感的手段。

行为准则

学习社会行为的规则和学习自我控制都需要时间，不是几个月，而是几年的时间。不要指望他记得上次你说过什么。他不一定是藐视你的指令，他可能只是忘记了。2 岁大的孩子的记忆都很短暂，所以多宽容些，给他重复你的指令。语言不一定像行动一样有效，你必须向你的孩子演示该有怎样的行为举止。有以下几点建议，可供参考：

- “规矩”尽可能少——只规定那些在任何情况下都不能打破的规矩。“不要”这个词是一个比较重的否定词，如果你不是认真的，那么在孩子 2 岁以后，你可以在说“不要”这个词之前加上一些话。“好”是一个肯定词，所以强化肯定的“好”，砍掉“不要”这个词。
- 不要给孩子模糊的指示，尽量说清楚。不说“不要淘气”，而是准确地告诉他你不想让他做什么事。
- 如果你给你的孩子一个指示，注意同时也给他一个理由。如果你告诉他必须在晚上骑完小三轮车后，把车放好，那么也跟他解释一下如果不这样做，车可能会在雨中生锈而没法骑了。尽量避免在他问你为什么的时候说：“因为我说要这样，所有就要这样。”
- 对孩子的好的行为总是给予表扬和情感上的奖励，即使他只完成了一件困难的事情，也该表扬一番。也可以只对他做了你不允许的事情不给予表扬和奖励，来帮助他区分好的和坏的行为。
- 要让你的孩子做一些事情，没有比向他做示范更灵的办法。如果你想让他在门口脱下脏鞋，那么向他示范你也是这样做的。
- 保持规矩的一贯性。不要让你的标准下滑，不要在一个场合给出一条指令，而在另一个场合给出一条相反的指令（尽管你可以表示在特殊情况下可以通融）。没有理由解释你的孩子在过生日那天为什么不应该得到几个冰淇淋，因为他知道这一天是个特殊的日子，那时他应该知道不要期待第二天还有同样的特权。
- 如果你做了错事，必须向你的孩子承认错误，不管他有多小，这样可以让你的孩子觉得世界是公平和公正的。不要害怕说自己是“没规矩的妈妈”或“妈妈不该这样做”，或“你完全正确，我不会再这么做了”。

相关的问题 1-2 岁

好攻击他人的孩子

攻击是代表敌意的一个基本行为，它通常意味着在没有被人激怒的情况下主动进攻他人。大多数孩子或多或少会有想用言语或身体动作来攻击他人的念头——而且经常针对一个比他小的孩子。

攻击他人、欺凌弱小和搞破坏通常是孩子迫切寻求帮助的一种方式。这类行为通常是源于家长对孩子缺乏关心、疏远、纪律约束过度或过少，或者过多打骂。表现出这类行为真的不是孩子的错，尽管可能很难帮助他。请记住，一个“坏”孩子通常是别人对他不好造成的。你不应该太责怪孩子，而应该看看他的家和他生存的环境。纠正孩子平时的行为模式和他对成年人的不信任，可能需要很多年的时间，因为他必须重新学习从一出生就学习的态度。

如果你的孩子开始显示出非常好攻击他人的迹象，必须尽早把邪恶的小芽掐掉。对于他好攻击他人的行为，不要惩罚或打骂，这样只能让这种行为更糟糕。相反，如果他继续现在的行为，你要坚定地向他表示你不准备容忍，告诉他除了你的“禁制令”，他得不到任何东西。向他表示如果他能改变，将会有高额奖励，他的努力会获得很多表扬。如果你的孩子看起来被严重干扰，或者如果他的行为的某个方面让你非常担心，应马上寻求专家的帮助。

嫉妒

竞争是孩子感受到的一种非常正常的意识。有时候它可以起到一种积极的作用，可以刺激孩子尽自己最大的努力。在这种情况下，它对孩子的友善和对社交的欲望有促进作用。然而，如果它导致争吵和吹嘘，那么它会使你的孩子过得很痛苦。

孩子会在一个新宝宝到来时感受到强烈的嫉妒。这是因为他感觉自己被“废黜”了，而且感觉自己失去了在生活中的特殊位置。他可能会尝试所有引人注意的行为，甚至可能在行为上倒退成了一个小宝宝，比如不能用手控制碗，拒绝自己进食和穿衣服。他可能会直接将嫉妒发泄在新宝宝身上，伤害小宝宝。他也可能感觉无法应对这些嫉妒的情绪，而将它深埋于心，结果他变得沉闷，并且远离你，甚至拒绝和你在一起。

很容易理解孩子的所有这些情绪。你必须帮助你的孩子，让他对家里要有新宝宝到来做好心理准备，向他表示他在你的心里的地位没有变，让他放心。每天专门给他一个时间，在那个时间让他完全得到你的关注。让他加入到照顾宝宝的活动中，让他做些简单的任务，并且对他帮忙的行为进行表扬和奖励，而且如果他对新宝宝表现出爱和关心，更要表扬和奖励他。

溺爱

家长们很容易溺爱自己的孩子。作为家长，你会有一种讨孩子喜欢，并且想让他幸福的本能的欲望，于是很容易错误地给你的孩子过多的东西，包办他的一切，让他生活过于平坦，并且让他成为你的宇宙中心。为了孩子的发展，你必须控制自己的这些欲望。

帮助你的孩子不以自我为中心的一个方法，是从很早就开始不总是把他当做关注的焦点。他必须知道地球不是绕着他转的，知道家人的注意力并不总是围绕着他转。如果你让孩子清楚地知道有时候你希望他在没人帮助的情况下自己做事情，那样才是帮他，同时，这不涉及残酷或强迫。你应该尽量多向他表示爱，但是他需要知道每个人生活都有一定的底线。等他再长大些，告诉他你需要隐私，就像他一样，尽管你一直总是随叫随到。

口吃

几乎所有这个年龄的孩子都会讲话生涩，但是有时可能会变成真正的口吃。口吃可能是因为你的孩子头脑里的想法过多，以至于他所想的远快于他能表达的，也可能是他兴奋过度而无法正确表达。口吃也可能只出现短暂的时间，然后自行消失。

保持冷静，不要让你的孩子注意他的口吃。不要突然插入你认为他正在寻找的词。只是简单地接受他说的话。如果你让孩子感到紧张，和让他对自己说话的方式有所觉察，那么，只会让他的口吃更严重。

不要错误地认为溺爱与孩子所得到的财富或情感的多寡有关。事实上，它与家长长期甜言蜜语哄孩子，长期纵容孩子将自己的意志强加于人有关。防止这些情况的发生是父母的责任。

发脾气

在 1 到 2 岁的时候，发脾气是孩子正常的寻求关注的一种手段。这个时候，孩子的判断力还无法与他们的意愿的力量相匹配，因此会经常与父母发生冲突。如果生气或挫败感过多，那么他们在达到高潮后可能会爆发。孩子们通常会坐到地板上，一边踢脚一边尖叫，因为他们没法控制别的事情，他们这样做是在表达自己没有方法解决问题的绝望。

显然，此刻最佳的解决方法是让你自己保持冷静。如果你不冷静，你的心情会被动地被你的孩子牵着走，而那样会让他的行为更糟糕。遇到这种情况，如果有可能，尽量忽视你的孩子，让他自己待着。如果没有观众，发脾气会失去它的大部分意义。

随着你的孩子一天天地长大，他会变得更能忍受时间的延迟，并且能够接受妥协。同时，你也将变得更善于预见问题和避免正面冲突，而且更擅长发现可转移他注意力的东西。

矛盾的渴望

随着你的宝宝一天天地长大，有时候她可能会因为既急迫希望独立，又渴望讨你喜欢而困惑和不开心。

是健忘还是不听话？

有的孩子总是健忘,有的总是不听话。这两类都很难对付。

在我看来，健忘的孩子还不成熟，不能运用足够的自控力做他知道是正确的事。而不听话的孩子比较成熟，会故意藐视你的愿望和规则。

一个健忘的孩子通常记性不好，常常忘记了你的规劝。你可以纠正他的错误，但是会发现 1 小时后他又会就范。他会惊奇地发现自己这么快就再次犯错。健忘的孩子总在玩的时候全神贯注，而把规则丢到九霄云外。这类小孩需要家长反复告诉他们规矩，以及认真的、带有同情心的纠正。通常来说，一个健忘的孩子会道歉和懊悔，而这应该被热情地接受。然而，他们也有需要被惩罚的时候。我喜欢在设定的目标被实现后撤销惩罚，恢复给孩子的款待和笑脸。

孩子健忘的状态可能会维持很长时间。对此你要有心理准备，不要太生气。纯粹的健忘带给你更多的是一种短暂的激怒，而非严重的烦恼。在一定程度上，你可能会同情孩子的健忘，即使你不喜欢孩子这样，也尽量不要太难为他。

不听话是另一回事。我们很少会同情一个很少道歉或表达任何懊悔之意的不听话的孩子。如果你有一个不听话的孩子，你的生活中可能整天都面对没完没了的抗拒、争执和再犯错误。如果可以，尽量防止这种情况的发生。一个孩子的脑子里回应他人的负面情绪的程序有限，你的暴力行为将会导致你的孩子也使用暴力，你对他的体罚会促进他习惯使用暴力，变得好斗和攻击他人。这很难对付，但是你必须尝试用积极的行动和言辞的方法。尽量跟他解释他为什么不应该那么不听话，在他的行为有危险性或攻击性的时候跟他解释，然后建议他应该有怎样的举止。取缔体罚，相反，采用奖励的办法通常会有效，即对他所有好的行为都给予表扬。无论你做什么，都不要对你的孩子使用冷暴力，因为对他来说，你是他的所有。表现出你的爱，而且始终让他知道任何时候他都能接近你。

个人发展 2-3 岁

你的小宝宝之所以依赖你，是因为你是他宇宙的中心，是主要负责照顾他的人，以及爱的给予者。没有你的帮助和支持，他无法生存，而且他需要你的认可和爱。

然而，随着他一天天地长大，他开始意识到自己是一个独立的个体，而非镜子里你的影子，他也开始将你视作一个有独立人格的完整的人。这一年，他将体验很多必须熟悉的各种感觉和新的情感。他开始知道对很多周围事物和人的真正的爱，比如一个他喜爱的玩具和宠物、他喜爱的祖父母。所有的这些感觉都会促使他更加接近成年人对爱的认识。

孩子对你的心情的反应

如果你的孩子看出你累了，他会真诚地关心你；如果你不开心了，他会由衷地表示同情；如果他喜欢什么东西，他会希望与你分享他的体验，会主动拿给你；如果你需要帮助，他会自发地向你伸出援手，因为他真的想帮你；如果你痛苦或者受到了惊吓，他会深深地为你难过，而且会用语言和表情来告诉你。他有想让你感觉更好、更开心的强烈欲望，而且会用他知道的唯一方式表达出来，即告诉你他爱你，并拥抱你。

在你的孩子的个人发展上，这一点着实是一个不小的进步，因为所有的这些感受和行动都是无私的。他正在把别人摆在自己之前，他是真的关心和爱别人，他想要理解别人，想要给这个人快乐和舒适，而且为了这个人他在尽自己最大的努力。这些是孩子正在渐渐长大和成熟的表现，鼓励这种趋势的发展，并且每当他这样做，都应该表扬他。

模仿和假扮身份

你的孩子一直在通过模仿学习，而且随着一天天地长大，他也开始通过“假扮身份”学习。他开始把自己放到你和别人的位置，想象自己是别人，而且表现出别人对他的样子。这意味着他已经开始在控制自己，接受自己的指令。你甚至可以无意中听到他假装做了某件认为你不会允许的事情而指责自己。不同的是他现在能不批准自己做不该做的事情了。

你将发现，你的孩子在观察和辨别哪些人与他关系更近，哪些人更有趣，哪些人不是。他会假扮成各种不同的人，无论是在穿着打扮，还是言行举止上都进入角色，通过这样练习自己的想象力。然而他最常扮演的还是你，他在练习成为你。他将对着娃娃和玩具，扮成它们的妈妈或爸爸，你甚至能听到他像模像样地模仿你的腔调。他是在以自己的方式，探索和体验他所认为的世界应该运转的样子。

交朋友

你的孩子如饥似渴的求知欲也为他带来了想和同龄孩子在一起的渴望。这一年，他可能会显示合群的迹象，他想加入其他人的游戏中，而且他需要别的孩子的想法的启发，需要他们的陪伴。

你不能为你的孩子创造出朋友，但是你可以帮助他找到朋友。你的孩子必须慢慢学会如何交朋友，就像他之前学会的所有其他课程一样，所以帮助他交朋友，而且引导他一次只交一个朋友。

刚开始的时候，以家为基础，邀请一个住在附近的孩子来家里玩，这样你的孩子在熟悉的环境里可以对自己在哪里，在做什么有一种确定的感觉。待在他身边，如果他需要，可以给他帮助和支持，鼓励他和小朋友待在你身边玩，用这个方法让他安定下来。一旦他克服了第一次交朋友的难关，试着一次邀请两三个孩子来家里做客，让你的孩子清楚他们在你们家是受欢迎的，而且只要征求了你的意见，他可以带小朋友们来家里。在你的孩子向外面的世界迈出第一步之后，他是否感觉舒适，是否对自己在这个世界的位置有信心是非常重要的事情。帮助他积累几个他认识并且相处得好的朋友，这是为他以后的人生架设正确模式的重要方式。

一起玩

儿童需要学会如何交朋友。可以邀请第一个朋友，而后是几个朋友到你家做客，或者到你家的花园一起野餐。

鼓励孩子克服恐惧

所有的孩子都会害怕。焦虑和害怕是正常的情绪，但是它们会让孩子很不开心和难以轻松。在你的孩子有能力克服恐惧和避免他害怕的事情发生之前，会经历比较漫长的时间。早期你的孩子最常见的恐惧是害怕与你分离，或害怕被抛弃。治疗这种恐惧的最简单的方法是向他表示你会遵守承诺回到他身边。不是你始终和孩子待在一起就能消除他的恐惧，那样不会有丝毫的帮助，因为那样他永远学不会如何对付没有你的情况。

挫败感、生气、嫉妒，以及做力所不能及的事情也会让孩子焦虑。帮助他的方法是尽量靠近你的孩子，倾听和观察他，这样你可以找到造成他焦虑的原因的所有线索，然后让他安心。和你的孩子聊一聊他害怕什么，向他解释发生了什么，这样可以让他安心，他需要这样。

请记住，无论你认为你的孩子的恐惧是否合理，只要确实造成你的孩子恐惧，那么结果都是一样的，无论是合理的恐惧，还是不合理的恐惧，你都需要同情而温柔地对待孩子。不要把他最害怕的东西突然摆在他面前。如果你的孩子害怕打雷，你不会让他待在一场雷雨中，那么为什么希望他拍一拍他害怕的狗呢？无论何时，一旦你的孩子表现出恐惧，你都要把他害怕的事情当做真的，不要当做没有而不管不顾。如果确实没有什么可怕的，告诉你的孩子，但是不要只是告诉他不要害怕，因为他不会明白。正确的做法是对他解释为什么没有理由害怕，始终跟他说你明白他为什么害怕，并且同情他。如果嘲笑他，只会让他把恐惧藏在心里，那么他在没有你的帮助的时候会更难应对恐惧的事情。

裸体和性

一个孩子的性教育是从第一次拥抱就开始了。所有的孩子都喜欢身体接触，并且乐于看到父母的亲密接触。在成长中，他们会意识到人们彼此抚摸是一种表达友好和爱的方式。

等你的孩子再长大些，他会喜欢看自己的身体，对它完全没有自我意识，你可以通过家人间对裸体保持的开放态度来鼓励孩子的这一点。就像其他方面，你的孩子会从你这里学习到行为模式和态度。看到自己的父母不穿衣服也不觉得尴尬的孩子，会将裸体当做必学的一门课程，而且在长大后也不会很关注它。另一方面，如果你担心别人看到裸体，那么他几乎肯定也会担心。

好奇男人与女人身体的不同是很自然的事。你的孩子可能从 15 个月左右就能意识到性别的不同，一旦他看到了父母裸体，他将了解性别的不同。对母亲的乳房和父亲的生殖器的好奇，可通过坦诚的谈话和直观的观看得到最好的满足。这些不可能刺激你的孩子对性的感觉，除非你尴尬，他才会尴尬。

回答孩子的问题

鼓励孩子提问，并且给孩子解答问题的家长理所当然会倾听他们的孩子说话，而这类家长的孩子会比问题总被忽视且很少得到答案的孩子成长得更快乐，而且不大可能变得专制。善于倾听孩子的家长，往往是把孩子当做一个需要表达的个体，并且认为他们说的都是有用的话。如果你的家人都是用这种自由和轻松的方式对待孩子，那么你们家会变成一个更快乐的家。

你的孩子在几岁前会把你当做无所不知的人，因此很自然会有大多数问题找你解答。如果你总是在他身边，而且欢迎他提问题，那么他在成长中会一直感觉自己能和你无所不谈。如果他在很小的时候就被阻止提问题，那么在他长大一些后，不提问题会成为习惯。如果你想成为你的孩子们的知己，那么你应该不惜任何代价也要保持沟通渠道畅通。

即使孩子问的问题令人尴尬，你也不应该躲避回答。如果你在想该何时告诉孩子关于性的问题，那么答案就是在他第一次问你的时候就回答。孩子的好奇应该始终受到你的欢迎，得到你诚实的回答。关于性的问题，给他准确而真实的答案更为妥当，而不用从朋友那学来的隐晦而夸张的方式给孩子解答。

关于性的问题，3 岁以上的孩子多少能辨别出一部分事实，尽管要到六七岁才能够理解性的机制。关于怀孕，关于孩子在子宫里的生长，以及关于生孩子的事情，只要我的孩子们问，我就会直接告诉他们。我会根据孩子的情况，到 6 岁以后再跟他们谈关于性交的事情。所有关于性的讨论，必须提及与之相有的关心、爱和责任这几个方面。

摸生殖器

宝宝通常会在接近 1 岁的时候意识到自己的生殖器官，但摸它不会有任何明显的快感。然而，频繁地抚摸最终会带来愉悦的感觉，而后发展成越来越像真正的自慰。无论是男孩还是女孩，大多数孩子都会自慰，期望他们不这样做反而不合情理。尽管传说摸生殖器会导致失明或精神错乱，但事实上它不会。

一个男孩摸他的阴茎是完全正常的。毕竟，他也摸他身上其他突出的部位。年幼的孩子很少是为了消磨时间或为任何目的而这样做。它所带来的乐趣要比性的感觉更普遍。孩子要到一定年龄才可能感觉到性带来的兴奋。

不要责骂你的孩子

没有理由阻止孩子摸生殖器，也不应该阻止自慰，因为那样只会致使孩子偷偷摸摸地做，更糟的是，它可能会阻止你的孩子以后和你讨论任何有关生殖器官的话题。除非自慰是一个逃避现实强迫性的手段，否则对待它的最好的办法就是完全不关注它。如果意外地在公共场所发生这种情况，最好的做法是转移孩子的注意力，但永远不要为此责骂你的孩子。

界限 2-3 岁

等你的孩子长大到能够和你讲道理的时候，你可以跟他解释纪律是什么。用这种方式让他在成长中知道纪律是基于相互的责任，以及共同参与决策。不要期待一个孩子会盲从指令。讲道理和规劝才是更好的办法。然而，如果你就一个问题与你的孩子展开讨论，告诉他为什么按照某种方式做是错误的，而另一种方式是正确的，你将发现他会对原因很感兴趣，而且更可能按照你想采用的方式做，因为他明白为什么你想那样做。

另一方面，不要犯每个决定都要和孩子商量的错误，也永远不要只告知你的孩子做什么。如果条件不允许，可以只给他一个简单的指令，除非你感觉他会反抗，而一个更温和的手段可能会更好。

好的纪律应该能够给你的孩子做出选择的机会。运用选择权是成长的一部分，你的孩子必须学会这个技能，就像其他要学的东西一样。在你将要给他一个选择的时候，自己先非常认真地想好：必须是他觉得相当简单的，而且无论决定是以何方式做出，你都不会真的认为重要。不要尝试在你已经做出决定后，假装给你的孩子一个选择来愚弄他。你骗不了他。

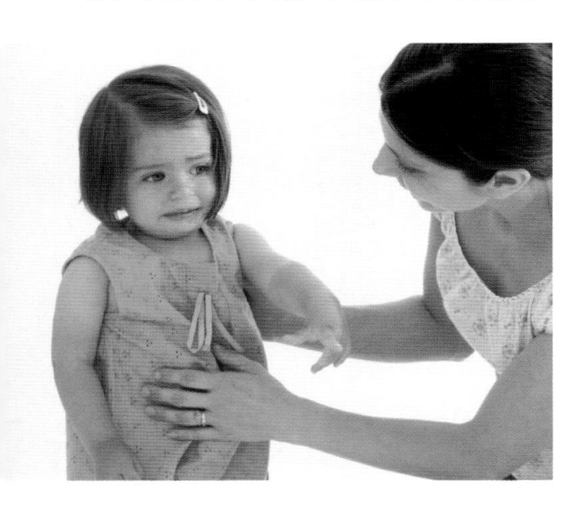

何时坚持

在我看来，有这样几个必须维护的纪律：

- 当你的孩子或别人的安全受到威胁，必须有规矩约束。例如，使用鞭炮、搭篝火或露天烧烤的时候。
- 孩子在成长中必须学会尊重别人的意愿，以及不打扰别人。关于考虑别人的感受、乐于助人、慷慨，以及对他人有礼貌等方面，我一直对孩子们严格要求。
- 在诚实这一问题上不能让步。如果我的孩子撒谎和偷东西，我会严肃地处理。但是我不会惩罚孩子，而是向孩子证明说实话更好，也更轻松，无论说实话的结果有多差，无论他们犯的错误看起来有多严重，说实话也比说谎要好。我会让我的孩子们知道我欣赏敢作敢当的勇气。

明白对与错

只有你随时随地指正和解释，你的孩子才能知道对与错的区别。

可能存在的相关问题 2-3 岁

爱攻击他人的孩子

我们都经历过想要攻击别人的念头，特别是当我们感觉自己的安全受到威胁时。只有通过自我控制才能克服这样的念头，而这需要花很多年的时间学习，并且足够成熟后才能实现。因此，看到很多孩子没能克制自己攻击性的本能，也不必惊讶。

然而，如果当一个孩子爱攻击他人的行为形成了一种惯性，这通常是由两种情况造成的：一种是孩子在出生后缺乏有效的约束和纪律，另一种是缺乏父母的关心和爱护导致的缺乏安全感。无论是这两种情况中的哪种，家长都对孩子的不良行为几乎负全部责任。

如果你有一个爱攻击他人的孩子，那么你和你的伴侣需要检讨一下自己的行为，如果你对自己诚实，作为你的孩子的老师，你几乎肯定能找出自己的缺点。放任一个孩子变得有攻击性是相当简单的事情，但是约束他却是一个大难题。最佳方法是在教育孩子时懂得变通，宽容而温柔地对待孩子。不要忘了你的孩子会模仿你做任何事情，包括打人。

如果你的孩子突然变得爱攻击他人，或开始恃强凌弱，那么他的生活里肯定出现了一些紧张或不开心的事情，你应该仔细找出原因。一个小孩子的任何事情几乎总是能找出与他的父母或其他家庭成员，或者大家庭的成员的关系。不要认为你用不会造成伤害的方式惩罚孩子没有问题，孩子会察觉到那种气氛，这样会使缺乏安全感变得更严重。

害羞

有些孩子天生害羞，研究显示，超过10% 的婴儿有造成他们倾向于举止羞涩的神经系统。这类孩子会通过明显地厌恶新的体验来表现出他们的害羞，如果带他们参加大家庭聚会或派对，他们甚至会大部分时间都抱着妈妈的腿，或者把脸藏起来。他们在和陌生小朋友或成年人交流上也表现出勉强的样子，典型地喜欢自己玩，而不是融入集体。这类孩子到了该上学的时候通常没有信心交新朋友。

偷窃

大多数年幼的孩子常常会拿属于别人的东西，比如母亲的化妆品，兄弟姐妹的玩具，或父亲的钥匙，只是因为他们想玩它们。在家里，这通常不是什么问题。然而，年幼的孩子无法理解别人的“物权”，你可能会发现，在你带着孩子外出购物或去一个朋友家里做客的时候，你的孩子会拿走别人的东西。如果发生这种情况，你要向孩子解释这样做是偷窃，偷窃行为是必须禁止的。最终，你的孩子会领会这个概念。没有必要让孩子陪你返还拿走的东西，除非他总是屡教不改，而且你觉得有必要加强教育。大多数孩子在被发现后都会悔过。

“习惯”

咬指甲、吸吮拇指和随身带着安慰物的习惯，对于一个年幼的孩子来说没什么不正常的。无需阻止他们，而且一定不能通过强迫、嘲笑或剥夺权利来阻止。这些几乎都是因为某种紧张造成的，有大约一半的学龄儿童会发生这种情况。他们大多数都是在紧张时出现的一种无意识的习惯，最好的治疗方法是鼓励他们在意自己的形象。大部分孩子会在变得在意自己的形象，尤其是对异性感兴趣后停止咬指甲。在这个年龄段，社会因素开始比个人习惯重要了。

我不相信能阻止这些习惯。随着孩子一天天地长大，他们能觉察出什么是可被接受的，他们自己会控制自己，只是在私下里这样做。没有人能说服我这种需要时间自行纠正的行为应当制止。

安慰习惯

嘬大拇指和随身带着一件安慰物的习惯能够持续到少年时期，但最终孩子会放弃他的这种习惯的。

如果你的孩子是害羞的孩子，我的建议是不要批评他，或试图改变他的天性——这样做不仅不现实，还可能会让问题更麻烦。相反，如果你知道一个新的经历即将到来，尽量帮他提前准备，使陌生感弱化。在他与陌生人会面的时候，如果你希望他感觉舒适，先给他一些时间习惯一下。

一个大胆挑战权威的孩子

人们通常很难在大胆挑战权威和鲁莽之间划分界限。偶尔的大胆挑战，在我看来是完全可以接受的特性。我喜欢孩子这样，因为它是针对权威的一种淘气而健康的态度。

有一种错误的信念是，将质疑决定当成大胆挑战权威。这是因为一些家长感觉大胆挑战权威是在破坏他们的权威。然而，如果你鼓励你的孩子凡事都与你商量，那么你可以鼓励他的自律的责任感，这远比盲从你的决定要好。这样他将在成长中意识到说服性质的争论的价值。另一方面，如果你一直把争论当做淘气，而不允许你的孩子说出自己想说的话，那么他就不太会有机会理解你的决定背后的理由。

大胆挑战权威的另一个好处，是可以为发泄怒气和挫折感提供一种语言表达的途径。对于孩子来说，生气是一个完全可以接受的情绪，但是如果他将怒气通过身体的方式发泄出来就不能被接受。让孩子叫喊总比他打人要好。所以，如果你的孩子是个爱大胆挑战权威的孩子，那么想一想为什么你认为他这样，如果理由是健康的，那么就保持下去。傲慢无礼比大胆挑战权威严重多了，因为它是对良好行为的蔑视，它忽略了考虑别人的感受，而且它可能会有害。如果你的孩子跨出了界限，变成了傲慢无礼性质的行为，你必须告诉他这样是不能被接受的。

孩子的自私

就像所有的孩子一样，你的孩子也有自私的天性，但是随着他慢慢走出幼儿期，他需要学习很重要的一课，就是“像你希望别人对待你的那样对待别人”。这意味着他要知道别人不会始终按照他的心意对他，因为他必须和他人分享，他可能得不到最大、最漂亮的红苹果，因为它只有一个，而另一个孩子可能也想要。他必须学会失去，因为只有一个孩子能赢，最大的苹果不会总是他的。

让你的孩子理解不应该自私的最好的方法，是尽量让他感受其他小朋友对自私的反应。如果他能明白总体来说所有其他小朋友会与他有相同的感受，那么很显然人们必须轮流得到他们想要的，无论是成为优胜者，而占领秋千的时间更长一点，还是比其他人排队玩秋千的次数更多。解决孩子的自私问题取决于你，通过你的行动向你的孩子显示慷慨的好处。

一个被溺爱的孩子

被过度溺爱的孩子会以自我为中心。以下是你可能做过的会导致你的孩子任性的一些事情：

- 如果你过分保护你的孩子，你会使他感觉自己很特殊。衣来伸手饭来张口，以及因家长的保护而未经历风雨的孩子，长大后会期待其他人也会继续为他做事，而不是努力自己动手。这样会扼杀孩子的独立性和合作意识。
- 如果你对你的一个孩子偏心，那么你会促进这个孩子自恋，而不被人喜欢的孩子会有自卑感。无论哪种，都会促使孩子变得以自我为中心，而非关心他人和乐于助人。
- 一些家长给孩子设置了过高的目标，殊不知他们为这些目标奋斗的过程中容易变成利己主义者。

对于一个被溺爱的孩子，最好的纠正方法，可能也是唯一的方法，就是让他早上学。他真的需要幼儿园的矫正，而且需要习惯在集体中像其他人一样平等地对待。在以后的生活中，他可能会很好地适应寄宿学校。如果这些事情都不可能改变他，也可以通过帮他结交阳光而聪明的朋友改一改他的臭毛病。多和一个明理的成年人沟通，可以帮助你的孩子度过痛苦的失去自我重要感觉的过程。

14 玩

玩在你孩子的发展中占有重要的角色，并且可以提供一个学习的平台，特别是学习交际。为了让孩子学习善于交际，必须让她与同龄的孩子接触，这些接触将主要通过玩来实现。现在，家长们都知道，为了自己的孩子健康快乐的成长，以及很好地适应社会，他们需要尽可能给孩子玩的自由。于是，为了强化玩的教育价值，家长们会不惜重金给他们的孩子提供各种游戏设施和玩具。

玩 0-1 岁

在第一年，你的宝宝将度过所谓的探索期，在 3 个月以前，宝宝会和被她列入主要观察对象的人和物体玩，随意性地尝试抓住任何摆在她面前的物体。3 个月以后，你的宝宝将对手和胳膊有足够的控制力，能够握住小的物体。一旦她能够慢慢移动、爬或走，她的世界将会“爆炸”。她将会自己搜寻和研究所有她可以够得到的东西。

宝宝的玩具及游戏

在生命的最初几年，玩和学习对于宝宝的发展有着同等重要的作用。她正在学习观察，在探索如何使用手，以及如何掌握手眼协调能力。单凭观察和动手，她就可以学到不少东西，但她还需要玩具来练习和完善她的新技能。

合适的玩具

活动的物体、拨浪鼓、镜子、音乐盒、大球和小球、毛绒玩具、带响的玩具、可弯曲的玩具、儿童活动中心、图书、炊具。

给什么玩具

5 周起 现在，她的视觉范围正在扩大，她将喜欢看所有可以移动的物体，所以你可以把活动的小玩意挂在她的婴儿床和更衣垫上。他们也很容易爱上家居用品。（见第 267 页）

3 个月 她将爱上可以发出声响的东西，所以给她一个不断发出声音的玩具，

发展技能

给孩子各种各样可促进她的手眼协调能力发展的玩具，通过这些玩具来帮助她提高技能。

或者可供她摇晃或击打的玩具。选择的玩具最好色彩亮丽、重量轻、不易碎、可洗、能不断发出声响，而且足够小，能让你的宝宝轻松抓住（在这个阶段，她还没有肌肉力量或协调能力，任何东西放在手里都超不过几秒钟）。

4个月 装有豆子的塑料杯，或者盛有水的容器都可以制造出有趣的声音，而且她能够用两只手夹住它们。

6–10个月 任何小的有缝隙、小孔或带把手的物品，最好能让你的宝宝抱起来或把手指捅进去。它们应该色彩明亮，最好还能发出声音，比如在上面有铃铛响的玩具。

在婴儿床里放一个专门为宝宝设计的大镜子，她会喜欢盯着自己的脸看。千万不要把你自己的镜子放到婴儿车里，那很容易碎。

在小宝宝看来，音乐盒似乎有着无穷无尽的魔力，而且能在你们制定的睡觉常规中占有一席之地。最好的音乐盒是带有一根拉绳，宝宝可以自己拉动发声的那种。

市面有很多可以按动或转动发出声音的把手和按钮的儿童玩具，可以给宝宝买并附在一个家具或浴缸上。随着宝宝的动手能力的提高，她会爱上这些玩具。

10–12个月 一旦你的宝宝能捏起小东西，她就能够拿起粉笔、铅笔、蜡笔，而且最终能拿起画刷。她将会变得更好动，而且会喜欢推拉类似小火车、汽车，或可以走动的小狗这类玩具。给她一些可以拉动的玩具，这样她能坐在地板上把这些玩具拽向自己。

安全小贴示

- 确保你买的玩具适合孩子的年龄段。
- 不要给孩子玩太小的东西，她可能会不小心把它们吞下去、卡住喉咙、吸入鼻孔里，或进耳朵里。
- 如果你买二手的涂漆玩具，要确保油漆是无铅的。年幼的孩子会把一切东西放到自己的嘴里，谨防表面涂有含铅油漆的玩具造成的儿童铅中毒（这一条也适用于二手家具）。
- 在宝宝玩的时候，永远不要走开，留她独自一人，即使有游戏围栏也不行。
- 只提供无毒蜡笔和铅笔。此外，为了方便你清理物体表面和纺织物上的蜡笔、铅笔和水彩笔的痕迹，最好选择可水洗的笔。
- 不买薄而脆的塑料玩具。它们容易破裂，出现锋利的边。
- 购买毛绒玩具时，注意检查安全标签。如果没有标签，确保没有用于连接附件的锋利的金属丝，还要检查眼睛和鼻子部位安装得是否牢固。

一起玩的游戏

和你的孩子玩藏猫猫的游戏，无论她是在婴儿床里，还是坐在你的腿上都可以玩。除了把脸藏在手掌后，你还可以变换花样，比如把脸藏在一个围巾或毛巾后面。

买一个大的充气沙滩球，把球轻轻地滚向你的宝宝。一旦她不用任何人搀扶自己能坐好，她就能用手把球推给你了。你可以轻轻地把一个小球扔到宝宝的腿

上，再让她“扔”给你。向她演示如何用一大堆的玩具动物或塑料勺子塞满一个容器——确保所有东西都是不易碎的材质，然后鼓励她也尝试这个动作，很快你会发现，她能自己坐着玩填充和清空容器几个小时。

宝宝们似乎对成堆的杯子或摇铃有无穷无尽的耐性，这两种东西都可以帮助你的宝宝发展协调能力。尽管它们的基本原理一样，却有很多的样式。最好给年幼的宝宝玩大一点的东西，因为他们的协调能力不够，所以手更适合抓握大一点的东西。

利用家居用品

一个不到1岁的宝宝真的不需要像样的玩具，尽管你们不可避免地会给她一些。所有东西对她来说都是有吸引力的。任何闻着、看着，或听上去有趣的东西都能吸引你的宝宝。很多我们司空见惯的家居用品都能带给她一个兴奋的世界。以下是你可以尝试给孩子当做“玩具”的日用品：

- 木勺和木铲、小的炖锅及其锅盖、塑料或金属的滤器和筛子、漏斗、塑料量勺、塑料杯子及盖子、盖子拧紧的不同型号的瓶子、小的塑料储物盒、

积木全倒了

和宝宝用积木做游戏：你的孩子在尝试用积木搭一个城堡，你可以向她演示推倒积木的游戏，一边推倒宝宝搭建的积木城堡，一边说“全倒了！”通过演示让她知道起因和影响。

塑料制冰盒、搅拌器、旧的蛋品包装纸盒、旧的松饼平锅、烤盘。只需原样拿给你的宝宝，她会很快能玩出自己想要的花样。

- 任何能滚动的东西，包括卷筒卫生纸里面的纸壳筒、厨房保鲜膜。
- 球状物体，比如羊毛球、毛线球、葡萄、橘子、柠檬或平锅。
- 很轻的东西：海绵或泡沫橡胶。
- 任何能发出声响的东西：里面装有豆子、彩珠或回形针的透明塑料罐。确保盖子牢牢扣好。
- 又平又硬的物体：木碟子、餐具垫、尺子。
- 有弹性的物体：有弹性的纺织物、长的松紧带、斜着剪的一块布。
- 任何有孔的物体，孔眼要足够大，宝宝的手指可以插入。比如胶带的轴、套餐巾用的小环、一套塑料的曲奇成型刀。
- 大而重但相当安全的物体，比如靠垫、足球、软质的书、装在硬的聚乙烯袋子里的大米或晒干的水果、长条面包。
- 可引起宝宝不同的感官体验的各种质地的物体。比如毡布、条状砂纸、毛线团、棉絮填充的沙包。

日用品的乐趣

吵人的玩具

木勺、金属盆、盘子，或者一个制造噪音的玩具鼓可以帮助你的宝宝理解如何运用控制能力控制物体和自己。

尝试伸手够东西

在你的宝宝开始能够身体向前倾斜以后，把一些东西放到他正好够不到的位置，鼓励他伸手向前，并尝试把东西抓起来。

给宝宝按摩

按摩是一种表达爱的奇妙方式，在早期，它对于你和宝宝建立爱的关系的进程会有所帮助——它可以帮助一个尚未安定的宝宝平静下来，也可以帮助一个焦虑的母亲找到对待她珍爱的新生宝宝的方法。较大的宝宝和幼儿同样也可从中受益，它是一个安抚焦躁的宝宝的有效途径，也是帮助一个过度兴奋的幼儿放松的妙招。从头部开始，自上而下按摩，并轻轻拍打，确保身体的正反两面都按摩到，全身有节奏地按摩，身体两侧每次各按摩 2–3 次。对于较小的部位，只用你的指尖按摩。对于某些部位，有时你需要用两只手，有时只需用一只手。

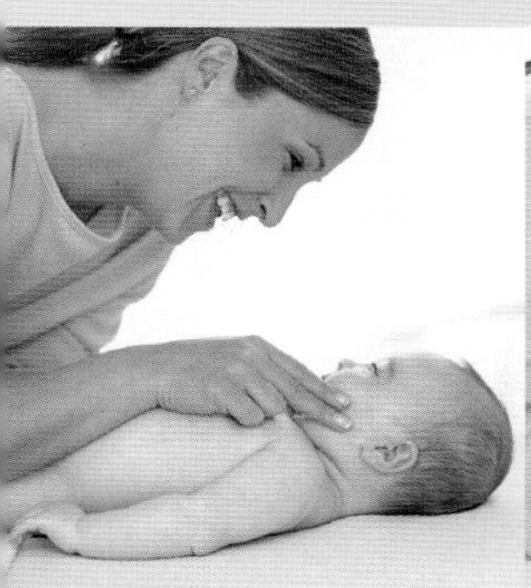

1 以圆周运动轻轻按摩宝宝的头部，然后自上而下轻拍脸的两侧。按摩前额，从中间向两侧。

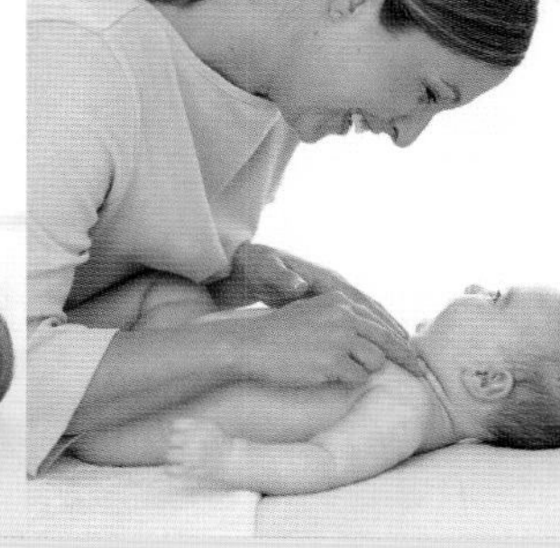

2 从耳根到肩部、从下巴到前胸方向轻轻拍打宝宝的颈部。而后从颈部两侧向下轻拍她的肩膀。

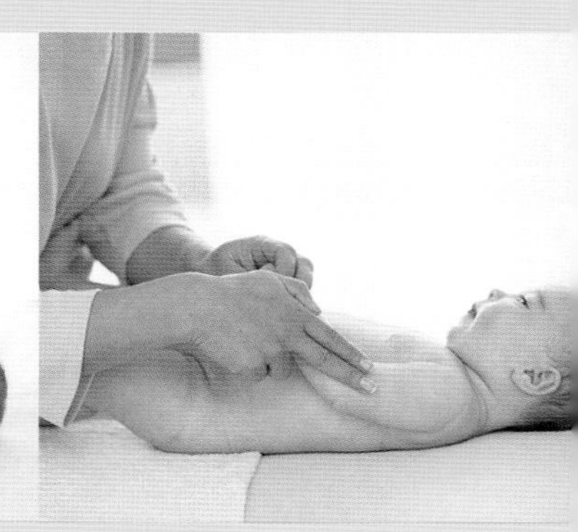

3 轻轻握拳，自上而下轻轻敲打她的胳膊，一直到指尖。按摩手腕和手，轻轻拍打她的手指。

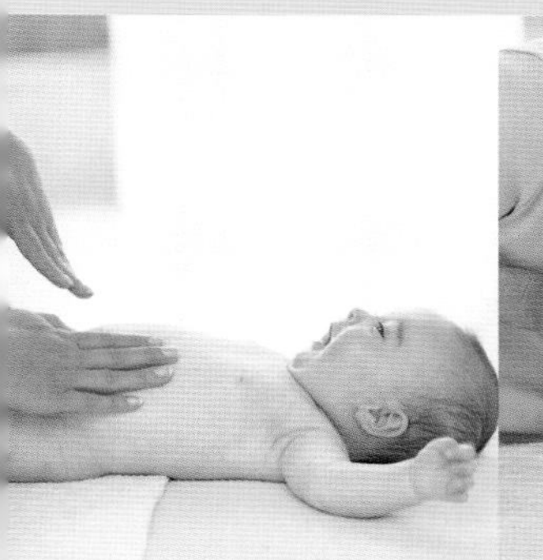

4 继续向下按摩宝宝的前胸，而后是肋骨部位。自外向肚脐方向以圆周运动按摩腹部，使用指尖或用展开的手掌和手指。

5 自上而下按摩宝宝的双腿，其方法同胳膊。之后按摩脚踝和脚部，并敲击每个脚趾。最后再轻轻拍打一遍她的全身，以此结束。

6 在从头到脚按摩过宝宝的身体正面之后，把她翻过来，按摩她的背部，之后再从头到脚整体按摩一遍。

玩 1-2 岁

就像你的孩子正在经历的其他事情一样，玩也在发展。此时，你的孩子进入了真正的“玩玩具的阶段”。它通常是开始于第一年年末，然后在孩子五六岁的时候达到高峰。

第一次玩玩具的时候，孩子们只是检查和探索它们。等到他们长大一些后，他们会利用想象力，给玩具注入生命力。他们喜欢可以用来模仿成年人世界的玩具，比如娃娃、玩具小房子和车。允许你的孩子演绎她在真实生活中见到的场景。这个年龄的孩子会赋予玩具以人性，他们搭建房子、家和帐篷，想象玩具可以像他们自己一样说话、有感觉。

适合幼儿的玩具和游戏

这一年，你的孩子的协调能力和动手能力将有很大的提高。有这两种功效的玩具能带来最大的乐趣，但是要有心理准备，你的孩子刚开始会有点笨拙，所以先给她玩大的东西。

家居用品将继续受欢迎，但其他玩具可能更能拓展孩子的协调性和促进心理发育。

适合的玩具

形状分拣器、块状积木、建造积木、锤击台、推或拉的玩具、娃娃、小汽车、货车、蜡笔和水彩笔、颜料和画笔、黑板、图书、橡皮泥、沙坑、浅水池、滑梯、攀登架。

有助于提高手部操作能力的玩具

把特定形状的积木插入正确的洞里的“安装玩具”，是理想的锻炼动手能力的玩具。这种玩具有时候被称作“形状分拣器”，在一个塑料盒或塑料桶上嵌有很多形状的洞，你的孩子可以把特定形状的积木穿进正确的洞里，而且在它们“砰”的一声坠入桶里时，还能享受另一种乐趣。一堆积木可以给孩子带来数小时的乐趣，因为它们除了可以在地板上玩，还可以放在浴盆里，或放在花园和海滩上玩。如果你还没有买积木，你需要知道搭积木是孩子们经久不衰的挚爱，因为借助它们，孩子们可以充分发挥自己的想象力和创造力，孩子们能创造出很多形状或物体，包括高楼、堡垒、房子。选购积木的时候，最好买带有一辆木制推车的积木，那样不但可以锻炼孩子的动手能力，还能帮助孩子练习走路。

画画

所有的孩子都喜爱画画，但是在这一年，你很难准确地解释他们画的是什么。准备画画的时候，你需要提前把画画区腾出来，在桌子和地板上铺上防水布或报纸，而且给你的孩子穿上一层罩衣。

有两种画画技巧你的孩子可能会格外喜欢，一种是印画，一种是蝴蝶画（折纸滴画）。印画的时候，你必须提供功能上类似橡皮印章的东西，可以是一小块海绵，一个棉花球，半个苹果，或一个土豆，真的，它可以是孩子能轻松拿住做出印的动作的任何东西。在蛋品包装纸盒、塑料碗，或者平的塑料碟子上倒入颜料，做出一个调色盘。向她演示如何用海绵或棉花蘸颜料，然后印在纸面上。

第二种方法是把彩色颜料滴在一张厚纸上，然后把纸张对折。如果你的孩子学会了如何用吸管吹气，那么她可以先把颜料在纸上吹出不同的形状，而后再把纸对折。

保存你和你的孩子共同认为值得保留的画。用磁铁把它们贴到冰箱门上，或者在墙上专门开辟一块地方，既永久保留你的孩子的手印，也贴上你的孩子的画，比如在楼梯侧墙位置。你也可以把孩子的画当做节日卡片送给亲戚，或作为感恩礼物送人。还可以将它们做成台历，把这本可爱的台历作为礼物送给孩子的祖父母们。

画画的乐趣

手指画

1. 带着你的孩子制作一些手指画，在 60 毫升的液体淀粉里加入 4 滴食用色素。然后让孩子涂在他的手上。

2. 把颜料涂抹在他的手上之后，让他在一些大纸上印手印，或印出任意形状，他很快会掌握要领。

画画小贴士

- 买粉状颜料，每次用的时候取出少量颜料进行调和。只需买蓝色、红色、黄色和白色。
- 把颜料保存在小塑料罐里，最好是防溢的类型，而且在上面有一个洞可以插入画笔。
- 塑料蛋品包装盒可以成为一个艺术家的调色板，它既实用，又防漏。
- 孩子们喜爱自己画画，所以制作一点液体淀粉，盛在一个小容器里，再提供一些瓶装食用染料。等到他们有需要添加的颜色的时候，再给他们调配颜料。
- 做完手指画，手的清理很容易，只需用洗手液就能把手洗干净。
- 你们还可以在光滑的物体上画画，比如玻璃或铝箔上。混合几滴食用色素、蛋黄和洗衣粉。但是如果你使用鸡蛋，注意你的孩子是否对鸡蛋过敏。
- 给你的孩子买水彩笔或蜡笔时，选择短粗的款式，因为它们更容易握住。此外，为方便清洁，选择可水洗的类型。
- 找一大块合成泡沫橡胶，在上面裁出不同大小的洞。将孩子画画用的所有瓶子、刷子和罐子都插入其中，这样它们不会翻倒。
- 准备好装器皿盘、瓶子、罐子和画笔等非常好的容器。
- 把抽取式手纸挂在手纸架里，并将它附在你的“创意角”的墙上。
- 在地上覆盖一层旧报纸或一张大的塑料桌布。

用什么纸

便宜的纸、墙纸、书架贴纸、旧信封、牛皮纸袋，甚至旧报纸都可以用于画画。或者你可以买一卷牛皮纸，随孩子的需要裁切。在纸板上附一层干净的贴纸可制成一个可循环利用的画板，这样可用湿布或手纸擦掉上面的颜料（用颜料做实验，看看哪种贴纸最好）。

用哪种画笔

在你的孩子刚开始学画画的时候，给她使用厚的画笔，以便她能看到立竿见影的结果，可以备选做油酥点心的刷子、棉花球、软木、管道通条等东西变换花样。有时候还可以让孩子使用手或脚画画。还可用一个走珠香体露瓶子充当画笔：用勺子将瓶颈的球取走，填入颜料，然后把小球安回原处。

保存画

你可以放在一块布上用熨斗熨一副蜡笔画，用来保存孩子的画。把画放在熨板上，画面朝上，然后覆盖一层浅色的布，然后将熨斗调到低温至中温，用力熨孩子的画，这样画将会转移到布上。注意布要在熨板上冷却后再取下来。另一条建议是在画上喷一层定色剂，或者发胶。这样可以防止颜色被蹭掉。还有一种“神奇”的办法，可以让画保存 200 年！就是在 500 毫升苏打水里溶解 1 片镁乳，到第二天，把画浸在溶液里半个小时，然后取出晾晒，

玩水的乐趣

在花园里，给你的孩子放一盆水玩，给她很多空的塑料瓶、杯子、滤器，在浴室也放一套。

直到画彻底晾干即可。

玩水

大多数孩子喜欢玩水，1 岁以后，他们将忘记曾经怕水的经历。试一试以下玩法，但是注意永远不要离开你的孩子，把她一个人留在接近水的地方：

- 浅水池是理想的夏季游戏装备。小的圆的充气式水池的乐趣不亚于一个贵重而耐用的水池。
- 在夏天，在地上铺一张防水布，在上面用软管或洒水器喷水。在完全淋湿后，它可以成为孩子很好的滑梯。
- 在一个塑料瓶底下戳一个小洞，瓶子里灌上有颜色的水。把它系在你的孩子的小三轮车后面（孩子大些用自行车）。这样她可以看到水沿着她的车留下的彩色痕迹。
- 如果你家花园里有水龙头，可以让孩子和泥巴玩。虽然这很脏，但是很有乐趣。
- 在浴缸或浅水池里做“彩色冰球”。在一个气球里放一点食用色素，然后给气球充满水。把球放在一个盘子里，然后放入冰箱。等到它冻成冰之后，扎破气球，去皮。那样你们会得到一个很漂亮的圆的彩色冰球。

创作用的材料

胶

在平锅里倒入 250 克面粉，并掺入一茶匙的盐。慢慢加入 600 毫升水，直到面粉变成糊状。文火煮 5 分钟，然后放入一个密闭的容器里，待其慢慢冷却后放入冰箱冷藏，待需要时再取出。

做模型用的面团

将面粉、盐和水按照 3：1：1 的比例混合，慢慢搅拌。用食用色素着色，并储存在一个密闭的容器内。

仿黏土面团

将等份的盐和面粉混合在一起，加入少许油，然后加入足量的水，混合成一块硬的面团。慢慢揉面，直到面柔软而有弹性为止。

玩沙子

沙坑是孩子们的神奇的游戏场所。无论你是购买一个，还是用旧的塑料浅水池、橡胶轮胎或水泥管自制一个沙坑，你都应该用洗净的河沙。尽管比建筑沙子价格更贵，但是它不会像后者一样粘得满身都是。记住在不用的时候把沙坑盖上，否则你家附近的猫会把它当做便坑。

滑梯、攀登架和秋千

这一年，随着你的孩子的协调能力变得越来越强，你可能会想为她买一个大型的游戏设备。如果你要买一个秋千，秋千的座椅最好是需要家长把孩子抱进去、抱出来的那种，如果你要买一个攀登架或滑梯，确保它两边有安全围挡，而且任何部分都不会开裂。

沙坑游戏

一个沙坑可以让一个年幼的孩子几个小时沉醉在快乐中，无论是倾倒沙子、挖洞，还是建造沙子城堡，都会让他玩得不亦乐乎。沙坑里的沙子不要过深，否则孩子会有埋入其中的危险。

粗野的游戏和温柔的游戏

不是所有的孩子都喜欢同一类游戏，同一个孩子也不会一直喜欢同一类游戏。有的孩子明显更偏爱运动量更大、更喧闹的游戏，而有的则更喜欢安静的、需要沉思的活动。

我有两个儿子属于前一种类型，另两个儿子属于后一种类型。我更喜欢孩子们活泼一些，对于那两个在幼年热爱疯闹和打滚的儿子，我给他们提供大的软垫，和填充泡沫的软家具，供他们跳上跳下和创造杂技动作，在户外还给他们提供了攀爬的绳索、一棵容易爬上爬下的树、一个带有绳梯和网的攀爬架，还有一个轮胎秋千。我在他们13或14个月的时候分别让他们拥有了第一辆小三轮车。球类运动，比如足球或篮球，始终是他们喜欢的游戏，而且有让他们耗尽能量的绝对效果。

对于另两个喜欢安静的孩子，我们给他们提供了很多书、颜料、画架和画板。在很早的时候，他们俩就利用家里的废品制作玩具船或蒸汽机，比如空的蛋品包装盒、手纸筒、酸奶盒、黄油包装盒，等他们长大一些，他们会继续做纸飞机。我的一个儿子在3岁就成了折纸手工专家。这两个孩子都热爱乐器，在长到可以给真正的乐器的年龄之前，我给了他们录音机、玩具木琴、玩具长笛和玩具吉他。

玩具有足够的创造性吗？

很少有玩具或游戏对孩子的创造力没有好处。无论她玩什么或看什么玩具，都可以帮助她创造梦幻的世界。她在玩的时候会用色彩和形状创造出一些模型，而且创造出一个自己的迷你小家。

这一时期，最受孩子欢迎，也最有益的游戏是不需要你太多监督的游戏。如果它们对你的孩子有吸引力，它们可以促进她的兴趣发展，而且你的孩子会把精力集中在自己选择的游戏上。她可以运用自己的判断力，这样她的兴趣能得到完全满足。如果你一直打扰她，告诉她要保持整洁，要小心，或者如果你过多地帮助她，那么她对游戏的兴趣会减弱。由于干扰，她在游戏中的灵感会消失，而变得灰心丧气。成年人的干扰也能导致孩子在上学后注意力不能集中。

我的孩子所受的刺激够吗？

如果你提供良好的环境和合适的装备，就不必担心孩子受到的刺激够不够。在这一阶段，她开始在玩中形成思考，她需要的是自由，需要的是成年人允许她的思考有所进展，这样她能在新想法出现时跟着它们走，一直看到游戏的结果出现。

对于玩，你的孩子会执着得像一个探险家。她必须拥有不被打扰的私人空间和时间（除非她主动要求他人介入）。成为她的助理，并且供给她需要的所有装备才是你的工作。在你提供了充足的装备后，决定做什么的人应该是你的孩子，而不是你。最好让她发挥自己的想象力，不要打扰她。

安全小贴士

- 让她远离任何有水的水塘。无论水塘有多小，里面的水有多浅。即使她会游泳，也不应该把她单独留在水塘边。
- 任何涉及金属器具的游戏都有潜在的危险，例如，金属水桶、铁锹或玩具手枪。同样，任何锋利的或有尖头的器具，比如弓箭、玩具或游戏刀也存在潜在危险。
- 不要让你的孩子靠近烟火或火柴。

如何帮助孩子

你无法教孩子运用她的想象力，但是你可以通过以下做法鼓励她好奇的天性：

- 和你的孩子玩各种“假扮”游戏。
- 在你讲故事的时候，在孩子的面前表演出故事里的角色，而且不同的角色换成不同的声音。如果你的孩子有一个很喜欢的故事里的人物，建议她自己扮演这个角色。
- 玩“猜猜这是什么？”的游戏。让孩子闭上眼睛，然后让她的手轻轻地摸一些物体，让她猜一猜是什么物体。
- 给你的孩子一些手套木偶，帮助她进入想象中的世界——或是买，或是在牛皮纸袋上画上脸自制手套木偶。
- 给孩子提供一些类似娃娃的奇幻玩具，男孩和女孩都喜欢娃娃，因为它们是孩子们想象中的世界的一个组成部分。动物公仔、家居清洁用品、茶具，以及花园用具和木工用具也是理想的玩具。
- 准备一个“化装箱”，里面放入一些你的旧鞋、T 恤、裙子、外衣、帽子和围巾，以及一些特别便宜的珠宝。如果你能从二手货商店里找到一些真正的制服就更好了。用一块布做成一个披肩，在两端缝上一个扣子，你的孩子自有用处。
- 玩扮装动物的游戏。弯下腰，手脚着地，在地板上爬行，模仿所有你所知道的动物的声音，这样可以教你的孩子怎样做。
- 玩打电话的游戏。给你的孩子一个玩具电话，然后你拿起真的电话，并且假装和她在电话里对话。

储物小贴士

- 保留带有盖子的塑料容器，用于储存孩子的积木或其他小玩具。制作冰激凌或人造黄油的容器就很适合。
- 使用颜色鲜艳的标签，用以简单标记你的容器里装的是什么。
- 大玻璃罐也是理想的储物容器，因为你能马上看出里面有什么。
- 永远不要扔掉任何鞋盒，它们可以是娃娃很好的床，也是很好的房子或谷仓。
- 给塑料网袋上套一个环，挂在浴缸水龙头上面，用来放置所有的浴缸玩具。
- 用一个柜子储藏较大的玩具。这样的两个柜子摞在一起还可以成为一个桌子。
- 你的孩子的玩具必然会四处散落在家里。尽量在每个房间放一个篮子，以便能快速、轻松地收拾。
- 在汽车上专门放一个装玩具的盒子或袋子。

打扫和准备玩具

- 只买可机洗的公仔玩具。
- 可用地毯洗涤液和刷子清理公仔玩具。
- 尽量买可以放在洗碗机里清洗的塑料玩具。
- 如果塑料玩具变形了，你可以把它们浸在热水里，然后用你的手指把它们捏好。
- 用浸有小苏打溶液的布给有味儿的玩具清洁和除臭。
- 你可以把毛绒玩具放在一个装有大量小苏打粉的袋子里，通过摇晃进行干洗。

玩 2-3 岁

到了第三年，你的孩子还玩一些她以前的玩具，但是玩法可能变了。她继续玩积木，但不是一个一个堆得高高的，而是把它们用作一项大工程的一部分：可能用它们做想象中的房子的四面墙。

这一年，你的孩子会模仿你的行为举止和着装打扮。动手能力将会提高，更大和更有挑战性的拼图玩具将受到她的欢迎。

模仿游戏

作为模仿成年人行为的一部分，她将创造出一个自己的小世界。你不需要为此给她买一个儿童游戏室。在两把椅子或一张小桌子上搭一大张毛毯，或是在一个旧的游戏围栏上盖一张床单，就能马上做出一个简易帐篷或儿童游戏室。孩子们喜欢在黑暗里玩，所以，如果他们想要这样，就把窗帘拉上。我的所有孩子都喜欢爬进各种大大小小的纸箱里玩。小的纸箱可以成为船或汽车，一堆小纸箱可以做成城堡、堡垒和房子。箱子在他们身边围成一圈能变成一个洞穴，而一个个首尾相连又变成了火车。你们还能做出更精致的“房子”，就是将几个大纸箱摞在一起，并且裁出门窗，你的孩子可以在上面画出窗帘，在里面的墙壁上贴一些贴画，然后还可以在外面画出百叶窗、门和门把手。如果你在家里把几个凳子或小椅子排成一排，你的孩子会把它们变成火车、巴士、船，或者一架飞机。

2-3 岁孩子的玩具

这个年龄的孩子正在掌握越来越多的语言、新技能和独立性。他们喜欢搭建起各种造型，然后击倒它们，他们还会爱上“让我们假装……”的游戏。

适合的玩具

大块的拼图、橡皮泥、塑料建筑积木、剪刀（圆端）、胶水、坐式推车和卧式推车、茶具、玩具洗衣机、炊具、儿童游戏室、小三轮车、小汽车和卡车、攀登架。

充满想象力的游戏

很多玩具，比如茶具、玩具杂货店、娃娃的房子里的家具，以及道具服装都是激发孩子想象力的玩具。

帮助提高手部操作能力的玩具

你的孩子将用手探索事物，会发现自己在做什么，这将成为她的学习进程里的一个重要部分。以下所列的游戏和想法需要好的协调性。

- 这一年，你的孩子将有足够的协调能力，帮助她完成一些简单的家里劳动，而且她会将此当做一种游戏，因为她渴望模仿你做的事情。她乐于帮助你洗水果和蔬菜，能够拨开豆子和撕开莴苣叶子。
- 很多孩子热爱拆机械，所以不要扔掉任何旧的钟、发动机、照相机或坏的CD机。让你的孩子享受把它们拆成零件的乐趣。而且如果家里有什么需要拆卸的东西，比如坏的纸箱，可以让你的孩子参与。
- 你的孩子可能喜欢喷画。她会把树叶、草、硬币，或任何她想要的形状平放在一张白纸上，然后拿着一把牙刷，蘸上颜料，轻轻地用大拇指或塑料刀刮牙刷，使颜料任意喷溅在纸面上。为了让画看上去更生动，她会尝试用不同的颜色。颜料干了以后，她会移开物体看看它们喷在纸上的形状。
- 在花园里给你的孩子划出一小块完全

促进动手技能

类似很多块建造积木或火车组合的建筑玩具，可以促进你的孩子的动手能力，以及他的想象力。

属于她的地盘。给她一套泥铲和水桶，帮助她种一些类似万寿菊的花，或者类似萝卜、红花菜豆或豌豆的生长速度较快的花卉和蔬菜。

拼图

你的孩子也许能对付多达 6 块拼图了。给孩子买些简单的拼图。如果你的孩子能认出胳膊、腿或树枝，而非只认识一个完整的图形，那么她在玩拼图时会觉得更容易。尽量买木制拼图，它们更容易捏住，不像纸板的那么容易弯曲。如果你的孩子仍拿不住，可以到五金商店买小塑料挂钩粘在拼板上面，更方便孩子拿捏。教你的孩子将第一片拼板插入拼盘边缘形状合适的位置，以此为开始，她很快就会找到门路。

在玩拼图的时候，你的孩子可能会要求你给她演示怎么做，在做这项工作的时候，向她解释为什么每两块特定的拼板要放在一起，并逐一形成连锁，“看，这两个弯弯的看起来像眉毛……这块是头，头永远在身体的上面”。如果你这样教她，并且帮助她一段时间，她会开心地坐好，然后一遍一遍地玩拼图。如果你们有很多拼图，确保它们容易被区分开，在每套拼图背面用一种颜色做出记号。

你还可以自己动手给孩子制作拼图。把她喜欢的图片粘到一张厚纸板上，然后再附上一层透明胶带，用一把美工刀把纸板上的图片裁成 6 块，分别由三角形、菱形和方块组成。

在玩中学习

在年幼的孩子的生活中，不存在对孩子的发展没有贡献的游戏。如果你的孩子的需求和渴望无法通过其他方式满足，她往往能在游戏中得到满足。举个例子，一个在现实生活中不能成为领导的孩子，也许能在她收藏的玩具人物中获得当老大的感觉，或是通过击败她周围满满的玩具动物收获满足感。

对于大多数孩子来说,玩与试验有关。通过试验和错误，你的孩子可以发现自己在创造新东西，自己创造出了从没见过的东西和从没经历的体验，她从中获得了很大的满足感。一旦游戏满足了孩子们对创造的兴趣，在长大和成熟后，他们就能将兴趣转移到真实世界当中。

在家里或学校里，孩子们会学到男性与女性普遍可被接受的性别角色。了解它们是什么，接纳它们，接受男女性别角色不同这一事实。一旦加入到一个游戏小组，你的孩子马上会知道，如果她希望被小组成员接受，她必须扮演自己该扮演的角色。在这个小组里，你的孩子可能会面对她前所未有的最严格的道德标准。没有比孩子们的游戏小组更能促进可取的个性特征发展的。通过与朋友的接触，你的孩子将会一天天学会如何变得有合作意识、慷慨、诚实，学会如何让游戏好好进行，以及如何与他人愉快相处。这些课程极为有用，因为你的孩子通常一直在寻求朋友、同龄人，以及一般的游戏小组的认可。

学习颜色

在你使用或看到什么东西的时候，经常时不时地跟孩子提到颜色。举个例子：“我在看绿色的包装。”“那个红色的罐子跑哪去了？”“哦，我发现瓶子上贴的是蓝色的标签，”或者“我要用这支黄色的笔。”经常跟你的孩子描述她衣服的颜色：“那是一件漂亮的粉色外衣。”“多好看的红色毛衣。”经常在你家的花园、窗户，或在停车场附近给孩子指出花的颜色。并且尽可能告诉孩子看到的各种动物的颜色，尤其是鸟类。教你的孩子颜色是如何生成的，“看，如果我们把一点红色和白色混在一起，我们就能得到粉色，黄

电视

有些家长在宝宝待在婴儿床里的时候，就开始给宝宝引入电视了。他们将电视看做是一个可给孩子带来娱乐的不会动的保姆。对于很多孩子来说，电视要比其他游戏活动更受欢迎，在它上面消耗的时间要比其他所有游戏活动的总和还多。下面是一些有关电视的事实报道：

- 在孩子一个人看电视的时候，电视对孩子的帮助会降至最小。即使她在看一个制作精良的教育性节目，如果她一直是以完全被动的方式看电视，她会收获甚少。但如果她与其他孩子一起看，而且别的孩子一直在加以点评，或者她在与一个总在提问，并促使她细心观察的成年人一起观看，那么电视节目可以扮演撬动想法和讨论的跷跷板的角色。
- 有些家长让电视干扰孩子日常的饮食和睡觉常规，导致孩子消化紊乱和疲倦。
- 看电视会减少其他活动，尤其是户外活动，也会减少与其他孩子玩耍的时间，大大降低创造性的发挥。
- 电视呈现信息的方式往往比教科书和老师的方式更加精彩、更有戏剧性。结果造成孩子觉得书和学习无聊。
- 在一个家庭中，电视会减少家庭成员的对话及其他交流。
- 电视上的人物角色通常呈现出夸张的老套模式，容易使儿童认为特定群体的人会像屏幕里的人一样有相同的特征，这会影响他们对这些人的态度。
- 如果孩子看了过多关于犯罪、酷刑和残忍的节目，那么她对暴力的敏感度可能会大大削弱，而将暴力当做正常的行为。
- 有一项关于电视暴力对儿童的影响的研究，将儿童分为两组，一组儿童观看暴力节目，另一组不观看。结果表明，观看暴力节目的年幼的孩子明显更有攻击性，无论是对他们的玩具，还是对没有接触相同电视节目的孩子。
- 孩子是出色的模仿者，电视里罪犯的角色往往显得比英雄更有魅力，这会造成孩子们更倾向于认同恶棍。
- 电视可以呈现不同的性别的行为模式、生活角色模式和职业模式。这会使儿童产生类似的期望，而对于儿童来说，这并不一定有好处。
- 如果儿童真的对电视节目有兴趣，他们可能希望通过阅读，或者向大孩子或成年人询问有关问题来了解更多的相关信息。

色和蓝色混合在一起可以制造出绿色。”教她认彩虹的颜色：对孩子来说，彩虹是神奇的东西。

学习数字

在做日常家务的时候，尽量抓住任何机会在孩子面前数数。举个例子，你在给孩子扣衣服扣子的时候，数 1、2、3；在给孩子洗手或洗脚的时候，数一数她的手指、脚趾；在你们购物的时候，让她学习数东西，让她拿给你 2 个橘子或 3 个胡萝卜。

将瓶瓶罐罐按类别和数量摆成几排，教你的孩子数数，比如摆出 2 个瓶子，3 个可乐罐、4 个小盒子；把数字写在一张张小片的纸上，然后帮助你的孩子数她的各种玩具，比如 3 个球，5 块积木，7 只农场动物；在你们出去散步的时候，给她数有多少房子或门，花园里有多少棵树，水塘里有多少只鸭子。

学习字母

抓住一切机会帮助你的孩子熟悉字母。教你的孩子唱字母歌，便于她更轻松地记忆字母；给她提供字母汤，或字母意大利面条；帮助她用字母拼出她的名字；给孩子买一些带磁铁的字母冰箱贴，孩子们喜欢在上面把字母移来移去。

我的孩子们喜欢闭上眼睛让我在他们的手掌上一边画字母，一边拼出单词，然后他们会试着猜出字母，并且记住单词。在给孩子读故事的时候和她玩文字游戏，你读一句话，然后留下一个词让你的孩子说出是什么。比如，你一边念着“小猫坐在地上，用 __ 取暖”一边用手指向图片里的火，她会喊出来“火”。

学习的乐趣

在游戏中用很放松的方式掺入学习，寓教于乐。在她玩玩具动物或布娃娃的时候，让她数一数有多少只动物，或多少个布娃娃，并且给一些她能念出来的简单的名字的玩具。

15 外出和旅游

不存在因宝宝太小而不能带着外出的这种说法。事实上，你可以带一个年幼的宝宝去几乎任何地方。他会东张西望，会喜欢不断变化的场景，即使还不理解是怎么回事。提前做好外出计划，孩子越小，越需要仔细计划。如果你组织得周密，带宝宝外出会是一件很有乐趣的事情，从你和宝宝出院回家那天开始，越早带他外出玩越好。照顾宝宝不能剥夺家长恢复过去丰富多彩的生活的权利。这里有一句警告：刚开始的时候，不要太有野心，不要到很远的地方旅游。

在当地外出 0-1 岁

计划你的外出行动

花些时间计划一下很有必要，包括考虑如何到达目的地，旅途需要带什么，到哪里给宝宝喂食，在哪换尿布。好好计划一番，直到你自信满满，带上你的伴侣或一个朋友随行，多一双手不但可以帮你分担重负，也是多一个伙伴分享新奇的事情，和共同解决可能发生的问题，这样能让你和宝宝的旅行更快乐。

外出的时候，你需要确保有安静的地方喂宝宝，特别是第一个月，他还没有形成按时吃奶的常规。此外，你还必须给宝宝换尿布，所以试着在附近找出有母婴盥洗室的商场，盥洗室内应该有一个方便更换衣物的齐腰的工作台，使你们免于在地上或在腿上给宝宝更换衣物。在夏天，在一个附近的公园喂宝宝吃奶是件有趣的事情。

外出需要给年幼的宝宝带什么？

- 换尿布时垫在下面的垫子或布（可以是一个折叠式塑料垫或一块布尿布）。
- 纸尿裤。
- 婴儿湿纸巾。
- 防溢乳垫（如果是母乳喂养）。
- 奶瓶、奶粉（如果是人工喂养）。
- 帽子（夏季太阳帽，冬季暖和的帽子）。
- 毛衣。
- 用于转移宝宝注意力的玩具。
- 装脏尿布的塑料袋。

带宝宝散步

用婴儿推车推着你的宝宝简单地在公园里散步，对你来说是很好的锻炼，对宝宝来说则是乐趣和感官刺激。

使用婴儿背带

现代的婴儿背带同过去的背带一样，都是携带宝宝走动的最方便的办法之一。它能安全地把你的宝宝固定在你的胸前，这样你和她能够安全地靠近彼此，而且还能解放你的双手。购买一个可水洗的背带，因为你的宝宝肯定会弄脏。在做出最终选择之前要试一试，这个背带应该容易穿带，肩带必须足够宽，能让你舒服地承受宝宝不断增加的体重，而且感觉放松。有说法认为不应该在宝宝还不能支撑自己的头部之前使用背带，这个观点是错误的，只要你和你的宝宝乐意，你们就可以使用背带——你的宝宝在里面会舒服得甚至犯困。

使用手推车

如果你不想在宝宝变得很重的时候还用背带，那么手推车一定不可或缺。对于非常小的宝宝，座位可以完全放平的坐式手推车必不可少。尽管宝宝躺在推车里会很舒服，但是经常把推车的座位支起，使宝宝倾斜地坐起来也是很重要的，因为即使

带大一点的宝宝外出需要带什么?

- 换尿布时垫在下面的垫子或布。
- 纸尿裤。
- 婴儿湿纸巾。
- 婴儿食品和勺子。
- 不会造成一团糟的零食。
- 杯子和一些水。
- 围嘴。
- 帽子。
- 毛衣。
- 用于分散宝宝注意力的玩具。
- 装脏尿布的塑料袋。

了解你的手推车

在你带着宝宝外出的时候，经常会遇到不得不把手推车折叠起来的地方，所以必须确保在你抱着宝宝的时候，知道如何折叠和打开宝宝的推车。

非常小的宝宝，也喜欢被支起来欣赏周围有趣的景色。注意给你的宝宝系好安全带。

使用儿童背架

背架也是为较大的宝宝准备的装备，适用于能够很好坐立且身体重得不再适宜用背带的宝宝。它既能解放你的双手，又可以让你的宝宝看到更多周围发生的事情。在购买背架时，请注意以下几点提示：

- 带着你的宝宝去商店，让宝宝坐在里面试一试。
- 检查宝宝的座位是否落在你后背正中偏下的位置。这点非常重要，因为这样可以用你的背部承压，而非用肩膀，而且这样能够使宝宝保持平衡。
- 确保背架有一副固定宝宝用的安全带，和一个可使宝宝更为安全的腰带。检查一下肩带是否经过填充加厚。
- 检查你的宝宝坐在里面是否舒服，腿是否能伸展开，而不受限制。
- 尽量买底部有支架的背架，这样无需别人帮忙，你就能自己把宝宝背起来。

使用坐式手推车的小贴士

- 永远不要离开你的孩子，而让他一个人待在手推车上。
- 确保手推车完全展开，车体各个支架均扣在了相应的位置。
- 在没有刹闸的情况下不能离开手推车片刻。
- 始终给宝宝系上安全带。
- 永远不要把购物袋挂在手推车的把手上，那样车很可能会向后翻倒。
- 很早就开始教你的孩子手指远离车轮。
- 坐式手推车与卧式推车相比有一个缺点，就是你的孩子在寒冷的冬天会更多地暴露在寒风中。如果推车的椅垫不够厚，那么在把宝宝放在车里之前，先在座椅上垫个毯子。注意给他身上包裹一层毯子。
- 如果你的宝宝在到家前睡着了，那么把坐式手推车向后倾倒，让宝宝呈平躺的姿势，或用枕头塞在他背后让他睡得更舒适。
- 如果你的宝宝个子已经很大，但是他还不能走路，那么在婴儿坐式手推车放脚的位置安上一块脚踏板，以方便孩子把脚放在上面。

这样的背架在地上通常能转换成一个可支起的座位。

购物

如果带着宝宝去购物，尽量在早晨商场或超市不忙的时候去。去超市的时候，始终把宝宝放在购物车的车座里。在超市的通道里，注意把购物车推在通道的中心，因为他可能想抓任何看到的东西，而造成超市里码得整整齐齐的箱子和罐子一片狼藉。如果你还在给宝宝哺乳，你需要提前计划如何在购物中间哺乳。如果你打算只出去一会儿，那么你最好在必须为下一次哺乳找到安静的地方前完成购物。

拥有一辆汽车对于新爸爸、新妈妈来说可谓是最大的便捷，有了汽车，你们不用考虑如何带着宝宝应付公共交通，而且它可以提供理想的喂奶和更换尿布的空间。

外出吃饭

在你的宝宝不到 1 个月的时候，无论在任何地方，他基本上都是在睡觉，所以带他外出吃饭是很轻松的事情。然而，到了 9 个月，他已经有能力让自己保持清醒，他将渴望任何新的体验，也会喜欢去饭店，他对陌生人在饭店里做的奇怪的事情充满了好奇。认真选择你要去的饭店，尽量找到能提供婴儿高脚餐椅的地方。始终把你自己的那份食物放在你这边，把宝宝在他的座位上安顿好之后，再给他一些事物，让他有事情做，也可以给他一堆玩具让他分散注意力（折纸巾也是个安抚宝宝的方法）。你可能会发现，在你和你的伴侣开始吃饭前先把孩子喂好会更好。

乘坐交通工具

如果你一个人带着孩子外出，没有开车，你推着一辆手推车，带着一个脾气暴躁的宝宝，背着一个装满宝宝衣物的包，此时公共交通可能就是你的救命稻草。然而，需要注意以下几点小提示，以防出现更糟糕的问题。

- 避免在高峰期带孩子外出。
- 如果有可能，尽量用背带或儿童背架背着你的宝宝。这样可以让你的双手解放，上下巴士或地铁更方便一些。
- 带上一些用于分散孩子注意力的玩具，在手推车或儿童背架上也系一两个。
- 如果你被要求把手推车放到一个专门的行李区，那么在你到站前，确保你有足够的时间取回你的手推车。
- 不要不好意思请求别人帮助。

带宝宝购物的小贴士

- 如果你把孩子背在背架上购物，请记住，他的手可以够到商店里的瓶瓶罐罐。
- 在你带着孩上超市的时候，最好找到一个带有宝宝座椅的购物车，并给他系好安全带。
- 为预防紧急情况，带上几片纸尿裤、湿纸巾和塑料袋，在汽车里快速给宝宝更换尿布。
- 购物可能会使你的孩子饥饿，从而焦躁不安。为避免出现这种情况，可以给他备一点零食。
- 你可以在汽车后备箱里铺一张毯子，把后备箱当做给孩子更换尿布的地方。

在当地外出 1-3 岁

等到你的孩子学会走路以后，你会发现带他外出时最大的问题是如何既能安全地控制他，又能让他开心。你还要有心理准备，必须放慢旅行速度，时不时地停车，让他看很多吸引眼球的事物。这个时候，大多数家长仍继续使用手推车，不过背带、背架和自行车车座也是很有用的替代品，而且对于你的孩子来说，有时候它们是更有乐趣的东西。

带着幼儿购物

- 鼓励你的孩子熟悉购物。给他列出在购物清单上的物品的包装，建议他在货架上为你找出与它们匹配的商品。
- 幼儿容易在商店里走失。给你的孩子穿戴上颜色醒目的外衣或帽子。
- 尽早教你的孩子背下他的姓名、家庭住址和电话号码。同时，在他的外套里面插上一张写有这些信息的标签，以防他走失。
- 我过去常常在脖子上挂一个裁判哨子，用哨声召唤我的孩子们。我们有一个暗号：一声哨——马上来，两声哨——跑，三声哨——紧急。
- 任何外出的机会都可以是一种变相的教学。例如，在超市里，你可以教他了解健康的饮食（豆子比意大利细面条要有营养）和精打细算（买大罐的商品比小的划算）。
- 让孩子独自认回家的路会是个可怕的经历，但是你的孩子必须经历。你可以在每次快到家的时候，反复给他相同的评论，用这种反复强化记忆的方法教会他自己找到回家的路。“这就是路口拐角的大树，现在我们向右转，走过那个信箱，这就是我们家的那条街，我们的房子就在左边的第四栋。”

使用手推车

他会越来越不愿意只是待在推车里，而是想下来和你一起走。这可能会造成不便，特别是你去购物的时候，你不得不努力劝他待在车里。我的经验证明，最好的办法就是随身带着一两个孩子最喜欢的玩具和一点零食。

如果你的孩子不消停，购物无法继续，你可以把他套在栓绳式安全带里，如果他拒绝，就跟他做个游戏。他将感觉到一种自由和独立的感觉，而你也能确定这样他不能瞎转悠，从你身边走丢。连在栓绳式安全带与成年人手腕的带子可以帮助和防止你和孩子走散。

使用自行车座位

如果你有一辆自行车，你可能会发现让孩子坐在后座上与你外出很有乐趣。有两种自行车儿童车座，一种安在前面，一种安在后面。这两种车座是塑料质地，重量轻，灵巧而牢固地安装在自行车框架上，可承受 22 公斤的重量。确保孩子的脚远离车轮，系好座椅上的安全带。如果你决定使用这种交通工具，你和你的孩子务必要带上安全头盔。

和一个大孩子一起购物

一旦你的孩子能走路了，你将面临一个新问题：如何既能看住一个活泼的小孩子，又能集中精神做你必须做的事情。带孩子外出，特别是购物时，唯一有效的方法是带着你的伴侣或一个朋友与你随行，这样，一个成年人可以完成购物，另一个全职看孩子，另外一个好处是多了个帮手帮你把东西拎回家。

最重要的一条提示，是始终给你的孩子系上栓绳式安全带，这样你可以专心地做你的事，而不必担心他在做什么。或者你可以把他放在超市购物车上，这样他就跑不掉了。你在商场转的时候，像这样问他一些问题，“你看见焗豆了吗？”“哪个罐子最大？”“你想要哪种苹果，红的还是绿的？”大多数孩子喜欢像这样参与到购物中，你甚至可以让他们选择自己最喜欢的食物，然后放入购物车里。

我让孩子们在超市里保持安静的方法是让他们随意把东西放进购物车里，然后在结账的时候把它们全都拿出来（不让他们知道）。虽然这很费时间，但是会让购物很平静。

如果你不是去买食物，而是买衣服，那么把孩子套在栓绳式安全带里，但是随身带上他喜欢的书。在你们一起进换衣间的时候，让他在你旁边的地上坐着，鼓励他看书，他也许会在一旁告诉你他在书里看到了什么，或者跟你讲一讲里面的故事。

特别的短途旅行

去超市或公园可能会成为你的孩子日常常规的一部分，你大概偶尔会想来一次特别的短途旅行，比如去动物园。或一次乘船旅行。在做计划的时候，注意将你的孩子的特点考虑进来。他的注意力能持续多久？他是否很好动？如果是，不要计划去任何他将被限制在推车里太久的地方，否则你会毁掉所有人美妙的一天。如果这一天到来，正赶上你的孩子心情不好，那么必须推迟旅行，同样，如果那一天你又不想出门了，也这样做。请注意，出游时，准备好足够一整天的各种零食。

家庭外出

你的孩子会爱上和爸爸妈妈一起外出。要有心理准备，你的孩子会被无数奇妙的事物吸引，而不停地要求你们停下来。

驾车旅行 0-1 岁

驾车出行是日常生活中的一个很普通的部分，你的宝宝对它了解得越早越好。

汽车安全

带着宝宝驾车旅行时，最重要的问题是宝宝的安全。无论是在前座还是后座，永远不要让他坐在你的腿上，必须使用一个适合他的年龄、体重和身材的儿童汽车座椅，并且确保汽车座椅符合现在的安全标准。在选购座椅之前，先听听其他的消费者关于安全的建议。

给宝宝喂食

很显然，如果你是母乳喂养，驾车旅行中的哺乳会很方便。而如果你是人工喂养，不要尝试给奶保温，因为细菌会快速滋生，相反，提前取出一些配方奶粉放入包装中，单独放置，再带上一瓶保温的热水，需要用时再取出奶瓶，兑入奶粉和保温瓶中的热水。

如果你的宝宝断奶了，出行时，你需要带上宝宝的食物、饭盆、塑料勺和一个有嘴的水杯。你可以给宝宝吃罐装食品，但要请记住扔掉任何他没吃完的东西，因为食物会被唾液污染，而细菌在唾液里会快速滋生。

给你的宝宝换尿布

目前，旅行时最方便的尿布就是纸尿裤。在旅游时只带纸尿裤的好处在于你不用多给宝宝做擦洗，只需多带些湿纸巾和用于装脏尿布的塑料袋即可。

驾车旅行小贴示

- 永远不要把你的孩子独自留在车里。
- 如果天气很热，只在清晨和晚上带你的宝宝做必要的短途旅行，以防中暑。
- 在车窗上安上挡板或厚布，避免宝宝受阳光直射。
- 移走车厢后面所有松散的物品，以防出现意外。
- 始终在车里放一个装有备用尿布和更换尿布装备的袋子。
- 准备一个毯子或小被子，在宝宝睡觉时盖在身上。

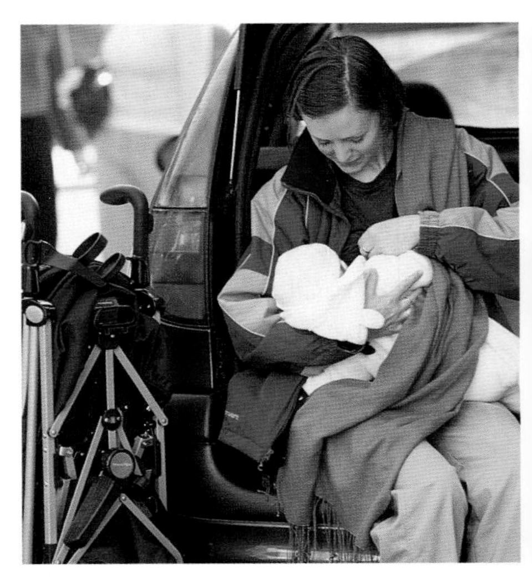

带着你的宝宝旅行

带着小宝宝驾车旅行要比乘坐公共交通方便很多。在车上，你可以放上更换尿布的全套装备，而且有安静的空间给宝宝喂奶。

驾车旅行 1-3 岁

带着 1 岁到 2 岁半的幼儿驾车旅行是最困难的。你的孩子讨厌一直被固定在一个地方，他想要坚持自己的主张。在这个时候，一种新的独立意识出现了，他渴望表达自己想做什么，尤其在你不想让他做的时候。以下几条小提示可能会对你们有所帮助：

- 早期的驾车旅行可在夜里开始。装一些可一举两用的柔软的衣物。例如，放在枕套里的滑雪服可以是很好的枕头。
- 购买或自制挂在汽车前座后面的袋子，用于装玩具、零食、饮料和书。
- 为了不让孩子在车上乱动，每开车 1 小时左右，停下来 5 分钟，这样孩子们可以伸伸胳膊腿。
- 记得在食物容器里装上水果刀、叉子和勺子。
- 为保持车内的整洁，带一些垃圾袋用于收集垃圾，再带上干纸巾和湿纸巾用于清洁孩子黏糊糊的手和脸。
- 带上有营养的零食，比如葡萄干、玉米片、奶酪，把零食装入一个塑料袋里，这样如果你的孩子在车里想嚼点东西，你不必让他忍着。
- 多带些饮料，比如小的密封容器装的牛奶或果汁，它们比你想象得有用。
- 大多数孩子喜欢葡萄（无籽型），它既能解渴，又可解饱。
- 大多数孩子在车上听音乐或故事都会感觉开心。
- 让你的孩子对娱乐有决定权，出门前让他自己选一些可带的玩具，然后装入袋子里。
- 有磁性的玩具可以防止玩具的小零件在车上弄丢。在玩具上缝上或粘上维可劳粘扣，可使它们牢牢固定在一个地方。
- 保留一些妙招，在你的孩子变得脾气暴躁的时候使用。
- 不要姑息孩子的任何不良行为，比如尖叫或踢腿。把车停在路边，并且告诉他如果他还这样，你们就不走了。

预防晕车

有些孩子很容易晕车，大多数在长大后会好。以下是一些减少晕车风险的方法：

- 如果你的孩子晕车，找你的儿科医生或到家里探访的保健员，请他们推荐一种合适的药。
- 让你的孩子在车上有东西玩，以分散他的注意力。
- 在即将离开的几个小时内，不要给你的孩子吃得太饱，也不要给油腻的食物。
- 如果你的孩子想在中途吃点零食，给他饼干或糖果。
- 在旅途中，家长不要过于焦虑。孩子们能立刻看出他们的父母的心情，这样会使他们担心，从而更容易晕车。兴奋和忧虑对于晕车有一定的影响，去的路途往往比返回的路途更容易出现晕车。
- 如果你的孩子脸色苍白，而且很安静，把车停下来。如果有必要，拿出一个塑料袋或碗，以防他吐到车里。
- 在车里准备足够的塑料袋、湿纸巾，用来给你的孩子擦拭、更换衣服和扔掉有味的东西。

乘飞机旅行 0-3 岁

在预定飞机票的时候，告知工作人员你们将带着一个婴儿旅行。要求被安排在不拥挤的座位，并且要求头排座位，因为那里空间更大。问问飞机上是否提供婴儿床，如果有，预定一个，那样你的宝宝在飞机上可以更舒服一些。如果你的孩子是个幼儿，也推荐你要头排座位，因为你可以在前面的地板上铺一块毛巾供宝宝玩耍。如果你的宝宝很小，把他放在背带上，这样你的双手可以解放，或者可以使用一辆手推车。咨询旅行社机场是否提供手推车——你可能不得不走很长的路到达登机区，如果你既要应付手提行李，又要带一个宝宝，你会非常辛苦。如果机场不提供，那么自带一辆折叠式手推车。

你需要提前很长时间到达机场，因为你需要排队安检和登机。把所有需要的东西放在轻的背包里——里面放入玩具、尿布和备用衣服——这样你的双手能得以解放。带着年幼的孩子的家庭通常会被允许最先登机，或者你能够被安排优先登机。关于这个问题，咨询你的旅行社，或者上网查一下。

乘飞机旅行要带什么

- 孩子的护照和免疫记录，如果必需。
- 用于装宝宝各种物品的重量轻的包。
- 折叠式旅行婴儿床，如果目的地没有婴儿床。
- 手推车、手拎式睡篮、背架或背带。
- 用于更换尿布的塑料垫。
- 弹跳椅，如果一直在用。
- 一包纸尿布，到目的地后再买。
- 换尿布的装备。
- 便盆，如果需要。
- 装脏尿布的塑料袋。
- 在海滩玩用的保温瓶。
- 人工喂养装备，如果是人工喂养。
- 防漏杯子、塑料盘、勺子，如果已断奶。
- 玩具和游戏机。
- 安慰物，如果一直在使用。
- 速干和不起褶的衣服。
- 太阳帽，如果必需。
- 几件长袖衫和长脚裤。

最好的飞机旅行

以下是几个能让你和孩子旅行更轻松的方法：

- 咨询航空公司飞机上是否提供婴儿食品。
- 在你们马上要登机前，给宝宝换一次尿布。
- 在飞机起飞或降落的时候，给你的孩子准备一些食物、饮料或一个安慰奶嘴，以帮助平衡他耳朵的压力和避免不适感。
- 登记后，马上请飞机上的工作人员帮助，咨询能否以及何时能让工作人员给宝宝的食物和饮料加热。
- 准备好飞机上用的妈咪包，里面放上奶瓶、器具及备用的尿布和衣服，用醒目的标签给这个包做标记，以防登机时错放。
- 像驾车旅行一样，用同样类似的游戏

逗你的孩子。

- 随身带几个他喜爱的玩具，在旅途中只是偶尔拿出来。
- 抱着宝宝的时候，你不要吃或喝热的食物或饮料。
- 让你的宝宝玩飞机上的所有装备——餐盘上的刀叉，座位袋子里的塑料安全指示，看电影或听音乐用的耳机。

计划一次无忧的国外度假

你的宝宝不会因为太小而不适合旅游（如果宝宝还不到 2 周大，大多数航空公司会需要医生开的证明）。度假方式的选择完全取决于你的经济条件和你的个人喜好——可以是露营，可以是待在奢侈的酒店，或与另一个家庭交换房子。无论你去哪里，都要确保那里有适合年幼的孩子的设备，如果没有，你的假期过得不会愉快的。如果选择酒店，问一问他们是否提供高脚餐椅、浅水池、洗衣服务、儿童早餐或临时保姆服务。如果你们要去海边，建议选择有沙滩的海边。关于旅游时孩子的健康预防（见第 343 页）、疫苗接种和需要带的药物的问题，提前征求你的医生的建议。此外还要打听一下你们旅游目的地国家或地区关于食物、设施和卫生方面的情况。

在国外，如果你对全家人的饮食敢冒风险，你可以让孩子们吃他们想吃的东西。如果你或家人更保守，又不打算自己做饭，那么可以安排酒店给你们提供简单的餐饮。不要在你的很小的孩子第一次出国就给他引入异国食物。

安全的太阳

任何时候都让宝宝待在荫凉处。不让他们直接暴晒在阳光下。宝宝的皮肤色素少，所以他们对太阳的防护能力要比成年小很多，暴露在太阳紫外线里会伤害皮肤，甚至造成以后出现皮肤癌。关于阳光的安全防护，有以下几点建议：

- 在炎热的天气，避免在上午 11 点到下午 3 点太阳最高的时候带你的宝宝外出。
- 给你的宝宝戴上宽沿的帽子，穿能盖住他的肩膀和颈部的宽松而轻便的衣服，比如带有袖子和衣领的衬衫或外衣。
- 注意在阴天孩子也有风险。
- 确保坐式推车或卧式推车上有一个可调节的遮阳篷，能为你的宝宝遮挡阳光。
- 在接近雪地和水的反射光强的地方，要格外小心。
- 在防晒系数高于 30 的地方，出门前给你的孩子涂抹防晒霜，并且要经常擦洗掉并重新涂抹。在游泳时使用防水型防晒霜。

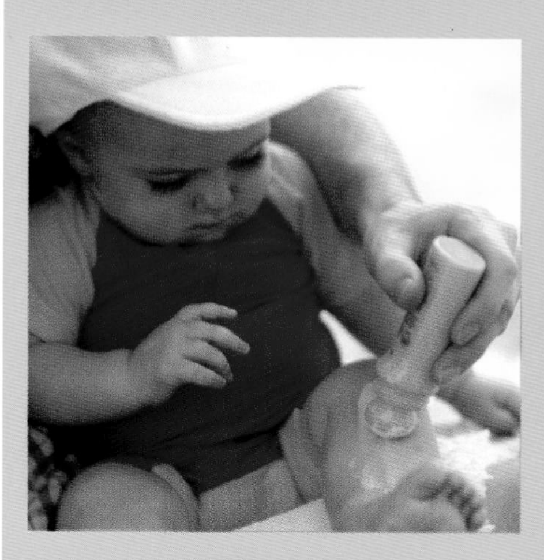

保护孩子的皮肤

小宝宝的皮肤很容易被阳光晒伤。应始终给你的宝宝使用防晒霜、穿棉质的衣服和戴帽子。

16 家居安全

家中的意外事故导致了 1-4 岁儿童很高的死亡率。这些事故大多是可以避免的，因此，请多花些时间，多一些细心，将任何可能发生在你家里的危险降至最低。大多数事故是由一连串的事件造成的，而不是单独事件，例如，意外发生在家里有人生病或疲倦的时候，或家里发生了不寻常的事情的时候。

每个房间的安全

所有的孩子天生都有好奇心、爱冒险，在他会走以后，家长很容易低估孩子可能面临的危险。普通的家居用品对孩子来说可能都很危险。然而，如果未雨绸缪，很多在家里可能发生的事故是可以避免的。

通用的建议

- 购买的所有药物的瓶子都应该是儿童安全型，始终把药物放进你的孩子接触不到且上锁的专门放置药物的抽屉里。询问你的药剂师，他能够把处方药装进儿童安全型瓶子里。
- 始终把药物和化学品保存在贴有标签的原始容器内。永远不要把有毒物质放入先前装类似果汁的无害液体瓶子内。
- 将药物和化学品尽可能储存在远离食物的地方。
- 不要乱放喷雾式罐子。你的孩子很容易按下喷嘴而导致眼睛受伤。
- 在不使用的电源插座安上安全保护盖。
- 确保电线和电器放置在你的孩子接触不到的地方。

风险因素

以下情况下会使孩子发生意外的几率增大：

- 如果你的孩子累了、生病了或饿了。
- 如果家长累了或生病了，或者如果母亲在经期前，或怀孕了。
- 在全家人非常兴奋的时候，比如你们即将去度假，或刚把一个新宝宝接回家中。
- 如果你的孩子活动过度。
- 如果你和你的伴侣不合，或正在吵架。
- 如果你的孩子没有安全的地方可玩。
- 如果没有执行正确的安全预防措施。
- 如果你们给宝宝使用的装备不符合安全标准。

- 家中所有电线都应该完好，不要有开裂和破损，如有必要，更换掉存在问题的电线。
- 窗户上安上普通锁或专用安全锁，以防止窗户开大到超过10厘米宽。但是需要注意，窗户在着火时会是一个重要的逃生之路，所以要确保在发现紧急情况时窗锁的钥匙容易被找到。
- 永远不要在靠窗户的位置放任何你的孩子能借此爬上窗户的物品。
- 不要让你的孩子接触到大头针、针、火柴、打火机、锋利的刀，以及剪刀，将它们放在一个儿童安全型抽屉里。
- 将暖气片和暖气管盖上毛巾，或用孩子搬不动的家具挡住。从很早就教你的孩子暖气片很热，不能碰。

楼梯门

在厨房门口安一扇门，这样在你做饭的时候，你的孩子既能看到你，又不会跑到你下面。在楼梯底下也安一扇这样的门。

- 如果你拥有一把枪，将它连同弹药一并安全地锁好。
- 给你的孩子买防火布料的衣服。
- 确保家具牢固而沉重，以防你的孩子拽倒。也可用支架固定家具。
- 在你家的每一层的天花板上都安上烟雾报警器。定期检查，确保它们仍可工作。
- 换掉旧的海绵家具，如果它着火会释放毒烟。

浴室

- 如果你的孩子在浴室里把自己锁上了，确保浴室门能从外面打开。
- 药物、剪刀和剃须刀应该放在你的孩子接触不到的上锁的抽屉里。
- 不要乱放任何香水或化妆品。
- 始终将座便器的盖子盖上。
- 在给孩子洗澡时，注意先开冷水，后开热水，以避免他被烫伤。在把你的孩子放入澡盆或浴缸之前先试好水温。
- 安装控温水龙头，以降低烫伤风险。
- 在浴缸旁边安装扶手。
- 在浴缸里放置一张防滑浴缸垫。
- 浴室的地面必须防滑。

- 尽早教你的孩子如何洗澡。
- 确保浴室的窗户上有锁或安有安全锁。
- 安有儿童安全锁的药物抽屉应该设在你的孩子接触不到的位置。
- 不要把浴室里的药物抽屉设在座便器上面，因为你的孩子能踩着它上去打开。
- 永远不要把你的孩子一个人留在浴室里。
- 应该在毛巾烘干架上盖上毛巾，而且你应该很早就告诉你的孩子毛巾烘干架很烫，不能触摸。
- 不要把洁厕剂和漂白剂混合使用，因为它们会释放毒烟。
- 把所有的清洁剂、漂白剂和消毒剂放在浴室的一个上锁的柜子里。

厨房

- 地面应该防滑。
- 所有的工作台都应该光线明亮。
- 地面不应杂乱无章。
- 窗户和玻璃门应该安有坚固的安全玻璃。
- 碗橱门始终关好，并且安上儿童安全锁。
- 抽屉始终关好，如果有可能，也在上面安上锁。
- 总是在第一时间把弄洒的液体擦干净。
- 尽可能保持工作台整洁，这样类似刀子的锋利器具会马上被发现。

浴室安全

在浴缸里面放上一张防滑垫，以防你的宝宝滑倒。等你的孩子稍大一些，他可能会尝试爬上爬下的时候，防滑垫仍很重要。

- 在火炉外安装防护装置。
- 永远不要把正在烧的热水壶或热锅留在火炉上而走开。
- 把锅和壶的把手拨向火炉后面。
- 手不要伸向一个正在燃烧的燃烧器或炉头上的环，那样会烧着你自己，或把火炉上的锅打翻。
- 在使用电器的时候，必须准确按照厂家说明书使用。
- 不要使用桌布。即使是一个正在爬的宝宝也能伸手够到，这样容易把桌子上的物品拽下来砸到他。
- 把火柴放在一个安全而阴凉的地方。
- 做饭时不要让孩子待在你身边。可以在厨房里专门腾出一个安全的游戏区域，这样你们还能说话。
- 所有电器上的电线都不能过长或绊脚。
- 不要把你经常用的东西放在高的架子上。如果你必须到高处取东西，那么站到一个安全的厨房梯子上，并且在取东西时保持身体平衡。
- 抹布始终远离火炉，以防着火。
- 确保你的洗碗机、洗衣机和烘干机有安全锁。
- 在火炉附近放一个防火毯，以备不时之需。
- 把塑料袋放在孩子接触不到的地方。
- 你的孩子的手指很容易被一扇活动的门夹住。因此，为了确保安全，你或者去掉门，或者把门完全打开。
- 永远不要把正在用的熨斗搁在房间里，然后离开，你的孩子很容易把熨斗和熨衣板都推倒。
- 如果给你的孩子使用玻璃器具，确保它不易碎。
- 始终让你的宝宝和他的玩具远离烹饪区，以防你绊倒而把滚烫的液体洒到他身上。在你做饭的时候，把宝宝放在一个游戏围栏里，或放在弹跳椅或高脚餐椅上。
- 如果你把游戏围栏放在厨房，让你的孩子待在游戏围栏里面，确保他接触不到你的工作台。
- 把所有的清洁用品（如漂白剂和洗涤剂）放到你的孩子接触不到的地方。

高脚餐椅里的安全问题

每次把宝宝放进高脚餐椅里都应该给他系好安全带，即使你认为你的宝宝爬不出来。

儿童卧室

- 给孩子卧室里的所有窗户都安装安全锁，而且不要在窗户附近放家具。
- 所有家具的边角都应该是圆的。否则在上面按一个特殊的塑料安全边角。
- 把玩具放在低的位置，这样你的孩子不必伸手够或想办法爬上去取玩具。
- 不要让玩具到处散落在地板上。
- 晚上不要把电加热器放在孩子的床边，因为他在睡觉时可能会踢掉毯子或被子，从而引发火灾。
- 买防火睡衣。
- 壁灯更安全，因为它们没有电线拖在地面上。
- 永远不要在婴儿床的一侧打开的情况下，把你的宝宝一个人留在婴儿床里。
- 永远不要把宝宝一个人留在换尿布用的桌子上，一秒钟都不行。
- 在宝宝的床边安上婴儿监视器，以便他在夜里醒来时你能听到。
- 在你的宝宝会爬的时候，给他的卧室门口安一扇楼梯门。不要在楼梯顶上安，那样你可能会绊倒。

结实的家具

在你的孩子刚开始学步的时候，她会利用任何东西让自己站起来。把家中不牢固的家具放到她接触不到的地方，一直等到她能走稳了。

客厅

- 如果你家有一个壁炉，可在壁炉前设置屏障，将一套安全装置固定在墙上。
- 将电线沿着墙沿走线。
- 不使用的电器不要插电源。
- 电器上的电线不能过长。
- 不要在你的孩子能接触到的矮桌子上放热的或重的东西。
- 所有的架子都应该牢固地安在墙上，而且安在孩子接触不到的位置。
- 把电视放到孩子触摸不到的位置。
- 任何易碎的物品都应放在你的孩子接触不到的地方。
- 接近地面的窗户，特别是落地窗，应该有牢固的安全玻璃，以防你的孩子摔倒而碰碎玻璃。此外，还要在玻璃上贴上贴纸。
- 确保你家的家居植物没有毒。
- 永远不要把热饮或酒精饮料放在你的孩子接触到的地方。
- 不要把打火机或火柴随便乱放。

门厅、楼梯和走廊

- 在楼梯底下安上一个安全门，不要在楼梯顶部安装，因为你会被绊倒。

- 灯的开关应该安在方便的位置。
- 永远不要把任何物品落在楼梯上或附近。确保门、门厅和楼梯都安上灯。
- 确保楼梯的栏杆安全，定期检查，并换掉会晃动的栏杆。
- 各栏杆的间距不应超过 6.5 厘米。
- 楼梯不可不安装围栏，否则你的孩子很容易从楼梯上摔下来。
- 铺在楼梯上的地毯应该固定好，以防地毯滑落。楼梯出现的任何裂缝和洞都应该在第一时间缝好。
- 给你家的大门安上安全锁和门链。确保你的孩子够不到门锁。

花园

- 花园所有的门上都安装儿童安全锁。
- 将游泳池或水池用围栏围上，并且在孩子靠近时看好他们。
- 永远不要在浅水池里留有水，孩子们每次玩完都要排空，然后或是把充气式水池放气收好，或是把水池倒放。
- 给雨水桶或者其他类似的收集水的装置安装安全的盖子。5 厘米深的水就能把孩子淹死。
- 将所有有毒的植物移出花园，如果有疑问，可以咨询当地的园丁。
- 一旦任何蘑菇或伞菌冒出来，把它们拔掉。
- 及时掩埋任何动物的粪便，以防你的孩子捅着玩，甚至放进嘴里。
- 院子里晾衣绳应该高于孩子可以触摸到的高度。如果你有一个圆的抽拉式晾衣绳，在你不用的时候注意盖好盖子。
- 把花园里用的所有工具和机器存放在上锁的棚子或车库里。
- 在修剪草坪或树篱的时候，让你的孩子离远些。
- 把所有杀虫剂、喷壶和汽车清洁剂锁好。
- 永远不要在院子里乱放绳子。
- 给垃圾桶安上围栏，以防你的孩子爬进去，或是在里面翻垃圾。
- 对院子里的秋千、滑梯和攀爬架进行定期检查。你的孩子在上面玩的时候必须在旁边看护。

花园里的植物

让你的孩子做一些园艺活儿，但是必须移走所有有毒的植物。如果有疑问，可以咨询你们当地的园丁。告诉你的孩子不要吃她发现的任何植物或浆果。

出去玩

孩子们都喜欢在户外玩——自由地跑来跑去，搞得一身脏，探索不同的环境。你的孩子在户外玩的主要危险是她可能跑出游乐区，到马路上。为了避免这样，你要确保孩子始终在一个封闭的环境里玩，把花园或游乐场的门用儿童安全锁锁好。

你的孩子必须知道街道是危险的地方，还有，她永远都不能跑到马路上。

游乐场的安全

年幼的孩子需要有挑战性的设施，用来测试技能和消耗他们的能量，但要确保场地的安全。游乐区应该围上围栏，以防动物进入。

- 年幼的孩子应该玩盒子式的秋千，不能玩开放式的秋千。
- 秋千应该被围栏围住。
- 攀爬装备应该安装在橡胶表面、草地上或沙子上，以防儿童在攀爬时受伤。
- 告诉你的孩子旋转木马在动的时候，不要把脚放在它的下面，或从木马上跳下来。
- 建造在沙丘上的滑梯可以防止孩子摔伤。
- 滑梯的表面不应该有任何接缝。
- 接近地面高度的游乐场设备，比如管道和轮胎，对于幼儿和年龄更小的儿童是最安全的。

道路安全

何时教你的孩子过马路的安全守则，不存在为时尚早这个说法。每次过马路一定要走人行横道，或者找到可通过的最安全的地方——你可以清楚地看到所有的方向，而且司机可以看到你的地方。带着孩子在路边停下，紧握孩子的小手，或拉住她的栓绳式安全带，观察两个方向的交通情况，并且聆听。如果有汽车过来，让车先过，然后再看一看两个方向的情况，确定没有任何车辆过来后，正常速度穿过马路，不要跑。在穿过马路的时候继续观察和聆听，同时，向你的孩子讲解你在做什么、看什么，以及在听什么。

保证安全

不要让年幼的孩子独自过马路，并且确保你的孩子明白她永远不许跑到马路上。在和孩子一起步行外出的时候，始终握紧她的手，或给她套上栓绳式安全带。

紧急救护

窒息

如果有食物卡在孩子的喉咙里，她的呼吸道会堵塞，而且会因为肺部无法吸入氧气而失去意识。如果堵塞不严重，她能够咳嗽、哭和呼吸，如果严重，她会无法咳嗽、哭、呼吸或发出声音。如果她失去知觉、肌肉绷紧，她可能会恢复正常的呼吸。一旦停止呼吸，必须马上开始复苏措施（见第 300–302 页）。

对 1 岁以下婴儿的急救措施

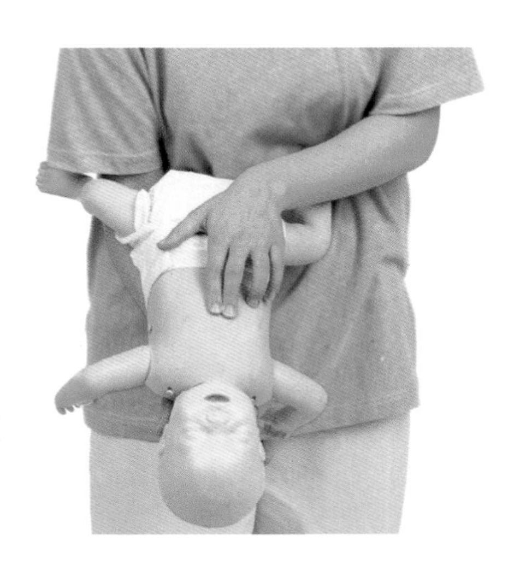

1 把宝宝面朝下整个身体放在你的前臂上，让她的头向下倾斜，用一只手撑住她的头部和肩膀。另一只手的手掌根在宝宝的肩胛骨之间稳稳地拍击 5 下。

2 把宝宝翻转过来，面朝上，用手撑住她的脖子和头，看她的嘴，如果你能看到里面有异物，就用手指抠出来。

3 如果以上做法没有效果，把你的两个手指的指肚贴在宝宝胸骨的下半部分（见图），然后向下按压宝宝的胸部 5 次。再次检查她的嘴。如果异物还没有清除，重复上面步骤 1 和步骤 2 三遍，然后打电话叫救护车。继续用手掌根拍击宝宝的后背，然后用手指肚按压宝宝的胸部，直到救护车到来，否则你的宝宝会失去意识。

对儿童的急救措施

做 5 次腹部推压

1 如果窒息严重，而且你的孩子无法咳嗽或呼吸，检查她的嘴，抠出你能见到的任何异物。

2 如果失败，用你的手掌根在她的肩胛骨之间重拍 5 下。如果还是窒息，让孩子站立前倾，你站到她后面用一只手攥拳，放在她腹腔下，另一只手搂过她的腰部，盖过拳头，冲击性向里挤压（见图），重复动作 5 次。

3 再次检查她的嘴。如果需要，重复步骤 1 和步骤 2 三次，然后打电话叫救护车。继续用手掌根拍击宝宝的后背和做腹部按压，直到救护车到来，否则你的宝宝会失去意识。

失去意识

如果你的孩子失去了意识，而且停止呼吸，那么她会有脑损伤和心跳停止的危险。如果你的孩子晕倒，快速检查她的状况，以便知道给她什么样的急救措施。如果她失去意识，但仍有呼吸，寻求帮助，并且把她摆成复原卧式姿势。如果她既失去意识，又停止呼吸，你就需要给她做人工呼吸，给她的身体输送氧气，然后一边做胸部按压，一边进行口对口人工呼吸，以使含氧血液进行循环（见第 302 页），这被称为心肺复苏术（CPR）。

检查 1 岁以下婴儿的状况

1 呼唤宝宝的名字，并且轻拍她的脚底，用以判断她是否有意识。如果她没有回应，喊人帮忙。

2 一只手扶住宝宝的头向后仰，另一只手用一个手指轻轻抬起她的下颌，使呼吸道打开。

3 仔细看、听和感受她是否有呼吸的迹象。观察她的胸部和腹部，看看是否有任何动静。听听口鼻有无呼吸声，凑近她，用你的面颊感受她的呼吸大约 10 秒钟。

- 如果没有呼吸的迹象，你应该给她做 5 次人工呼吸。如果你旁边有帮手，叫他立刻打电话叫救护车。如果只有你一个人，给孩子做 1 分钟心肺复苏术，然后打电话叫救护车。
- 如果她有呼吸，把她抱起来，用胳膊支撑她，让她保持头低于胸部的姿势，然后打电话叫救护车。

检查儿童的状况

1 通过轻拍孩子的肩部判断她是否有意识。一直呼唤她的名字。如果她没有回应，喊人帮忙。

2 一只手扶着宝宝的头向后仰，另一只手用两个手指轻轻地抬起她的下颌，使呼吸道打开。

3 仔细看、听和感受她是否有呼吸的迹象。观察她的胸部和腹部的动静。听听她的口鼻有无呼吸声，然后凑近，用你的面颊感受她呼出的气息。

- 如果没有呼吸，做 5 次人工呼吸。如果你有帮手，让他打电话叫救护车，如果只有你一个人，给孩子做 1 分钟心肺复苏术，然后打电话叫救护车。
- 如果她有呼吸，把她摆成复原卧式姿势，然后打电话叫救护车。

观察和听孩子的呼吸

对 1 岁以下的婴儿进行人工呼吸

1 如果你的宝宝已经停止呼吸，一只手扶着宝宝的头向后仰，另一只手用一个手指轻轻地抬起她的下颌。检查宝宝的嘴，找出明显的异物，然后用手抠出任何你能见到的东西。

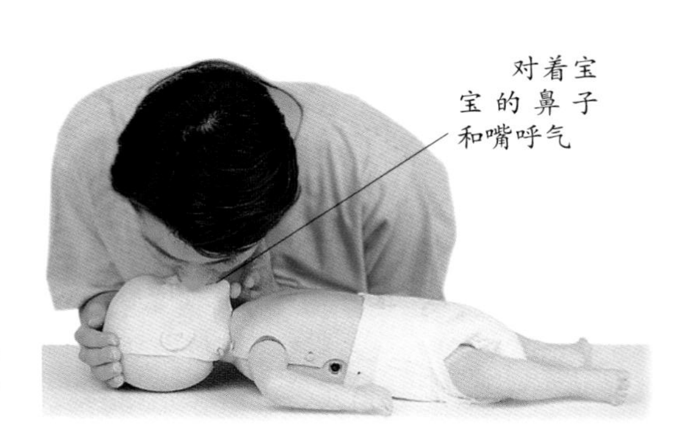
对着宝宝的鼻子和嘴呼气

2 将你的嘴盖住宝宝的鼻孔和嘴，形成一个密封。然后对着她的鼻孔和嘴呼气，使她的胸部升起——大约 1 秒钟。移开你的嘴唇，让她的胸部下沉。这样做 5 次。如果气体无法呼入她体内，给她做胸部按压（见第 302 页）。

对儿童进行人工呼吸

1 如果你的宝宝已经停止呼吸，一只手扶着宝宝的头向后仰，用另一只手 2 个手指轻轻地抬起她的下颌。检查宝宝的嘴，找出明显的异物。

用两个手指抬起下颌

2 抬起下颌。用你的食指和大拇指夹住孩子的鼻孔。深吸气，然后将嘴紧紧贴合在她的嘴上，形成密封，向她呼气，直到她的胸部上升——大约 1 秒钟。移开你的嘴唇，让他的胸部下沉，做 5 次人工呼吸。然后开始做胸部按压（见第 302 页）。

复原卧式姿势

对于 1 岁以下的婴儿

把你的宝宝抱起，放在你的胳膊上，使她的身体微微面向你。将她保持头低身体高的姿势，以帮助保持呼吸道开放。

对于儿童

应该把一个有呼吸的昏迷的孩子摆成复原卧式姿势，这样可以保持她的呼吸道开放，并且可使液体从口中排出。把你的孩子翻转至侧躺姿势，将她上面的腿弯曲，下面的腿伸直。确保她下面的手臂没有被她的身体压住。将上面的手臂肘部弯曲，以支撑她的身体，将上面的手放到脸下面，以帮助她保持头部向下倾斜。

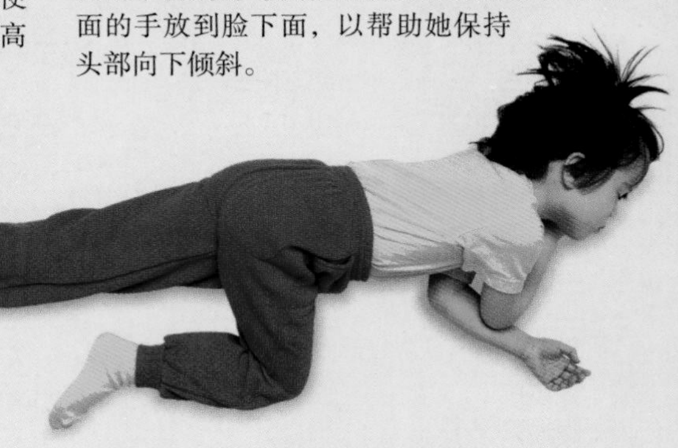

对 1 岁以下婴儿进行胸部按压

1 让你的宝宝平躺在一个稳固的平面上，将你的两只手手指贴在她的胸部正中。

2 用你的两只手手指指尖用力向下挤压宝宝的胸部，向下挤压胸部的1/3高度，然后手指放松，释放压力，但是手指始终不要离开。以每分钟100下的频率连续做30次挤压。

3 给宝宝做2次人工呼吸（见第301页）。然后每次做胸部按压，应30次胸部按压与2次人工呼吸交替进行。1分钟后送上急救车，如果之前没有叫急救车，如果有必要，抱着你的宝宝到电话跟前。继续做这套复苏术，直到救护车到来，或是宝宝开始呼吸，或者直至你精疲力竭。

对儿童进行胸部挤压

1 让你的孩子平躺在一个稳固的平面上。将你的一只手掌根放在孩子的胸部正中。

2 重重地向下挤压她的胸部，向下挤压胸部的1/3高度，手掌始终不离开她的胸部。以每分钟100下的频率做30次挤压。

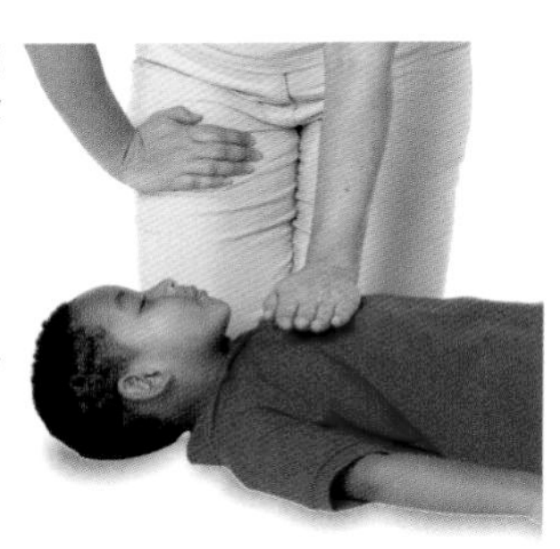

3 给孩子做2次人工呼吸。然后每次做胸部按压，应30次胸部按压与2次人工呼吸交替进行，做1分钟。1分钟后，如果还没有打电话叫急救车，就马上打电话。然后继续做这套复苏术，直到急救车到来，或是你的孩子开始呼吸，或者直至你精疲力竭。

严重出血

严重出血可导致休克，甚至失去意识。快速采取行动，并保持冷静。如果出血很严重，就采取休克治疗措施。

1 将伤口暴露——如果需要，把衣服撕掉，然后用你的手或隔着一块干净的布按住伤口。如果有玻璃刺在伤口上，不要拔掉，而应挤压玻璃的两端，以压缩受损血管的末端。

2 抬高受伤的部位，使其高于心脏的高度。这样可以减缓血液流向受伤区域。如果可以，让她躺下，高举受伤部位。打电话叫救护车，或带你的孩子上医院。

3 如果血从绷带流出，在原位置上再绑上一段绷带。如果第二段绷带也浸透了，那说明你挤压伤口时可能没挤对地方。把两块绷带都撕掉，然后重新挤压和包扎伤口。

休克

在严重的受伤后，比如严重的出血、烧伤、反复呕吐、严重的腹泻，或者极度疼痛或恐惧，孩子可能会休克。休克的症状包括脸色苍白、发冷、皮肤湿冷、呼吸短促且打哈欠和叹气、虚弱、呕吐，并最终失去意识。如果你发现还自由这些中的任何症状，特别是如果没有明显的出血，必须立刻采取措施。在实施救护的时候要呼喊别人过来帮助你。如果孩子失去了意识，请参考前面的关于失去意识的救护措施（见第 300 页）。

1 让你的孩子躺下，最好躺在一个毯子上，然后使其头部后仰，低于身体高度。

2 除非你怀疑她腿部骨骼受伤，否则抬高她的双腿，以保持身体中央血液的流通。解开任何紧的衣服，如果孩子发冷，给她盖上被子。打电话叫救护车。

警告：

- 此时不要给你的孩子任何食物或饮料。如果她渴，只是用水蘸湿她的嘴唇。
- 不要用热水瓶或电热毯让她取暖，那样会把血液从重要器官带走。

电击休克

如果你的孩子碰到了破损的电线或电缆、电灯开关、有缺陷的电器，或用湿手触摸电器，很容易因电击而休克。如果情况严重，你的孩子可能会失去意识。如果不太严重，他可能会烧伤。

1 切断你的孩子所接触的电源。把电源关掉或拉掉墙外的电闸。

2 如果你不得不用手断开电，注意操作安全：手持一个由不导电的材料制造的物体推开你的孩子，比如木头或塑料，而且双脚要站在绝缘材料上面。或者用手拽孩子的衣服，把他拽开，注意你的手必须是干燥的，而且不能接触他的皮肤。

3 检查你的孩子的烧伤情况。如果他严重烧伤或失去意识，马上打电话叫救护车，同时自己先处理烧伤部位（见第 304 页）。

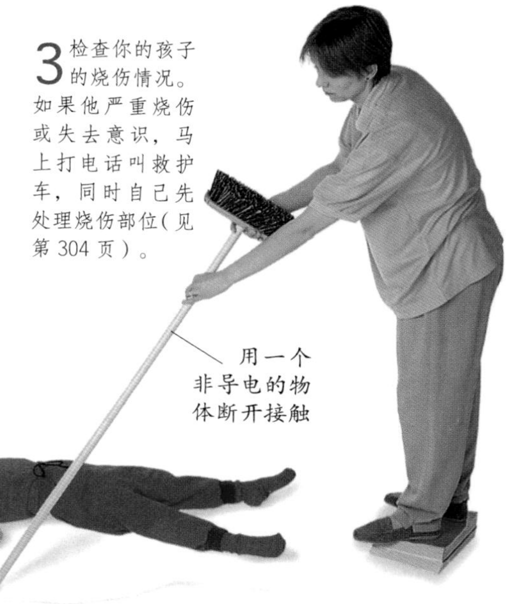

用一个非导电的物体断开接触

烧伤和烫伤

这类伤通常以皮肤受损的面积来形容受伤程度。表皮烧伤是最轻的，它是由接触极少的热水，或烫的物体表面造成的。部分皮层烧伤更严重，皮肤上会形成水泡。全皮层烧伤最为严重，因为皮肤的全部皮层甚至可能包括神经都被破坏了，液体会高度流失。不论孩子是哪种烧伤，都要寻求医疗帮助。如果烧伤面积大，或者很深，马上送孩子去医院。

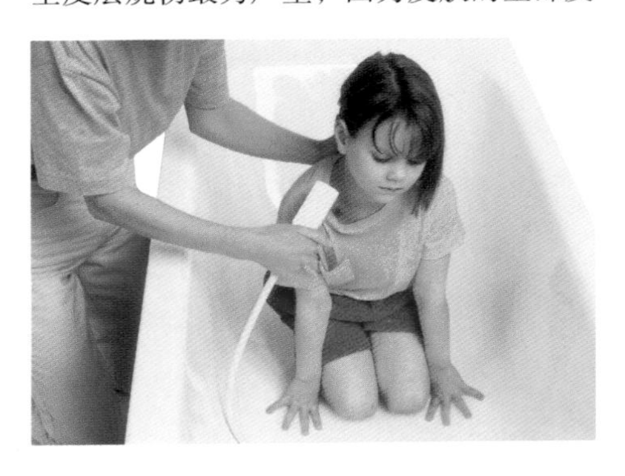

1 用凉的流动水冷却身体受损的部位大约10分钟。如果没有水，可以用其他凉的液体冷却伤口，比如牛奶。

2 在受损组织开始肿胀之前脱掉或剪掉任何烧着的衣服、鞋或珠宝。

3 在患处敷上消毒纱布以防感染（干净的厨房用保鲜膜可临时充当纱布，但不要用它缠绕肢体）。

4 打电话寻求医疗方面的建议，或打电话叫救护车。如果她失去意识，你需要检查她的状况（见第303页），可能需要采取应对休克的急救措施（见第300-302页）。

警告：

- 不要抚摸患处，或者尝试挑破任何已形成的水泡。
- 不要在烧伤处涂洗液或油脂。
- 不要在烧伤处盖上有黏性的布。
- 不要在烧伤处盖上有绒毛的布，或任何有线头的衣服。
- 不要移除任何黏在烧伤处的东西：这可能会引发皮肤或组织进一步的损伤，并导致感染。
- 不要冻着你的孩子，那样会导致体温过低。

着火的衣服

1 如果孩子的衣服着火了，第一要事是让他停止移动。任何快速的动作都会使火势更猛。

2 阻止孩子惊慌地乱跑，因为这样会煽风点火。让他躺在地上，正在燃烧的一侧向上。

3 用一个重的羊毛大衣或毯子包裹他，以抑制火焰。千万不可使用尼龙，它是可燃物。

4 在地上滚动他，以便扑灭火焰。如果有水或其他不可燃的液体，用它们把他浇湿。

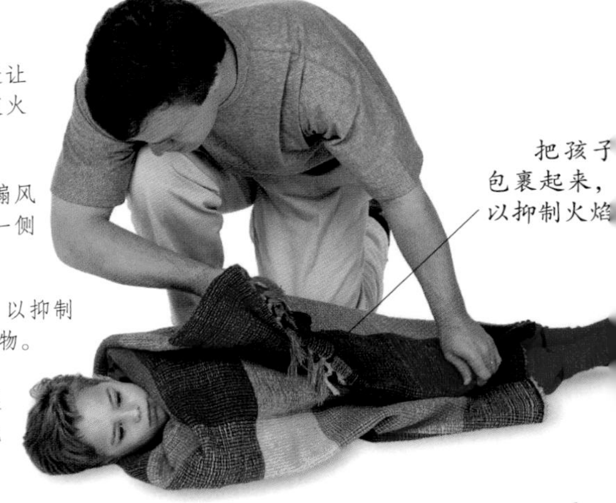

把孩子包裹起来，以抑制火焰

热疲劳和中暑

身体过热会导致热疲劳和中暑。热疲劳是由身体缺乏矿物质盐导致的，而中暑是在大脑的温度控制机制失灵的情况下发生的。你的孩子的体温可能会上升到40℃以上，甚至严重到失去意识。她的皮肤看上去和摸上去热而干燥。你的孩子看起来昏昏沉沉，脉搏跳动加速。严重的情况下，你的孩子可能会糊涂，甚至失去意识。

1 脱掉孩子的外衣，让她平躺在一个阴凉的地方。

2 如果你的孩子的体温达到40℃，打电话叫一个医生，在等待的时候，用温水给她擦拭，或者用一个湿凉的被单包裹她。在她的额头上敷一个冰袋，给她喝水，并用电风扇调成微风直吹她的身体。

3 密切监视她的脉搏和体温。随时测她的体温，直到温度降至37.2℃再停止给她降温，但仍继续测体温。

4 如果她失去意识，采用本书300–302页所述的方法，并打电话叫急救车。

低体温症

体温下降到一定水平时出现的症状，通常是由于暴露在极度寒冷的户外或家中不当的暖气温度造成的。一个严重受冻的宝宝会变得安静、昏睡、虚弱，而且拒绝进食。她的手、脚和脸会变得非常苍白。如果你怀疑宝宝是低体温症，马上寻求紧急医疗救护。慢慢让你的孩子暖和非常重要。

1 脱掉孩子身上潮湿的衣服，换上干燥的衣服，并且给她戴上帽子。用一块毯子紧紧包裹她。打电话寻求医疗建议，或者打电话叫救护车。

2 用你的身体给宝宝取暖。带她到床上和你躺在一起，或者带她一起进入一个睡袋，用你的身体搂住她。

搂住你的孩子，给她取暖

骨折

剧烈运动常常会导致骨骼。孩子们最常见的是青枝骨折，即幼儿的骨骼柔韧性强，骨骼较少会完全断裂，也极小会伤及皮肤。如果你的孩子无法正常移动受伤部位，并且没有疼痛感，如果受伤部位有挫伤和/或肿胀，或者看起来变形了，那么考虑她是不是骨折了。

1 用你的手支撑患处关节的上下部位，以防骨折恶化。

2 作为辅助，把受伤的胳膊吊在吊绳上。将膝盖和脚踝一起系好，使腿部固定不动。

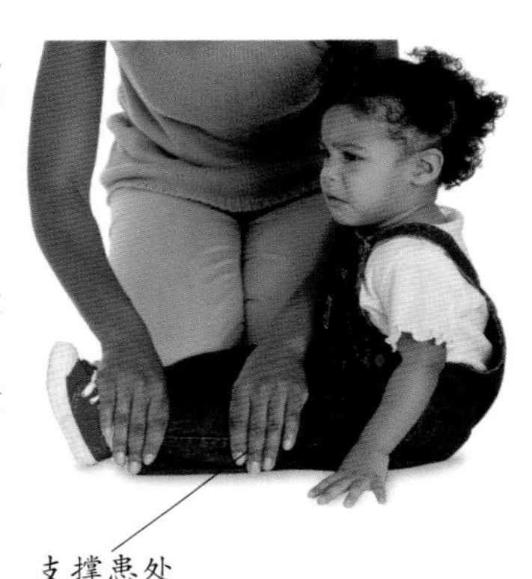

支撑患处

3 如果有别人能在你驾车时帮忙，那么带你的孩子到最近的急诊室，或者打电话叫急救车。

警告：

- 永远不要把孩子任何弯折或蜷缩的四肢拽直。
- 不要触摸暴露的伤口（如果有暴露的伤口，或者骨头刺穿皮肤，用一块消毒的纱布覆盖患处）。
- 不要给孩子任何食物和饮料，因为她可能需要全身麻醉。

中毒

1 如果你怀疑孩子吞食了有毒物，马上打电话叫救护车。电话里告诉调度员你认为孩子吃下了什么，以及吃了多少。

2 你的孩子可能会严重胃疼，而且可能会呕吐。让她后仰，使其头部低于身体，以防她吸入呕吐物或因呕吐物而窒息。

警告：

- 不要尝试诱使孩子呕吐，因为如果她吞食的是腐蚀物，那样做会有更大的危害。腐蚀物包括苛性钠、除草剂、石蜡、消毒剂、漂白剂和其他含氨家居洗涤液。检查她的嘴周围是否有烧伤痕迹。如果有，就说明她可能吞下了某种腐蚀物。给她喝水或牛奶，用以冷却体内烧伤的部位。
- 如果你的孩子失去意识，检查她的状况。如果她有呼吸，把她摆成复原卧式姿势（见第301页）。如果她停止了呼吸（见第300–302页），马上开始复苏术，参考本章关于复苏术的说明。如果可以，使用一个塑料护面罩给孩子做人工呼吸，或者封住她的嘴向她的鼻子吹气。

检查她的状况

查清你的孩子吞下了什么

头部受伤

这是一种潜在的严重的伤害。头部受到撞击可导致对颅骨或大脑的伤害，而且反应可能会有延迟，比如几个小时后，或甚至几天以后。因此，在你的孩子头部受伤后跟进观察非常重要。

1 帮助你的孩子坐着或躺下，用冰袋或湿冷的毛巾敷在患处。

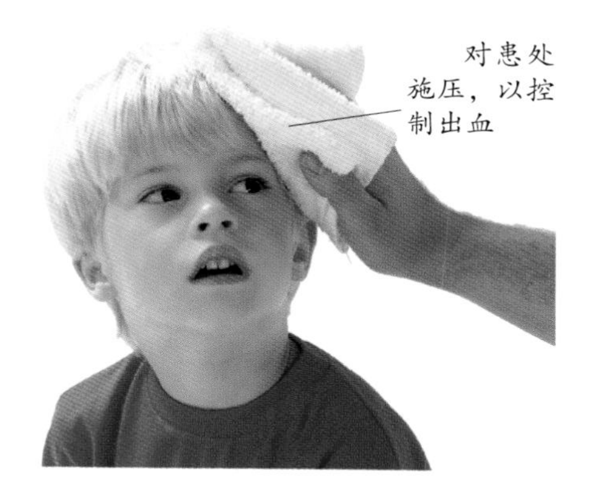

2 如果头上有伤，在上面敷上一块消过毒的纱布，并且直接挤压，用以止血。

3 观察你的孩子，特别是注意他的意识水平的任何变化。如果他轻微晕眩，但很快就恢复了，他可能是有点脑震荡（他的大脑在头颅里受到了“震动”）。如果他刚开始看起来挺好，但过了一段时间恶化了，他可能有一种叫做血肿的严重问题，这是由于头颅出血或断裂的骨头碎片压在大脑上造成的。

4 只要发生头部受伤，无论轻重，都要寻求医疗建议。

警告：

- 不可为了检查孩子的意识水平而摇晃他的头部。
- 如果你的孩子失去意识，检查一下他的状况。如果他有呼吸，把他摆成复原卧式姿势（见第 301 页），如果他停止了呼吸，就开始实施复苏术。

急救箱

在家中备一个急救包（在汽车里也单独准备一个）。放在孩子接触不到且阴凉通风的地方。定期检查里面的物品，必要时补充。

- 用于清洁伤口的各种尺寸的无菌纱布块。
- 一盒各种型号的粘敷料。
- 一盒各种型号的带有绷带的消毒敷料。
- 小的和大的滚筒绷带，比如纱布绷带或弹力绷带。
- 一卷 2.5 厘米的防过敏医用胶布。
- 一副带有绷带的无菌护眼垫。
- 两个三角绷带。
- 安全别针。
- 圆头的镊子和剪刀。
- 一次性手套。
- 用于人工呼吸的防护面罩。
- 杀菌消毒药膏。
- 炉甘石洗液。
- 其他有用的物品。
- 儿童用扑热息痛和 / 或布洛芬液。
- 驱虫剂。
- 抗组织胺糖浆。
- 有最高防护系数的防晒霜。
- 数字温度计。

17 家庭医药

所有的家长在他们的孩子生病的时候都会担心。难题在于家长不能确定孩子出了什么事情（尤其是孩子还很小，无法告诉你他的感受），以及不知道病有多严重。所有的孩子在某些阶段都会生病，但是现代医学如此发达，现在极少有疾病能像过去那样构成巨大的威胁。健康护理专业人员可以诊断疾病并开出药方。家长的工作则是提供必要的护理和舒适。有时候，家长很难知道该何时寻求帮助，但是，如果你担心，寻求医疗建议永远是最好的办法。

何时请求医疗救助

如果你担心孩子的健康，向医生、护士和其他健康护理专业人士咨询，他们是不会介意的。对于小的病症，你可以在挂你的医生的门诊之前找当地的药剂师。或者你可以直接拨打英国国家医疗系统（NHS）电话（08454647）咨询，一年365天，一天24小时它都可以拨通的。很多地区都有每天开放的非预约门诊。如果很多医生的意见一样，我很快就知道了还有一个人的意见是不可忽视的，那就是我们的母亲。如果有疑问，特别是你注意到以下情况时，一定要寻求医疗建议或帮助。

温度

- 如果孩子的体温上升到38℃，而且他明显是生病的样子。
- 如果体温上升到39.4℃，即使没有明显的生病的迹象。
- 如果孩子的高体温下降后，又再次反弹。
- 如果宝宝体温高于37℃长达24小时（见第331页）。
- 如果孩子体温高于37℃长达3天。
- 如果孩子体温高，而且伴随热性惊厥（见第332页）。
- 如果孩子颈部僵硬、头疼，对光敏感，并且发热。
- 如果孩子的体表发冷，而且昏昏欲睡，异常地安静，并且虚弱无力，尽管他的脸和手脚是粉色的（可能是低体温症）。
- 如果孩子体温较高，而且伴有皮疹，特别是出现挤压后不会消失的红色或紫色血斑。可在孩子的皮肤上按一个玻璃杯，从里面看皮疹是否仍可见，用这个方法检验。如果症状确切，马上就医，因为可能是患上了脑膜炎。

寻求建议

如果你怀疑你的宝宝状态不太好，不要犹豫，去寻求医疗建议。你了解你的宝宝，她是否状态不对，你是最好的判断者。

疼痛和不舒服

- 如果你的孩子感觉恶心和头晕，而且说自己头疼。
- 如果你的孩子说自己视力模糊，特别是之前头部遭受过撞击。
- 如果你的孩子每隔一定时间会出现有规律的严重的绞痛。
- 如果你的孩子胃部的右侧出现疼痛，而且感觉恶心。

呼吸

- 如果你的孩子呼吸费力，而且你能注意到他的肋骨部位在每次呼吸都会急剧下沉。

没有食欲

- 如果你的孩子进餐一直正常。
- 如果你的宝宝不到6个月大。

受伤

- 如果你的孩子发生了任何类型的严重的意外或烧伤。

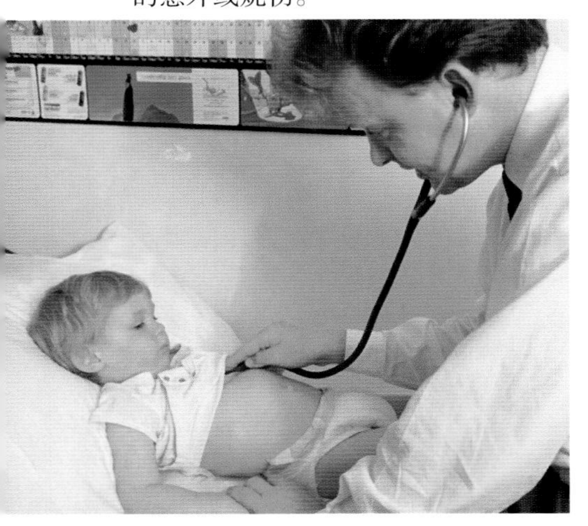

- 如果你的孩子失去意识，不论时间有多短。
- 如果酸进入你的孩子的眼睛里。
- 如果伤口很深，或者引起严重的出血。
- 如果你的孩子被动物、人或蛇咬了。
- 如果真的有东西刺入眼睛里。

呕吐

- 如果呕吐剧烈，持续很久，或过多。
- 如果你的宝宝很小，呕吐可能会导致快速脱水。

腹泻

- 如果你的宝宝很小，腹泻容易引发脱水。
- 如果腹泻伴有腹痛、体温异常，或任何其他明显的病症。

你可能会被问到的问题

在咨询医生的时候，你可能会被问一些问题，尽可能准确地回答这些问题。

可能包括以下这些特定的问题：你的孩子呕吐或腹泻吗？他哪里疼吗？这样持续多久了？你给他服用过什么药？他的体温高吗？烧成这样有多快？他最高的温度是多少？他失去过意识吗？你注意到他腺体肿胀或起皮疹了吗？他有没有头晕或眼睛看不清？医生可能还会问你的孩子的食欲和睡眠情况。

检查你的孩子

如果你带孩子去看你的儿科医生，在你回答了医生所有问题之后，让医生给孩子做些检查。

使用温度计 0-3 岁

你的孩子的体温可能会在36℃－37.5℃之间波动。正常情况下，在夜里睡着的时候他的体温会达到最低值，下午达到最高值。如果你的孩子在乱跑，体温还要更高些。

尽管你能够通过看孩子的样子和用手摸额头确定他是否发烧，但仍需要测量他的体温。然而，不要完全依赖温度计数值来判断孩子的健康。孩子没有发烧或体温不是很高也会病得很严重，所以必须同时考虑到其他症状。

可选温度计的类型

不要把有水银的温度计放到孩子的嘴里，他可能会咬断它，吞下有毒的水银。数字式温度计更不容易碎，适用于所有年龄段的儿童，它使用方便，可以放入口中、胳膊下面，或插入肛门里。

插入肛门测量体温的直肠测量读数最为精确。如果是测量口腔温度，让你的孩子张开嘴，并抬高他的舌头，将温度计放在他的舌头下，并让他的舌尖伸到下门牙后面，以夹住温度计。让他闭合嘴唇，但不要咬合牙齿。等到温度计发出哔哔声，拿到窗口读。耳温计能准确地在几秒钟内读出数值。带式温度计没有其他温度计准确，但操作简单，而且安全。注意在用完后用肥皂和冷水将温度计洗净。

使用数字温度计

如果给年幼的孩子使用数字温度计，你会发现把温度计放在孩子的腋下要比放入嘴里容易。把它夹在孩子的腋下，然后把他的胳膊放下。握住他的胳膊，直到温度计发出哔哔声，然后取出读数。

使用耳温计

数字耳温计是测量孩子体温的一种快捷而安全的手段。轻轻地将耳温计的尖部插入孩子的耳朵，直接从显示中读数。耳温计有一次性的探头盖，以保持清洁，防止感染。

使用带式温度计

小心地将热感应端贴在孩子的额头上，双手扶住约1分钟，然后手指离开面板。一片在外侧的面板可显示出孩子的体温数值。

给药 0-1 岁

如果你的宝宝生病了，你的医生可能会给开药，比如扑热息痛或抗生素。给宝宝服用的剂量必须遵医嘱，或按照瓶子上的说明。如果是使用茶匙，必须准确按照说明给药，并确保茶匙的型号正确。

儿童服用的药大多是以糖浆的形式用勺子、滴管或喂药注射器给孩子的。喂药注射器是给宝宝用药以及准确测量药量的最简便的方法。如果你的宝宝拒绝吃药，叫你的伴侣帮助你，或者把宝宝裹在一个毯子里，牢牢地控制他。你的宝宝在吃药时可能会哭，不必担心，为了他的健康让他吃下药远比哭闹要紧。在给药时尽量保持冷静，因为宝宝能感受到你的焦虑。

在孩子生病时，只要能让孩子吃药，我认为使用特别的手段也无妨，让他服下药要比其他考虑更重要，在这种情况下，可利用你能想到的最有力的奖励哄骗孩子吃药。

给宝宝吃药

无论你是使用注射器还是塑料量勺给你的孩子吃药，在开始喂药前必须先测出剂量。如果你给孩子处方药，确保你已经明白医生的指导，并严格按照要求给药。如果给的是非处方药，应非常仔细地阅读包装上的说明。如果你仍不确定，咨询你的医生或药剂师。

给你的孩子吃药时，你需要牢牢抓住他。最好是抓住他的双手，以防他挣脱你的手，而把药打翻。

使用注射器

用注射器从药瓶里取出适量的药剂。把你的宝宝抱在弯曲的手臂里。将注射器的末端插入他的嘴角的一侧，然后轻轻地向下推活塞。这样可以慢慢地把药推进他的嘴里。

使用勺子

用滚水或消毒液给勺子消毒。将药倒入勺子里。把你的孩子抱在腿上呈半倾斜姿势，用手指轻轻向下拨他的下颌，然后把勺子放在他的下嘴唇上，抬高勺子的角度，使药流入他的嘴里。

给药 1-3 岁

给大一点的孩子吃药通常是以液体的形式，用勺子喂药。滴耳剂或鼻滴的用法应该和给婴儿的用法相同。如果你的孩子在滴药的时候哭哭闹闹，你必须尽可能保持冷静，这样你的孩子就不会惊慌。在给孩子滴药的时候，让你的伴侣帮你牢牢抓住孩子。

随着你的孩子渐渐地长大，在给药时尽量不要制造混乱，或者非要坚持让他服药，因为这样会让他产生反感。如果你向他表示你自己也愿意吃，这招通常有用。如果你的孩子真的不喜欢药的味道，那么试着把药掺进他喜欢喝的饮料里。

给药小贴士

- 建议你的孩子在吃药时自己捏住鼻子，这样可以减轻药味的影响。但是，你不要强迫捏住他的鼻子，因为他可能会吸入一些药。
- 给孩子看你准备好的他最喜欢喝的饮料，告诉他这个可以冲掉药的味道。
- 在给你的孩子服用完液体药剂后，帮助他彻底清洁牙齿，以防糖浆黏在牙上面。

给宝宝滴药

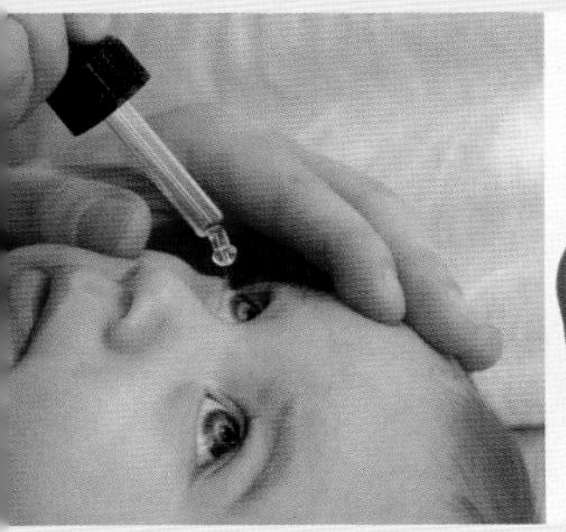

滴眼液

让宝宝躺下，把他的头部倾斜，有问题的眼睛面向你。将滴管浸入药水里，取出合适的剂量。用一个手指轻轻地向下拨他的下眼皮，另一个手指向上拨上眼皮。将滴液滴到他的眼角。如果需要，可找人帮助你。

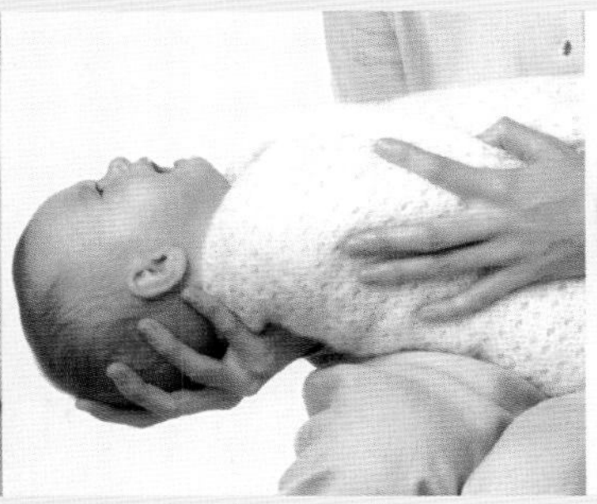

鼻滴

让宝宝躺下，头部向后倾斜。将滴管浸入药水里，取出合适的剂量。捏住滴管，把滴管放在他的鼻孔上，将里面的药水一滴一滴地滴入每个鼻孔里。让孩子保持躺着的姿势，以便滴液顺畅流入鼻腔。

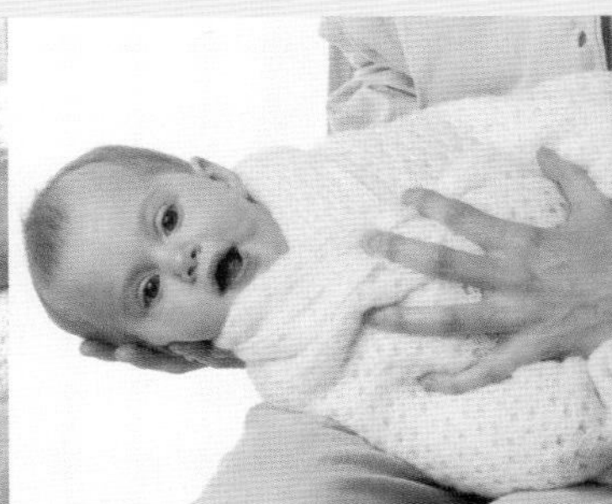

滴耳剂

让宝宝侧躺。将滴管浸入药水里，取出合适的剂量。捏住滴管，把滴管放到宝宝的耳孔上，然后将里面的药水一滴一滴地滴入他的耳孔中央。让他保持这个姿势不动几分钟，使滴液流入耳道。

成为你的孩子的护士

很少有母亲可以逃过护士的工作，因为所有的孩子都会生病。然而，母亲可以成为很出色的护士，因为他们将自己的孩子的健康和舒适当做第一要事。很多孩子在生病时会变成“小宝宝”，而且想要他们的母亲一直在自己身边。

通常来说，他们不仅是需要母亲的陪伴，还需要母亲的身体接触。生病的宝宝比平时需要更多地护理、拥抱和关爱。如果你还在母乳喂养，就可能会发现你的宝宝想要更多的“安慰性吸吮”。然而，在尽可能给予爱的同时，注意防止出现一些你不希望看到的新习惯。

他应该上床睡觉吗？

除非你的医生建议，否则最好跟随你自己的感觉以及孩子的自然喜好。如果他想待着，还不想睡觉，那么允许他这样做，即使他在发烧，你也应该允许他待着。但是要确保给他喝很多水，以防他脱水，确保他在感觉疲劳的时候让他休息，而且要保证他的卧室温暖。

生病的孩子害怕独自待在卧室里，对于这种情况，最好的强效药是你的身影和声音，以及你带来的舒适感，因此，让你生病的孩子接近你更妥当。如果有可能，在客厅里摆一把睡椅，或者让孩子待在沙发或舒适的椅子上，让他和你待在同一个房间，而且这样他能有机会看着所有进入家门的人，和大家玩、说话，而不是待在卧室里，切断与其他家人的联系。但是，如果你的孩子疲倦了，就应该把他放到床上睡觉。不要一直让他一个人待着，确保每隔一段时间就过来看看他（每半个小时），腾出些时间和他待在一起，跟他做做游戏，读一本书，或者玩个拼图。如果你的孩子不止一个，鼓励其他孩子也这样做。如果他睡着了，检查一下，确保他不会太热。

你的孩子在康复期的时候，确保他在白天做的事情与晚上做的事情有所区别。在他上床睡觉前，允许他看看电视，然后再给他读个故事，以使他平静和安静下来，就像你经常做的。

给生病的孩子喂食

关于孩子在生病时该吃什么，没有任何硬性的规定。除非你的医生有特别的指导，否则你可以给孩子喂任何他想吃的东西。是时候让你放松一下，暂时把规则、饮食健康和其他事都抛到脑后。让他想吃什么就吃什么，想吃多少就吃多少。你可能会发现他更喜欢少吃多餐——不要强迫他吃东西。

尽管你的孩子在生病时看起来吃得很少，没关系，他很快会在恢复食欲后补回来的。恢复食欲是他变好的必然信号。在康复期里，尽管用他喜爱的食物和之前可能是你严格限制他吃的食物宠他。他会渴望补回所有落下的美餐，补回他失去的体重。

和孩子在一起

在你的孩子生病的时候，尽可能多给他舒适和爱。尽量和他在一起，并且给他最喜爱的食物和饮料。

喝水

在你的孩子发烧、腹泻或呕吐的时候，必须给他喝大量的水，因为他需要补充丢失的水分，以防脱水。发烧时推荐孩子根据体重每天喝 100 毫升 / 公斤 –150 毫升 / 公斤的水，例如，一个 18 公斤重的孩子，每天喝 1 升的水。把水或饮料放在孩子的床边，这样可以鼓励他多喝水（最好是水或果汁），把饮料倒在玻璃杯里，使它看起来更吸引人，给他用可弯曲的吸管。

孩子体温异常的处理措施

体温升高的第一迹象通常是额头发热，但是需要检查孩子的体温（见第 311 页），以确定他是否发烧。如果婴儿发烧持续超过 24 小时（儿童超过 3 天），或者如果还有其他症状，就需要打电话给医生。

不到 6 个月的宝宝体温超过 38℃时，应严肃对待，采取行动，尽快使体温降下来。如果孩子的体温快速变化，存在热惊厥的危险。为了退烧，应给孩子的房间降温，并且给他喝加冰的饮料。尽量脱掉他的衣服，让他感觉凉爽。如果他在床上，只给他穿薄的睡衣。按照医生推荐的剂量给他服用液体的扑热息痛，帮助他退烧，

让你的孩子安心

如果你的孩子生病了，待在她的身边，给她支持。只要她喜欢，允许她随意玩，或者讲故事给她听，让她感觉舒服。

但是在24小时内不要给超过4剂的量。定期检查他的体温。让孩子大量喝水非常重要，因为他会因出汗流失很多水分。布洛芬可以代替扑热息痛给孩子服用，或者与扑热息痛交替服用，用以控制发热。不要给16岁以下的儿童服用阿司匹林。

让生病的孩子保持开心

在孩子生病期间，尽管放任他，他想做什么都随他。如果他不休息，就花时间跟他做游戏，跟他说话。把一切规矩抛到九霄云外，让他玩任何想玩的游戏。

如果你的孩子想要做一些会制造混乱的事情，比如画画，随他去——你只需先把一个旧床单铺在床上；如果可以，暂时把电视机和DVD机搬到他的房间，以供他娱乐，而且还可以让他感觉享受了特别待遇；找出一些他的玩具，和他一起玩；给他买些小礼物，由他来打开包装；给他唱歌和讲故事；让他画一张画，表达在他病好后想要做什么；如果他得的不是传染病，请一些朋友在白天来家里拜访他一会

舒适和康复小贴士

- 款待你的孩子。如果他喉咙痛，就给他吃冰淇淋。
- 凉爽的棉床单可使发烧的孩子感觉更舒服一些。定期更换床品。
- 如果孩子呕吐，始终待在他身边，并且始终用手掌摸他的前额。给他一些水漱口，含一片薄荷也可除掉嘴里留下的坏味道。
- 在他的床边放一张桌子，放上玩具、书、果汁或水。
- 将一个纸箱倒放，从底下裁切出两片半圆形，做成一个工作台，放在床上，孩子的腿可以从底下穿过。你也可以在孩子的床的两侧各放一把椅子，把一块打磨过的长木板放在椅子上。
- 为孩子买一些新玩具。不要一次性都给他，而是一次给一个。
- 如果孩子感觉不是很难受，可以尝试和他玩个猜谜游戏。用纸把玩具包起来，让他摸包装，猜一猜感觉里面是什么，然后让他把纸撕掉。

儿；如果他开始感觉好了，允许他到外面玩，但是如果他还在发烧，就不要鼓励他到处乱跑。

如果你的孩子去医院

你的孩子的一生总会有必须去医院的时候。去医院用不着让你那么痛苦或恐惧。如果你不喜欢医院，而且你把这种感觉传递给了你的孩子，你可能会不小心让孩子对医院更抗拒。尽量告诉他医院是一个友好的地方，人们去那里是为了让自己更好。如果有机会，比如如果你有一个在医院工作的朋友或亲戚，可以在你去拜访这个亲友的时候，带着你的孩子一起去，让他对疾病多了解些真相，疾病不是什么灰暗的事情。如果你的孩子第一次去医院是在他生病的时候，那么与没生病的时候去过医院相比，他会更排斥医院。

准备去医院

如果你知道你的孩子将要去医院，给他读个关于去医院的小孩的故事，然后和他用玩具听诊器一起扮演医生和病人。尽量对他诚实，告诉他为什么他要去医院，并且强调那样做是为了让他更好。告诉他你会尽量和他待在一起，让他安心，如果他可以理解，告诉他何时可以回家。如果你的孩子需要动手术，他一定会好奇自己发生了什么事情，以及医生们在做什么。这时候你要尽可能诚实地回答他的问题，如果他问你手术是否会疼，不要假装说不会，而是告诉他医生有能够让他不疼且能很快康复的药。

收拾行李去医院

如果有可能，让你的孩子也参与到收拾行李去医院的活动中，让她带上一些自己最喜爱的玩具和书。

医学索引

■哮喘

患哮喘的人，过敏反应表现在呼吸道内层。呼吸道内层非常敏感，它不仅对造成气喘的过敏原有反应，对于锻炼、感染和情绪困扰，它的反应也会比正常人更强烈。呼吸道内侧会出现痉挛和分泌黏液。你的孩子会呼吸困难，同时你也会听到明显的喘气声。他的脸可能会变得苍白，而且看起来焦虑和冒汗。如果他的嘴唇颜色发青，这表示他的病到了晚期阶段，而且迫切需要紧急医疗救助。

导致哮喘的过敏原可能是灰尘、花粉、羽毛、动物毛发，或是真菌孢子。很多小宝宝在患上支气管炎或毛细支气管炎后会容易气喘。这类宝宝可以合理地被判定为气喘的宝宝，但是如果把所有气喘都判定为哮喘就是大错特错。等他们长大一些，支气管会变得更宽，气喘的症状会停止。这种情况不是由过敏原引起的，而且与病毒性呼吸道感染有联系的气喘不一定是哮喘。

该怎么做 如果你的孩子总是气喘，必须寻求医疗帮助，和你的医生预约。如果医生诊断为哮喘，你的孩子需要用药，而且如果必要的话，医生会教你如何操作。你的孩子将要听从儿科医生的安排，或者根据哮喘的严重程度，儿科医生可能会把孩子转到专家那里治疗。

随着你的孩子渐渐地长大，医生可能会通过多种过敏原对他做测试，以检查他是否对某种特别物质过敏。如果这种物质可被筛查出来，那么你就能采取措施避免哮喘的发生。举个例子，如果你的孩子对羽毛和灰尘敏感（这两种是常见的过敏原），那么尽量避免含羽毛、绒毛或毛发的床品，并且保持他的房间清洁，家具、地毯和窗帘上不会落很多灰尘。灰尘引发的哮喘通常是由存活在室内灰尘里的用显微镜才能看到的小虫子引发的。潮湿的房子要比干燥的房子更容易生这些小虫子，因此待在潮湿的房子里要比在干燥的房子里出现哮喘的几率更大。

造成哮喘的原因除了过敏原，可能还有情绪因素。如果你的医生也告诉你情绪在一定程度上影响哮喘的发作，那么你和家人必须想想如何改善家里的气氛，如何能使孩子的压力降到最低。

你和其他家庭成员要尽量以平常心对待哮喘。很多患哮喘的孩子的家长总是对孩子的病症过度担心，结果最终带动整个家庭围绕着孩子的哮喘转。这是不明智的，因为孩子可能会很快知道如何操纵整个家庭围绕他的哮喘转。鉴于哮喘治疗的复杂性，在特定环境下该如何做，以及如果哮喘造成孩子忧郁该怎么办，需要由医生给出详细而明确的指导。

龟头炎

这是发生在未受割礼的男孩阴茎龟头的一种炎症。可能由尿布疹引起，或是由一种感染引起的。这不是严重的病，但是为了不让孩子难受，你应该及时处理。龟头炎的症状表现在阴茎变得红肿，可能从龟头流出脓状分泌物，以及包皮无法收缩。

该怎么做 如果你注意到孩子的阴茎尖部周围发红，在你能寻求到医疗建议之前，先用手指轻轻向上拨孩子的包皮，进行清洗，然后擦一些消毒药膏。如果包皮无法收缩，你需要尽快带孩子看医生。医生可能会开出外用抗生素和口服抗生素。

咬伤

幼儿被动物或其他孩子咬伤的几率相对较高，被蛇咬的几率则取决于你们所居住的地区。

该怎么做 如何处理被猫狗或其他哺乳动物咬伤，取决于你的孩子伤口的深度以及他接种破伤风疫苗时间的远近。如果是较浅的表面咬伤，洗净伤口，把伤口暴露在空气中，有必要的话，可用纱布轻轻包扎在伤口上。但是如果受伤严重，或者咬在孩子的脸上了，那么你必须尽快带孩子就医。动物咬伤通常较深，而且很脏，所以可能需要让医生开抗生素。

其他孩子的咬伤可能比动物咬伤更有感染性。应及时清理伤口，并将伤口暴露在空气里，如果你非常担心，应该去就医。

如果你的孩子被蛇咬了，马上拨打120叫救护车。不要让他走动，而应让他躺下。在你等待救助的时候，清洗伤口处皮肤表面，对咬伤部位上面采用压迫包扎法，对受伤肢体尽可能从最上面往下挤压。如果有可能，鉴别蛇的类型。如果你家是在毒蛇常出没的地区，为防患于未然，向医生征求意见，看你是否应该备着急救用血清。

水泡

这是由身体对擦伤或烧伤的一种保护机制造成的。

该怎么做 不要刺破水泡，而是尽可能让它完整无损。如果水泡在一个暴露的部位，只需在上面敷上一小块纱布垫，并用医用胶带固定。水泡会慢慢下去，皮肤会变得干硬，颜色变为暗粉色，并慢慢消失。不要做任何事情妨碍这一自然过程。

淤青

皮肤上出现的紫红色的斑块，通常是由于击打或撞击造成皮肤附近的毛细血管破裂所导致的。通常需要10–14天时间完全消失。随着它慢慢消退，它的颜色会由紫红色变为栗色，然后随着血色素的分解及被身体再吸收，继而变为绿色或黄色。对于这种情况，静止、冷敷和抬高患处可以缓解疼痛。淤青很少会是严重的问题。然而，如果在完全没有缘由的情况下皮肤出现淤青，这可能与诸如白血病和血友病有关，这些疾病虽然不常见但非常严重。

该怎么做 小小的淤青根本无需处理，如果你的孩子心情不好，只需一个拥抱和一句安慰就可以。如果淤青面积较大，采用冷敷法大约半个小时，可有效缓解。如果有疼痛，而且淤青在4–6小时不见好转，那么马上寻求医疗建议，因为这可能意味着有潜在的破裂。如果在没有明显缘由的情况下出现自发的淤青症状，同样必须寻求医疗建议。

■烧伤

尽管你百般呵护，你的孩子还是不可避免地会被打火机或热火炉烧伤。

该怎么做 用凉的流动水冲烧伤处10分钟，使伤口冷却，或一直冲洗到疼痛平息为止。最好的处理方法是用一块没有粘性的布保护伤口，也可用一块消毒纱布或者非毛绒的布料（干净的棉质手帕是比较好的选择）。不要脱掉任何粘在烧伤皮肤上的衣服。

如果你担心，尽管寻求医疗建议。如果你的孩子被严重烧伤，为了及时得到医疗救治，必须马上把孩子送往最近的医院急诊室。

■鼻塞或流鼻涕

鼻腔内持续出现黄色黏液（持续超过五六天），或者流鼻涕都是不正常的。这两种迹象都说明你的孩子可能患上了病毒性上呼吸道感染。如果黄色黏液持续超过六七天，你的孩子可能需要使用抗生素。而持续出现的水状鼻涕通常是由过敏性鼻炎造成的。

该怎么做 由于耳朵、鼻子、喉咙和肺部由一小组管道连接，从解剖学上来讲，任意一处受感染，都会很快沿着管道蔓延而感染另一处。例如，慢性中耳感染可导致一种叫做中耳炎或渗出性中耳炎的严重问题，而二者都会影响听力和语言能力的发展。如果你怀疑孩子的耳朵可能受感染了，就带他去看看你们的医生。

■水痘

水痘是小儿必然会患的一种常见的出疹性传染病，它在所有儿科疾病中是最具传染性的一种。你的孩子在经历从起皮疹到水泡愈合这一过程之前将会感染一两天。水痘病毒与引起带状疱疹的病毒是同一种，这可能也会传染成年人，特别是老人。

水痘通常是从体温升到38℃–39℃开始的。不过非常小的宝宝的第一症状可能并不是体温升高，而是出现皮疹，皮疹会持续5–7天，而且造成奇痒难忍。一开始可能会出现黑红色疙瘩，但是2小时内，它们在表面将发展成类似一滴水的小水泡。

水泡最终会消退和脱落。皮疹通常开始于躯干，然后蔓延至脸、头皮、胳膊和腿上。严重者在嘴里、鼻子里、耳朵里、阴道和肛门里都会出现水泡。

该怎么做 最重要的事情是阻止你的孩子乱抓。如果你不阻止他，他可能会把疤抓掉，造成的伤口可能会受到感染而留下一块疤。最佳的治疗方法是使用含有抗菌药物的润肤膏，定期涂抹。把孩子的指甲剪短，以减少他把水泡挠破引起感染的风险。你的孩子可能会感觉奇痒难忍，甚至无法睡觉，为了缓解症状，可请医生开抗组织胺药膏。按照推荐的剂量给你的孩子服用扑热息痛，以控制他的体温，并且确保他大量喝水。如果你的孩子仍在用尿布，尽量给他脱掉，以防可能发生的感染。

■感冒

感冒是由一种我们无法特别处理的病毒引起的。由于没有对这种病毒敏感的抗生素，它无法被杀死。这意味着这种病毒必须由人体自身的防御机制打败，这个过程通常需要 10 到 14 天的时间。而且病毒感染可使鼻道与喉咙的黏膜发炎，会产生我们熟知的喉咙肿痛和流鼻涕的症状。

有时候，病毒感染会使身体变得虚弱，而造成继发性细菌感染。扁桃体及颈部的腺体可能会变得肿大。如果孩子扁桃体受感染（扁桃体炎），可能需要抗生素治疗，所以需要就医（见第 335 页）。

感冒在幼儿中非常普遍，一年患五六次感冒很正常。6 个月以下的宝宝很少会感冒，这是由于从母亲那里获得的抗体的缘故，母乳喂养的宝宝尤其不容易感冒。

该怎么做 小宝宝患上感冒会比较麻烦，因为感冒会使他在进食的时候鼻子堵塞和呼吸困难。不要让你的孩子遭受这种痛苦，而是去看医生。医生可能会开出鼻滴，让你在每次喂食之前给宝宝使用，这样可使宝宝的鼻道至少在进食的这一段时间保持通畅。不要擅自使用鼻滴，除非是你的医生给开出的。

因为婴儿的所有上呼吸道、鼻子和鼻窦都是由短的管道相连接的，所以，一个部位受感染会很快波及其他部位。因此，感冒可能会快速演变为支气管炎、扁桃体炎（见第 335 页），或者中耳炎（见第 325 页）。如果你的孩子说自己喉咙痛或耳朵痛，那么应该带他去看医生，因为他可能需要抗生素。

对于感冒症状，大一点的孩子似乎没有成年人那么敏感，他们似乎患了感冒也是开开心心的，所以儿童没有理由像成年人一样服用非处方药。

感冒疮（单纯疱疹）

尽管这种疾病的名字叫做感冒疮，它却与感冒没有关系，除了感冒会影响免疫系统，并降低对感染的抵抗力，而为单纯疱疹病毒的活跃创造了条件这一事实。原发性单纯疱疹可能会在幼儿中发生。这是一个急性疾病，其症状为发高烧、疼痛的口腔溃疡，以及因口腔溃疡造成的难以吞咽。

该怎么做 如果你发现孩子出现单纯疱疹症状，尽早去药店买阿昔洛韦乳膏，这是一种非处方药。如果及时把药膏敷在患处，可有效地控制单纯疱疹，或者将其影响降至最低。

单纯疱疹病毒是由直接接触传播的。大多是因患感冒疮的成年人亲吻孩子的嘴唇、鼻子或面颊、下颌部位，而传染给孩子的。如果一位家长患了感冒疮，那么他很容易传染给家中其他成员，同样，你的孩子也很容易传染给别人。

疝气

在不到4个月的宝宝中，疝气被形象地称为“哭闹期”，在患病期间，宝宝的脸会变得非常红，双腿蜷缩至他的腹部，看似非常疼痛。通常在临近晚上的时候发病，其他时候总体上会表现正常。宝宝的哭声能达到尖叫的最高分贝，并且会持续1–3个小时。在其他时间给宝宝用的安抚方法在他发病时一般是起不了作用的。疝气相当普遍，儿科医生甚至将它视为正常，但是对于家长们来说，看着宝宝痛苦的样子，他们会心如刀绞。疝气的原因并不明确，通常在出现后的第6周最为严重，但是三四个月后会自行消失。

该怎么做 尝试所有在其他时间奏效的安抚办法。这可能意味着你需要不断地给他吸吮乳房，或给他奶瓶，不断地换尿布、拍嗝、护理和摇晃，把宝宝放在你的肩膀上走，把他放在背带里，不断播放音乐，或者把他放进手推车里推着走。如果他想一直有东西吸吮，就给他一个安慰奶嘴。洗个热水澡通常能让宝宝们放松，而且在哭得最惨的时候也会有些效果。

如果你发现难以招架，可咨询医生的意见，让医生给你吃定心丸，告诉你宝宝是健康的，等宝宝再长大些，疝气最终会消失的。如果你的宝宝仍在罹患疝气，那么到家探访的保健员可为你提供有价值的建议和咨询服务。

结膜炎

结膜炎是覆盖在眼球外的结膜组织发生的炎性反应的统称。它会使孩子的眼睛看起来发红，并且造成瘙痒或疼痛。

该怎么做 如果你的孩子患了“红眼病”，检查一下他的眼睛，看眼睑里面是否有异物，如果有异物，让孩子仰头，用微温的开水冲洗眼睛，看看是否能把异物冲出来。如果没有，带他去看你的儿科医生。如果眼睛里没有异物或创伤，那么造成“红眼病”的原因应该是病毒或细菌感染，或是一种过敏反应。鉴于结膜炎需要抗生素治疗，这种情况你应该带孩子去看医生。

■咳嗽

咳嗽是身体对喉咙、鼻腔和呼吸道内膜受到刺激所做出的一种自然反射。它通常伴随着上呼吸道、喉咙或下呼吸道感染，而咳嗽的目的是清除过量的黏液或痰。通过咳嗽，黏液可以被带入口腔，然后被吞下。任何存在于黏液里的细菌都会被胃酸杀死（夜里咳嗽的常见原因之一是从鼻子里溢出的黏液流入喉咙）。不过，咳嗽也可能是由过敏症或哮喘引起的，而非感染。

该怎么做 仅仅是对刺激做出反应，而非因过量的黏液造成的咳嗽被称为非排痰性咳嗽，因为它不会咳出痰。咳出痰的咳嗽被称为排痰性咳嗽。非排痰性咳嗽不为任何有用的目的服务，而且会让一个幼儿极度烦躁，甚至造成幼儿难以入睡。将干性的非排痰性咳嗽和湿性的可制造痰的排痰性咳嗽区别开来是重要的事情。

治疗咳嗽的药物总体来说不会很有效果，但是如果孩子患上了非常严重的干扰正常睡眠的非排痰性咳嗽，医生可能会开出强力止咳药。目前已经不推荐儿童服用治疗咳嗽的非处方药。

在夜里，你可以给孩子翻身，使其侧躺或趴着，或让他靠着枕头坐靠在床上(如果他已满 1 岁)，这样可以减轻夜晚咳嗽对他的干扰。不要让孩子的咳嗽变得更严重，因为长时间咳嗽会引发呕吐。

排痰性咳嗽则无需受到抑制，因为它在服务于一个有用的目的。它是在帮助孩子清理呼吸道内的刺激性黏液，是保护呼吸道的一种机体反应。然而，如果排痰性咳嗽持续时间超过 24 小时，可能需要治疗，需要寻求医疗建议。

■乳痂

又称摇篮帽，是一种覆盖在头皮的黄色较厚的污垢，乳痂主要发生在婴儿身上，但是有时候 3 岁的儿童也可能有。这种黄色的污垢可能是局部一小块，也可能覆盖整个头皮。乳痂不是因为不讲卫生造成的。有乳痂的宝宝可能只是头皮的油脂比一般人多了些。乳痂从外观上看有些难看，但它对健康没有明显的影响，除非它颜色发红，而且在你的宝宝身体其他部位也出现同样的积垢，如果发生这种情况，你的宝宝可能患上了脂溢性湿疹。

该怎么做 不要尝试用手指抠掉痂皮。如果它们无法刷掉，那么必须先让它变松。在宝宝的头皮上涂上一点宝宝润肤油，或者水性润肤露，让它保持一晚上。这样可以使痂皮变得松软，然后在第二天你用洗发液给宝宝洗头的时候，它们就会被洗掉。如果乳痂变得又厚又硬，你可能需要 10 天以上的时间对付它。如果你担心，或者在宝宝别的部位有红色的积垢，就需要寻求医疗建议。

义膜性喉炎

在1–5岁的儿童中，义膜性喉炎通常会伴随感冒发生。从它的名称上，我们能大概了解是空气被吸入收缩的喉气管，经过发炎的声带引起的咳嗽。孩子在睡觉时可能会感觉很好，但是醒来后会感觉胸部很闷，感觉难以吸入空气，但是呼气没有问题。

该怎么做 如果你发现孩子是这类呼吸，你应该带孩子就医。严重者呼吸可能极为困难，甚至有窒息的危险，如果遇到这种情况，尽量让孩子保持冷静，身体直立，待在一个潮湿的环境，并且打电话叫急救车。你和孩子呆在一起，直到急救车赶来。如果有必要的话，你自己带他去医院。

为了使孩子呼吸轻松些，拿枕头垫在他的后背，让他坐立，并确保他感觉舒适。如果他惊恐，让他坐在你的腿上，紧紧抱着他，试着让他跟随你的呼吸。听你的吸气和呼气可以驱除他的恐惧，一旦他放松下来，呼吸会变得更轻松。

确保孩子的卧室温度不要太高，因为那样会使空气干燥，而进一步刺激已经发炎的呼吸道。打开窗户，放进一些凉爽的空气。潮湿的空气可以减轻呼吸道的痛苦，所以带他去浴室，关上浴室门窗，打开热水花洒。让孩子坐在你的腿上，一起坐在这个充满蒸汽的环境里（也许还可以给他讲个故事）。如果没有这个条件，那么把一盆烧开的热水放在你的孩子的房间里。切记不要把孩子独自留在放有热水的房间里。在义膜性喉炎第一轮发作后，你需要寻求关于应对此疾病的建议，以便它再次发作时你能自如应对。

割伤和擦伤

认真检查孩子的任何伤口，看看伤口深不深，出血多不多。如果情况严重，马上寻求医疗帮助。

该怎么做 如果是小的擦伤，可以用清水冲洗伤口，再敷上一块干净的没有粘性的布。如果伤口在流血，直接对伤口进行挤压，并将受伤的部位抬高，使其高于心脏的高度。用一块消过毒的布敷在伤口上。

腹泻

腹泻的主要症状是频繁地排出稀便或水状大便。腹泻是肠道受刺激的一个信号。然而，需要谨记，母乳喂养的宝宝即使频繁排出水状大便也是正常的。

对于宝宝来说，腹泻始终都是严重的问题，因为它容易造成脱水。如果幼儿在腹泻的同时伴有呕吐，也是很严重的问题，之所以严重，原因同样是容易产生身体脱水的危险，特别是如果还伴有高烧和出汗，那么脱水的危险会更大。

该怎么做 遇到以下情况，你需要马上带孩子看医生：如果你不到1岁的孩子患上了腹泻，或者如果儿童在腹泻的同时伴有高烧和呕吐，如果腹泻在 12 小时后复发，如果大便像油脂或含有黏液或血。注意要频繁地给你的孩子喝小口的口服补液盐。这种溶液含有糖和电解质，可以帮助降低身体内水分的流失，并补充身体所流失的液体。

在孩子患病期间要多注意卫生。如果你的孩子上完厕所不洗手，或是你在给他换完尿布后没有洗手，病菌会传播给全家人。

■困倦

孩子的困倦可能是发烧、低体温或脱水的一种症状，它也可能在发生高热惊厥之前或之后或头部受创后的一种反应，还可能是服用诸如抗组织胺等药物的一种副作用。

如果你的孩子总是困倦，但是看起来不是不舒服、进食正常、体温正常，就无需惊慌，你的孩子可能只是有点犯困。然而，如果你的孩子经历了类似麻疹或水痘的传染病后，在康复过程中抱怨头和脖颈疼痛，这可能预示着患上了脑炎或脑膜炎——这两种都是很严重的病，需要马上寻求医疗建议。

该怎么做 检查你的孩子的体温。如果超过 38℃，那么他是发烧了，如果低于 35℃，那么他患上了低体温症。无论哪种情况，都需要寻求医疗建议。

如果困倦的同时伴有腹泻和呕吐，必须保证孩子水的摄入量，以防脱水的风险。如果他的状况没有改善，需要寻求医疗建议。

检查孩子的头部，看看他的头部是否受过撞击，问问他是否觉得头痛或颈痛，闻闻你的孩子的呼吸，并且检查一下家里的酒柜——他可能偷喝酒了。检查医药箱，看看安眠药是否少了。无论是以上哪种情况，都应该马上寻求医疗建议。

如果你的孩子出现痉挛，痉挛发作结束后，让他休息一下，然后寻求医疗建议。

■耳痛

之所以说婴幼儿的耳痛是很普通的小病，主要是在于耳朵的解剖学原理。由鼓膜作为分界线，将耳朵分为两个独立的部分。第一部分是从外耳通往鼓膜的通道，叫做外耳道，第二部分是鼓膜后面的部位，是中耳。外耳发生的炎症叫做外耳炎，中耳发生的炎症叫做中耳炎。幼儿短而宽的咽鼓管将中耳与喉咙后面连接起来。咽鼓管的作用是平衡耳朵内的压力，但是它们通常是幼儿耳朵问题的根源。

中耳是最常见的出现耳疾的部位，既是因为咽鼓管的结构，又是因为宝宝们大部分时间是躺着。在这两个因素的共同作用下，细菌比较容易通过鼻子和喉咙进入中耳。咽鼓管的黏膜发炎会导致它们堵塞，因此细菌被困入中耳内，并不断滋生。很显然，一个小宝宝是无法告诉你他的耳朵疼的，但是如果他有原因不明的发烧、呕吐、腹泻、食欲不振，而且他揪自己的耳朵，那么你应该马上怀疑是他的耳朵出了问题。

该怎么做 如果你怀疑孩子的耳朵痛，那么就带他去看医生。医生需要检查他的耳朵确认是否有问题，并作出诊断。如果确诊是中耳炎，你的医生可能会推荐扑热息痛来镇痛，还可能会开出滴鼻液用来清理上呼吸道。如果疼痛持续了 24 小时以上，你的孩子可能需要抗生素。

永远不要在你的宝宝的耳朵里塞入任何东西，也不要在外耳实施热敷法。同样，如果耳痛的原因是在外耳部位烫伤或有什么别的东西，那么不要自行处理，而是寻求医疗帮助。

■湿疹

婴儿湿疹通常与哮喘密切相关，而且二者通常同时出现。湿疹会使宝宝的面部、膝盖后面、胳膊和手腕内侧等部位出现局部的皮疹。皮疹通常有发痒、干燥、发红和呈现鳞状等特点，最糟糕的会大量渗出液体。你会注意到湿疹变大和变小，这可能是由宝宝受凉、彻夜未眠或腹部不适造成的。

通常来说，哮喘或其他过敏体质可能会出现在整个家族，所以你可能会发现一个亲戚有青霉素过敏，一个亲戚有哮喘，一个常患湿疹，还有一个有花粉热。

该怎么做 你需要带孩子就医，而且如果他的湿疹久治不愈的话，你需要寻找一位皮肤科专家。

关于婴儿湿疹有一个好消息：很多孩子易患湿疹的问题到了 2 岁大的时候会改善，而更多的是到了 7 岁时会改善。通常它会在孩子少年时期完全消失，当然也有例外，有人可能在成年后如果遭受严重的心理创伤或身体创伤，湿疹仍会突然发作。

关于日常护理患湿疹的宝宝的皮肤，我建议如下方法：避免过度洗澡，因为肥皂和水会使身体脱水，可用棉花球蘸婴儿清洗液给宝宝擦洗，这样也和洗澡一样有效果。

严格注意卫生，特别是脸和带尿布的部位。始终给孩子穿棉质的贴身衣服，避免穿毛料衣服，因为它可以引起刺激而使湿疹更糟糕。将医生开出的柔嫩而温和的药膏和护肤霜正确地给孩子搽在患处。

■癫痫

除了热惊厥，另一个最常见的引起儿童痉挛的原因是癫痫。癫痫有两种类型，一是失神发作（小发作），二是全身发作（大发作）。

如果你的孩子是失神发作，他会突然失去意识几秒钟，而且看起来脸色苍白，神情茫然。他不会摔倒或变得不能控制自己，但是对于周围的一切会完全没有意识。等他摆脱它之后，他能好好的，就像什么事情也没发生似的。如果孩子是全身发作，或大发作，他会出现与热惊厥同样的症状（见第 332 页）。

该怎么做 对于癫痫发作，处理方法与所有痉挛的处理方法完全一样，然后带孩子去就医。医生可能会给你的孩子检查是否有复发的可能性，然后会给出治疗办法。

如果你在心理上难以接受将患癫痫的孩子视为癫痫患者，那么你可以将他当做普通孩子来对待，但是必须采取一定的预防措施——把浴室门打开，以防孩子在浴缸里发病，还有，在他游泳的时候一直盯着他。

■发烧

人体正常体温范围是 36℃ -37℃。任何超过 38℃的情况都是发烧，尽管体温达到的高度不一定是对疾病的严重程度的准确反应。发烧本身不是一种疾病，而是疾病的一种症状。除了任何疾病的可能性，你的孩子的体温还可能反应一天的时点和他的活动水平：例如，在一场剧烈的足球运动之后，体温可能在短时间内超过 38℃。对于不到 6 个月大的宝宝来说，体温超过 38℃要更为危险。如果温度一直居高不下，那么还存在出现热惊厥的风险。

该怎么做 如果你怀疑你的孩子发烧了，那么给他测一下体温，然后在 20 分钟后再测一遍，看看是否有变化。写下每次的读数。把你的孩子放到床上，然后脱掉他大部分的衣服，即使房间很凉。发烧的孩子只需盖上一条薄的床单。给孩子服用医生所开的适量的液体扑热息痛，以帮助他降温。如果孩子的体温很高，轮流给他扑热息痛和布洛芬，用以退烧及控制温度。禁止给 16 岁以下的孩子服用阿司匹林，因为它与瑞氏综合征有关。

每隔一定时间给你的孩子喝少量的水，鼓励他尽可能多喝水。如果出现以下情况，请寻求医疗建议：如果你的孩子不到 6 个月大；如果你的孩子出现癫痫发作；如果他曾经患过癫痫，或者你的家人也有人患过癫痫；如果你的宝宝发烧持续超过 24 小时（孩子持续时间为 3 天）；如果他出现的其他症状令你担心。

■手指被门夹住

除非你的宝宝知道了门是如何工作的，否则他一直存有手指被夹住的风险。

该怎么做 如果孩子的皮肤严重受伤，而且大量出血，马上带他去最近的急救室。如果手指大量出血，首先要按住伤口，并且让孩子的手暴露在空气中。待流血停止后，如果有可能的话，在伤口处敷上一块干燥而洁净的没有绒毛的布，并且把他的胳膊用一根吊带吊在胸前，然后带他上医院。

麸质过敏症（乳糜泻）

麸质过敏症又称乳糜泻，是一种消化道疾病，主要起因于麸质破坏肠道内壁而导致的肠道自体免疫反应。麸质是一种蛋白质，存在于除大米和玉米以外的大多数谷物中。你在喂饭时，可能会在不经意间给你的宝宝吃进过敏原，因为有些婴儿谷物食品里含有麸质。

有麸质过敏症的孩子从早期就表现出“生长不良”，即不大有力量，可能有点嗜睡，体重也不能正常增加。你还会注意他的大便里经常会有油脂，如果你把大便冲掉，它们总会有残余，他的大便也常常会松散、不成形。这是因为肠道内壁的过敏反应阻止对脂肪物质的正确消化和吸收。你的孩子可能会经常闹腹泻、脸色发白、急躁，还会出现腹胀和呕吐，如果一个年幼的女孩的这种状况始终未确诊和治疗，那么会导致月经来潮延迟。

在很早的时候，麸质过敏症或乳糜泻就会导致孩子出现异常的体型：腹部变得膨胀，身体和四肢变得异常消瘦，胳膊和腿部的肌肉萎缩，舌头变得平滑，踝关节可能变得肿大，头发变得稀薄。然而，麸质过敏症并不是常见的，而且即使是普通的食物引起发病的，你也没必要过度担心你的孩子的饮食。

该怎么做 一旦确诊，必须给你的孩子不含麸质的饮食，即不能吃小麦、黑麦、大麦和燕麦。你的孩子的饮食不得不一生都远离麸质。

在开始采取无麸质饮食的办法后，首先你能注意到的是你的孩子心情的改善，这种变化通常是在几天内出现，紧接着是食欲的很大改善，以及随之而来的体重的增加。然后你会注意到孩子的大便的形状以及大便频率的变化，不过这可能需要几周的时间。采用无麸质饮食办法 6 个月到 1 年后，你的孩子应该能达到正常的体重范围，不过他的身高可能需要 2 年的时间才能赶上正常的孩子。

花粉病

花粉病，又称过敏性鼻炎，类似于哮喘，只是它是发生在鼻腔和眼睑内的黏膜的过敏反应，而非胸部。这种病的症状表现在打喷嚏、流清鼻涕、眼睛瘙痒、流泪和红眼圈。它多发于春天和夏天，而且通常是由对植物花粉的反应引发的。花粉病比较麻烦，但一般不是什么严重的病。

该怎么做 如果你的孩子总是打喷嚏，检查他的体温，以确认它不是得了流行性感冒或普通的感冒，让你的孩子不要揉他的眼睛，这样情况会更糟糕。用凉水冲洗他的眼睛，以减轻刺激。如果你觉得你的孩子可能患上了一种更严重的感染，或者如果花粉病让你的孩子痛苦不堪，那就为他寻求医疗建议。如果他的情况很严重，他可能需要看过敏症专科医生，并且做一系列的检查，以查出引起症状的过敏原。

有许多方法可使花粉病的攻击程度

降至最低。例如，每天警惕空气中的花粉浓度，如果浓度高，劝你的孩子不要靠近刚割完草的地方。选择人造材料填充孩子的枕头和被子，不要用羽毛。尽可能保持你的房子无尘。尽管你的孩子对灰尘不会过敏，但是满是尘土的环境会使花粉病更糟糕。

外出时准备一个急救包。急救包内装有干纸巾、滴眼液、湿纸巾，以及任何医生给他开的药。你的医生可能会开出一个类固醇喷鼻药，或者一个口服抗组胺剂，用以缓和症状。

■荨麻疹（见第 335 页）

■感染性发热（见第 330 页）

■麻疹

这是一种传染性很强的疾病，它也会有肺炎（见第 330 页）和假性脑膜炎这两种很严重的并发症。1–6 岁的儿童基本上都会患上这种病，而且 3 岁以下的幼儿患此病时症状会更为严重。

你的孩子从感染麻疹到症状出现会有 10–14 天潜伏期。最初的症状类似一般的感冒，比如流鼻涕、嗓子沙哑，以及发烧。症状出现的最初两天，体温会达到 38℃ – 39℃，到了 40℃的时候，体温可能会暂时降下来。在这一阶段，皮疹全面爆发，孩子的耳朵后面会出现棕红色的斑点，然后蔓延到面部和身体的其他部位。在皮疹开始出现之前，可能会先在嘴里出现小红斑，而且每个红斑都有一个白色小点（柯氏斑）。另外，你的宝宝的眼睛可能会发红和疼痛。

到了 13 个月左右的时候，你的孩子会接种麻风腮疫苗（麻疹、腮腺炎、风疹疫苗），那样他对麻疹就有了免疫力。

该怎么做 看看孩子的嘴，检查是否有柯氏斑的迹象。寻求医疗建议，以确诊患的是麻疹。如果你的孩子发烧了，按照对付高烧症状的通用办法处理（见第 315 页）。如果他的眼睛疼痛，用温水冲洗眼睛，如果暗的光线能让他的眼睛更舒服，那么把房间的光线调暗。如果他发烧，他可能不会很饿，但要给他水喝，以保证他每天摄入充分的水。如果你的孩子有任何以下症状，马上寻求医疗建议：皮疹出现 4 天后出现高烧、耳痛、呼吸困难、有痰的咳嗽，或者出现半昏迷状态。

■脑膜炎

脑膜、包围大脑和脊髓的膜出现炎症。脑膜炎是由病毒感染，甚至是更严重的细菌感染造成的。这种病刚开始的症状类似流感，发烧、皮肤有斑点、四肢疼痛、手脚凉。随着感染的发展，孩子会出现头痛、脖颈僵硬、对强光敏感、困倦，以及呕吐。细菌性脑膜炎可能也会导致在挤压时出现不会消退的皮疹。可通过用一个玻璃杯挤压皮疹来确认这点。如果脑膜炎是由脑膜炎球菌引起的，那么用玻璃杯挤压后，紫红色小斑点不会消失。

该怎么做 脑膜炎是一种威胁生命的疾病，而且这种病发展速度很快，所以它需要采取紧急措施。如果你怀疑孩子得了脑膜炎，那么要准备好坚持紧急医疗救助。带孩子到附近最近的急救室，或者拨打 120 叫救护车。

脑膜炎的确认要通过腰椎穿刺获取脑脊液采样。如果是细菌性脑膜炎，你的孩子必须住院治疗，所有近距离接触都要经过处理，以防疾病的传播。

■腮腺炎

现在，随着疫苗接种比例的提高，腮腺炎已成为不常见的疾病。腮腺炎（见第 339 页）从感染到症状出现通常有 16–21 天的潜伏期。在感染发生后，你可能首先注意到孩子看起来不在状态。如果他一边或两边的耳朵前面或下面的腺体肿起来，那么这种症状可以确认是腮腺炎。腺体的肿大将会伴有发烧，而且腺体会变柔软。

该怎么做 带孩子看医生，以确认诊断。尽管没有特别的处理措施，但是你也可以做很多事情来使你的孩子更舒服些。给孩子服用适当剂量的儿童扑热息痛，帮助他退烧。如果他咀嚼有困难，给他提供流食和大量水。到了 13 个月左右大的时候，你的孩子会接种麻风腮疫苗（麻疹、腮腺炎、风疹疫苗）。那样他对腮腺炎就有了免疫力。

■鼻出血

鼻子出血最常见的原因是鼻孔内侧皮肤表面附近的毛细血管受到破坏。鼻出血通常是由于孩子们在粗野的游戏中鼻子受到重击或伤害引起的，或者只是因为你的孩子一直抠鼻孔。

该怎么做 血管的小小破裂可以导致大量出血，但是尽量不要慌乱。不要让孩子的头向后仰，因为吞下的血液会刺激胃病引发呕吐，而且这样会增加头部的血压，从而创造出再次出血的趋势。

用你的大拇指和食指轻轻地捏鼻子的两侧，捏 10 分钟，或是捏到流血停下来为止。如果流血没有停止，再这样捏 10 分钟，如果血还是流，寻求医疗建议。

如果你的孩子鼻出血的情况频繁发生，必须寻求医疗建议。你的孩子可能需要看耳鼻喉科专家，由专家对鼻子内柔嫩的部位实施烧烙术。

■肺炎链球菌感染

这是由一种链球菌引起的疾病。这种细菌大多是在鼻腔和喉咙里携带的，并不会引起任何危险，但是一旦感染，就会导致脑膜炎、耳部感染和肺炎，因此，在幼儿中，它是潜在的严重的问题。

该怎么做 肺炎链球菌感染可用抗生素治疗。现在，宝宝们会定期接种肺炎疫苗（见第 338 页）。

■肺炎

常见的儿科病毒性感染，以及类似麻疹和百日咳的目前已不常见的传染病可能会伴随肺炎一同出现。在这种情况下，感染性微生物进入肺部，削弱肺部的防御能力。支气管会发炎，从而分泌出过多的黏液，肺功能受到干扰，肺无法排出这些黏液，在肺里淤积，进而形成小的感染区域。

肺炎的最初信号是呼吸速度加快和呼吸困难。嘴周围颜色发青则预示着更严重的阶段。如果黏液淤积在一个小的呼吸道里，堵塞位置上面的肺部更深的区域将会封闭。液体将被不断收集，发展到肺部小块区域完全变硬的程度，这就是一小块肺炎感染区域。如果更大的呼吸道被堵住，那么肺炎感染区域会扩大。

该怎么做 如果你发现你的孩子出现以上任何症状，马上寻求医疗建议。同时保持冷静，尝试以下方法来帮助你的孩子：为了让孩子呼吸到湿润的空气，带着他去浴室，打开浴缸水龙头，或打开花洒，和他一起坐在浴室里。让他感觉舒适和安全。尽量扶住他，让他坐好，上身保持直立，以便更好地呼吸。

■皮疹

大多数皮疹是有内因的，而且在幼儿中，皮疹是一些普通的感染性发热的一种常见的症状（见第 339 页）。它可能也是过敏症的结果。

该怎么做 皮疹通常涉及到皮肤毛细血管的损坏，而且无法通过在皮肤表面敷什么东西来治好。不过搽上类似炉甘石液的清凉的润肤露，可减轻瘙痒和灼烧感，因为长时间的抓挠可能会造成皮肤破损，从而引起感染。最好不要在患处涂防叮咬或治疗烧伤的喷液，因为它们可能含有能引发皮肤过敏反应的局部麻醉剂。如果你担心孩子的皮疹，或者皮疹出现了感染，请寻求医疗建议。

■玫瑰疹

又称幼儿急疹，通常会和风疹混淆（见第340页）。你的孩子会在没有其他症状的情况下突然发高烧39℃左右。随着孩子的体温渐渐恢复正常，他将出现浅红色斑点的皮疹。玫瑰疹多发于2岁以下的幼儿。

该怎么做 寻求医疗建议，以便对症状进行确诊。玫瑰疹无需特别的治疗，无非是给你的孩子退烧和确保他舒服（见第315页）。

■风疹（德国麻疹）

这是一种病毒性疾病，类似麻疹，由于现在良好的疫苗接种比例，这种病已经变得很少见了。最初的症状类似温和的感冒，比如流鼻涕、喉咙痛，体温38℃。在你的孩子开始感觉不适之前，皮疹通常会潜伏几天。斑点首先在耳朵后面和前额出现，继而会蔓延到身体上，斑点颜色发白，外观平坦，不像麻疹那么密集。它们只持续2–3天。颈部后面的腺体几乎肯定会肿胀，即使皮疹下去了仍在肿，这种症状通常会持续大约10天。

到了大约13个月大的时候，你的孩子将接种麻风腮疫苗，将会获得对付风疹的免疫力（见第339页）。

该怎么做 由医生确诊，以便你告知与你的孩子接触的孕妇暂时避免接触孩子。这种传染病很温和，你无需做什么，只是保证你的孩子舒适，而且给他大量喝水。让他待在室内，直到皮疹消失几天后再出门。

■猩红热

猩红热是一种由链球菌引起的喉咙部位的感染，这种病目前已不多见。刚开始的症状表现为喉咙痛和发烧，而后是扁桃体变得肿大和发炎，你的孩子可能还会头痛和呕吐。大约3天后，微小斑点的皮疹可能会出现在颈部周围和腋下，一直蔓延全身，舌头的表面会变得红肿，而且样子看起来像个草莓。

该怎么做 寻求医疗建议，对病症进行确诊。针对此病，选择青霉素这种抗生素如果你的孩子对它不过敏。除了用药，还可以采取对付发烧的措施，并给他大量喝水，你没有别的可以帮上孩子的。

■惊厥

我们尚未发现儿童发生惊厥的原因，但是大多数6个月到5岁的幼儿所患的惊厥都是由体温升高引起的，即我们常说的热惊厥。幼儿的大脑要比成年人更容易受到此疾病的影响。刺激物刺激控制肌肉的神经，从而导致肌肉剧烈地抽搐。

出现惊厥后，你的孩子会失去意识，并且无法控制抽搐。他会翻白眼，可能会轻微地口吐白沫，呼吸变得沉重，牙齿会牢牢地咬合，他还可能会在犯病时失禁。在惊厥发作结束后，你的孩子会睡着——他可能会直接入睡，或者在短暂醒来后再沉睡。

该怎么做 不要离开你的孩子。尽管你可能焦急地想找人帮助，但是你必须待在他身边，在发作结束前确保他不会伤到自己。把他的衣服松开些，然后移开附近的家具，以防他踢到或滚着撞到家具，但是不要捆绑他，也不要往他嘴里塞进什么东西。与流行的说法相反，科学证明，人在惊厥发作的时候很少会咬或吞下他们的舌头，所以你完全可以鼓励他张着嘴。一旦停止发作，就把他摆成复原卧式姿势，并打电话寻求医疗救助。

如果你的孩子有这类惊厥，尽量预防未来出现高烧。如果他热了，可去掉多余的衣服和毯子，给他儿童剂量的扑热息痛和布洛芬，并交替服用这两种药，以便退烧和平稳控制体温。

■梦游

梦游是“移动做梦”的一种，即熟睡时在房子里四处走动。梦游的孩子在走路的时候不会闭上眼睛，而且胳膊会直直地伸向前方。他的眼睛是睁着的，但是他是在熟睡的状态，他看不到你，也不明白你对他说的任何话。很多儿童都会经历短暂阶段的梦游。

该怎么做 如果你发现你的孩子会梦游，不要尝试把他弄醒。缓慢而温柔地领着他回到床上。除非梦游发生非常频繁，而且你需要确定没有严重不对劲的问题发生，否则无需看医生。保护你的孩子，例如，晚上在楼梯顶部设置障碍，以防他坠下楼梯，确保晚上家里的窗户都关好了。如果你觉得你知道孩子梦游的潜在原因，那么尽量安抚你的孩子。

■碎片

所有的碎片都带有感染的风险，因为它们很少是干净的，所以应及时处理。

该怎么做 通常可以用镊子取出碎片。首先，用肥皂和温水轻轻地清洗进入碎片周围的皮肤，然后顺着碎片进入皮肤里的同样角度夹住碎片，将其取出。清理受伤的区域，并检查孩子是否接种了破伤风疫苗。如果碎片嵌入得很深，或者正好在关节上，或是很难取出，带你的孩子去附近最近的医院的急诊室。

扭伤

因为儿童好动，而且在很小的时候可能协调能力还不好，所以他们很容易扭伤自己的腕关节和踝关节。在扭伤时，韧带通常会拉伸或撕裂，从而导致这些部位肿胀。你的孩子会不想让人在他的关节上施力，而且在移动时发现很痛。

该怎么做 对于扭伤，最好的治疗就是休息，避免在患处施力。你也可以在扭伤的关节处敷一个冰袋，用以消肿和防止淤青。然后在关节上缠绕敷料，并扎上绷带。每隔 10 分钟检查一下绷带上方的部位，以确保绷带不会过紧。如有必要，可以包扎得松一些。

眼睛黏稠

眼睛黏稠在宝宝出生后的第一周左右是很普遍的，它基本上是因分娩时有一点血液或羊水进入宝宝的眼睛里而造成的。

该怎么做 造成宝宝眼睛黏稠的原因还有一种可能性，就是细菌感染，因此，为了以防万一，只要宝宝出现眼睛黏稠的状况，就寻求医疗建议。然而，大多数情况下，只需要用一个蘸有消过毒的水的棉球认真擦洗宝宝的眼睛就可以了。擦洗宝宝的眼睛的时候，应该用棉球从内眼角，即靠近鼻子的眼角向外眼角方向擦洗，然后把棉球扔掉。每只眼睛各用一块医用棉球。

叮咬

你的孩子几乎不可避免会在某个时候被蜜蜂或黄蜂蛰伤，一旦发生，就会非常难受。蜜蜂或黄蜂的叮咬一般问题不大，但是如果它引起了过敏反应，或者孩子被很多昆虫叮咬了，马上寻求医疗救助。

该怎么做 如果你的孩子被昆虫叮咬了，不要挤压被叮的地方，因为这样可能会将伤口处的刺激性化学物质向皮肤更深处蔓延。相反，用你的大拇指的指甲或用信用卡把虫子的刺刮掉。不要使用含抗组胺剂的防蚊虫叮咬的非处方药，因为它们可能会引起皮肤过敏。如果你的孩子嘴里被叮咬了，拨打 120 叫急救车，在等车来的时候给他几小口水，给口腔降温。

斜视

新生宝宝的眼睛可能会斜视，这种状况要等到 8–10 周，他学会了两只眼睛一起使用（有立体影像）的时候才会改善。

该怎么做 这种早期的斜视没有问题，但是如果到了 3 个月的时候，宝宝斜视的状况仍没改善，那么需要寻求医疗建议。对于会导致斜视的眼部肌肉不平衡，早期的治疗非常重要，否则可能难以矫正。

■晒伤

晒伤是由于过度暴露在阳光里而引起的炎症。最好的治疗方法就是预防。你需要严格要求孩子，因为他意识不到阳光的危险，以及其潜在的长期伤害。大多数儿童的皮肤都对阳光很敏感，而且比成年人敏感，所以无论何时，只要孩子的皮肤暴晒在阳光下，都要加以小心。

该怎么做 预防要比治疗更好。外出前 20 分钟给孩子涂上防晒系数至少达到 30 的普通防晒霜。每两三个小时或每次孩子下水后都要重新涂一遍。

给孩子带上宽沿帽，并且给他穿上可以遮住肩膀和脖子的宽松而轻薄的衣服，比如有袖子和领子的衬衫。确保手推车上有一个可调节的遮阳篷。如果阳光过强，最好让孩子待在室内，尤其是上午 11 点到下午 3 点，这是一天中太阳最高的时候。记住即使在阴天也会有紫外线照射的风险。

如果你的孩子被意外晒伤了，炉甘石液是最好的冷却剂，儿童用扑热息痛也能缓解皮肤的疼痛，而且能使体温降低。如果他情绪躁动，而且看起来生病了，给他测量一下体温，如果温度高，那么可能意味着中暑了，这时你应该马上寻求医疗建议。

■出牙

它是指宝宝第一次冒出牙齿。宝宝一般是在六七个月左右开始出牙，大部分牙是在宝宝 18 个月大以前出来的。你的宝宝会比平常流更多的口水，会把手指或任何他能抓到的东西塞进嘴里嚼。他可能会变得更黏人，而且易烦躁，难以入睡，也会比平常更爱哭，更焦躁。大多数这些症状在出牙前表现出来。出牙的症状不包括支气管炎、尿布疹、呕吐、腹泻和食欲不振，认清这一点非常重要，因为以上这些病症应该按照相应措施处理。

该怎么做 如果你不清楚你的孩子为什么烦躁，而且他也没有其他病症，那么用手指摸摸他的牙床。如果有一颗牙正在冒出来，你能感觉到尖的小硬块，而且可以看到宝宝的牙床红肿。无需寻求医疗建议，除非宝宝还有其他不能归因于出牙的症状。多照顾你的宝宝，出牙的宝宝需要舒适和亲近。不要认为长出牙齿意味着你必须加速给宝宝断奶的进程了，长了牙的宝宝吃奶时并不会使母亲不适。

用牙胶（不要把牙胶放冰箱里冻）或类似胡萝卜或苹果的硬东西来转移宝宝的注意力。和你的宝宝待在一起，以防食物造成窒息。如果你的孩子看起来很疼，给他服用儿童型扑热息痛或布洛芬，但是不得超过推荐的剂量。如果你的孩子拒绝食物，可给他凉而细滑的食物，比如奶酪、冰激凌或果冻来鼓励他吃东西。

■蛲虫

蛲虫是引起儿童感染的蠕虫中最常见的一种。这种白色的线状蠕虫，大约 6 毫米长，寄居在人体直肠内，雌蛲虫会爬出肛门，在附近的皮肤上产卵。这一过程会刺激皮肤，引起肛门瘙痒，特别是在夜里。如果孩子挠他的肛门，他可能会把蛲虫卵抓到指甲缝里。如果孩子把手放进嘴里，虫卵又会被吃下去。

该怎么做 如果你发现你的孩子在挠屁股，特别是在夜里，那么保存他的大便，检查是否有蛲虫，如果你发现它们，寻求医疗建议。药店可买到消灭蠕虫的非处方药。因为感染很容易传播，应该对家里的每个人都采取措施。把你的孩子的指甲剪短，要求他上完厕所后必须洗手。

■扁桃体炎

扁桃体的作用是拦截病菌从口中进入体内，将它们集中在喉咙部位。因此，扁桃体炎通常是喉咙感染的一部分。扁桃体同样会在发生感染后给身体其他部位发送警告信号，身体会让它所有的防御系统高度警觉。腺样体与扁桃体的功能几乎同样，但是它是在鼻子后面，而非在喉咙里。因此，人们很容易把扁桃体炎和腺样体肿大想到一起。扁桃体对 10 岁以下的孩子来说非常重要，而初生至 10 岁这一年龄段是儿童容易生病，而且免疫力需要加强的阶段。如果你的孩子患了扁桃体炎，他会抱怨嗓子痛，而且扁桃体会红肿，上面还可能会化脓。

该怎么做 你需要寻求医疗建议。医生通常会开出一种对付感染的抗生素。为了让孩子的喉咙感觉舒服些，可以随意给他冰激凌和冰镇饮料。

尽管扁桃体和腺样体很有用处，但是在过去，割掉它们是一种时尚。今天，耳鼻喉外科医生会在达到一定标准的情况下才考虑做扁桃体切除术，因为它会涉及很多方面的问题，比如复发严重的扁桃体炎、耳部感染，甚至耳聋。除非达到一定的标准，否则现在很少给 4 岁以下的幼儿做扁桃体切除术。扁桃体炎最严重的副作用是可导致耳聋的中耳炎。如果你的孩子的扁桃体炎多次复发，必须留意他是否有耳聋的迹象。

■犬弓蛔虫

在猫和狗身上发现的蛔虫。虫卵由猫和狗的粪便传播，所以你的孩子在动物排过便的草地上玩耍时会有危险。如果孩子把脏手塞到嘴里，他们会把虫卵吃下去。虫卵穿过小肠壁，通过血液进入肺里。然后通过咳嗽，虫卵会再次被吞下，并且继续来到肠道。基本上没有症状，但是如果你的孩子的犬弓蛔虫不止一条，他可能会腹痛和食欲不振。

该怎么做 预防是最好的治疗方法。禁止宠物进入家里孩子的游戏区，而且在去公园时也要留心。如果你的孩子被诊断出有犬弓蛔虫，医生会给他开驱虫的药。服药时认真按照用药说明。这种病最严重的影响是危及眼睛，一旦发生这种情况，你可能需要给孩子找一个专家。

■荨麻疹

荨麻疹是一种常见的过敏性皮肤反应。大多数孩子都会得荨麻疹，但是随着他们长大，这种病会消失。它很容易被诊断出来，因为它的症状仅仅是皮肤上出现有几分钟皮疹，而后就会彻底消失。

这种皮疹非常瘙痒，而且看起来很像荨麻刺扎在皮肤后的样子。它也会形成带有不规则形状的大的红色斑块。它可能会导致眼睛、嘴唇及舌头浮肿。如果出现后面的症状，你必须马上拨打120叫急救车。

该怎么做 在患处涂抹炉甘石液，可以在很大程度上缓解孩子的瘙痒。对于荨麻疹，不需要任何特别的处理，除非它的症状一直持续。在这种情况下，你应该寻求医疗建议。

有一种叫做丘疹性荨麻疹的特殊形式的荨麻疹，它是由跳蚤咬伤引起的，而跳蚤一般是来自家猫。一个常去我们诊所的孩子让我印象很深，他一个月去我们那一次，每次都是在拜访完他奶奶的第二天来的，正是由奶奶家的猫身上的跳蚤造成的。解决的办法是给宠物清除跳蚤，而不是抛弃宠物。

■呕吐

呕吐是指将胃里的内容物经口吐出的一种反射动作。宝宝可能在吃奶后吐出少量凝乳，但是这不应该跟呕吐混淆。呕吐有很多原因，但是一般很少有预警，而且在一次发作后你的孩子应该会变得舒服并且恢复正常。

呕吐可以是类似幽门狭窄的胃紊乱的一种症状，或者是一种感染的症状，比如耳部感染。它经常会伴随发烧出现，而且如果在普通的感冒中，你的孩子因为咽下了过多的鼻涕而引起胃部刺激，也会引发呕吐。如果你的孩子感冒很严重，他也很容易把刚吃下的食物吐出来。造成呕吐的其他原因包括阑尾炎、脑膜炎、偏头痛、食物中毒以及晕车。有的孩子会因为兴奋而呕吐，但是这通常只限于幼儿。呕吐应该始终引起高度重视，因为它会很快造成脱水，特别是幼儿。

该怎么做 把你的孩子放到床上，在床边他的手能轻松够到的地方放一个碗，以供他呕吐。时不时给他喝少量的水，最好是凉开水。检查他的体温，如果他发烧了，做物理降温，确保他不会变得太热。给他刷牙，以去除口腔异味。如果出现以下情况，需要带孩子看医生：如果你的孩子呕吐持续超过6小时，如果呕吐伴随腹泻，或超过38℃，或者呕吐还伴随任何其他令人担心的症状，比如耳痛。在你的孩子恶心和呕吐结束后，给他喂一些平淡无味的食物，之后再慢慢重新引入固体食物。

■疣

由疣病毒引起的良性赘生物。它们是由多余的死细胞构成，并在皮肤表面凸起。它们可以是单个出现，或者出现很多，遍布全身各部位，包括脸上和生殖器上。如果出现在足跖，被称为跖疣。人体需要2年才能建立对疣病毒的抵抗力，在这之后肉瘤会自行消失。它通常是与患此种疾病的人直接接触传染而来。

该怎么做 如果你的孩子想去掉疣，或者如果它们长在很容易传染到他人的位置，那么可以从你的药剂师那里试一试非处方的治疗疣的药。将弱酸性溶液涂在疣处，并且每天去除溶液烧掉的皮肤，这样可以有效果。认真按照制造商的说明操作，避免将治疗疣的药涂在健康的皮肤上。不要在脸上或生殖器上使用这类药物，那样容易结疤。

如果你不能确定包块真的是疣，那么尽早寻求医疗建议。任何你不能确定的，在你的孩子皮肤上长出来的东西或包块都应该让医生检查。如果疣继续增大，或者如果它们出现在面部或生殖器上，你想要去除它们，那么就尽早寻求医疗建议。

■百日咳

像很多儿科疾病一样，百日咳也是从流鼻涕和轻微发烧开始的，这个阶段会持续长达2周。随后你的孩子会出现严重的阵发性咳嗽，并且吸气困难。于是出现深长的鸟鸣式吸气声的特征。如果小宝宝患上了百日咳，呼吸会更为困难，因为他们可能还没掌握将空气吸入肺中的技巧。

该怎么做 寻求医疗建议。在流鼻涕的阶段，抗生素会很有效。在孩子患百日咳的潜伏期里，与孩子近距离接触的人如果也使用了抗生素，可能会免于受百日咳传染。如果你的孩子咳嗽开始发作，把他紧紧抱住，尽量让他冷静。如果他紧张，他会更难控制呼吸。让他保持坐立姿势，这样更容易呼吸。吃东西可能会引发呕吐，因此尝试在他一阵咳嗽平定后马上给他少量易嚼的食物（如果需要，将食物捣烂）。

你的孩子将会接种百日咳疫苗，这是他将接种的常规疫苗的一种，接种的时间与白喉和破伤风疫苗相同。

免疫

疫苗是预防性药物中最成功的一种，它能在全世界范围帮助消除很多过去致命的疾病。然而，它的继续成功取决于社区对免疫规划的严格维护，此外，确保孩子完全受到保护是所有家长的责任。一些家长担心疫苗可能出现的副作用。如果你也

年龄	接种疫苗	接种方式	反应
2个月	• 肺炎球菌	注射	在注射处可能会红肿，轻微发烧，易怒。
	• 白喉、破伤风、百日咳、脊髓灰质炎、B型流感嗜血杆菌	注射	体温轻微升高，精神不振和/或腹泻，注射处出现一个小包块，包块几周后会消失。
3个月	• 脑膜炎	注射	同肺炎球菌
	• 白喉、破伤风、百日咳、脊髓灰质炎、B型流感嗜血杆菌	注射	同第2个月接种的白喉等疫苗。
4个月	• 脑膜炎	注射	同上
	• 肺炎球菌	注射	同上
	• 白喉、破伤风、百日咳、脊髓灰质炎、B型流感嗜血杆菌	注射	同上
12个月左右	• B型流感嗜血杆菌、脑膜炎	注射	同上
13个月	• 肺炎球菌	注射	同上
13个月左右	• 流行性腮腺炎、麻疹、风疹	注射	同上，以及发烧、皮疹、整体状态不佳或不舒服。
3岁零4个月或稍后不久	• 白喉、破伤风、百日咳、脊髓灰质炎	注射	同上
	• 流行性腮腺炎、麻疹、风疹	注射	同上

担心，可以咨询你的医生和健康随访员。鉴于疾病本身有害影响的风险的严重程度，相比之下，并发症对孩子造成的风险是微乎其微的。然而，如果你的宝宝在免疫规划的某一时期出现了副作用，你的医生可能会推迟或停止免疫接种。

以上这张免疫时间表是英国 2006 年开始执行的版本。任何在这一年之前开始

儿童常见传染性疾病

疾病名称	潜伏期	症状
麻疹 (参见 p.328)	10–14 天	刚开始是流鼻涕、咳嗽、眼睛发炎、发烧、呕吐、腹泻、脸颊内侧出现柯氏斑点，4 天后在耳朵后面，而后在脸上，然后全身出现皮疹。
风疹(德国麻疹) (参见 p.331)	14–21 天	轻微发烧，颈部后面腺体肿大，耳朵后面出现皮疹，之后出现在额头，再蔓延至全身。皮疹持续 3 天。
幼儿急疹 (参见 p.331)	4–7 天	高烧，伴有轻微的感冒症状，3 天后在退烧后出现粉红色皮疹。
水痘 (参见 p.320)	10–21 天	每 3–4 天出现一群暗红色斑点，刚开始看起来像水泡，而后会结痂。
百日咳 (参见 p.337)	大约 7 天	轻微发烧、流鼻涕、轻微感冒，然后是阵发性痉挛性咳嗽，随后出现深长的鸟鸣一样的吸气声，以及在咳痉挛时呕吐、发绀（皮肤变蓝），直至疲惫。
流行性腮腺炎 (参见 p.329)	17–21 天	脸两侧和耳朵前面的腺体出现肿痛，疼痛、浮肿、嘴干、发烧、通常全身不适。
猩红热 (参见 p.331)	2–5 天	咽喉痛、食欲不振、发烧、呕吐、腺体肿大、小红斑、面部潮红、草莓舌。

接种疫苗的孩子在2个月的时候都没有接种肺炎球菌疫苗，但是会接种C型脑膜炎球菌疫苗。这个时间表适用于健康儿童。如果孩子在预约的疫苗接种时间当日不舒服，他会被推迟接种，直到康复。如果他患有一种影响免疫系统的慢性疾病，那么他会有一个单独的免疫时间表。

治疗方法	并发症	免疫力	预防
没有特别的治疗办法，只是用扑热息痛和/或布洛芬退烧。如果在耳朵或肺部出现二次感染，必须用抗生素。	耳部感染、肺炎、脑炎、肠胃炎	终身	大约在13个月和3岁零4个月大或稍后不久会接种麻风腮疫苗。
没有特别的治疗方法。	孩子无并发症，但是如果传染给孕妇，对其是致命的伤害。	终身	大约在13个月和3岁零4个月大或稍后不久会接种麻风腮疫苗。
没有特别的治疗方法。	可能引发婴幼儿惊厥，但不常见。	一般是终身	无
用含有抗菌剂的乳霜减轻皮肤瘙痒。	脑炎、肺炎	终身	无
为有效对抗百日咳，必须在早期就使用抗生素。让孩子呼吸新鲜空气，在床上抬高头部，可使呼吸轻松些。	可能出现痉挛、支气管炎或肺炎	终身	在2个月、3个月和4个月和3岁零4个月或稍后不久接种疫苗。
大量喝水，如果咀嚼时疼痛，就吃软的食物。	脑膜炎、睾丸炎	终身	大约在13个月和3岁零4个月大或稍后不久会接种麻风腮疫苗。
可用青霉素，大量喝水，卧床休息，一直到退烧。	风湿热	终身	无

免疫与国外旅游

如果你正在计划带你的宝宝或年幼的孩子出国旅游，提前调查目的地国家的健康风险，并采取预防措施，包括孩子需要接种的疫苗，是至关重要的。询问你的旅行社、你要去的国家的大使馆，或者发行《在你出行之前：旅行者健康指南》这个传单的健康部门，这个传单在关于旅行注意事宜上提供了详细的建议。他们还出版了《在你旅行的时候》，这本册子很值得带在身边。你也可以上国家旅行健康网（www.nathnac.org）查阅相关信息。

如果在你们的旅行期间需要接种疫苗，那么在你们出行至少2个月前看看你的医生，因为有些疫苗需要时间生效，有的疫苗不能和其他的在同一时间接种。如果你的孩子非常小，而且正好需要接种几种疫苗，那么你可能需要重新安排出行计划。

假期卫生预防措施

急救药箱　出行时带上一个装有以下东西的急救药箱：一包可粘贴的敷料、消毒的针、杀虫剂、抗菌乳膏、溶水消毒片和任何医生给开的药。

水　给宝宝喂食应该像平常一样兑烧开的水。除非你知道当地的水安全，否则，使用瓶装水或通过煮沸消毒或加入了消毒片的水。这不仅应用于饮用水，也包括你用于刷牙或漱口的水。

食物　当心生的蔬菜、沙拉、没去皮的水果、奶油、冰激凌、冰块、未加工的肉或鱼，以及未烹制的生食，或未再加热的熟食。新鲜的刚烹制的食物更为安全。

去欧洲旅游

如果你要去欧洲旅游，在欧洲国家的社区可以领到免费或者便宜的急救医疗用品或药品。为了得到医疗护理，你需要一张EHIC卡（从卫生部门可以领到），这张卡应该至少在你们的旅行开始前一个月就申请。如果你住在英国，或者一个英联邦国家，那么你能申请这张卡。每个儿童需要他们自己单独的卡。你能到邮局领一张表格，或者上卫生部的网站（www.dh.gov.uk/travellers）办理。

去欧洲以外的国家旅游

英国在一些欧洲以外的国家的社区安排了为英国国籍或英国居民提供免费或便宜的紧急医疗救助服务。你可能需要提供属英国国籍和居民的证明，以便符合此类待遇的条件。在你们出发前，检查你将去旅行的目的地国家有哪些服务。

带药物出国

带你的宝宝或年幼的孩子出国旅游时，如果你想给他带任何医生开的药物，你的医生可能会提供英国国家医疗系统（NHS）规定的限制数量以下的剂量。检查一下你将要去的国家关于携带药物，包括处方药还是非处方药有何限制。为了避免安检或海关那里有什么问题，带着一封你的医生写的关于他为孩子开出的任何药物的详细说明。

旅行保险

无论你打算访问哪个国家，购买适当的个人医疗保险是非常重要的事情。在欧洲经济共同体国家或覆盖医疗保险互惠安排的国家里，对急救医疗措施的安排不覆盖所有可能发生的事，在英国也不是全面覆盖的，比如，它从不覆盖带一个在国外生病的人返回英国的费用。

疾病和预防

疾病名称	风险地区	疫苗
霍乱	非洲、亚洲、中东，特别是在健康和环境卫生条件差的地区。	2 针注射，霍乱是由食用和饮用受污染的食物或水而引起的。
疟疾	非洲、亚洲、中美洲和南美洲，欧洲南部和美国也可能会出现（在旅行前检查一下）。	无，但是在你们旅行前、旅行时，以及之后一个月必须服用抗疟疾药片。
脊髓灰质炎	除了欧洲、北美洲、澳大利亚和新西兰的所有地区。	在英国这是给婴儿的一种常规疫苗。
狂犬病	全世界很多地区，包括欧洲。	不是常规疫苗，但是如果去偏远地区，医生会建议接种此疫苗。
破伤风	在世界各地都有发生，但最大的危险地区的儿童没有接种。	在英国这是给婴儿的一种常规疫苗。
肺结核	非洲、亚洲、中美洲和南美洲，以及其他部分更为贫穷的内陆城市地区。	皮肤测试和注射，最好在旅行前 3 个月。短期旅行和待在现代酒店没有必要，但是如果你将长期与当地人一起生活或工作，推荐接种此疫苗。
伤寒	除了欧洲、北美洲、澳大利亚和新西兰的所有地区，在保健和环境卫生条件差的地区。	2 针注射，两针间隔 4–6 周。伤寒是由饮用被污染的水造成的。
黄热病	非洲和南美洲。	1 针注射，至少在旅行前 10 天注射。9 个月以下的婴儿不应接种此疫苗，也不应该带婴儿去有这种疾病的地方。

译者感言

作为一名译者，我首先要感谢华夏出版社，让我得到第一时间拜读这本书的原版——英国米利亚姆·斯托帕德博士的《New Babycare》的机会，使我能够了解到西方在新生儿养护、智力和情商开发方面的方法，以及儿科疾病的处理办法，并使我有幸成为这些智慧的推介者和传递者。

非常凑巧，我也是一位新妈妈，在开始翻译此书的时候，我可爱的儿子刚刚1岁半，由于工作忙，宝宝一直是我的父母照顾的，像所有普通的中国家庭一样，他们非常疼爱外孙，照顾得也很细心，为了小外孙的各种需求，每天围在他身边马不停蹄地操劳，而我作为职业女性和采用了人工喂养方式的妈妈，每天下班后也是接替父母的工作，开始照顾我的宝宝，夜里还会起来两三次，换尿布、喂奶，给宝宝盖好踢掉的被子……一直到第二天早上，起床后继续上班。我的QQ签名曾一整年都是"白天上班，晚上带娃"。这句话既见证了我的生活状态，又道出了新妈妈的心酸。在这里我要向所有新妈妈和所有帮助照顾孩子的祖父母们致敬，你们才是最可爱的人！

借此机会，特别感谢陈怀昌、郭冬秀、张靖、钱沪芳、杨帆、谢金花，感谢他们在本书的翻译过程中给予我的莫大支持，我在此表示深深的谢意！

鸣谢

本书新版的医学顾问：
MBBS FRCP FRCPCH的W·约翰·费雪博士

库林·布朗想感谢：
康士坦茨·诺维斯的校对，希拉里·伯德编写索引。

图片库：罗麦恩·沃步罗

出版社想在此感谢以下单位和个人慷慨准许复制他们的图片：

阿拉米影像：图片合作者 P208，克里斯·洛特P57，科比斯：卡梅伦 P29

盖蒂影像：photodisc Green P9

母婴图片库：P71、P97、P14，
EMAP：P287、P291

第35页的吸乳器图片由新安怡公司友善提供。

杰克图片社：封面和扉页设计：Photolibrary设计公司的玛丽娜·蕾丝，封底：Author portrait设计公司、卡洛琳·德加诺格力、Punchstock设计公司、布兰德·X设计公司。

欲了解更多信息，请登陆www.dkimages.com